# 岩土工程勘测技术

谭卓英　著



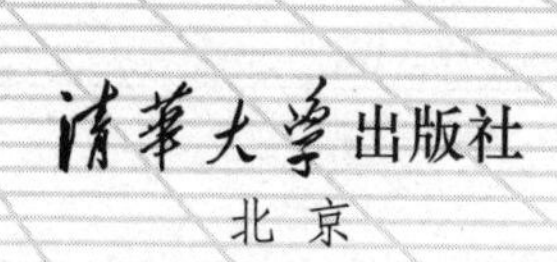

北　京

## 内 容 简 介

本书共分 14 章，主要内容有岩土工程测试技术基础，岩土工程勘测的基本方法，地球物理勘探技术，地应力测试技术，仪器钻进探测技术，地层地质勘测，场地与地基的地震效应勘测，特殊土岩勘测技术，危岩、崩塌、滑坡及泥石流场地勘测，岩溶与采空区场地勘测，建筑及构筑物的岩土工程勘测，道路与管线工程勘测，隧道地质超前探测，港口、岸线、大坝与填海工程勘测。本书内容涵盖了岩土工程勘测的基本理论、方法以及最新技术与理论成果，全书论述严谨、深入浅出，并有大量工程勘测案例及图表数据，易于阅读和理解。

本书可作为高等院校土木、建筑及其他岩土工程相关专业研究生及高年级本科生课程的教材，也可作为高等院校、科研机构和工程单位等岩土工程勘测相关领域的大学教师、科研及技术人员的参考用书。



**图书在版编目(CIP)数据**

岩土工程勘测技术/谭卓英著. —北京：清华大学出版社，2022.8
ISBN 978-7-302-61437-1

Ⅰ. ①岩…　Ⅱ. ①谭…　Ⅲ. ①岩土工程－工程勘测　Ⅳ. ①TU412

中国版本图书馆 CIP 数据核字(2022)第 133660 号

**责任编辑**：秦　娜　王　华
**封面设计**：陈国熙
**责任校对**：欧　洋
**责任印制**：曹婉颖

**出版发行**：清华大学出版社
**网　　址**：http://www.tup.com.cn，http://www.wqbook.com
**地　　址**：北京清华大学学研大厦 A 座　　**邮　　编**：100084
**社 总 机**：010-83470000　　**邮　　购**：010-62786544
**投稿与读者服务**：010-62776969，c-service@tup.tsinghua.edu.cn
**质量反馈**：010-62772015，zhiliang@tup.tsinghua.edu.cn
**印 装 者**：三河市龙大印装有限公司
**经　　销**：全国新华书店
**开　　本**：185mm×260mm　　**印　　张**：17　　**字　　数**：409 千字
**版　　次**：2022 年 8 月第 1 版　　**印　　次**：2022 年 8 月第 1 次印刷
**定　　价**：55.00 元

产品编号：091183-01

# 前言

PREFACE

岩土工程涉及的范围非常广泛，涵盖土木、建筑、道路桥梁、城市地下空间、铁道、水利水电、港口与海岸、矿业及能源工程等学科领域，涉及建筑地基、城市道路、市政管线、地铁隧道、公路、铁路、水库大坝、岸滩、矿产资源与能源开发等国民经济发展的许多方面。

20世纪以来，人类岩土工程开发的深度日益增大。建筑基坑最大深度超过40m，地铁车站最大埋深超过100m，热能、电能及清洁水的储存通常达数百米甚至上千米，核废处置的地质深度超过500m，锦屏电站最大埋深达2600m，南水北调西线工程最大埋深1150m，圣各达(Sait Gotthard)公路隧道埋深2500m，核心防护工程如北美防空司令部地下指挥中心达700m，世界上最深的南非姆波尼格(Mponeng)金矿矿井达到4350m。据不完全统计，国外超过1000m深度的矿井已超100座，我国开采深度超过1000m的煤矿达20座，80%的金属矿山将逐步进入深部开采。地球科学钻探的深度已超万米，如苏联科拉钻孔SG-3达到12 262m，耗时整整10年；我国第一口科学探井CCSD-1完井深度达到5158m，历时数年；目前正在开展的科学钻井均超过6000m；据报道，我国已有钻井平台钻深超过15 000m，如蓝鲸-1可钻最大深度达15 250m。

过去，岩土工程的深度相对较浅，通过工程测量、钻探(包括坑探、槽探及洞探)、土工原位试验及常规岩土力学测试，结合工程地质基础资料，基本可满足岩土工程勘测的要求。在地形、地貌测绘方面，随着数字测绘技术的发展，经纬仪、全站仪、GPS、北斗等卫星定位技术在测量距离、精度、效率以及图形效果表达等方面均有显著的提高，受地形复杂性及障碍物等的影响显著减少，基本实现了大域地形远距离、自动化及智能化测绘。在岩土成因、分类、深度、分布及工程特性等方面，现有取样及材料试验技术已取得长足进步，三轴、多场耦合等试验测试技术如MTS、TAW等已在工程中得到广泛应用，常规钻探、土工试验及岩土力学测试均能满足岩土工程勘测及评价的基本要求。在地质作用影响，特别是岩溶、滑坡、危岩、崩塌、泥石流、采空区、地面沉降、场地和地基的地震效应、活动断裂等勘测及不良地质作用的影响评价方面，电法、磁法、电磁法、声波法、地震波法等地球物理方法，虽在精度、分辨率及抗干扰等方面尚存不足，但在靶区圈定、均匀性判别等方面得到了许多成功的应用；在软土、填土、污染土、湿陷性土、膨胀土、红黏土及冻土等特殊土类型、成因、分布和危害程度的影响评价方面，已有非常丰富的实践积累和较为成熟的方法体系。在地下水及其环境影响评价和工程环境影响评价等方面亦是如此。

随着岩土工程开发深度的增大，传统的岩土工程勘测技术受到很大的限制，已很难满足深部工程勘测的要求。一方面，随着深度的增大，钻探、取样、原位测试及土岩试验测试的难度随之增大，工程耗资大，费时长，效率低；而且，深部地质环境更为复杂，在断层、破碎带等软弱地层很难连续取样或取样成本很高，地质录孔误差大，高地温、高地应力将成为常态，塌孔、缩孔将给测井及地应力测量等造成很大的难度。另一方面，随着深度的增大，要求测量的参数增多，断层等地质结构以及地温、地应力、地下水、多源辐射等将成为岩土工程勘测的重点。此外，深部温度、应力及水动力耦合条件的改变，也给实验测试增加了很大的难度，高地温、高地应力及高渗透水压的耦合试验测试成本也将随之增高。

因此，发展仪器智能钻进测试技术是今后岩土工程的必然趋势。自21世纪初，笔者开启了岩土工程智能勘测理论与方法研究，经过近20年的探索，在岩土地层判识、岩土体参数获取、地质环境参数确定及地质灾害预测等方面已形成了系列成果。这一工作开创了一个新的学科领域方向，吸引了越来越多的研究群体，研究队伍不断壮大，这是我希望看到和值得骄傲与自豪的事情。目前在土工测试、隧道掘进、矿岩随钻识别等方面开展了许多研究，有很多成果可以借鉴。但限于篇幅，加之本书主要面向专业读者，这里仅对岩土工程勘测的基本内容进行全面介绍，没有对这些内容进行扩展和延伸。希望读者们在使用本书时，以一个研究者的角色去思考和研究，并及时参考这一领域的最新成果。

全书共分14章：第1章介绍岩土工程测试技术基础，包括基本概念、传感器的基本原理以及数据处理等基本内容。第2章介绍岩土工程勘测的基本方法，包括钻探、坑探及原位测试方法。第3章介绍地球物理勘探技术，主要包括基本原理、适用条件以及主流地球物理探测方法，同时也介绍地球物理方法在水域勘探方面的最新应用。第4章介绍地应力测试技术，包括刚性包体、水压致裂、扁千斤顶、套孔应力解除、局部应力解除等地应力测试的基本原理与技术。第5章介绍仪器钻进探测技术，包括仪器钻进系统的组成、基本原理以及有关勘测理论与应用。第6章介绍地层地质勘测的基本概念、原理、方法以及在水文和地层地质勘测方面的应用。第7章介绍场地与地基的地震效应勘测，包括勘测条件及技术方法。第8章介绍特殊土岩勘测技术，包括软土、湿陷性土、膨胀岩土、红黏土、充填土、盐渍土、冻土、混合土、风化岩及残积土等的勘测。第9章介绍危岩、崩塌、滑坡及泥石流场地勘测技术，包括基本概念、特点及勘测要点，并结合案例对铁路边坡及露天矿高陡风化岩边坡进行案例分析。第10章介绍岩溶与采空区场地勘测技术，主要包括勘测目的、内容、方法及评价。第11章介绍建筑及构筑物的岩土工程勘测，主要包括房屋建筑及构筑物勘测、场地稳定性评价、天然地基、复合地基、桩基及基坑的勘测。第12章介绍道路与管线工程勘测技术，包括公路、桥梁、隧道以及输油输气管道线路、市政管线，水渠、运河、架空线路及其他大型穿、跨越工程的岩土勘测。第13章隧道地质超前探测，主要介绍隧道施工建设中的超前预测方法，包括地震反射波、红外、瞬变电磁、声波及地质雷达等勘测技术与案例。第14章介绍港口、岸线、大坝与填海工程勘测的主要内容与技术要点，并结合案例进行分析。

本书内容涵盖了岩土工程勘测的基本理论、方法以及最新技术与理论成果，全书涵盖范围广，论述严谨、深入浅出，并有大量工程勘测案例，易于阅读和理解。

岩土工程勘测涉及面非常广，内容极其丰富，是一门古老而又新兴的学科，有关技术、理论及方法还在不断完善与发展中，与本书部分技术方法类似的内容在书中没有重复赘述，在学习和阅读时可参考相关内容或其他专业方面的著作。著者水平有限，书中难免有不当之处，恳请读者批评指正！

谭卓英

2021年9月于北京

# 目 录

CONTENTS

# 第1章 Chapter 1
# 岩土工程测试技术基础

## 1.1 测试的基本概念

### 1.1.1 测试系统组成

测试系统是将传感器与测量仪表、变换装置、显示或存储装置等有机组合在一起，实现对被测物理量的量取，并得到测试数据。测试系统的基本组成：被测对象、传感器、数据传输、数据处理、数据存储与显示。

测试系统中各个环节的具体功能如下：

(1) 传感器是感受被测量对象的大小并输出相应信号的器件或装置，它是整个系统中的感知元件，也是测试系统的核心环节。

(2) 数据传输用以传输数据，当传感器测量得到被测对象的物理量时，需要传输到另一个环节进行处理或显示。数据传输环节就是完成这种传输功能。当然，目前也有许多传感器本身自带存储功能，这时候数据传输仅仅完成传感器与其他存储设备的数据交换或导入。

(3) 数据处理是将传感器输出的信号进行处理和变换，如对信号进行放大、运算、线性化、数-模或模-数转换，变成另一种参数的信号或某种标准化的统一信号等，使其输出信号便于显示、记录，同时得到最终需要的测量数据。特别是一些模拟信号的传感器，必须经过模-数转换，才能进行存储或数字化显示。例如，加速度传感器测得的原始信号往往是模拟的电压信号，首先需要经过模-数转换，转换成数字信号，然后经过灵敏度参数的转换，将电压信号变成加速度信号。目前，有的传感器自带微型处理器，可直接输出数字信号，有的传感器将处理功能集成一体，直接得到被测物理量。

(4) 数据存储与显示是将被测量信息变成感官能接受的形式，以达到监视、控制或分析的目的。测量结果可以采用模拟显示，也可以采用数字显示，还可以由记录装置自动记录并存储，或由打印机将数据打印。当然，数据显示功能还有一定的不足，因为所有测量数据均希望得到永久保存，所以实时的数据存储也是必要的。

### 1.1.2 测试系统分类

测试系统通常可以分为开环测试系统与闭环测试系统。

**1. 开环测试系统**

开环测试系统的全部信息变换只沿着一个方向进行：被测对象→传感、变送 $k_1$→放大 $k_2$→显示 $k_3$。

$$y=f(k_1,k_2,k_3,x) \tag{1-1}$$

式中：$x$ 为输入量。$y$ 为输出量。$k_1$、$k_2$、$k_3$ 为各个环节的传递系数。输入输出关系为各个环节传递系数的函数。

采用开环方式构成的测试系统，结构较简单，但各个环节特性的变化都会造成测量误差，有的误差甚至是线性或几何放大。

**2. 闭环测试系统**

闭环测试系统有两个通道：一为正向通道，二为反馈通道。闭环测试系统结构为：被测对象→传感、变送 $k_1$→放大 $k_2$→输出、显示 $k_3$。

若 $\Delta x$ 为正向通道的输入量，$\beta$ 为反馈环节的传递系数，正向通道的总传递系数 $k=k_2k_3$。

由上可知：

$$\Delta x=x_1-x_f;\quad x_f=\beta y;\quad y=k\Delta x=k(x_1-x_f)=kx_1-k\beta y;$$

$$y=\frac{k}{1+k\beta}x_1=\frac{1}{1/k+\beta}x_1 \tag{1-2}$$

当 $k\gg1$ 时，则 $y\approx\frac{1}{\beta}x_1$，因为 $x_1=k_1x$，$y=\frac{k}{1+k\beta}x_1$，所以，系统的输入/输出关系为

$$y=\frac{kk_1}{1+k\beta}x\approx\frac{k_1}{\beta}x \tag{1-3}$$

显然，这时整个系统的输入/输出关系由反馈环节的特性决定，放大器等环节特性的变化不会造成测量误差，或者说造成的误差很小。但是系统设计较复杂，成本相对较高。

根据以上分析可知，在构成测试系统时，应将开环测试系统与闭环测试系统巧妙地组合在一起应用，才能达到所期望的目的。特别是目前应用相当广泛的伺服类传感器就是采用了反馈回路的闭环测量。

# 1.2 传感器基本原理

## 1.2.1 传感器的基本概念

传感器：能感受规定的被测量并按照一定规律转换成可用输出信号的器件或装置。其主要内涵包括：

(1) 从传感器的输入来看，一个指定的传感器只能感受规定的被测量，即传感器对规定的物理量具有最大的灵敏度和最好的选择性。

(2) 从传感器的输出来看，传感器的输出信号为可用信号，即便于处理、传输的信号，如常见的电信号、光信号等，当然或许是更先进、更实用的其他信号形式。

(3) 从输入与输出的关系来看，输入-输出之间的关系应具有一定规律，即传感器的输

入与输出不仅是相关的，而且可以用确定的数学模型来描述，也就是它有确定规律的静态特性和动态特性。

### 1.2.2 传感器的分类

传感器的种类繁多，因此有许多种分类方法，通常按以下方式分类。

**1. 按被测原理分类**

(1) 机械量：位移、力、速度、加速度等。

(2) 热工量：温度、热量、流量(速)、压力(差)、液位等。

(3) 物性参量：浓度、黏度、比重、酸碱度等。

(4) 状态参量：裂纹、缺陷、泄漏、磨损等。

这种分类方法是按用途进行分类的，给使用者提供了方便，容易根据测量对象来选择传感器。

**2. 按测量原理分类**

传感器可分为电阻式、电感式、电容式、压电式、光电式、光纤、磁敏式、激光、超声波等。现有传感器的测量原理都是基于物理、化学与生物等各种效应和定律，这种分类方法便于从原理上认识输入与输出之间的变换关系，有利于专业人员从原理、设计及应用上作归纳性的分析与研究。

**3. 按信号变换特征分类**

(1) 结构型：主要通过传感器结构参量的变化实现信号变换。例如，电容式传感器依靠极板间距离的变化引起电容量的改变。

(2) 物性型：利用敏感元件材料本身物理属性的变化来实现信号变换。例如，水银温度计利用水银的热胀冷缩现象测量温度，压电式传感器利用石英晶体的压电效应实现测量等。

**4. 按能量关系分类**

(1) 能量转换型：传感器改接由被测对象输入能量使其工作。例如，热电偶、光电池等，这种类型的传感器也称为有源传感器。

(2) 能量控制型：传感器从外部获得能量使其工作，由被测量的变化控制外部供给能量的变化，例如，电阻式、电感式等传感器。这种类型的传感器必须由外部提供激励源(电源等)，因此也称无源传感器。

传感器按能量关系分类如表 1-1 所示。

**表 1-1 传感器按能量关系分类**

| 类　型 | 常见形式 |
| --- | --- |
| 能量转换型 | 压电效应(压电式)、压磁效应(压磁式)、热电效应(热电偶)、电磁效应(磁电式)、光生伏特效应(光电池)、热磁效应、热电磁效应、静电式 |
| 能量控制型 | 应变效应(应变片)、压阻效应(应变片)、热阻效应(热电阻、热敏电阻)、磁阻效应(磁敏电阻)、内光电效应(光敏电阻)、霍尔效应(霍尔元件)、电容(电容式)、电感(电感式) |

除以上分类方法外，按照输出量不同，传感器可分为模拟式传感器和数字式传感器；按照测量方式不同，传感器可分为接触式传感器和非接触式传感器等。

### 1.2.3 常用技术性能指标

一般传感器常用的技术性能指标如下：

(1) 输入量的性能指标：量程或测量范围、过载能力等。

(2) 静态特征值指标：线性度、迟滞、重复性、精确、灵敏度、分辨率、稳定性和漂移等。

(3) 动态特性指标：固有频率、阻尼比、频率特性、时间常数、上升时间、响应时间、超调量、稳态误差等。

(4) 可靠性指数：工作寿命、平均无故障时间、故障率、疲劳性能、绝缘、耐压、耐温等。

(5) 对环境要求的指标：工作温度范围、温度漂移、灵敏度漂移系数、抗潮湿、抗介质腐蚀、抗电磁场干扰能力、抗冲振要求等。

(6) 使用及配接要求：供电方式(直流、交流、频率、波形等)、电压幅度与稳定度、功耗、安装方式(外形尺寸、重量、结构特点等)、输入阻抗(对被测对象影响)、输出阻抗(对配接电路要求)等。

## 1.3 电阻应变式传感器

电阻应变式传感器是应用广泛的传感器之一，它可用于不同的弹性敏感元件，构成测量位移、加速度、压力等各种参数的电阻应变式传感器。虽然新型传感器不断出现，为测试技术开拓了新的领域，但是，由于电阻应变测试技术具有其独特的优点，所以它仍然是目前非常重要的检测手段之一。电阻应变式传感器的主要优点如下：

(1) 由于电阻应变片尺寸小、质量轻，具有良好的动态特性，应变片粘贴在试件上对其工作状态和应力分布基本没有影响，适用于静态和动态测量。

(2) 测量应变的灵敏度和精度高，可测量 1～2μm 应变，误差为 1%～2%。

(3) 测量范围上，既可测量弹性应变，也可测量塑性变形，变形范围为 1%～20%。

(4) 能适应各种环境，可在高(低)温、超低压、高压、水下、强磁场以及辐射和化学腐蚀等恶劣环境中使用。

电阻应变式传感器的缺点是输出信号微弱，在大应变状态下具有较明显的非线性等。

### 1.3.1 电阻应变片的工作原理

电阻应变式传感器由弹性敏感元件和电阻应变片组成，当弹性敏感元件受到被测为压力等作用时，将产生位移、应力和应变，粘贴在弹性敏感元件上的电阻应变片将应变转换成电阻的变化。这样，通过测量电阻应变片的电阻值变化，从而确定被测量的大小。

电阻应变片的工作原理是基于导体和半导体材料的电阻应变效应和压阻效应。电阻应变效应是指电阻材料的电阻值随机械变形而变化的物理现象；压阻效应是指电阻材料受到荷载作用而产生应力时，其电阻率发生变化的物理现象。

下面以单根电阻丝为例说明电阻应变片的工作原理。设电阻丝的长度为 $L$，截面面积

为 $A$，电阻率为 $\rho$，其初始电阻值为

$$R=\rho\frac{L}{A} \tag{1-4}$$

当电阻丝受到拉伸或压缩时，其几何尺寸和电阻值同时发生变化，对式(1-4)两边同时取对数后再求导，即可求得电阻值的相对变化为

$$\frac{dR}{R}=\frac{dL}{L}-\frac{dA}{A}+\frac{d\rho}{\rho} \tag{1-5}$$

式中：$\frac{dL}{L}=\varepsilon_x$，$\varepsilon_x$ 为电阻丝的纵向应变。$\frac{dA}{A}$为截面面积的相对变化(若取 $A=\pi r^2 r$，为电阻丝的半径，则$\frac{dA}{A}=2\frac{dr}{r}$，其中$\frac{dr}{r}=\varepsilon_v$ 为电阻丝的横向应变，且 $\varepsilon_v=-\mu\varepsilon_x$，$\mu$ 为电阻丝材料的泊松系数)。

于是，式(1-5)可写为

$$\frac{dR}{R}=(1+2\mu)\varepsilon_x+\frac{d\rho}{\rho} \tag{1-6}$$

由此可知，电阻丝电阻的相对变化是由两部分引起的：$(1+2\mu)\varepsilon_x$ 是由电阻丝几何尺寸变化引起的电阻变化，即电阻应变效应；$\frac{d\rho}{\rho}$是电阻丝受到应力作用而引起的电阻率的变化，即压阻效应。

对于金属材料，电阻应变效应是主要的，电阻率的变化可忽略不计，所以有

$$\frac{dR}{R}=(1+2\mu)\varepsilon_x \tag{1-7}$$

对于半导体材料，压阻效应是主要的，有

$$\frac{dR}{R}=\frac{d\rho}{\rho} \tag{1-8}$$

由于电阻率的相对变化量$\frac{d\rho}{\rho}$与电阻丝轴向应力 $\sigma(\sigma=E\varepsilon_x)$有关，即

$$\frac{d\rho}{\rho}=\pi_L\sigma=\pi_L E\varepsilon_x \tag{1-9}$$

式中：$\pi_L$ 为压阻系数，与半导体材料的材质有关；$E$ 为电阻丝材料的弹性模量。

于是，对于半导体材料有

$$\frac{dR}{R}=\pi_L E\varepsilon_x \tag{1-10}$$

定义电阻丝的灵敏度系数为

$$S_0=\frac{dR/R}{\varepsilon_x} \tag{1-11}$$

灵敏度系数的物理意义为单位应变所引起的电阻相对变化。显然，对于金属材料，$S_0=1+2\mu$，通常为 1.8～3.6；对于半导体材料，$S_0=\pi_L E$，通常在 100 以上。可见，半导体材料的灵敏度远远高于金属材料的灵敏度。

应该指出的是，电阻丝的灵敏度系数 $S_0$ 与同一材料制成的电阻应变片的灵敏度系数 $S$ 是不同的，因为结构因素会影响电阻应变片灵敏度系数，只能由试验测定。试验表明，电阻

应变片的电阻相对变化$\frac{dR}{R}$与$\varepsilon_x$的关系在很大范围内仍然具有很好的线性关系，即

$$\frac{dR}{R}=S\varepsilon_x \quad 或 \quad S=\frac{dR/R}{\varepsilon_x} \tag{1-12}$$

由于电阻应变片粘贴到试件上后不能取下再用，所以制造厂只能在每批产品中提取一定比例(一般为5%)的应变片，测定灵敏度系数$S$值，然后取其平均值作为这批产品的灵敏度系数，这就是产品包装盒上注明的标称灵敏度系数。

### 1.3.2 电阻应变片的横向效应

将直的电阻丝绕成栅状后，应变片的电阻变化可以写为

$$\frac{\Delta R}{R}=S_x\varepsilon_x+S_y\varepsilon_v \tag{1-13}$$

式中：$S_x$为应变片对纵向应变的灵敏系数，它代表$\varepsilon_v=0$时，其电阻相对变化与纵向应变$\varepsilon_x$之比；$S_y$为应变片对横向应变的灵敏系数，它代表$\varepsilon_v=0$时，其电阻相对变化与纵向应变$\varepsilon_v$之比；$\varepsilon_x$、$\varepsilon_v$分别为纵向应变和横向应变；令$C=S_y/S_x$，称为横向效应系数，则$\frac{\Delta R}{R}=S_x(\varepsilon_x+C\varepsilon_v)$为应变片的一般式。

在应变片纵向应力作用下，材料的泊松系数为$\mu_0$，式(1-13)可写为

$$\frac{\Delta R}{R}=S_x(1-C\mu_0)\varepsilon_x=S\varepsilon_x \tag{1-14}$$

由于横向效应系数$C$的作用，在测量纵向应变时，圆弧部分产生了一个负的电阻的变化，从而降低了应变片的灵敏度系数。

## 1.4 测量误差与数据处理

### 1.4.1 测量误差

测量的目的是希望通过测量获取被测量值的真实值。但因为种种因素，例如，传感器本身性能不十分优良、测量方法不十分完善、外界干扰的影响等，都会造成被测参数的测量值与真实值不一致，两者不一致程度用测量误差表示。测量误差就是测量值与真实值之间的差值。它的大小反映了测量质量的好坏。

**1. 测量误差的表示方法**

测量误差的表示方法有多种，含义各异。

(1) 绝对误差可用下式定义：

$$\Delta=x-L$$

式中：$\Delta$为绝对误差，$x$为测量值，$L$为真实值。

对测量值进行修正时，要用到绝对误差。修正值是与绝对误差大小相等、符号相反的值，实际值等于测量值加上修正值。

采用绝对误差表示测量误差，不能很好地说明测量质量的好坏，因为测试对象和范围的

要求不同,相同的绝对误差有不同的精度结果。例如,在温度测量时,绝对误差 $\Delta=1℃$,对体温测量来说是不允许的,而对测量钢水温度来说却是一个极好的测量结果。

(2) 相对误差的定义由下式给出

$$\delta=\Delta/L\times100\% \tag{1-15}$$

式中:$\delta$ 为相对误差,一般用百分数表示;$\Delta$ 为绝对误差;$L$ 为真实值。

由于被测量的真实值 $L$ 无法知道,实际测量时用测量值 $x$ 代替真实值 $L$ 进行计算,此时,相对误差称为标称相对误差,即

$$\delta=\Delta/x\times100\% \tag{1-16}$$

(3) 引用误差是仪表中通用的一种误差表示方法。它是相对仪表满量程的一种误差,一般也用百分数表示,即

$$\gamma=\Delta/(\text{测量范围上限}-\text{测量范围下限})\times100\% \tag{1-17}$$

式中:$\gamma$ 为引用误差;$\Delta$ 为绝对误差。

仪表精度等级是根据引用误差来确定的。例如,0.5 级表的引用误差最大值不超过±0.5%,1.0 级表的引用误差最大值不超过±1%。

(4) 基本误差是指仪表在规定的标准条件下所具有的误差。例如,仪表是在电源电压(220±5)V、电网频率(50±2)Hz、环境温度(20±5)℃、湿度 65%±5%的条件下标定的。如果这台仪表在此条件下工作,则仪表所具有的误差为基本误差。测量仪表的精度等级由基本误差决定。

(5) 附加误差是指当仪表的使用条件偏离额定条件时出现的误差。例如,温度附加误差、频率附加误差、电源电压波动附加误差等。

**2. 误差的性质**

根据测量数据中误差所呈现的规律,误差可分为三种,即系统误差、随机误差和粗大误差。

(1) 系统误差。对同一被测量进行多次重复测量时,如果误差按照一定的规律出现,则把这种误差称为系统误差。例如,标准量值的不准确及仪表刻度的不准确而引起的误差属于系统误差。

(2) 随机误差。对同一被测量进行多次重复测量时,绝对值和符号不可预知地随机变化,但就误差的总体而言,具有一定统计规律性的误差称为随机误差。

引起随机误差的原因是很多难以掌握或暂时未能掌握的微小因素,一般无法控制,对于随机误差,不能用简单的修正值来修正,只能用概率和数理统计的方法去计算它出现的可能性大小。

(3) 粗大误差。明显偏离测量结果的误差称为粗大误差,又称疏忽误差。这类误差是由测量者疏忽大意或者环境条件的突然变化而引起的。

### 1.4.2 测量数据的估计和处理

从工程测量实践可知,测量数据中含有系统误差和随机误差,有时还会含有粗大误差。它们的性质不同,对测量结果的影响及处理方法也不同。在测量中,对测量数据进行处理时,首先判断测量数据中是否含有粗大误差,若有,则必须加以剔除。其次,看数据中是否存

在系统误差,对系统误差可设法消除或加以修正。对排除了系统误差和粗大误差的测量数据,利用随机误差性质进行处理。总之,对于不同情况的测量数据,先要加以分析研究、判断情况、分别处理,再经综合整理得出合乎科学的结果。

在测量中,当系统误差已设法消除或减小到可以忽略的程度,如果测量数据仍有不稳定的现象,则说明存在随机误差。

在等精度测量情况下,得 $n$ 个测量值 $x_1,x_2,\cdots,x_n$。设只含有随机误差 $\delta_1,\delta_2,\cdots,\delta_n$。这组测量值或随机误差都是随机事件,可用概率数理统计的方法来研究。随机误差的处理任务是,从随机数据中求出最接近真值的值(或称真值的最佳估计值),对数据精密的高低(或称可信赖的程度)进行评定并给出测量结果。

**1. 随机误差的正态分布曲线**

在大多数情况下,当测量次数足够多时,测量工程中产生的误差服从正态分布规律。分布密度函数为

$$y=f(x)=\frac{1}{\sigma\sqrt{2\pi}}\mathrm{e}^{-\frac{x^2}{2\sigma^2}} \tag{1-18}$$

和

$$y=f(\delta)=\frac{1}{\sigma\sqrt{2\pi}}\mathrm{e}^{-\frac{x^2}{2\sigma^2}} \tag{1-19}$$

式中:$y$ 为概率密度;$x$ 为测量值,随机变量;$\sigma$ 为均方根偏差,标准误差;$\delta$ 为随机误差,随机变量,$\delta=x-L$。其中,$L$ 为真值,随机变量 $x$ 的数学期望。

正态分布方程式的关系曲线为一条钟形曲线,说明随机变量在 $x=L$ 或 $\delta=0$ 处具有最大概率。

**2. 正态分布的随机误差的数字特征**

在实际测量时,真值 $L$ 不可能得到。但若随机误差服从正态分布,则算术平均值随机误差的概率密度最大。对被测量进行等精度的 $n$ 次测量,得 $n$ 个测量值 $x_1,x_2,\cdots,x_n$。

$$\bar{x}=(x_1+x_2+\cdots+x_n)/n=\frac{1}{n}\sum_{i=1}^{n}x_i \tag{1-20}$$

算术平均值是测量值中最可信赖的,它可以作为等精度多次测量的结果。

上述的算术平均值反映随机误差的分布中心,而均方根偏差则反映随机误差的分布范围。均方根偏差越大,测量数据的分布范围就越大,所以均方根偏差 $\sigma$ 可以描述测量数据和测量结果的精度。不同 $\sigma$ 下正态分布曲线:$\sigma$ 越小,分布曲线越陡峭,说明随机变量的分散性越小,则其精度就高;反之,$\sigma$ 越大,分布曲线越平坦,随机变量的分散性越大,则其精度就越低。

均方根偏差:

$$\sigma=\sqrt{\sum_{i=1}^{n}(x_i-L)^2/n}=\sqrt{\sum_{i=1}^{n}\delta_i^2/n} \tag{1-21}$$

式中:$n$ 为测量次数,$x_i$ 为第 $i$ 次测量值。

在实际测量时，由于真值 $L$ 无法确切知道，用测量值的算术平均值 $\bar{x}$ 代替它，$n$ 个测量值与算术平均值的差值为残余误差，即

$$v_i = x_i - \bar{x}$$

$$\sigma = \sqrt{\sum_{i=1}^{n}(x_i - \bar{x})^2/(n-1)} = \sqrt{\sum_{i=1}^{n} v_i^2/(n-1)} \tag{1-22}$$

通常在有限次测量时，算术平均值不可能等于被测量的真值 $L$，它也是随机变动的。设对被测量值进行 $m$ 组的"多次测量"，各组所得的算术平均值 $\bar{x}_1, \bar{x}_2, \cdots \bar{x}_m$，围绕真值 $L$ 有一定分散性，也是随机变量。算术平均值 $\bar{x}$ 的精度可由算术平均值 $\bar{x}$ 的均方根偏差 $\sigma_{\bar{x}}$ 来评定，它与算术平均值 $\sigma_s$ 的关系如下。

$$\sigma_{\bar{x}} = \sigma_s / \sqrt{n} \tag{1-23}$$

利用分布曲线进行测量数据处理的目的是求取测量的结果，确定相应的误差限以及分析测量的可靠性。为此，需要计算正态分布在不同区间的概率。分布曲线下的全部面积应等于总概率。由残余误差表示的正态分布密度函数为

$$y = f(v) = \frac{1}{\sigma\sqrt{2\pi}} e^{-\frac{v2}{2\sigma^2}} \tag{1-24}$$

$$\int_{-\infty}^{+\infty} y \, dv = 100\% = 1 \tag{1-25}$$

在任意误差区间[$a, b$)出现的概率为

$$P(a \leqslant v < b) = \frac{1}{\sigma\sqrt{2\pi}} \int_a^b e^{-\frac{v2}{2\sigma^2}} dv \tag{1-26}$$

式中：$\sigma$ 为正态分布的特征参数，误差区间通常表示成 $\sigma$ 的倍数，如 $t\sigma$。由于随机误差分布对称性的特点，常取对称的区间，即

$$P\alpha = P(-t\sigma \leqslant v \leqslant +t\sigma) = \frac{1}{\sigma\sqrt{2\pi}} \int_a^b e^{-\frac{v2}{2\sigma^2}} dv \tag{1-27}$$

式中：$t$ 为置信区间，$P\alpha$ 为置信概率，$\pm t\sigma$ 为误差限。几个典型 $t$ 值及其相应概率见表 1-2。

**表 1-2　典型 $t$ 值及其相应的概率**

| $t$ | 0.647 | 1 | 1.96 | 2 | 2.58 | 3 | 4 |
|---|---|---|---|---|---|---|---|
| $P$ | 0.5000 | 0.6827 | 0.9500 | 0.9545 | 0.9900 | 0.9973 | 0.9994 |

随机误差在 $\pm t\sigma$ 的范围内出现的概率为 $P\alpha$，则超出的概率称为显著度，用 $\alpha$ 表示，$\alpha = 1 - P\alpha$。

当 $t=1$ 时，$P=0.6827$，即测量结果中随机误差出现在 $-\sigma \sim +\sigma$ 内的概率为 68.27%，而 $|v| > \sigma$ 的概率为 31.73%。出现在 $-3\sigma \sim +3\sigma$ 内的概率是 99.73%，因此可以认为绝对值大于 $3\sigma$ 的误差是不可能出现的，通常把这个误差称为极限误差 $\sigma_{\lim}$。按照上面分析，测量结果可表示为 $x = \bar{x} \pm \sigma_{\bar{x}}$（$P\alpha = 0.6827$）或 $x = \bar{x} \pm 3\sigma_z$（$P\alpha = 0.9973$）。

## 1.5 系统误差的通用处理方法

### 1.5.1 系统误差的根源

系统误差是在一定的测量条件下,测量值中含有固定不变或按一定规律变化的误差。系统误差不具有抵偿性,重复测量也难以发现,在工程测量中应特别注意该项误差。

系统误差由于其特殊性,在处理方法上与随机误差完全不同。减小或消除系统误差的关键是如何查找误差根源,这就需要对测量设备、测量对象和测量系统作全面分析,明确其中有无产生明显系统误差的因素,并采取相应措施予以修正或消除。一般可从以下几个方面进行分析:

(1) 所用传感器、测量仪表或组成元件是否准确可靠。如传感器或仪表灵敏度不足,仪表刻度不准确,变换器、放大器等性能不太优良,由这些引起的误差是常见的系统误差。

(2) 测量方法是否完善。如用电压表测量电压,电压表的内阻对测量结果有影响。

(3) 传感器或仪表安装、调整或放置是否正确合理。如没有调好仪表水平位置,安装时仪表指针偏心等都会引起系统误差。

(4) 传感器或仪表工作场所的环境条件是否符合规定条件。如环境、温度、湿度、气压等的变化也会引起系统误差。

(5) 测量者的操作是否正确。如读数时的视差、视力疲劳等都会引起系统误差。

### 1.5.2 系统误差的发现

发现系统误差一般比较困难,下面介绍几种发现系统误差的方法。

**1. 试验对比法**

这种方法是通过改变产生系统误差的条件,进行不同条件的测量,以发现系统误差。这种方法适用于发现固定的系统误差。例如,一台测量仪表本身存在固定的系统误差,即使进行多次测量也不能发现,则只有用精度更高的测量仪表测量,才能发现这台测量仪表的系统误差。

**2. 残余误差观察法**

这种方法是根据测量值的残余误差的大小和符号的变化规律,直接由误差数据或误差曲线图判断有无变化的系统误差。把残余误差按测量值先后顺序排列,排列后有递减的变值系统误差,则可能有周期性系统误差。

**3. 准则检查法**

目前已有多种准则供检验测量数据中是否含有系统误差。不过这些准则都有一定的适用范围。如马利科夫判据是将残余误差前后各半分两组,若前半组 $\sum v_i$ 与后半组 $\sum v_i$ 之差明显不为零,则可能含有线性系统误差。阿贝检验法则检查残余误差是否偏离正态分布,若偏离,则可能存在变化的系统误差。将测量值的残余误差按测量顺序排列,且设

$$A=v_1^2+v_2^2+\cdots+v_n^2,\quad B=(v_1-v_2)^2+(v_n-v_1)^2$$

若$|B/2A-1|>1/\sqrt{n}$，则可能含有变化的系统误差。

## 1.5.3　系统误差的消除

### 1. 在测量结果中进行修正

对于已知的系统误差，可以用修正值对测量结果进行修正。对于未知系统误差，则按随机误差进行处理。

### 2. 消除系统误差的根源

在测量之前仔细检查仪表，正确调整和安装，防止外界干扰影响；选好观测位置消除视差，选择环境条件比较稳定时进行读数等。

### 3. 在测量系统中采取补偿措施

找出系统误差的规律，在测量过程中自动消除系统误差。如用热电偶参考端温度变化会引起系统误差，消除此误差的办法之一是在热电偶回路中加一个冷端补偿器，从而进行自动补偿。

### 4. 实时反馈修正

由于自动化测量技术及计算机的应用，可用实时反馈修正的办法来消除复杂的变化系统误差。当查明某种误差因素的变化对测量结果有明显的复杂影响时，应尽可能找出其影响测量结果的函数关系或近似的函数关系。

## 1.5.4　粗大误差

如前所述，在对重复测量所得一组测量值进行数据处理之前，首先应将具有粗大误差的可疑数据找出来，加以剔除。绝对不能凭主观意愿对数据任意进行取舍，而要有一定的根据原则。就是要看这个可疑值的误差是否仍处于随机误差的范围之内，是则留，不是则弃。因此，要对测量数据进行必要的检验。

### 1. 3σ 准则

通常把等于$3\sigma$的误差称为极限误差，$3\sigma$准则：如果一组测量数据中某个测量值的残余误差的绝对值$|v_i|>3\sigma$，则该测量值为可疑值(坏值)，应剔除。

### 2. 肖维勒准则

肖维勒准则以正态分布为前提，假设多次重复测试所得$n$个测量值中，某个测量值的残余误差$|v_i|>Z_c\sigma$，则剔除此数据。实际中$Z_c<3$，可以在一定程度上弥补了$3\sigma$准则的不足。肖维勒准则中的$Z_c$值见表1-3。

表1-3　肖维勒准则中的$Z_c$值

| $n$ | 3 | 4 | 5 | 6 | 7 | 8 | 9 | 10 | 11 | 12 | 13 | 14 | 15 | 16 | 18 | 20 | 25 | 30 | 40 | 50 |
|---|---|---|---|---|---|---|---|---|---|---|---|---|---|---|---|---|---|---|---|---|
| $Z_c$ | 1.38 | 1.54 | 1.65 | 1.73 | 1.80 | 1.86 | 1.92 | 1.96 | 2.00 | 2.03 | 2.07 | 2.10 | 2.13 | 2.15 | 2.20 | 2.24 | 2.33 | 2.39 | 2.49 | 2.58 |

### 3. 格拉布斯准则

某个测量值的残余误差的绝对值$|v_i|>G\sigma$，则判断此值中含有粗大误差，应予剔除，此

即格拉布斯准则。$G$ 值与测量次数 $n$ 和置信概率 $P_x$ 有关(表 1-4)。

**表 1-4 格拉布斯准则 $G$ 值**

| 测量次数 | 置信概率 $P_x$ | | 测量次数 | 置信概率 $P_x$ | |
|---|---|---|---|---|---|
| | 0.95～0.99 | | | 0.95～0.99 | |
| 3 | 1.16 | 1.15 | 11 | 2.48 | 2.23 |
| 4 | 1.49 | 1.46 | 12 | 2.55 | 2.28 |
| 5 | 1.75 | 1.67 | 13 | 2.61 | 2.33 |
| 6 | 1.94 | 1.82 | 14 | 2.66 | 2.37 |
| 7 | 2.10 | 1.94 | 15 | 2.70 | 2.41 |
| 8 | 2.22 | 2.03 | 16 | 2.74 | 2.44 |
| 9 | 2.32 | 2.11 | 17 | 2.82 | 2.50 |
| 10 | 2.41 | 2.18 | 18 | 2.88 | 2.56 |

以上标准是以数据按正态分布为前提的,当数据偏离正态分布,特别是测量次数很少时,则判断的可靠性差。因此,对粗大误差除用剔除的准则处理外,更重要的是,要提高工作人员的技术水平和工作责任心。另外,要保证测量条件稳定,防止因环境条件剧烈变化而产生突变影响。

### 1.5.5 不等精度测量的权与误差

以上是等精度测量的问题,即多次重复测量所得的各个测量值具有相同的精度,可用同一个均方根偏差 $\sigma$ 值来表征,或者说具有相同的可信赖程度。严格地说,绝对的等精度测量是很难保证的,但对条件差别不大的测量,一般都当作等精度测量对待,某些条件的变化,如测量时温度的波动等,只作为误差来考虑。因此,一般测量实践基本上都属于等精度测量。

但在科学试验或高精度测量中,为了提高测量的可靠性和精度,往往在不同的测量条件下,用不同的测量仪表、不同的测量方法、不同的测量次数以及不同的测试者进行对比,认为它们是不等精度的测量。

**1. 权的概念**

在不等精度测量时,对同一被测量进行 $m$ 组测量,得到 $m$ 组测量列(进行多次测量的一组数据称为一测量列)的测量结果及其误差,它们不能被同等看待。精度高的测量列具有较高的可靠性,将这种可靠性的大小称为权。

权可理解为各组测量结果相对的可信赖程度。测量次数多,测量方法完善,测量仪表精度高,测量的环境条件好,测量人员水平高,则测量结果可靠,其权也大。权是相比较而存在的。权用符号 $p$ 表示,有两种计算方法。

(1) 用各组测量列的测量次数 $n$ 的比值表示,并取测量次数较小的测量列的权为 1,则有

$$p_1 : p_2 : \cdots : p_m = n_1 : n_2 : \cdots : n_m$$

(2) 用各组测量列的误差平方的倒数的比值表示,并取误差较大的测量列的权为 1,

则有

$$p_1 : p_2 : \cdots : p_m = (1/\sigma_1)^2 : (1/\sigma_2)^2 : \cdots : (1/\sigma_m)^2 \tag{1-28}$$

**2. 加权算术平均值**

加权算术平均值不同于一般的算术平均值，应考虑各测量列的权的情况。若对同一被测量进行 $m$ 组不等精度测量，得到 $m$ 个测量列的算术平均值 $x_1, x_2, \cdots, x_m$，相应各组的权分别为 $p_1, p_2, \cdots, p_m$，则加权平均值可用下式表示：

$$\bar{x}_p = \frac{x_1 + x_2 + \cdots + x_m}{p_1 + p_2 + \cdots + p_m} = \sum_{i=1}^{m} \bar{x}_i p_i \Big/ \sum_{i=1}^{m} p_i \tag{1-29}$$

**3. 加权算术平均值 $x_p$ 的标准误差 $\sigma_{\bar{x}_p}$**

当进一步计算加权算术平均值的标准误差时，需要考虑各测量列的权的情况，标准误差 $\sigma_{\bar{x}_p}$ 可由下式计算：

$$\sigma_{\bar{x}_p} = \sqrt{\sum_{i=1}^{m} p_i v_i^2 / (m-1) \sum_{i=1}^{m} p_i} \tag{1-30}$$

式中：$p_i$ 为 $v_i$ 各测量列的算术平均值 $\bar{x}_i$ 与加权算术平均值 $\bar{x}_p$ 的差值。

# 1.6　测量数据处理中的几个问题

## 1.6.1　系统误差的合成

一个测量系统是由一个或多个传感器组成的，设各环节为 $x_1 + x_2 + \cdots + x_m$，系统总的输入和输出关系为 $y = f(x_1, x_2, \cdots, x_n)$，而各个环节存在局部误差。各局部误差对整个测量系统或传感器测量误差的影响就是误差的合成问题。若已知各环节的误差而求总的误差，叫作误差的合成。反之，确定总的误差后，要确定各环节具有多大误差才能保证总的误差值不超过规定值，这一过程叫作误差的分配。

由于随机误差与系统误差的规律和特点不同，误差的合成与分配的处理方法也不同。

**1. 输入输出函数**

系统总的输入输出函数关系为

$$y = f(x_1, x_2, \cdots, x_n) \tag{1-31}$$

各部分定值系统误差分别为 $\Delta x_1, \Delta x_2, \Delta x_n$，因为系统误差一般很小，其误差可用微分来表示，故其合成表达式为

$$dy = \frac{\partial f}{\partial x_1} dx_1 + \frac{\partial f}{\partial x_2} dx_2 + \cdots + \frac{\partial f}{\partial x_n} dx_n \tag{1-32}$$

实际计算误差时，是以各个环节的定值系统误差 $\Delta x_1, \Delta x_2, \Delta x_n$ 代替其中的 $dx$，即

$$\Delta y = \frac{\partial f}{\partial x_1} \Delta x_1 + \frac{\partial f}{\partial x_2} \Delta x_2 + \cdots + \frac{\partial f}{\partial x_n} \Delta x_n \tag{1-33}$$

式中：$\Delta y$ 为合成后的总定值系统误差。

**2. 随机误差的合成**

设测量系统或传感器由 $n$ 个环节组成，各部分的均方根偏差为 $\partial x_1, \partial x_2, \partial x_n$，则随机

误差的合成表达式为

$$\sigma_y=\sqrt{\left(\frac{\partial f}{\partial x_1}\right)^2\sigma^2 x_1+\left(\frac{\partial f}{\partial x_2}\right)^2\sigma^2 x_2+\cdots+\left(\frac{\partial f}{\partial x_n}\right)^2\sigma^2 x_n} \tag{1-34}$$

若 $y=f(x_1,x_2,\cdots,x_n)$ 为线性函数，则

$$y=a_1x_1+a_2x_2+\cdots+a_nx_n \tag{1-35}$$

$$\sigma_y=\sqrt{a_1^2x_1^2+a_2^2x_2^2+\cdots+a_n^2x_n^2} \tag{1-36}$$

如果 $a_1=a_2=a_n=1$，则

$$\sigma_y=\sqrt{\sigma_{x_1}^2+\sigma_{x_2}^2+\cdots+\sigma_{x_n}^2} \tag{1-37}$$

**3. 总合成误差**

设测量系统和传感器的系统误差及随机误差均为相互独立的，则总的合成误差 $\varepsilon$ 表示为

$$\varepsilon=\Delta y\pm\sigma_y$$

## 1.6.2 最小二乘法的应用

最小二乘法是一个数学原理，它是误差数据处理中的一种数据处理手段。最小二乘法原理就是获得最可信赖的测量结果，使各测量值的残余误差平方和最小。在等精度和不等精度测量中，用算术平均值或加权算术平均值作为多次测量的结果，因为它们符合最小二乘法原理。最小二乘法原理在组合测量的数据处理、试验曲线的拟合及其他多学科等方面，均获得了广泛的应用。下面举例组合测量。

铂电阻值 $R$ 与温度 $t$ 之间的函数关系式为

$$R_t=R_0(1+\alpha t+\beta t^2) \tag{1-38}$$

式中：$R_0$、$R_t$ 分别为铂电阻在 0℃、$t$℃时的电阻值；$\alpha$、$\beta$ 为电阻温度系数。

若在不同温度条件下测得一系列电阻值 $R$，求电阻温度系数 $\alpha$ 和 $\beta$。由于在测量中不可避免地引入误差，如何求得一组最佳的或最恰当的解，使 $R_t=R_0(1+\alpha t+\beta t^2)$ 具有最小的误差呢？通常的做法是使测量次数大于所求未知量个数 $m(n>m)$，采用最小二乘原理计算。

为了讨论方便起见，我们用线性函数通式表示。设 $x_1,x_2,\cdots,x_m$ 为待求量，$y_1,y_2,\cdots,y_n$ 为直接测量值，相应的函数关系为

$$\begin{gathered}
y_1=a_{11}x_1+a_{12}x_2+\cdots+a_{1m}x_m\\
y_2=a_{21}x_1+a_{22}x_2+\cdots+a_{2m}x_m\\
\vdots\\
y_n=a_{n1}x_1+a_{n2}x_2+\cdots+a_{nm}x_m
\end{gathered}$$

若 $x_1,x_2,\cdots,x_m$ 是待求量，$x_1,x_2,\cdots,x_m$ 为最可信赖的值，又称最佳估计值，则相应的估计值亦有下列函数关系

$$\begin{gathered}
y_1=a_{11}x_1+a_{12}x_2+\cdots+a_{1m}x_m\\
y_2=a_{21}x_1+a_{22}x_2+\cdots+a_{2m}x_m\\
\vdots\\
y_n=a_{n1}x_1+a_{n2}x_2+\cdots+a_{nm}x_m
\end{gathered}$$

相应的误差方程为

$$l_1 - y_1 = l_1 - (a_{11}x_1 + a_{12}x_2 + \cdots + a_{1m}x_m)$$
$$l_2 - y_2 = l_2 - (a_{21}x_1 + a_{22}x_2 + \cdots + a_{2m}x_m)$$
$$\vdots$$
$$l_n - y_n = l_n - (a_{n1}x_1 + a_{n2}x_2 + \cdots + a_{nm}x_m)$$

式中：$l_1$、$l_2$、…、$l_n$ 为带有误差的实际测量值。

按最小二乘法原理，要获取最可信赖的结果 $x_1, x_2, \cdots, x_m$，应使上述方程组的残余误差平方和最小，即

$$v_1^2 + v_2^2 + \cdots + v_n^2 = \sum v_i^2 = [v^2] = \min$$
$$\partial[v^2]/\partial x_1 = 0$$
$$\partial[v^2]/\partial x_2 = 0$$
$$\partial[v^2]/\partial x_m = 0$$

将上述偏微分方程整理，最后可写成

$$[a_1a_1]x_1 + [a_1a_2]x_2 + \cdots + [a_1a_m]x_m = [a_1l]$$
$$[a_2a_1]x_1 + [a_2a_2]x_2 + \cdots + [a_2a_m]x_m = [a_2l]$$
$$\vdots \qquad \vdots \qquad \vdots$$
$$[a_ma_1]x_1 + [a_ma_2]x_2 + \cdots + [a_ma_m]x_m = [a_ml]$$

即为等精度测量的线性函数最小二乘法估计的正规方程，其中

$$[a_1a_1] = a_{11}a_{11} + a_{21}a_{21} + \cdots + a_{n1}a_{n1}$$
$$[a_1a_2] = a_{11}a_{12} + a_{21}a_{22} + \cdots + a_{n1}a_{n2}$$
$$\vdots$$
$$[a_1a_m] = a_{11}a_{1m} + a_{21}a_{2m} + \cdots + a_{n1}a_{nm}$$
$$[a_1l] = a_{11}l_1 + a_{21}l_2 + \cdots + a_{n1}l_n$$

正规方程是一个 $m$ 元线性方程组，当其系数行列式不为零时，有唯一确定的解，由此可解得欲求的估计值。$x_1, x_2, \cdots, x_m$ 即为符合最小二乘法原理的最佳解。

线性函数的最小二乘法处理写成矩阵形式比较方便。将误差方程式用矩阵表示为

$$\boldsymbol{L} - \boldsymbol{AX} = \boldsymbol{V}$$

$\boldsymbol{A} = \begin{pmatrix} a_{11} & \cdots & a_{1m} \\ \vdots & & \vdots \\ a_{n1} & \cdots & a_{nm} \end{pmatrix}$，估计值矩阵 $\boldsymbol{X} = \begin{pmatrix} x_1 \\ x_2 \\ \vdots \\ x_m \end{pmatrix}$，实际测量值矩阵 $\boldsymbol{L} = \begin{pmatrix} l_1 \\ l_2 \\ \vdots \\ l_n \end{pmatrix}$，残余误差矩阵 $\boldsymbol{V} = \begin{pmatrix} v_1 \\ v_2 \\ \vdots \\ v_n \end{pmatrix}$

残余误差平方和最小这一条件的矩阵形式为

$$(v_1, v_2, \cdots, v_n)\begin{pmatrix} v_1 \\ v_2 \\ \vdots \\ v_n \end{pmatrix} = \min$$

即 $\boldsymbol{V}'\boldsymbol{V}=\min$

或 $(\boldsymbol{L}-\boldsymbol{AX})'(\boldsymbol{L}-\boldsymbol{AX})=\min$

将上述线性函数的正规方程式用残余误差表示，可改写成

$$
\begin{aligned}
0&=a_{11}v_1+a_{21}v_2+\cdots+a_{n1}v_n\\
0&=a_{12}v_1+a_{22}v_2+\cdots+a_{n2}v_n\\
&\vdots\\
0&=a_{1m}v_1+a_{2m}v_2+\cdots+a_{nm}v_n
\end{aligned}
$$

矩阵形式为

$$
\begin{pmatrix} a_{11} & \cdots & a_{n1}\\ \vdots & & \vdots\\ a_{1m} & \cdots & a_{nm}\end{pmatrix}\begin{pmatrix} v_1\\ v_2\\ \vdots\\ v_n\end{pmatrix}=\boldsymbol{0}
$$

即 $\boldsymbol{A}'\boldsymbol{V}=\boldsymbol{0}$

$$
\begin{aligned}
\boldsymbol{A}'(\boldsymbol{L}-\boldsymbol{AX})&=\boldsymbol{0}\\
(\boldsymbol{A}'\boldsymbol{A})\boldsymbol{X}&=\boldsymbol{A}'\boldsymbol{L}\\
\boldsymbol{X}&=(\boldsymbol{A}'\boldsymbol{A})^{-1}\boldsymbol{A}'\boldsymbol{L}
\end{aligned}
$$

以上即为最小二乘法估计的矩阵解。

**【例 1-1】** 铜的电阻值 $R$ 与温度 $t$ 之间的关系为 $R_i=R_0(1+\alpha t)$，在不同温度下，测定铜的电阻值如表 1-5 所示。试估算 0℃时铜的电阻值 $R_0$ 和铜的电阻温度系数 $\alpha$。

**表 1-5 铜的电阻值和温度的关系**

| $t_i$/℃ | 19.1 | 25.0 | 30.1 | 36.0 | 40.0 | 45.1 | 50 |
|---|---|---|---|---|---|---|---|
| $R_i$/Ω | 76.30 | 77.8 | 79.75 | 80.80 | 82.35 | 83.90 | 85.10 |

列出误差方程

$$R_i-R_0(1+\alpha t_i)=V_i\quad(i=1,2,3,\cdots,7)$$

式中：$R_i$ 是在温度 $t_i$ 下测得的铜的电阻值。

令 $x=R_0/\Omega$，$y=\alpha R_0/(\Omega/℃)$，则误差方程可写为

$$
\begin{aligned}
76.30-(x+19.1y)&=v_1\\
77.80-(x+25.0y)&=v_2\\
79.75-(x+30.1y)&=v_3\\
80.80-(x+36.0y)&=v_4\\
82.35-(x+40.0y)&=v_5\\
83.90-(x+45.1y)&=v_6\\
85.10-(x+50.0y)&=v_7\\
[a_1a_1]x+[a_1a_2]y&=[a_1l]\\
[a_2a_1]x+[a_2a_2]y&=[a_2l]
\end{aligned}
$$

于是有

$$\sum_{i=1}^{7} t_i^2 x + \sum_{i=1}^{7} t_i y = \sum_{i=1}^{7} t_i$$

$$\sum_{i=1}^{7} t_i x + \sum_{i=1}^{7} t_i^2 y = \sum_{i=1}^{7} R_{t_i} \cdot t_i$$

将表 1-5 各值代入上式，得到

$$\begin{cases} 7x + 245.30y = 566 \\ 245.30x + 9325.83y = 20\,044.5 \end{cases}$$

解得

$$\begin{cases} x = 70.8 \\ y = 0.288\Omega/℃ \end{cases}$$

即

$$R_0 = 70.8\Omega$$

$$\alpha = y/R_0 = (0.288/70.8)℃^{-1} = 4.07 \times 10^{-3}℃^{-1}$$

用矩阵求解，则有

$$\boldsymbol{A'A} = \begin{pmatrix} 1 & 1 & 1 & 1 & 1 & 1 & 1 \\ 19.1 & 25.0 & 30.1 & 36.0 & 40.0 & 45.1 & 50.0 \end{pmatrix} \begin{pmatrix} 1 & 19.1 \\ 1 & 25.0 \\ 1 & 30.1 \\ 1 & 36.0 \\ 1 & 40.0 \\ 1 & 45.1 \\ 1 & 50.0 \end{pmatrix}$$

$$= \begin{pmatrix} 7 & 245.3 \\ 245.3 & 9325.83 \end{pmatrix}$$

$$|\boldsymbol{A'A}| = \begin{vmatrix} 7 & 245.3 \\ 245.3 & 9325.83 \end{vmatrix} = 5108.75 \neq 0(\text{有解})$$

$$(\boldsymbol{A'A})^{-1} = \frac{1}{5108.72} \begin{pmatrix} 9325.83 & -245.3 \\ -245.3 & 7 \end{pmatrix}$$

$$\boldsymbol{A'L} = \begin{pmatrix} 1 & 1 & 1 & 1 & 1 & 1 & 1 \\ 19.1 & 25.0 & 30.1 & 36.0 & 40.0 & 45.1 & 50.0 \end{pmatrix} \cdot$$

$$(76.3\ 77.8\ 79.75\ 80.8\ 82.35\ 83.90\ 85.10)^{\mathrm{T}}$$

$$= (566 \quad 20\,044.5)^{\mathrm{T}}$$

$$\hat{X} = (x\ y)^{\mathrm{T}} = (\boldsymbol{A'A})^{-1}\boldsymbol{A'L} = 1/5108.72 \begin{pmatrix} 9325.83 & -245.3 \\ -245.3 & 7 \end{pmatrix} \begin{pmatrix} 566 \\ 20\,044.5 \end{pmatrix} = \begin{pmatrix} 70.8 \\ 0.288 \end{pmatrix}$$

所以，$R_0 = x = 70.8\Omega$

$$\alpha = y/R_0 = (0.288/70.8)/℃ = 4.07 \times 10^{-3}/℃$$

### 1.6.3 用经验公式拟合试验数据回归分析

在工程实践和科学试验中，经常遇到对于一批试验数据，需要把它们进一步整理成经验公式。用经验公式拟合试验数据，工程上把这种方法称为回归分析。回归分析就是应用数理统计的方法，对试验数据进行分析和处理，从而反映变量间相互关系，也称回归方程。

当经验公式为线性函数时，例如

$$y=b_0+b_1x_1+b_2x_2+\cdots+b_nx_n$$

称这种回归分析为线性回归分析。

在线性回归分析中，当独立变量只有一个时，函数关系为

$$y=b_0+bx$$

这种回归分析称为一元线性回归分析。

设有 $n$ 对测量数据($x_i$,$y_i$)，用一元线性回归方程 $y=b_0+bx$ 拟合，根据测量数据值，求方程中系数 $b_0$、$b$ 的最佳估计值。误差方程组为

$$\begin{cases} y_1-\hat{y}_1=y_1-(b_0+bx_1)=v_1 \\ y_2-\hat{y}_2=y_2-(b_0+bx_2)=v_2 \\ \qquad\vdots \\ y_n-\hat{y}_n=y_n-(b_0+bx_n)=v_n \end{cases}$$

式中：$\hat{y}_1,\hat{y}_2,\cdots,\hat{y}_n$ 分别为在 $x_1,x_2,\cdots,x_n$ 点步长的估计值。

用最小二乘法求系数 $b_0$,$b$ 同公式 $y=b_0+bx$，这里不再赘述。

在求经验公式时，有时用图解法分析显得更方便、直观。将测量数据值($x_i$,$y_i$)绘制在坐标纸上，把这些测量点直接连接起来，根据曲线(包括直线)的形状、特征及其变化趋势，可以设法给出它们的数学模型，即经验公式。这不仅可把一条形象化的曲线与各种分析方法联系起来，而且在相当程度上扩大了原有曲线的应用范围。

# 第2章 Chapter 2
# 岩土工程勘测的基本方法

## 2.1 钻探技术

钻探是指用一定的钻进设备和机具来破碎地层岩石或土层，从而在地层中形成一定直径和深度的钻孔的过程。直径相对较大者称为钻井。工程地质钻探是岩土工程勘测的基本手段，其成果是进行工程地质评价和岩土工程设计、施工的基础资料。工程地质钻探的目的是为解决与建筑物或构筑物有关的岩土体稳定、变形及渗漏等问题提供依据。工程地质钻探的任务可以随着勘测阶段的不同而不同，综合起来，包括以下几个方面：

(1) 探查建筑场区的地层岩性、岩层厚度变化情况，查明软弱岩土层的性质、厚度、层数、产状和空间分布。

(2) 了解基岩风化带的深度、厚度和分布情况。

(3) 探明地层断裂带的位置、宽度和性质，查明裂隙发育程度及随深度变化的情况。

(4) 查明地下含水层的层数、深度及其水文地质参数。

(5) 利用钻孔进行灌浆、压水试验及土力学参数的原位测试。

(6) 利用钻孔进行地下水位的长期观测、对场地进行降水以保证场地岩土相关结构的稳定性，如基坑开挖时降水或处理滑坡等地质问题。

与坑探、物探和触探相比较，钻探的优点是：受地形、地质条件的限制小，可以在各种环境及岩土条件下进行；能直接观察岩芯和取样，信息准确、可靠；可达深度大，信息丰富，并能为深部原位测试和监测提供通道。

### 2.1.1 钻探技术的基本类型

(1) 冲击钻进(percussive drilling)：通过人力或机械提升钻具，利用钻具重力和下落过程中产生的冲击力使钻头冲击孔底岩土，并使其产生破坏，从而达到在岩土层中钻进的目的，包括冲击钻探和锤击钻探。根据使用工具不同，还可以分为钻杆冲击钻进和钢绳冲击钻进。对于硬质岩土层，如岩石层或碎石土，一般采用孔底全面冲击钻进；对于其他土层，一般采用圆筒形钻头的刃口借助于钻具冲击力切削土层钻进。

(2) 回转钻进(rotary drilling)：通过人力或机械加压、转动钻具，使孔底钻头在旋转中切入岩土层以达到进尺的目的。根据切削工具的不同，分为合金钻探、钢粒钻探和金刚石钻探；根据孔底切削面的不同，分为孔底全断面钻探(如螺旋钻探)和孔底环状钻探(如金刚石钻探)。

(3) 振动钻进(vibro drilling):利用机械产生的振动力通过连接杆和钻具传到钻头,使钻头能更快地破碎岩土层。该方法钻速较快,适用于土层特别是颗粒相对细小的土层。

(4) 冲洗钻进(wash drilling):利用高压水流冲击孔底土层,使之结构破坏,土颗粒悬浮并最终随水流循环流出孔外。由于是靠水流直接冲洗,所以无法对土体结构及其他相关特性进行观察鉴别。

### 2.1.2 钻探技术的适用范围

岩土工程钻探勘测方法,因钻进原理不同,不同钻探方法的设备、特点与适用范围各不相同,应根据地层情况和工程要求恰当地选择(表 2-1)。

表 2-1 岩土工程勘测钻探方法、主要设备、特点与适用范围

<table>
<tr><th colspan="3">钻探方法</th><th>适用范围</th><th>主要设备</th><th>特点</th></tr>
<tr><td rowspan="2">冲击钻探</td><td colspan="2">人力</td><td>土及部分风化岩</td><td>洛阳铲、北京铲、钢丝绳钻(锥)探、管钻</td><td>设备简单、经济,一般不用冲洗液,能准确了解含水层。但劳动强度大,难以取得完整岩芯,孔深较浅,宜钻直孔</td></tr>
<tr><td colspan="2">机械</td><td>土及部分岩石</td><td>CZ-30、CZ-22 和 CZ-20C</td><td>适用范围广,但不能取得完整岩芯,仅宜钻直孔</td></tr>
<tr><td rowspan="4">回转钻探</td><td colspan="2">人力</td><td>黏性土、砂土</td><td>螺纹钻、勺钻</td><td>携带方便,能取Ⅲ～Ⅳ级土样,但孔深较浅</td></tr>
<tr><td rowspan="3">机械</td><td>合金</td><td>Ⅰ～Ⅶ级及部分Ⅷ级岩石</td><td rowspan="2">GY-50、XY-1、XIJ-300-2A、XU-100、XJ-100-1、DPP-1、DPP3、DPP4、YDC-100、DDP-100、SGZ-Ⅰ、SGZ-Ⅲ SGZ-IV</td><td>岩芯采取率较高、孔壁整齐、钻孔弯曲小、孔深大、能调整顶角、便于原位测试、可取Ⅰ～Ⅶ级试样;但不适用于Ⅷ级以上岩石</td></tr>
<tr><td>钢粒</td><td>Ⅶ～Ⅻ级岩石</td><td>主要应用于可钻性等级高的岩层,可取芯、取样,便于试验,但钻孔易弯曲、孔壁不太平整、钻孔角度不应小于75°,岩芯采取率较低</td></tr>
<tr><td>金刚石</td><td>Ⅸ级以上的岩石或混凝土</td><td>各型 100m 以上油压钻机</td><td>钻效高、垂直度好、岩芯采取率高、芯样表面光滑、钻具磨损较少,是混凝土钻芯的标准方法;但在较软和破碎裂隙发育地层中不适用</td></tr>
<tr><td colspan="3">冲击回转钻探</td><td>各种岩土层</td><td>SH30-2</td><td>适应性强,但孔深较浅</td></tr>
<tr><td colspan="3">振动钻探</td><td>碎石土、砂土、黏性土及风化岩</td><td>M-68、工农-11</td><td>效率高、成本低,但孔深较浅</td></tr>
<tr><td colspan="3">冲击回转振动钻探</td><td>以各类土层为主</td><td>G-1、G-2、G-3、GYC-J50、GJD-2</td><td>适应性强、效率高、轻便,但孔深较浅、结构较复杂</td></tr>
</table>

### 2.1.3　钻探的基本要求

岩土工程勘测工作中，要求划分地层结构、获得岩土体的物理力学参数，以满足设计需要，故在野外应进行钻探、取样和测试，并应遵循相应的技术要求。对岩体，应采用成熟的岩芯钻探技术、确保较高的采芯率，供地质编录使用；对土体，应正确确定名称、划分地层分界及取样测试等。

**1. 钻进方法**

选择钻进方法的基本原则：了解地层特点及钻进方法的有效性，能保证以一定的精度鉴别地层，了解地下水的情况，尽量避免或减轻对取样段的扰动影响。

(1) 对要求鉴别的地层和取样的钻孔，应采用回转钻进方法取得岩土样品。遇到卵石、漂石、碎石及岩块等不适合回转钻进的土层时，可改用冲击、锤击及振动等钻进方法。

(2) 地下水位以上应进行干钻，不得使用冲洗液，不得向孔内注水。

(3) 钻进岩层宜采用金刚石钻头，对软质岩层及风化破碎带应采用双层岩芯管钻头钻进。需要测定岩石质量指标 RQD 时，应采用外径 75mm 的双管钻具。

(4) 对于特殊土，采用的钻进方法不能破坏土的原状结构。对于湿陷性黄土，必须采用回转钻进或专用薄壁取土器锤击钻进，并严格控制；对于残积土或风化岩，宜采用单动双管钻具。

**2. 护壁措施**

钻孔护壁有套管护壁和钻井液护壁两种。钻井液包括泥浆、清水、空气、充气液体、稳定泡沫、乳状液和无固相钻井液等。在浅部填土及其他松散土层中可采用套管护壁；在地下水位以下的饱和软土、粉土及砂层中宜采用泥浆护壁；在破碎岩层中可视需要采用优质泥浆、水泥浆或化学浆液护壁。钻井液严重漏失时，应采取充填及封闭等措施。

**3. 钻孔垂直度控制**

深度超过 100m 的钻孔及有特殊要求的钻孔，应测斜、防斜，保持钻孔的垂直度或预计的倾斜角度与倾斜方向。对垂直孔，每 50m 测量一次垂直度，每 100m 允许偏差为±20°；对斜孔，每 25m 测量一次倾斜角和方位角，允许偏差应根据勘探设计要求确定。倾角及方位角测量精度应分别为±0.1°和±3°。钻孔超过允许偏差值时，应纠斜。

**4. 进尺控制**

在岩层中钻进时，回次进尺不应超过岩芯管长度，在软岩中不应超过 2.0m；在土层中采用螺旋钻头钻进时，回次进尺不宜大于 1.0m；在持力层或需重点研究、观察部位，回次进尺不宜超过 0.5m；水下粉土、砂土可用专用取土器或标贯器取样，间距不应大于 1.0m。

**5. 孔深与分层控制**

钻进深度、岩土分层深度测量误差应小于±5cm。

**6. 岩芯采取率要求**

对一般岩石，岩芯采取率要求不应低于 80%；对于破碎岩石，岩芯采取率要求不应低于 65%；对需重点查明的部位，如滑动带、软弱夹层等，应采用双层岩芯管连续取芯。

**7. 水位观测**

遇地下水时，应停钻量测初见水位。为准确测得地下水位，对砂土应在停钻 30min 后测量，对粉土应在 1h 后测量，黏性土停钻时间不能少于 24h，并于全部钻孔完成后同一天统一量取各孔的静止水位。水位量测允许误差为±1.0cm。当钻探深度范围内有多个含水层时，应分层测量地下水位。在钻穿第一个含水层并量测静止水位后，应采用套管隔水，抽干钻孔内存水，变径继续钻进，以对下一含水层水位进行观测。

# 2.2 坑探

## 2.2.1 坑探工程的类型与适用条件

坑探工程(pit engineering)分为轻型坑探工程和重型坑探工程。轻型坑探工程包括探槽、试坑、浅井，重型坑探工程包括竖井、斜井、平硐、石门及平巷。各种坑探工程的特点和适用条件见表 2-2。

表 2-2 各种坑探工程的特点和适用条件

| 名称 | 特点 | 适用条件 |
|---|---|---|
| 探槽 | 深度不大于 5m 的长条形槽 | 剥离地表覆土，揭露基岩，划分地层岩性，研究断层破碎带；探查残、坡积层厚度、物质组成和结构 |
| 试坑 | 从地表向下，铅直的、深度不大于 5m 的圆形或方形小坑 | 局部剥除覆土，揭露基岩；做荷载试验、渗水试验，取原状土样 |
| 浅井 | 从地表向下，铅直的、深度为 5～15m 的圆形或方形井 | 确定覆盖层及风化层的岩性及厚度；做荷载试验，取原状土样 |
| 竖井(斜井) | 形状与浅井相同，但深度大于 15m，有时需支护 | 了解覆盖层的厚度和性质，揭露风化壳分带、软弱夹层分布、断层破碎带及岩溶发育情况、滑坡体结构及滑动面等；布置在地形较平缓、岩层又较缓倾的地段 |
| 平硐 | 在地面有出口的水平坑道，深度较大，有时需支护 | 调查斜坡地层结构，查明河谷地段的地层岩性、软弱夹层、破碎带、风化岩层等；做岩体力学原位试验及地应力测量、取样；布置在地形较陡的山坡地段 |
| 石门(平巷) | 不出露地面而与竖井相连的水平坑道，石门垂直岩层走向，平巷平行 | 了解河底地层结构，做试验等 |

## 2.2.2 坑探工程设计书的编制、观察与编录

**1. 坑探工程设计书的编制**

在岩土工程勘探总体布置的基础上编制坑探工程设计书，其主要内容包括：

(1) 坑探工程的编号、目的和类型。

(2) 坑探工程附近的地形、地质概况。

(3) 掘进深度及其论证。

(4) 施工条件。岩性及其硬度等级、掘进的难易程度、采用的掘进方法，如铲、铺、挖掘

或爆破作业等；地下水位、可能涌水状况、应采取的排水措施；是否需要支护及支护材料、结构等。

（5）岩土工程要求。包括掘进过程中应仔细观察、描述的地质现象和应注意的地质问题；对坑壁、顶、底板掘进方法的要求，是否允许采用爆破作业及作业方式；取样地点、数量、规格和要求等；岩土试验的项目、组数、位置以及掘进时应注意的问题；应提交的成果。

**2. 坑探工程的观察及描述**

坑探工程的观察及描述是反映坑探工程客观地质资料的主要手段。因此，在掘进过程中，岩土工程师应认真、仔细地做好此项工作，内容包括：

（1）地层岩性划分。第四纪堆积物的成因、岩性、时代、厚度及空间变化和相互接触关系；岩石的颜色、成分、结构构造、地层层序以及各层间接触关系；应特别注意软弱夹层的岩性、厚度及其泥化情况。

（2）岩石的风化特征及其随深度的变化，进行风化壳分带。

（3）岩层产状要素及其变化，各种构造形态；断层破碎带及裂隙的研究；断裂产状、形态、力学性质；破碎带宽度、物质成分及其性质；裂隙组数、产状、延展性、隙宽、间距及频度，有必要时做节理裂隙的素描图和统计测量。

（4）水文地质情况，如地下水渗出点位置、涌水点及涌水量大小等。

**3. 坑探工程展视图**

展视图是坑探工程编录的主要内容，也是坑探工程需提交的主要成果资料。展视图是沿坑探工程的坑壁、底面所编制的地质断面图，按一定的制图方法将三度空间的图形展开在平面上。由于它所表示的坑探工程成果一目了然，故在岩土工程勘探中被广泛应用。

不同类型坑探工程展视图的编制方法和表示内容有所不同，其比例尺应视坑探工程的规模、形状及地质条件的复杂程度而定，一般采用比例尺 1∶25～1∶100。以下介绍探槽、试坑和平硐展视图的编制方法。试坑包括浅井和竖井。

1）探槽展视图

首先进行探槽的形态测量。用罗盘确定探槽中心线的方向及其各段的变化，水平或倾斜延伸长度、槽底坡度。在槽底或槽壁上用皮尺在水平或倾斜方向做一基线，并用小钢尺从零点起逐渐向另一端实测各地质现象，按比例尺绘制于方格纸上。这样便得到探槽底部或一侧壁的地质断面图。除槽壁和槽底外，有时还需将端壁断面图绘出。绘图时需考虑探槽延伸方向和槽底坡度的变化，遇此情况时则应在转折处分开，分段绘制。

展视图展开方法：①坡度展开法，即槽底坡度的大小以壁与底的夹角表示。此法的优点是符合工程实际，缺点是坡度陡而槽长时不美观，各段坡度变化较大时也不易处理；②平行展开法，即壁与底平行展开。此为常用方法，它对坡度较陡的探槽更为合适。

2）试坑展视图

对于铅直坑探工程的展视图，应先进行形态测量，然后做四壁和坑或井底的地质素描，其展开的方法有两种：一种是四壁辐射展开法，即以坑或井底为平面，将四壁各自向外翻倒投影而成，一般适用于做试坑展视图。另一种是四壁平行展开法，即四壁连续平行排列，如图 2-1 所示。它避免了四壁辐射展开法由探井较深导致的缺陷，一般适用于浅井和竖井。四壁平行展开法的缺点是当探井四壁不直立时图中无法表示。

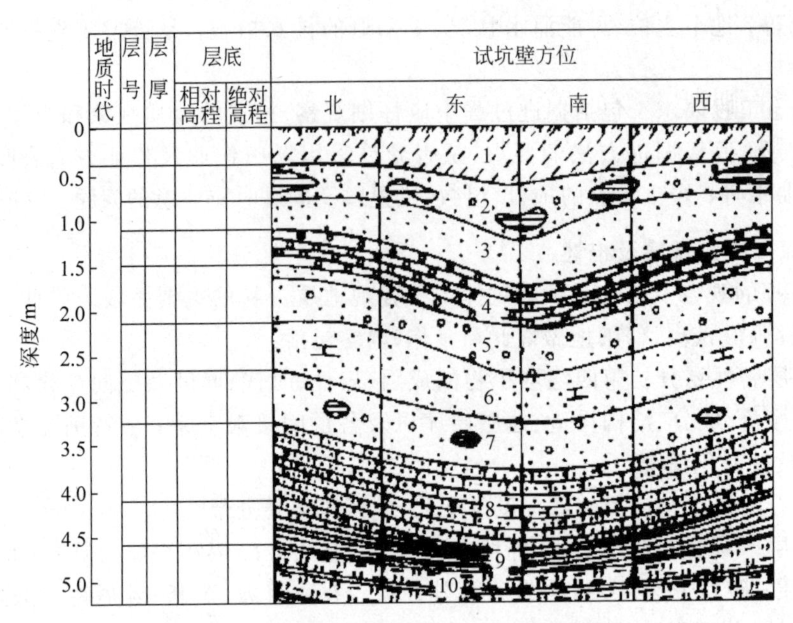


图 2-1 四壁平行展开法绘制的浅井展示图

3）平硐展视图

平硐在掘进过程中往往需要支护，所以应及时做地质编录。平硐展视图从硐口起，随掌子面不断推进而分段绘制，直至掘进结束。其具体做法是先画出硐底的中线，平硐的宽度、高度、长度、方向以及各种地质界线和现象均以此中线为准绘出。当中线有弯曲时，应于弯曲处将位于凸出侧的硐壁分裂一岔口，以调整该壁内侧与外侧的长度。如果弯曲较大时，则可分段表示，硐底的坡度用高差曲线表示。平硐展视图将 5 个硐壁面全面绘出，平行展开，如图 2-2 所示。

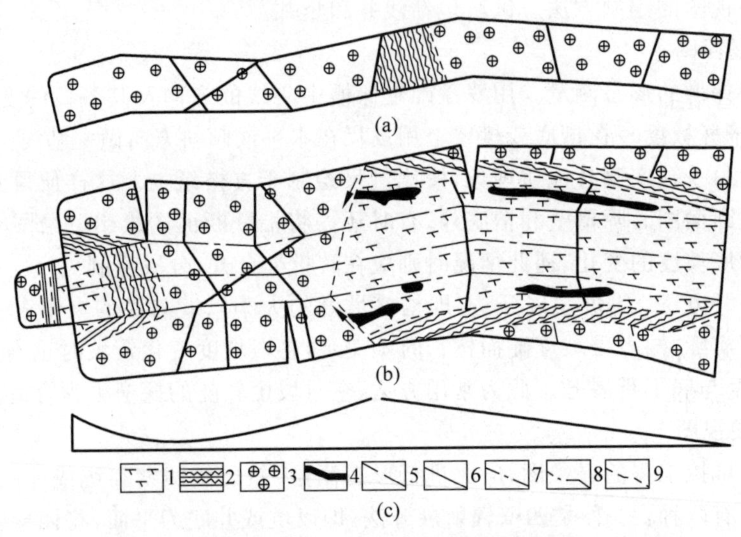


1—凝灰岩；2—凝灰质页岩；3—斑岩；4—细粒凝灰岩夹层；5—断层；
6—节理；7—硐底中线；8—硐底壁分界线；9—岩层分界线

图 2-2 平硐展视图

(a) 硐顶图；(b) 展示图；(c) 高差曲线

## 2.3 原位测试基本方法

### 2.3.1 圆锥静力触探

圆锥静力触探(cone penetration test,CPT)用于土层划分及土类判别,亦可用于估算砂土相对密度、内摩擦角、黏土不排水强度、土的压缩模量、饱和黏土不排水模量、砂土初始切线弹性模量、初始切线剪切模量、地基承载力、单桩承载力、固结系数、渗透系数及黄土湿陷性系数、砂土和粉土的液化判别等。目前广泛应用的是电测静力触探,即将带有电测传感器的探头,以静力匀速贯入土中,根据电测传感器的信号测定探头贯入土中所受阻力。测试静力触探分常规静力触探(CPT)和孔压静力触探(piezocone penetration test,CPTU)。CPT分单桥触探和双桥触探,单桥触探测定比贯入阻力 $p_s$,双桥触探测定锥尖阻力 $q_c$ 和侧壁摩擦阻力 $f_s$。CPTU 在 CPT 的基础上还可在贯入时测量土中的孔隙水压力 $u$。

静力触探传感器包括电阻率探头、测振探头、应力探头、旁压探头、波速探头、振动探头及地温探头等。量测记录仪器主要为电阻应变仪、电位差计和数据采集系统。

静力触探的贯入机理包括贯入阻力理论、贯入超孔隙水压力以及停止贯入超孔隙水压力的消散理论。

贯入阻力理论包括 De Beer、Kerisel、I'Herminer、Berezantzev 及 Janbu 等为代表的承载力理论,Vesic 为代表的孔隙扩张理论,以及 Baligh 为代表的稳定流体理论。

贯入超孔隙水压力的分布理论包括孔隙扩张理论(Vesic,1972)、初始超孔压的应力路径法(Randolph,1979)、初始超孔压的应变路径法(Levadoux & Baligh,1980)以及水力压裂理论(Massarsch et al.,1976)。

消散理论包括 Torstensson(1977)及 Baligh(1980)的固结系数法。

根据静探曲线,如 $q_c$-$h$、$R_f$-$q_c$ 在深度上的连续变化,可对土进行力学分层,并根据贯入阻力的大小、曲线形态特征、摩阻比的变化和孔压曲线对土进行判别和工程分层。

静力触探适用于黏性土、粉土、软土及砂土等,静力触探的深度取决于触探机的推力和土层类别,目前最大推力为 200kN,在软土中的最大深度为 70m,在中密砂层中为 30m。

### 2.3.2 圆锥动力触探

圆锥动力触探(dynamic penetration test,DPT)利用一定的锤击动能,将一定规格的圆锥探头打入土中,然后根据贯入击数或动贯入阻力判别土层的变化,确定土的工程性质,对地基土做出岩土工程评价。圆锥动力触探适用于强风化、全风化的硬质岩石,各种软质岩石,各类填土、砂土、粉土、黏性土、软岩、极软岩及密实类碎石土。分轻型($N_{10}$)、重型($N_{63.5}$)及超重型($N_{120}$)动力探测,见表 2-3。

通过动探击数或动贯入阻力随贯入深度变化曲线,对软硬地层界面进行力学分层。根据动贯入阻力 $R_d$ 来估算地基土承载力及变形模量,确定桩的持力层等。

圆锥动力触探的主要用途:①评价砂土的孔隙比或相对密实度及黏性土的状态;②估算土的强度和变形模量;③评价场地地基的均匀性及承载力;④探查土洞、滑动面及软硬土层界面等;⑤确定桩基持力层和承载力;⑥检验地基加固和改良的效果。

表 2-3　圆锥动力触探的类型

| 类　型 | | 轻　型 | 重　型 | 超 重 型 |
|---|---|---|---|---|
| 落锤 | 锤的质量/kg | 10 | 63.5 | 120 |
| | 落距/cm | 50 | 76 | 100 |
| 探头 | 直径/mm | 40 | 74 | 74 |
| | 锥角/(°) | 60 | 60 | 60 |
| 探杆直径/mm | | 25 | 42 | 50～60 |
| 指标 | | 贯入 30cm 的读数 $N_{10}$ | 贯入 10cm 的读数 $N_{63.5}$ | 贯入 10cm 的读数 $N_{120}$ |
| 主要适用岩土 | | 浅部的填土、砂土、粉土、黏性土 | 砂土、中密以下的碎石土、极软岩 | 密实和很密的碎石土、软岩、极软岩 |

圆锥动力触探试验技术要求：

(1) 自动落锤装置，触探杆最大偏斜度不超过 2%，锤击贯入应连续进行。

(2) 防止锤击偏心、探杆倾斜和侧向晃动，保持探杆垂直度；锤击速率宜为 15～30 击/min。

(3) 每贯入 1m，宜将探杆转动一圈半；当贯入深度超过 10m，每贯入 20cm 宜转动探杆一次。

(4) 对轻型动力触探，当 $N_{10}>100$ 或贯入 15cm 锤击数超过 50 击时，可停止试验；对重型动力触探，当连续 3 次 $N_{63.5}>50$ 时，可停止试验或改用超重型动力触探。

圆锥动力触探的主要成果：

(1) 单孔连续圆锥动力触探试验应绘制锤击数与贯入深度关系曲线。

(2) 计算单孔分层贯入指标平均值时，应剔除临界深度以内的数值、超前和滞后影响范围内的异常值。

(3) 根据各孔分层的贯入指标平均值，用厚度加权平均法计算场地分层贯入指标平均值和变异系数。

(4) 进行力学分层，评定土的均匀性和物理性质、土的强度、变形参数、地基承载力、单桩承载力，查明土洞、滑动面、软硬土层界面。

### 2.3.3　标准贯入试验

**1. 标准贯入试验方法**

标准贯入试验方法(standard penetration test，SPT)采用标准质量和标准落距，将标准贯入器打入土中 0.15cm，然后计算再打入 0.3cm 的标准贯入击数 $N$，绘制 $N$ 随土层深度 $H$ 变化的曲线，来划分土层的类别和确定土层剖面。标准贯入试验仪器参数见表 2-4。

**2. 标准贯入试验的用途**

判断砂土的密实度或黏性土和粉土的稠度，估算土的强度与变形指标，确定地基土的承载力，评定砂土、粉土的振动液化，估计单桩极限承载力及沉桩的可能性。

**3. 技术要求**

(1) 试验孔采用回转钻进，并保持孔内水位略高于地下水位。当孔壁不稳定时，可用泥浆护壁钻至试验标高以上 15cm 处，清除孔底残土后再进行试验。

表 2-4　标准贯入试验仪器参数

<table>
<tr><td colspan="2" rowspan="2">落锤</td><td>锤的质量/kg</td><td>63.5</td></tr>
<tr><td>落距/cm</td><td>76</td></tr>
<tr><td rowspan="6">贯入器</td><td rowspan="3">对开管</td><td>长度/mm</td><td>＞500</td></tr>
<tr><td>外径/mm</td><td>51</td></tr>
<tr><td>内径/mm</td><td>35</td></tr>
<tr><td rowspan="3">管靴</td><td>长度/mm</td><td>50～76</td></tr>
<tr><td>刃口角度/(°)</td><td>18～20</td></tr>
<tr><td>刃口单刃厚度/mm</td><td>2.5</td></tr>
<tr><td colspan="2" rowspan="2">钻杆</td><td>直径/mm</td><td>42</td></tr>
<tr><td>相对弯曲</td><td>＜1/1000</td></tr>
<tr><td colspan="2">适用土类型</td><td colspan="2">砂土、粉土、黏性土</td></tr>
</table>

(2) 采用自动脱钩的自由落锤法进行锤击，并减小导向杆与锤间的摩阻力，避免锤击时的偏心和侧向晃动，保持贯入器、探杆、导向杆连接后的垂直度，锤击速率应小于 30 击/min。

(3) 贯入器打入土中 15cm 后，开始记录每打入 10cm 的锤击数，累计打入 30cm 的锤击数为标准贯入试验锤击数 $N$。当锤击数已达 50 击，而贯入深度未达 30cm 时，可记录 50 击的实际贯入深度，按下式换算成相当于 30cm 的标准贯入试验锤击数 $N$，并终止试验。

$$N = 30 \times \frac{50}{\Delta S} \tag{2-1}$$

式中：$\Delta S$ 为 50 击时的实际贯入深度，cm。

(4) 标准贯入试验成果 $N$ 可直接标在工程地质剖面图上，或绘制单孔标准贯入击数 $N$ 与深度关系曲线或直方图。

## 2.3.4　荷载试验

荷载试验用于测定承压板下应力主要影响范围内岩土的承载力和变形特性。

**1. 适用范围**

(1) 浅层平板荷载试验：浅层地基土。

(2) 深层平板荷载试验：埋深等于或大于 3m 和地下水位以上的地基土。

(3) 螺旋板荷载试验：深层地基土或地下水位以下的地基土。

**2. 布点要求**

(1) 布置在有代表性的地点，每个场地不宜少于 3 个。

(2) 浅层平板荷载试验的试坑宽度或直径不应小于承压板宽度或直径的 3 倍。

(3) 深层平板荷载试验的试井直径应等于承压板直径；当试井直径大于承压板直径时，紧靠承压板周围土的高度不应小于承压板直径。

**3. 加载要求**

(1) 加荷等级宜取 10～12 级，并不应少于 8 级，荷载量测精度不应低于最大荷载的±1%。

(2) 承压板的沉降可采用百分表或电测位移计量测，其精度不应低于±0.01mm；10min、15min、15min 测读一次沉降，以后间隔 30min 测读一次沉降，当连续两小时，沉降速度小于等于 0.1mm/h 时，可认为沉降已达相对稳定标准，此时施加下一级荷载。

(3) 当试验对象是岩体时，分别间隔 1min、2min、2min、5min 测读一次沉降，以后每隔 10min 测读一次，当连续 3 次读数差小于等于 0.01mm 时，可认为沉降已达相对稳定标准，此时施加下一级荷载。

## 2.3.5 十字板剪切试验

**1. 测试参数**

土的不排水抗剪峰值强度、残余强度及重塑土强度。

**2. 主要用途**

确定地基承载力、单桩承载力、计算边坡稳定，判定软黏性土的固结历史。

**3. 技术要求**

(1) 十字板头插入钻孔底的深度不应小于钻孔或套管直径的 3 倍。

(2) 十字板插入至试验深度后，至少应静止 2～3min，方可开始试验。

(3) 扭转剪切速率宜采用(1°～2°)/10s，并应在测得峰值强度后继续测记 1min。

(4) 在峰值强度或稳定值测试结束后，顺扭转方向连续转动 6 圈后，测定重塑土的不排水抗剪强度。

(5) 对开口钢环十字板剪切仪，应修正轴杆与土间的摩阻力。

**4. 测点间距**

(1) 均质土竖向间距一般为 1m。

(2) 对非均质或夹薄层粉细砂的软黏性土，宜先做静力触探，结合土层变化选择软黏土进行试验。

## 2.3.6 现场直剪试验

**1. 试验方法类型**

(1) 在法向应力作用下沿剪切面剪切破坏的抗剪断试验。

(2) 岩土体剪断后沿剪切面继续剪切的抗剪试验(摩擦试验)。

(3) 法向应力为零时岩体剪切的抗切试验。

(4) 可在岩土体、沿软弱结构面以及岩体与其他材料接触面进行的剪切试验。

**2. 试验地点**

试洞、试坑、探槽或大口径钻孔内。

**3. 测试试样**

(1) 每组岩体不宜少于 5 个试样，剪切面积不得小于 $0.25m^2$。

(2) 试体最小边长不宜小于 50cm，高度不宜小于最小边长的 0.5 倍。

（3）试体之间的距离应大于最小边长的1.5倍。

（4）每组土体试样数不宜少于3个，剪切面积不宜小于0.3$m^2$。

（5）试样高度不宜小于20cm或为最大粒径的4～8倍，剪切面开缝应为最小粒径的1/4～1/3。

**4. 技术要求**

（1）施加的法向荷载、剪切荷载应位于剪切面、剪切缝的中心或使法向荷载与剪切荷载的合力通过剪切面的中心，并保持法向荷载不变。

（2）最大法向荷载应大于设计荷载，并按等量分级；荷载精度应为试验最大荷载的±2%。

（3）每一试体的法向荷载可分4～5级施加；当法向变形达到相对稳定时，即可施加剪切荷载。

（4）每级剪切荷载按预估最大荷载的8%～10%分级等量施加，或按法向荷载的5%～10%分级等量施加；岩体按每5～10min、土体按每30s施加一级剪切荷载。

（5）当剪切变形急剧增长或剪切变形达到试体尺寸的1/10时，可终止试验。

（6）根据剪切位移大于10mm时的试验成果确定残余抗剪强度，需要时可沿剪切面继续进行摩擦试验。

**5. 测试目的**

绘制剪切应力与剪切位移曲线、剪应力与垂直位移曲线，确定比例强度、屈服强度、峰值强度、剪胀点和剪胀强度。

### 2.3.7 旁压试验

**1. 试验仪器**

（1）预钻式旁压仪。

（2）自钻式旁压仪。

**2. 试验目的**

（1）确定地基土的承载力；对于硬土、一般土，$F_k=P_f-P_0$；对于红黏土、软土$F_k=(P_1-P_0)/F$。这里，$F=2\sim3$。

（2）确定单桩的轴向承载力；桩端容许承载力$[Q_d]=P_1/3$；桩侧容许摩阻力$[Q_f]=P_1/20$。

（3）确定地基土旁压模量$E_m$。

（4）确定地基土变形模量。

（5）计算浅基础的沉降量。

**3. 试验基本步骤**

（1）标定。

（2）开孔至预定深度以下35cm。

（3）安置旁压器。

（4）分级加压，记录测管中的水位下降值。

(5) 压力达到仪器最大额定值、水位下降值接近最大容许值($s \leqslant 35cm$)时,终止试验。

## 2.3.8 现场波速试验

**1. 试验方法**

单孔法、跨孔法或面波法。其中,面波法采用瞬态法或稳态法,宜使用低频检波器。

**2. 测试参数**

岩土体的压缩波、剪切波或瑞利波的波速。据此计算岩土小应变的动弹性模量、动剪切模量和动泊松比。

**3. 测试技术要求**

(1) 测试孔应垂直,振源孔和测试孔应布置在一条直线上。

(2) 测试孔的孔距在土层中宜取 2~5m,在岩层中宜取 8~15m,测点垂直间距宜取 1~2m;近地表测点宜布置在 0.4 倍孔距的深度处,振源和检波器应置于同一地层的相同标高处。

(3) 当测试深度大于 15m 时,应进行激振孔和测试孔倾斜度和倾斜方位的量测,测点间距宜取 1m。

(4) 将三分量检波器固定在孔内预定深度处并紧贴孔壁。

(5) 可采用地面激振或孔内激振。

(6) 测点的垂直间距取 1~3m/层,层位变化处加密,并宜自下而上逐点测试。

## 2.3.9 可钻性试验

岩石可钻性试验用以测试在钻头作用下岩石破碎的难易程度。根据岩石可钻性的定义,表征可钻性的指标可以是岩石的物理力学性质指标、穿孔速率、钻头进尺、凿碎比功、微钻法的穿孔速率、钻深及钻时等指标。物理力学指标包括抗压强度、压入硬度、回弹硬度、点荷载强度、弹性模量及声波速率等;凿碎比功如普氏捣碎法及巴氏砸碎法。这些指标大体上可归纳为强度指标、位移指标及能量指标。强度指标如抗压强度、点荷载强度及弹性模量等;位移指标如穿孔速率、钻头进尺及磨损量等;能量指标如凿碎比功。

此外,岩体工程分类方法可概括地反映各类岩体的质量,从而揭示岩石地层的结构特征,预测有关岩体的力学问题。

# 第3章 Chapter 3 地球物理勘探技术

## 3.1 基本原理、分类和适用条件

### 3.1.1 基本原理

地球物理勘探(geophysical exploration)简称物探,它是用专门的仪器来探测各种地质体物理场的分布情况,对其数据及绘制的曲线进行分析解释,从而划分地层,判定地质构造、水文地质条件及各种不良地质现象的一种勘探方法。地质体具有导电性、弹性、磁性、密度及放射性等不同的物理性质和含水率、空隙性、固结程度等不同的物理状态,为利用物探方法研究各种不同地质体和地质现象提供了物理前提。所探测的地质体各部分之间以及该地质体与周围地质体之间的物理性质和物理状态差异越大,就越能获得比较满意的结果。应用于岩土工程勘测中的物探,称为工程物探。随着岩土工程开发深度的增大,地质物探技术在岩土工程中得到了越来越多的应用。

物探具有设备轻便、效率高;在地面、空中、水上或钻孔中均能探测;易于加大勘探密度、深度和从不同方向敷设勘探线网,构成多方位数据阵,并具有平面、立体透视和连续性的特点。但是,这类勘探方法往往受到外界的干扰和仪器测量精度的局限,其分析解释的结果显得较为粗糙,且具有精度低、不确定性及多解性等特点。为了获得较确切的勘测成果,在物探工作之后,还常需用钻探和坑探等勘探工程来验证。为了使物探在工程勘测中有效地发挥作用,测试时应尽量排除各种干扰;在利用物探信息时,必须较好地掌握各种被探查地质体的典型曲线特征,进行数据的对比分析,并进行综合地质分析,排除多解和不确定性。

### 3.1.2 物探的分类

物探的类型较多,通常包括电法、磁法、地震波法、声波法、重力法、放射性法等。电法分直流电法和交流电法;声波法分为正常声波法和超声波法;磁法分为大地磁法和激发磁法。在岩土工程勘测中运用最普遍的是电法中的电阻率法和地震波法中的折射波法,见表3-1。

表 3-1 物探分类及其应用范围

| 类别 | | 方法名称 | | 适用范围 |
|---|---|---|---|---|
| 电法 | 直流电法 | 电阻率法 | 电剖面法 | 寻找追索断层破碎带和岩溶范围，探查基岩起伏和含水层，探查滑坡体，固定冻土带 |
| | | | 电测深法 | 探测基岩埋深和风化层厚度、地层水平分层，探测地下水，圈定岩溶发育范围 |
| | | 充电法 | | 测量地下水流速流向，追索暗河和充水裂隙带，探测废弃金属管道和电缆 |
| | | 自然电场法 | | 探测地下水流向和补给关系，寻找河床和水库渗漏点 |
| | | 激发极化法 | | 寻找地下水和含水岩溶 |
| | 交流电法 | 电磁法 | | 小比例尺工程地质、水文地质填图 |
| | | 无线电波透视法 | | 调查岩溶；追索圈定断层破碎带 |
| | | 甚低频法 | | 寻找基岩破碎带 |
| 地震波法 | | 折射波法 | | 工程地质分层，探测基岩埋深和起伏变化，查明含水层埋深及厚度，追索断层破碎带，圈定大型滑坡体厚度和范围，进行风化壳分带 |
| | | 反射波法 | | 工程地质分层 |
| | | 波速测量 | | 测量地基土动弹性力学参数 |
| | | 地脉动测量 | | 研究地震场地稳定性与建筑物共振破坏，划分场地类型 |
| 磁法 | | 区域磁测 | | 圈定第四纪覆盖层下侵入岩界限和裂隙带、接触带 |
| | | 微磁测 | | 工程地质分区，圈定有含铁磁性等沉积物的岩溶 |
| 重力法 | | — | | 探查地下空洞 |
| 声波法 | | 声幅测量 | | 探查洞室工程的岩石应力松弛范围，研究岩体完整性及动弹性力学参数 |
| | | 声呐法 | | 河床断面测量 |
| 放射性法 | | γ径迹法 | | 寻找地下水和岩石裂隙 |
| | | 地面放射性测量 | | 区域性工程地质填图 |
| 测井法 | | 电法测井 | | 确定含水层位置，划分咸、淡水界限，调查溶洞和裂隙破碎带 |
| | | 放射性测井 | | 调查地层空隙度和确定含水层位置 |
| | | 声波测井 | | 确定断裂破碎带和溶洞位置，进行风化壳分带、工程岩体分类 |

### 3.1.3 适用条件

在岩土工程勘测中，地球物理方法主要应用包括：

(1) 作为钻探的先行手段，了解隐蔽的地质界线、界面或异常点。

(2) 在钻孔之间增加地球物理勘探点，为钻探成果的内插、外推提供依据。

(3) 作为原位测试手段，测定岩土体的波速、动弹性模量、动剪切模量、卓越周期、电阻率、放射性辐射参数及土对金属的腐蚀性等。

应用地球物理勘探方法时，应具备下列基本条件：

(1) 被探测对象与周围介质之间有明显的物理性质差异。

(2) 被探测对象具有一定的埋藏深度和规模，且地球物理异常有足够的强度。

(3) 能抑制干扰，区分有用信号和干扰信号。

(4) 在有代表性地段进行方法的有效性试验。

应根据探测对象的埋深、规模及其与周围介质的物性差异，选择有效的地球物理勘探方法。

地球物理勘探成果解译时，应考虑其多解性和不确定性，区分有用信息与干扰信号。需要时应采用多种方法探测，进行综合解译，并应有已知物探参数或一定数量的钻孔验证。

## 3.2 电阻率法

### 3.2.1 基本原理及适用条件

**1. 基本原理**

由于地球地壳中岩层、地质体之间物理性质的差异，以及电阻率的变化，所以其对电极发射信号的反射信号也不同，电阻率法根据采集到的反射信号来分析地下岩层中的异常体。

电阻率(electrical resistivity)法是依靠人工建立直流电场，在地表测量某点垂直方向或水平方向的电阻率变化，从而推断地质体性状的方法。

基本原理：如图3-1所示，通过A、B电极向地下供电流 $I$，然后在M、N电极间测量电位差 $\Delta V$，从而可求得M、N点之间的视电阻率值 $\rho_s = K \cdot \Delta V / I$。根据实测的视电阻率剖面进行分析计算，获得地下地层中的电阻率分布，从而划分地层、判定异常等。

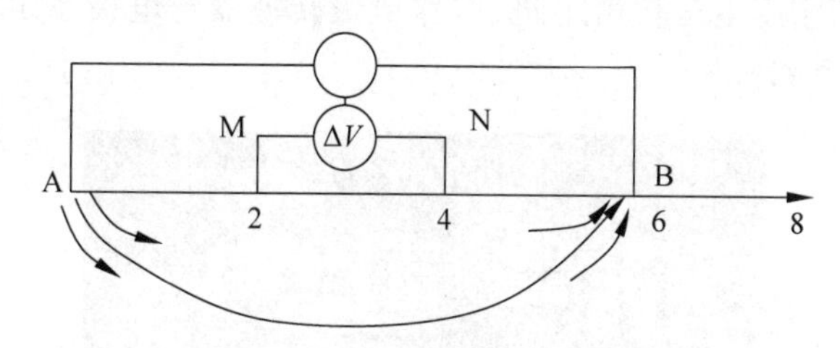


图3-1　电阻率法探测原理示意图

**2. 主要应用**

根据在施加电场作用下地中传导电流的分布规律，推断地下具有不同电阻率的地质体的赋存情况。电阻率法在地质及岩土工程中的主要应用包括：

(1) 确定不同的岩性，进行地层岩性的划分。

(2) 探查褶皱构造形态，寻找断层。

(3) 探查覆盖层厚度、基岩起伏及风化壳厚度。

(4) 探查含水层的分布情况、埋藏深度及厚度，寻找充水断层及主导充水裂隙方向。

(5) 探查岩溶发育情况、边坡潜在滑层及滑坡体的分布范围。

(6) 寻找古河道的空间位置。

电阻率法在岩土工程勘测中应用最广的是对称四极电测深、环形电测深、对称剖面法、联合剖面法及高密度电法。应用对称四极电测深法来确定电阻率有差异的地层，探查基岩风化壳、地下水埋深或寻找古河道，解释效果较好。电测剖面法常用来探查松散覆盖层下基岩面起伏和地质构造，了解古河道位置，寻找溶洞等。溶蚀洼地中堆积了低电阻的第四纪松散物质，视电阻率($\rho_s$)曲线的高低起伏正好反映了灰岩面的起伏变化，解释效果良好。运用联合剖面法可以较为准确地推断断裂带的位置。如果沿所探查断层的走向上布置几条联合剖面,即可根据 $\rho_s$ 曲线获得该断层的平面延伸情况;在同一条联合剖面上采用不同极距,则可确定断层面的倾向和倾角。

**3. 使用条件**

为了使电阻率法在岩土工程勘测中发挥较好的作用,须注意它的使用条件。

(1) 地形比较平缓,具有便于布置极距的一定范围。

(2) 被探查地质体的大小、形状、埋深和产状,必须在人工电场可控制的范围之内;而且其电阻率应较稳定,与围岩背景值有较大异常。

(3) 场地内有电性标准层存在。该标准层的电阻率在水平和垂直方向上均保持稳定,且与上下地层的差值较大;有明显的厚度,倾角不大于 200°,埋深较浅;其上部无屏蔽层。

(4) 场地内无不可排除的电磁干扰。

### 3.2.2 高密度电法的应用

高密度电法的原理与电阻率法的相同,是电法的拓展。这种测量技术结合了电剖面法和电测探法,在此技术中它设置了高密度的观测点。

**1. 基本组成**

如图 3-2 所示,高密度电法仪由主机、多路电极转换器与电极系组成,它们共同构成高密度电法的数据采集系统。

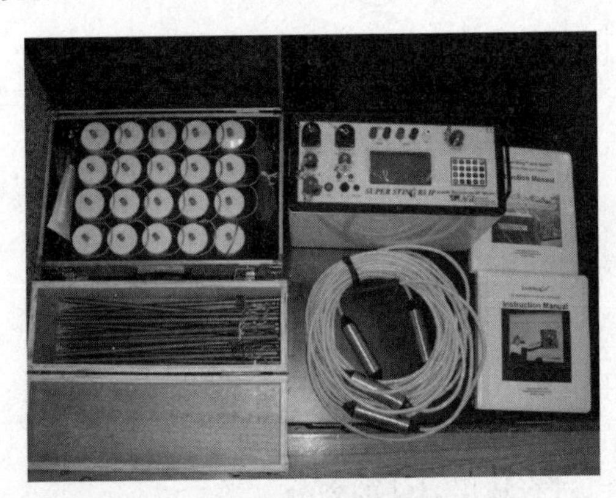

图 3-2 高密度电法仪的基本组成

**2. 主要参数**

以 8 通道双模式自动测量型 SuperSting R8/IP 高密度电法为例进行简单介绍。高密度电法的主要参数包括:

测项:视电阻率、电阻率、自然电位(SP)、极化率、电池电压。

测程:±10V。

测量分辨率:最大 30NV,取决于电压。

输出电流:1mA~1.25A,连续。

输出电压(峰-峰值):800V。

输出阻抗:20Moh·m。

输出功率:200W。

自电位补偿：测量过程中自动消除自电位电压。

激电测量方式：时间域极化率($M$)测 6 个时段并存储。

电阻率测量时间：0.4s,0.8s,1.2s,3.6s,7.2s 或 12.0s,通过按键输入设置,步进增量为 1.4s。

信号处理：连续对每次测量值求均值,自动计算信噪比、电压、电流和视电阻率。

噪声压制：当 $f>20$Hz 时,优于 100dB,工频下优于 120dB。

总精度：一般优于 1%,取决于野外测量的噪声和接地电阻,仪器自动显示估计的测量误差。

系统标定：仪器中的微处理器根据存储的校正值自动给出数字化标定。

存储能力：存储超过 24000 次电阻率读数、15000 个电阻率和极化率复合读数。

质量：10.9kg。

仪器尺寸：长 406mm×宽 184mm×高 273mm。

显示器：带背光的 LCD,16 线×30 字节。

野外供电：12V 或 2×12V 外接电源,面板上配插座,内置电路自动调节电流至最佳测量状态以节省电源,延长工作时间。

**3. 系统布置**

通过高密度电法采集的数据,经计算机及后处理软件进行分析和处理,如图 3-3 所示。系统各部分现场连线参见图 3-4。

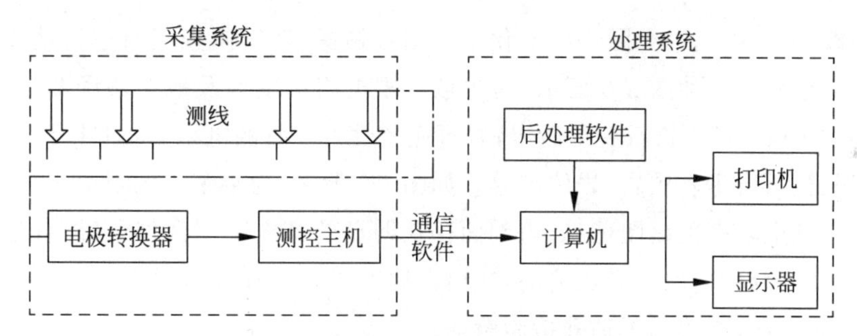


图 3-3　高密度电法系统布置示意图

图 3-4　高密度电法现场连线

主机通过通信电缆、供电电缆向多路电极转换器发出工作指令，向电极供电，并通过通信电缆接收、存储测量数据。

多路电极转换器通过电缆控制电极系各电极的供电与测量状态。数据采集结果自动存入主机，主机通过通信软件把原始数据传输给计算机。计算机将数据转换成处理软件要求的数据格式，经相应处理模块进行畸变点剔除、地形校正等预处理后，绘制视电阻率等值线图。典型电阻率剖面如图 3-5 所示。

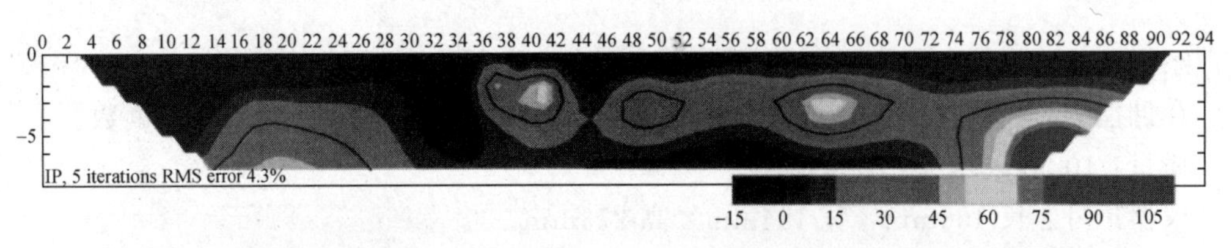

彩图 3-5

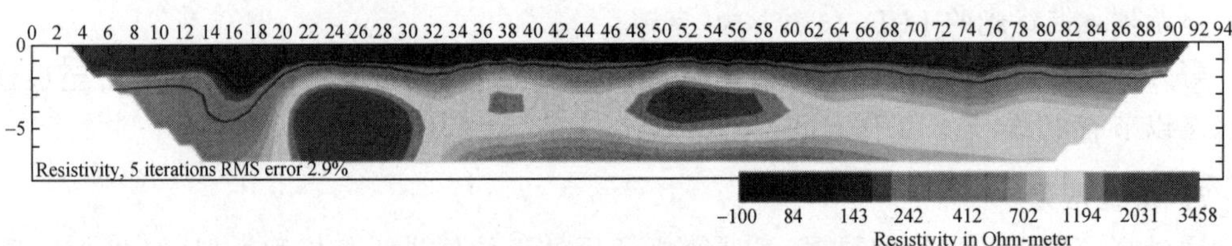


图 3-5 双模式实测电阻率剖面和极化率剖面图

在等值线图上，根据视电阻率的变化特征结合钻探、地质调查资料进行地质解译，并绘制出物探成果解译图。如图 3-6 所示，为边坡的视电阻率剖面及地质解译图。东侧电阻率高(大于 150Ω·m)，对应长石石英砂岩，岩石完整性好；西侧电阻率低(小于 80Ω·m)，对应松散层、泥岩、页岩等软质岩，岩体破碎。如图 3-7 所示，为某采空区视电阻率剖面图及地质解译结果。从电阻率剖面图可见，该剖面存在明显的高电阻率区域，经综合地质分析，覆盖层、白云质灰岩及砂岩地质界域清晰，在白云质灰岩推断存在Ⅲ号采空区，在砂岩中存在Ⅵ、Ⅴ及Ⅵ号采空区，并得到了钻孔检验验证。

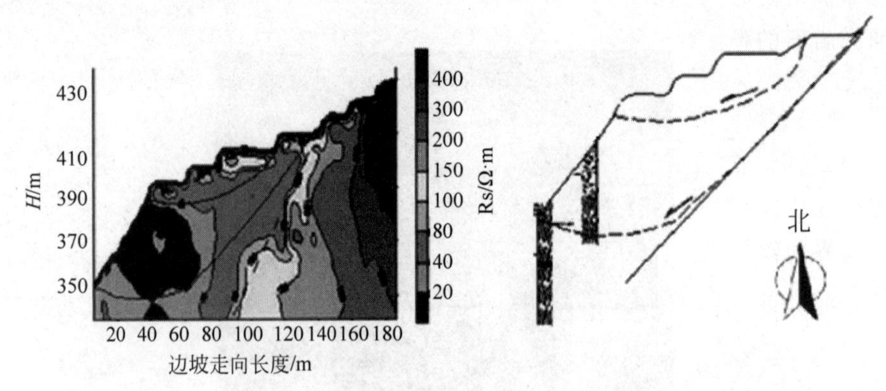


图 3-6 边坡视电阻率剖面及地质解译图

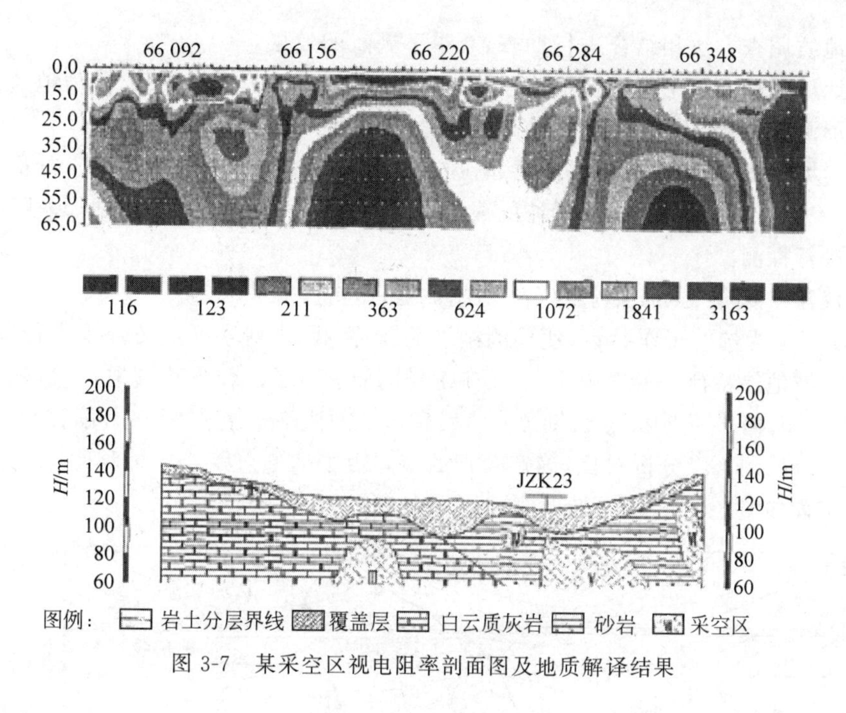


图 3-7　某采空区视电阻率剖面图及地质解译结果

# 3.3　地震波法

## 3.3.1　基本原理、主要用途及适用条件

地震波法(seismic geophysical method)是通过人工激发的地震波在地壳内传播的特点来探查地质体的一种物探方法,遵循波的传播原理。在岩土工程勘测中运用最多的是高频(200～300Hz)地震波浅层折射法,可以研究深度在 100m 以内的岩土体。

地震波法的主要用途包括：

(1) 测定覆盖层的厚度,确定基岩的埋深和起伏变化。

(2) 追索断层破碎带和裂隙密集带。

(3) 研究岩石的弹性性质,测定岩石的动弹性模量和动泊松比。

(4) 划分岩体的风化带,测定风化壳厚度和新鲜基岩的起伏变化。

(5) 确定滑坡等的基底滑层。

地震波法的应用条件如下：

(1) 地形起伏较小。

(2) 地质界面较平坦,断层破碎带少,且界面以上岩石较均一,无明显高阻层屏蔽。

(3) 界面上下或两侧地质体有较明显的波速差异。

## 3.3.2　地震波法的应用

八渡滑坡位于南昆铁路 K343＋380～＋450 段,曾发生 $60\times10^4\mathrm{m}^3$ 的巨型滑坡,滑坡体主体轴向位移 4m。为查明滑坡发生机制,为滑坡加固提供设计依据,采用综合地球物理方法与其他地质调查方法相结合进行勘查,获得了满意的效果。

综合地球物理方法主要包括地震波法、地质雷达及声波等测试手段,其他地质方法包括全站仪变形测量、地形测量、现场踏勘与地质分析。

在该滑坡探测中,为了确定松散层、各风化层厚度分布,滑动层底界面分布及岩土层的力学性质,查明易滑层位,为分析滑坡的成因和拟订治理方案提供客观依据,采用高分辨反射地震法进行探测。

使用仪器:美国产 R24 地震仪,24 道检波器,锤击震源。

工作方法:为选好工作参数,使勘测结果准确、客观,先对场区地质环境进行全面踏勘,初步掌握区域地层特征;在此基础上,又在 1 号剖面进行了工作方法选取试验,先用道间距 2m,炮点距 6m,偏移距 20m 进行勘测;然后又用道间距 2m,炮点距 6m,偏移距 12m、20m 双偏移距进行勘测。经分析对比,确定合理的道间距 2m,炮点距 6m,偏移距 12m。

勘测布置如图 3-8 所示,滑坡勘测成果见表 3-2。

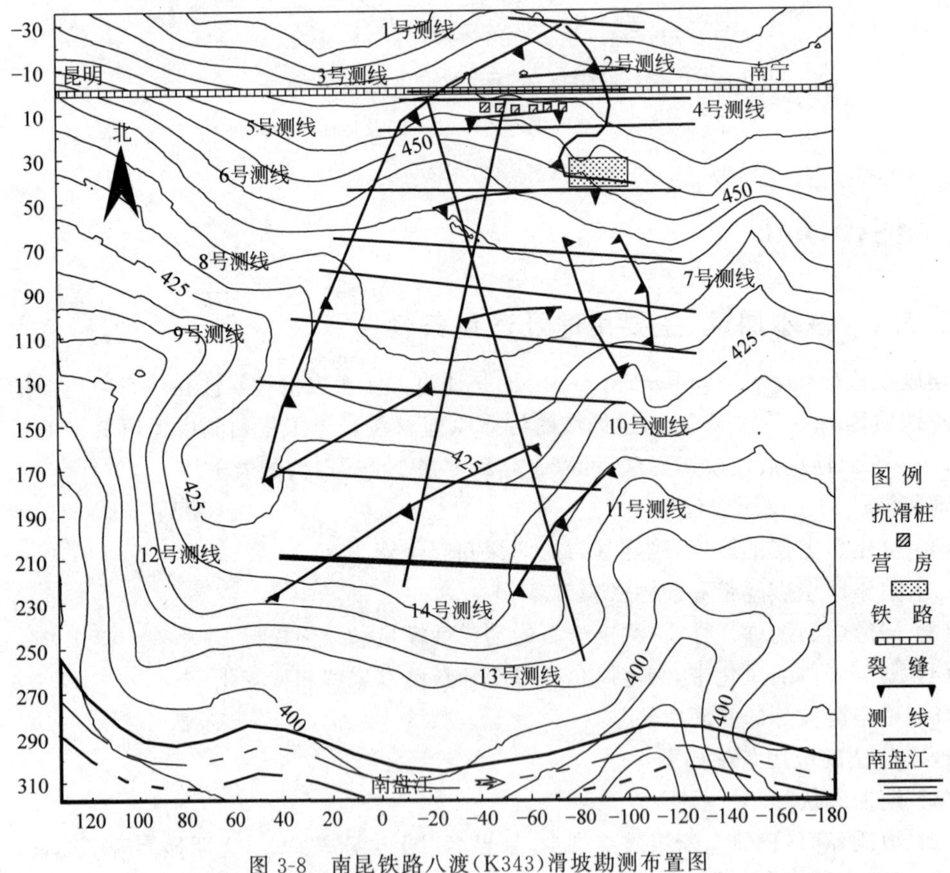


图 3-8 南昆铁路八渡(K343)滑坡勘测布置图

滑坡区地势北高南低,高差近 100m。东西两侧山地和南部开挖地段出露泥岩,北部山坡出露砂岩。地震和雷达勘测结果表明,滑坡区内基岩向东南方向倾覆。滑坡区内地层由上而下可分为:松散层、强风化层、中风化层及微风化层四层,各地层厚度分布见表 3-3。

表 3-2　高分辨率反射地震滑坡勘测主要成果

| 勘探线编号 | 剖　面　号 | 剖面长度/m | 项目工作量/m |
|---|---|---|---|
| 1 | 4 | 286 | 1931 |
| 2 | 5 | 150 | |
| 3 | 6 | 155 | |
| 4 | 7 | 208 | |
| 5 | 8 | 332 | |
| 6 | 10 | 160 | |
| 7 | 11 | 140 | |
| 8 | 12 | 120 | |
| 9 | 14 | 380 | |

表 3-3　1-14 号剖面各地层厚度分布及纵波波速

| 滑坡区地层 | 松　散　层 | 强 风 化 层 | 中 风 化 层 | 微 风 化 层 |
|---|---|---|---|---|
| 构成 | 上部由素填碎石土(铁路开挖等因素覆盖)、下部坡积及残积碎石土组成 | 砂岩、泥岩风化而成,呈半岩半土状,岩层破碎、松散 | 主要为泥岩,部分地段可见砂岩,岩层相对完整,但部分地段较破碎,裂隙较多,强度较低 | 岩层完整,较为坚硬 |
| 纵波波速/(m/s) | 600～800 | 1300～1400 | 1500～1800 | 2000～2500 |
| 1、2 号剖面 | 5～7m | 5～8m | | |
| 3 号剖面 | 5～11m | 4～6m | | |
| 4 号剖面 | 8m 左右 | 12～13m | 20～27m | |
| 5 号剖面 | 12m 左右 | 8～9m | 12～19m | |
| 6 号剖面 | 6～17.5m | 2.6～19.5m | 2.4～26.4m | |
| 7-10 剖面 | 7～25m | 0～15m | 5～20m | |
| 11 剖面 | 5～8m | 6～10m | 7～19m | |
| 12 剖面 | 公路开挖,松散层已经完全剥落 | 6.5～24m | 1.5～7m | |
| 13-14 剖面 | 8～12m | 5.2～16.3m | 8.8～25.6m | |

勘测结果表明,第四系松散层分布普遍,除靠近南盘江岸边开挖区之外,覆盖全区,大部分地区厚度为 4～8m,沟谷地区厚达 12m,靠近铁路滑坡地段,里程＋380～＋450 区段铁路路基坡脚厚度为 6～8m。距铁路中心线 25m 地段涵洞出口处,松散层变厚,达到 12m 左右。

强风化岩在区内十分发育,以滑坡西边界线为界,东部是砂岩强风化层,以西是泥岩强风化层。大部分区域强风化岩厚度为 6～8m,局部地段达到 12m。总的趋势是从山坡向河边逐渐加厚,东南角最厚超过 15m。锚固桩区域厚度为 6～12m。砂岩强风化层结构破碎,空隙率大,接受大气降水补给条件好,富含裂隙水。该地层中高岭土含量较高,吸水易流变,是导致滑坡的主要地质因素。而泥岩强风化带的透水性差,大气降水很难入渗。在区内可以清楚地看到,开挖的陡坎和沟渠在砂岩风化层地段有大量地下水溢出,而在泥岩风化层地段则干如土炕。区内滑坡体的某些边界明显地受砂岩强风化分布的控制。4 号勘测线位于铁路下方，平行铁路布置，反映铁路沿线方向地层的分布。典型地层分布如图 3-9 所示。

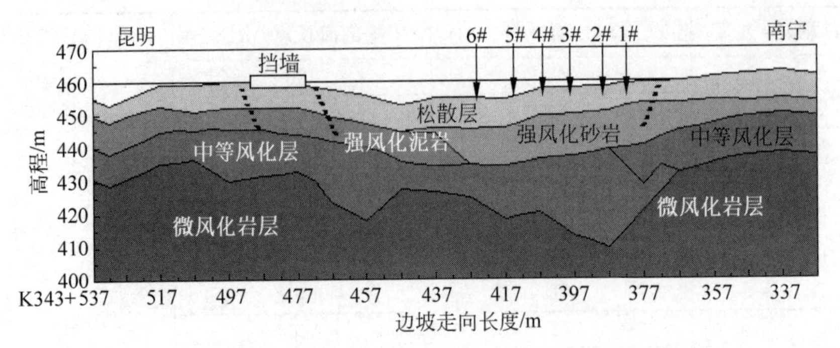


图 3-9 南昆铁路八渡(K343)滑坡横向 4 号勘测线剖面图

# 3.4 地质雷达

## 3.4.1 基本原理及适用条件

### 1. 基本原理

地质雷达(geological radar)也称探地雷达，是一种对地下或物体内不可见目标体或界面进行定位的电磁技术。它是沿用对空雷达的原理，由发射机发射脉冲电磁波，其中一部分是沿着空气与岩土体介质分界面传播的直达波，经过时间 $t_0$ 后到达接收天线，为接收机所接收；另一部分传入介质内，在其中若遇电性不同的另一介质体，如其他岩土体、断层、洞穴等界面变化，将发生反射和折射，经过时间 $t_s$ 后回到接收天线，称为回波。根据所接收到两种波的传播时间来判断另一介质体的存在并测算其埋藏深度，如图 3-10 所示，反射剖面示意图如图 3-11 所示。

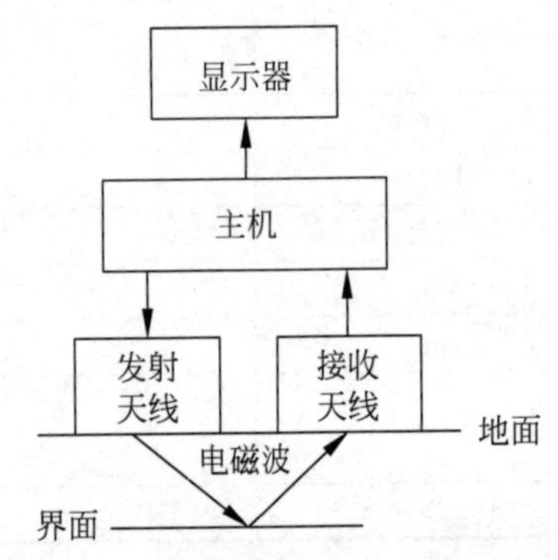


图 3-10 地质雷达探测原理示意图

由图 3-11 可知，地质雷达将高频电磁波以宽频带短脉冲形式，由地面发射天线送入目标体，电磁波在地下介质传播过程中，当遇到存在电性差异的地下目标体时，电磁波便发生反射返回地面，为接收天线所接收，脉冲波行程需时($t$)按式(3-1)计算。

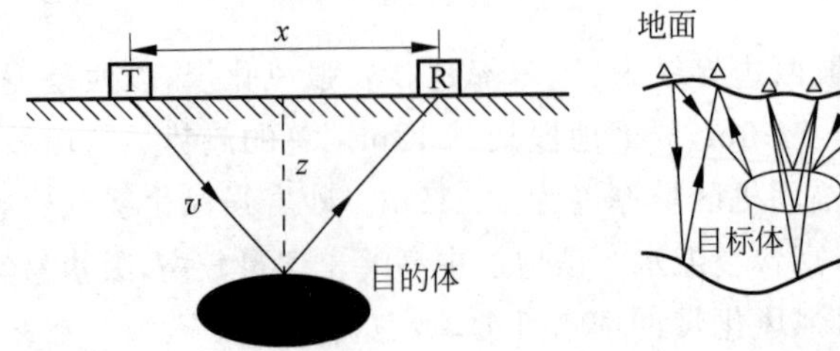


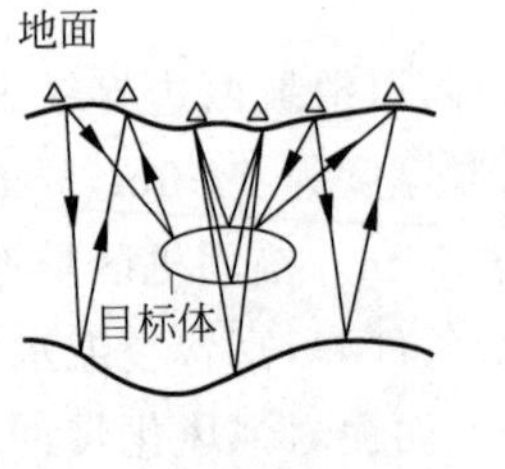


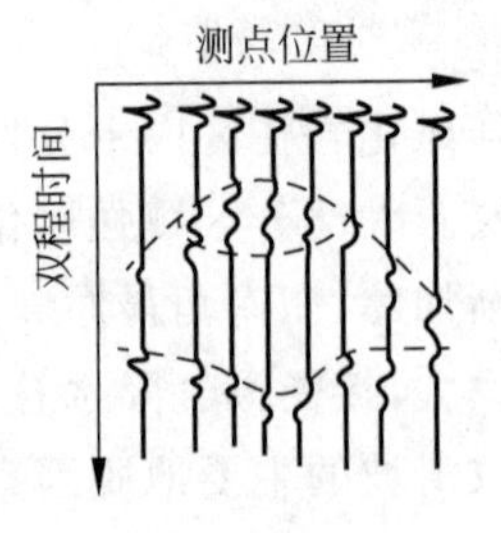


图 3-11 地质雷达反射剖面示意图

$$t=\sqrt{4z^2+x^2}/v \tag{3-1}$$

式中：$z$ 为地下介质界面的深度；$x$ 为发射点与接收点之间的距离；$v$ 为反射波在介质中的传播速度。

当地下介质中的波速为已知时，可根据测得的精确值，由式(3-1)计算出时间后即可求地层界面的深度。而波速与相对介电常数 $\varepsilon$ 之间的关系为

$$v=\frac{c}{\varepsilon^{\frac{1}{2}}} \tag{3-2}$$

式中：$c$ 为光速。

在对接收天线接收到的雷达波进行处理和分析的基础上，根据接收到的雷达波形、强度、双程走时等参数可推断地下目标体的空间位置、结构、电性及几何形态，从而达到勘察的目的。

地质雷达的探测深度和探测效果，除了与中心频率、时窗、采样率、测点距和发射-接收天线间距等现场测量参数选择有关外，还与系统增益、可程序窗、采样间隔、叠加次数等实际工作时雷达参数的选择有关。

地质雷达的探测深度与探头频率、地下介质电阻率及介电常数有关。一般来说，探头频率越高，探测分辨率越高，但探测深度越小。目前，理论探测最大深度在150m左右，探测深度小于0.5m为浅层；0.5～5.0m为中层；5.0m以上为深层，最小为毫米级。当前理想的最大可测深度为50m。

**2. 主要应用**

地质雷达具有分辨能力强、解译精度高，一般不受高阻屏蔽层及水平层、各向异性影响等优点。它对探查浅部介质体，如覆盖层厚度、基岩强风化带埋深、溶洞及地下洞室和管线位置等，效果尤佳。随着信号处理技术和电子技术的发展以及实践操作经验的丰富积累，地质雷达技术不断发展，应用范围不断扩大，现已广泛应用于工程地质勘察、建筑结构调查、公路无损检测、水文地质调查及生态环境等多个领域。

1) 浅层

这类应用中地质雷达的工作带宽都比较宽，一般都接近或超过1GHz，属于超宽带雷达(UWB)。雷达体制多是脉冲雷达(Impulse-GPR)、步进变频雷达(SF-GPR)和线性调频连续波雷达(FMCW-GPR)。

浅层主要用于埋藏军械和危险物的探测，如金属和非金属地雷的探测；隐藏物的检测，如探测墙壁内或地板下的物体，以及重大电子科技活动场所检查等；质量检测，如公路、机场、跑道和隧道施工及施工质量检验中的厚度测量以及日常维护检测，公路、机场、隧道以及建筑材料中钢筋数量和铺设情况等的检查。

2) 中层

雷达体制多是脉冲雷达和线性调频连续波雷达。工作频率为100MHz～1GHz。可用于地下管网电缆探测：利用地质雷达能准确探知地下管道、电缆的位置、深度及走向分布情况。空洞和隧道的探测：利用地质雷达可以探测到地下结构中的空洞、断层、裂缝和薄弱环节及地下受侵蚀的范围等。在考古探测中，利用地质雷达可以探测到地下埋藏的容器、古墓

及古遗址等，从而确定其分布、范围及规模等，同时还能避免或减少损失。

3）深层

这类雷达大多数工作于100MHz以下低频，雷达不仅可以置于地面，也可以是机载或星载。雷达体制多是脉冲雷达和线性调频连续波雷达。

可用于河面断面、河床淤积、水下异物的探测，如地质雷达能够较详细地探测江河、湖泊的水下断面情况、床面淤积情况及水下目标等。大坝裂缝检测。冰结构的探测：在极地考察、冰川考察中，可以利用地质雷达进行快速有效的探测。对行星的远程遥感探测：美国对月亮、火星、金星等的遥感测量中，一直利用地质雷达对这些行星的地质结构进行探测。

在土木工程中，地质雷达主要的应用包括：

工程场地勘察。覆盖层厚度、松软层厚度及分布，基岩风化层界面及分布，基岩节理和断裂带、地下水分布，普查场地地下溶洞、空洞、塌陷区、地下人工洞室、地下排污巷道、管道及地下管线等，在回填土等松软层上探查深度可达20m以上，在致密或基岩上探查深度可达30m以上。

隧道质量检测及病害诊断。主要检测衬砌厚度、破损、裂隙、脱空、空洞、渗漏带、回填欠密实区、围岩扰动等，检测精度可达厘米级。

隧道超前跟踪探测及预报。可预测前方30～50m范围内的断层、溶洞、裂隙带、含水带等地质构造。

矿井中的探测。在掘进工作面前方超前探测及预警，巷道顶底板及两邦探测，主要用来探测断层、陷落柱、溶洞、裂隙带、采空区、含水带、煤厚、顶底板、瓦斯突出危险带及金属富矿带等。

地面工程质量检测及病害诊断。公路及城市道路路面、机场跑道、高切坡挡墙、桥梁、混凝土构筑体等重要工程项目的工程质量检测及病害诊断中，也采用雷达技术来检测路面、跑道、挡墙等各层厚度和破损情况，挡墙、桥梁、混凝土构件中的空洞、裂隙及钢筋分布等，检测精度可达毫米级。

地下埋设物与考古探测。包括古建筑基础、地下洞室、金属物品等，在城市改造中用雷达可探测地下埋设物，如电力管网、输水管道、排污管道、输汽管网、通信管网等。

### 3.4.2 地质雷达的应用实例

仍以南昆铁路K343＋380～＋450段八渡滑坡为例，为查明滑坡发生机制，为滑坡加固提供设计依据，采用地质雷达及高频反射地震等综合地球物理方法与其他地质调查方法进行勘查。共布设地质雷达剖面9条，总长1300m，对滑移界面进行了判别，滑坡段勘探线布置如图3-8所示，地质雷达探测成果见表3-4，主要探测剖面的地层厚度分布见表3-5。

滑体包括第四系松散层和强风化层，滑动面在砂岩强风化层上部与松散层底部，滑层厚度约15m。变形场以张裂为主，伴有垂直错断，滑坡体边缘有小规模走滑。张裂缝最大宽度达2m，累积滑动量10m以上，垂向断距最大为4.8m，水平错动最大为0.5m。

**表 3-4　地质雷达滑坡可探测主要成果**

| 勘探线编号 | 剖面号 | 剖面长度/m | 项目工作量/m |
|---|---|---|---|
| 11 | 1 | 60 | |
| 12 | 2 | 60 | |
| 13 | 3 | 100 | |
| 14 | 4 | 110 | |
| 15 | 5 | 100 | 1300 |
| 16 | 9 | 250 | |
| 17 | 11 | 140 | |
| 18 | 12 | 120 | |
| 19 | 13 | 360 | |

**表 3-5　地质雷达探测剖面各地层厚度分布**　　m

| 滑坡区地层 | 松散层 | 强风化层 | 中风化层 | 微风化层 |
|---|---|---|---|---|
| 剖面 10 | 7～25 | 0～15 | 5～20 | — |
| 剖面 11 | 5～8 | 6～10 | 7～19 | — |
| 剖面 12 | 公路开挖，松散层已经完全剥落 | 6.5～24 | 1.5～7 | — |
| 剖面 13～14 | 8～12 | 5.2～16.3 | 8.8～25.6 | — |

通过勘测，获得滑坡区域横向及纵向地层的分布，确定滑层深度及各层厚度。滑动主轴纵向勘测剖面如图 3-12 所示。

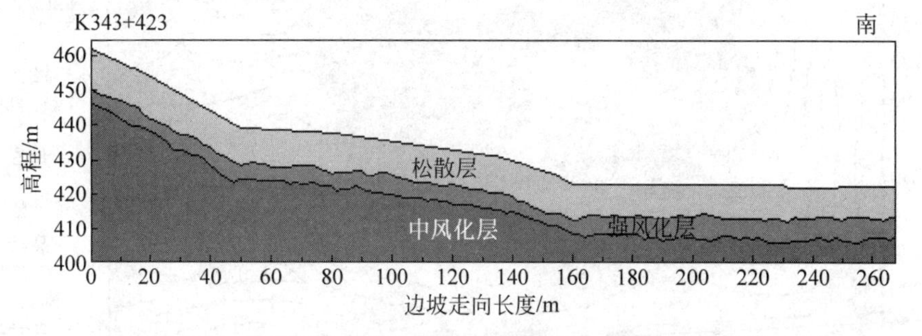


彩图 3-12

图 3-12　南昆铁路八渡(K343)滑坡纵向 14 号勘测线剖面图

在采用地震波法和地质雷达对滑坡进行综合探测的同时，还采用全站仪及数字摄像对滑坡地面变形进行测量。变形场测量和摄像用于记录滑坡体地形和位移场、变形场分布，以便分析滑坡体的运动和动力学特征，对滑坡的成因进行合理解释，为治理方案的拟订提供依据。对滑坡体及周围地区按 1∶500 精度进行地形测量，并对滑坡裂缝的位置、长度、开裂宽度、垂向断距和平错距逐一进行测量。测量工作量布置见表 3-6。同时，进行场地地质调查。

通过变形测量可以确定，滑坡区内共有规模较大的裂缝 7 条，西部和东北部两边界裂缝规模最大，前者长度超过 200m，后者断距达 4.8m。铁路以南有两条近东西展布的裂缝，长者近 80m，裂缝表现为张裂和垂向塌断，断距大于 2m，表明这种破坏乃由下游牵引所致。滑坡体中部、东南部分布裂缝 3 条，裂缝走向 NE-SW，长度近 100m。裂缝均以张裂为主，走

表 3-6 滑坡探测中的其他测试工作量布置

| 编 号 | 项 目 名 称 | 测量面积/km² | 工作量合计/km² | 备 注 |
|---|---|---|---|---|
| 20 | 地形测量 | 0.108 | 0.108 | 270m×400m |
| 21 | 变形测量 | 0.108 | 0.108 | 270m×400m |
| 22 | 地质摄像 | 0.108 | 0.180 | 270m×400m |
| 23 | 地质调查 | 0.160 | 0.160 | 400m×400m |

向明显受基岩强风化带走向控制。地表所见裂缝的特点为裂缝前缘抬起，后缘下降，地面前倾，呈叠瓦状，显现塌滑和倾倒变形的特点，这种塌滑向下一直发展到强风化层。这些变形特征表明，滑坡前端的滑移量大于后端，滑坡是由东南部（前端）开始滑动而拖动后端的，具有明显的塌滑性质。滑坡变形场如图 3-13 所示，其中等值线展现了各部位开裂变形的大小。图 3-13 中有两个变形最大的区域，一个在保安楼前，另一个在西边界中部，开裂幅值都在 2m 以上。

彩图 3-13

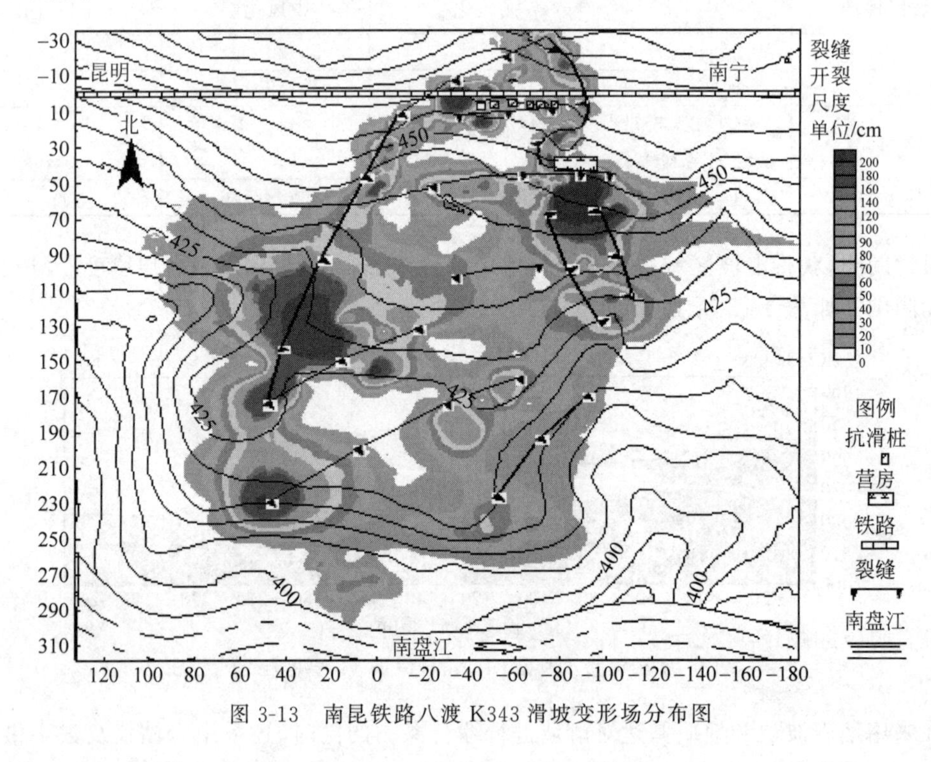


图 3-13 南昆铁路八渡 K343 滑坡变形场分布图

## 3.5 大地磁法

### 3.5.1 基本原理及适用条件

**1. 基本原理**

大地磁法是利用大地本身的天然磁场进行探测的一种方法。地球本身是一个天然磁场，由于地球磁场的影响，不同岩层的磁场反射波不同，利用此特点，通过对地下岩层的地磁反射波进行探测，可判定不同地层界面的埋藏深度。EH-4 是一种典型的大地磁法探测仪，也称大地连续电导率成像系统，通过采集大地电磁波来达到电阻率或电导率的测深，对此分析圈定出大地岩层中的异常体。EH-4 由主机、AFE 前端、4 个电极、2 个磁感应探头（磁棒）及电源与天线组成，如图 3-14 所示。

图 3-14　EH-4 的基本组成

大地磁法观测的基本参数为：正交的电场分量（$E_x$，$E_y$）和磁场分量（$H_x$，$H_y$）。如果将大地天然电场与磁场水平分量的比值定义为地表表面波阻抗 $Z$，那么，在均匀大地的情况下，此阻抗与入射场极化无关，只与大地电阻率以及电磁场的频率有关。

$$Z=\sqrt{\pi\rho\mu f}(1-i) \tag{3-3}$$

式中：$Z$ 为地表表面波阻抗，Ω；$\rho$ 为大地电阻率，Ω·m；$\mu$ 为磁导率；$f$ 为电磁波频率。

通过测量相互正交的电场和磁场分量，可以确定介质的视电阻率值，计算公式为

$$\rho=\frac{1}{5f}\mid E/H\mid^2 \tag{3-4}$$

式中：$\rho$ 为视电阻率，Ω·m；$f$ 为电磁波频率；$E$ 为电场强度分量，mV/km；$H$ 为磁场强度分量，nT。

此时由式(3-4)计算得到的电阻率为视电阻率，在一个宽频带上测量 $E$ 和 $H$，并由此计算出视电阻率和相位，通过反演计算可以确定地下岩层的电性结构和地质构造。

对于水平分层大地，上述表达式仍然适用。但用它计算得到的电阻率将随频率的改变而变化，因为电磁波的大地穿透深度或趋肤深度与频率有关

$$\delta=503\sqrt{\frac{\rho}{f}} \tag{3-5}$$

式中：$\delta$ 为趋肤深度，m。

**2. 应用条件**

大地磁法主要用于大地中较深处地磁异常体的测试，如深部地下水调查、交通隧道的超前探测、堤防隐患探查、工程地质调查、地质构造填图和岩层空隙率调查以及新技术、新方法的开发和研究等方面，目前，大地磁法的理论测深为 2000m。

**3. 技术特点**

(1) 自然源、可控源联合接收。

(2) 独一无二的垂直磁偶极子发射方式，发射天线轻便灵活，耗电量小，采用 12V 轻便直流电瓶如汽车电瓶供电。

(3) 具有测量时间短，精度高，兼备调频接收，操作方便的优点，且具有时间域高分辨率的特点。

(4) 联合 *X*-*Y* 电导率张量剖面解释，对判断二维构造比较有利。

(5) 频率范围宽，从超低频(0.1Hz)到高频(100kHz)，探测深度大，可达 1000m。

(6) 地震-电法联合测量和解释。

(7) 实时处理，实时显示，资料解释简捷，图像直观。

**4. 典型 EH-4 主要技术参数**

(1) 频率范围：10Hz～100kHz。

(2) 发射机：带垂直天线线圈的 TxIM2 型发射机，频率为 500Hz～70kHz，冲量为 400A/$m^2$，天线为 2 个 4$m^2$ 的垂直叉线圈。

(3) 电源：12V，60A 电瓶。

(4) 电极：4 个 BE-26 型带缓冲器的有效高频偶极子，4 个 SSE 不锈钢电极，26m 电缆。

(5) 磁棒探头：2 个 BF-IM 磁感应棒(10～100Hz)，10m 电缆。

(6) 模拟终端：1 台 AFE-EH4 模拟信号调节器，用它将一对电极和一对磁棒的数据传至采集单元。

(7) 选件：配置 StrataViewTM。

(8) 地震仪进行地震勘探：可配 12、24 或 48 道(通道/频道数)。

(9) 低频 MT 磁棒：0.1～10kHz；电极：4 个 BE-50 型带缓冲器的有效高频偶极子和 50m 电缆。

(10) 大功率天线：频率范围：300Hz～35kHz，冲量为 6000A/$m^2$，天线尺寸为 2 个 45$m^2$ 垂直叉线圈。

(11) 数据采集单元：道数为 4 道(2 电，2 磁)。

(12) 模数转换：18 位。

**5. 测点布线**

EH-4 常见测点布线原理如图 3-15 所示。

1) 电极的布置

工作时共用 4 个电极，每两个电极组成一个电偶极子，为了便于对比监视电场信号，其长度都为 25m。与测线方向一致的电偶极子称为 X-极子(X-dipole)；与测线方向垂直的电偶极子称为 Y-极子(Y-dipole)。

2) 磁探头-磁偶极子布置

磁探头与前置放大器距离应大于 5m，为了消除人为干扰，两个磁极子要埋在地下，其深度至少为 5cm，并使其相互垂直，并用水平仪调平。所有的工作人员要离开磁棒至少 10m，尽量选择远离房屋、电缆、大树的地方布置磁感应探头。

3) 前置放大器(AFE)布置

电、磁道前置放大器放在测量点上，即两个电偶极子的中心，为了保护电、磁道前置放大器，应首先将其接地，并远离磁棒，与其相距至少 10m。

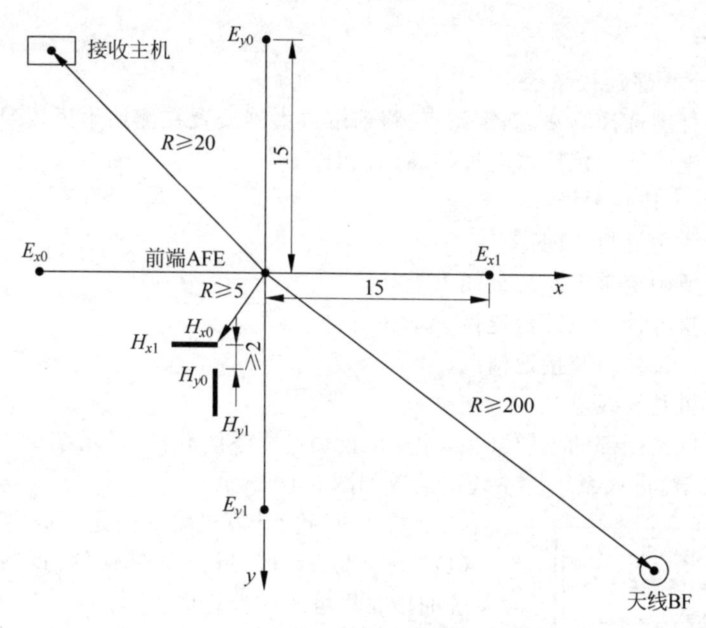


图 3-15　EH-4 测点布线原理示意图

4）主机布置

主机要放置在远离 AFE 至少 20m 的平台上，而且操作人员能看到 AFE 和磁棒的位置。

由于 EH-4 采集数据时检测的是大地电磁场微弱的信号，容易受外界的干扰。所以，在进行数据采集过程中应注意以下问题：

（1）数据采集点 100m 范围内不能有交流电源。

（2）数据采集点附近不能有军事通信站，至少 5km 以外。

（3）数据采集点远离公路、铁路 1km 以外。

（4）数据采集点附近不能有流动的河流。

（5）在开采的矿山上进行数据采集时，露天重型设备不能工作，井下不能作业，关闭交流动力电源。

除此之外，还应注意：$x$ 方向和 $y$ 方向的电极和磁棒，不能随意调换方向，以减少系统误差；数据质量较差时，应增加叠加次数，甚至需要重新采集，必要时需要择时重测。

EH-4 是采用天然场源与人工场源相结合的大地电磁测量系统，即高频段（1～100kHz）采用人工场源，低频段（10Hz～10kHz）应用天然场源，能观测到离地表几米至 1000m 内的地质断面的地电变化信息。基于对断面电性信息的分析研究，可以确定地电断面的性质。

EH-4 适用于各种不同的地质条件和比较恶劣的野外环境，常用于矿产与地热勘察，地下水、环境监测以及工程地质调查等。其工作原理与大地电磁法一样，是利用宇宙中的太阳风、雷电等入射到地球上的天然电磁场信号作为激发场源，又称为一次场，该一次场是平面电磁波，垂直入射到大地介质中。由电磁场理论可知，大地介质中将产生感应电磁场，此感应电磁场与一次场同频。

**6. 测量步骤**

EH-4 按以下程序连接系统：

(1) 按照设计图选择测站，确定站点，将前端放大器安置在测站附近，接地。

(2) 各数据电缆通过接口将电极与 AFE 相连。

(3) 按步骤(2)连接磁极。

(4) 连接接收主机与 AFE。

(5) 根据需要确定是否安装天线 BF。

(6) 接收主机与计算机键盘连接。

(7) 检查各连接接口及接地情况。

(8) 连接主机及天线电源。

(9) 打开控制器顶部的电源开关，计算机自动进入系统软件，显示菜单。

按 ENTER 键，进入系统。系统主菜单如图 3-16 所示。

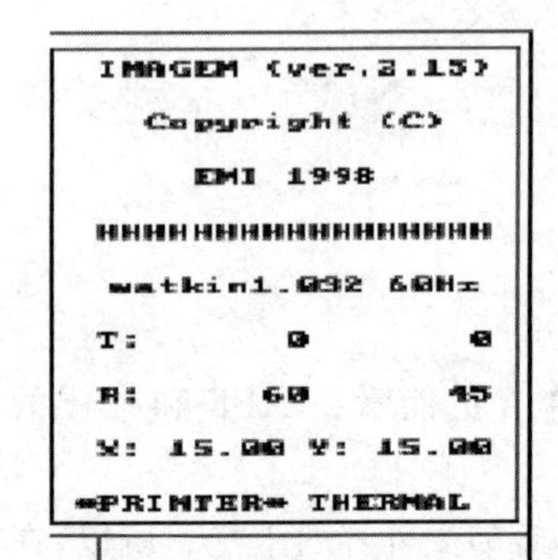


图 3-16 Stratagem 系统主菜单

(10) 按 ESC 键，计算机将询问是否退出程序。

(11) 输入数字“1”，退出系统软件，返回 DOS 状态，此时系统的接收机可用作计算机。

(12) 输入“imagem”，计算机载入系统，根据提示设置测试系统参数。

(13) 输入电力线频率(50Hz 或 60Hz)，为了给数据采集设置滤波器以消除电力线噪声和高次谐波，输入“50”。

(14) 输入起始文件号(1-900)，输入“0”。说明：起始文件号给出了测量期间给测点编号的基础。例如，如果输入 100 作为起始文件号，测点号就编为 100、101、102 等。测量中无论是多个系统用于数据采集的情形，或是某一数据重复采集的情形，有了这样的编号规则就能把每次测量的数据区分开来并且易于事后重新组合数据。

(15) 输入测区名，如“TEST01”。

说明：在数据库目录中，测区名作为测点名的一部分。如设测区名为“TEST. 001”，其实文件号为“1”，那么第一个测点的名字就是“TEST. 001”，数据库目录与测区取名一致。

(16) 输入 $X$ 和 $Y$ 电极距长度，以 m 为单位，两数之间留一空格，如“30 30”；

说明：这是两个 $X$ 电极与两个 $Y$ 电极之间的距离，在测量过程中可以修改，但在测试中一直保持此设置不变。主菜单选项内容，见表 3-7。

**表 3-7 主菜单内容**

| 菜 单 项 | 内 容 | 菜 单 项 | 内 容 |
|---|---|---|---|
| 1 OPTIONS | 1 选择项 | 5 1-D ANALYSIS | 5 一维分析 |
| 2 CAIN SETTING | 2 增益设置 | 6 2-D ANALYSIS | 6 二维分析 |
| 3 ACQUISITION | 3 采集 | 7 PRINT | 7 打印 |
| 4 DATA ANALYSIS | 4 数据分析 | 8 EXIT | 8 退出 |

保持原来系统的设置不变，直接进行采集，选中主菜单 ACQUISITION，屏幕出现 ENTER ST STATION LOCATION　X Y Z (meters)

输入测点坐标，以空格分开。此处采用相对坐标，如设第一个测站点为坐标原点，输入坐标“0 0 0” 按 ENTER 键，屏幕出现：

ENTER DIPOLE LENGTH X Y(meters)

(lengths are greater than 0 and less than300m)

输入 $X$ 和 $Y$ 方向的极距“30 30”，屏幕出现

ENTER BAND& ♯ SEGS

BAND 1：10-1kHz

BAND 4：500-3kHz

BAND 7：750-92kHz

0：SAVE,CLR：APORT

X MTON,USE〈7 14〉

为了提高探测质量，可采用低、中、高频综合叠加一次成图的方法测试，在输入所选的频率范围模式和测量号“1 16”，按 ENTER 键开始采集数据。采集完毕后，接着输入“4 16”及“7 16”进行中频和高频的测量，测试完成后将其保存，关闭系统，按原方法移到下一个测点，只需改变测点坐标的设置采集数据即可。

在正式开始测试前，先进行平行试验，检验系统的正常性，只有通过平行测试后，才进行探测试验。试验时应注意数据是否存在异常。一旦发现异常则应进行分析，确定异常的原因。此外，要注意增溢设置值的选择，系统给出的增溢范围大。

### 3.5.2　大地磁法工程应用

大地磁法更适合于地磁异常及深部地层的判别，在深部地质及岩土工程中有着广泛的应用。如图 3-17 所示，为某隧道 EH-4 电阻率等值线剖面图。由图可知，这是一个电阻率相对较高的高电阻场，视电阻率为 100～4500Ω・m。图 3-18 的下部为地质解译结果。

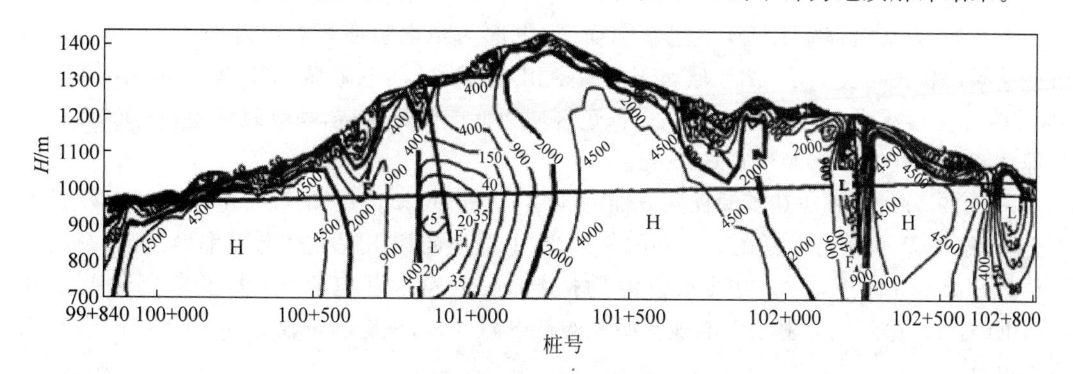


H—高电阻异常区；L—低电阻异常区

图 3-17　某隧道 EH-4 电阻率等值线剖面图

按照桩号从左到右，高电阻异常与低电阻异常分区性明显，高低电阻异常交错出现，高电阻异常区的视电阻率为 4500Ω・m，低电阻异常区的视电阻率为 0～400Ω・m。高电阻

异常区表现为含水率低、电磁性差的坚硬岩层。低电阻异常区表现为含水率较高、充填较好、电磁性良好的断层破碎带。此外，由图可见，隧道浅部视电阻率为 0～400Ω·m，厚度为 10～50m 的覆盖层。经地质调查与综合分析，浅层覆盖层为第四纪表土及泥岩强风化层，高电阻异常区为泥岩，低电阻异常区为断层破碎带。

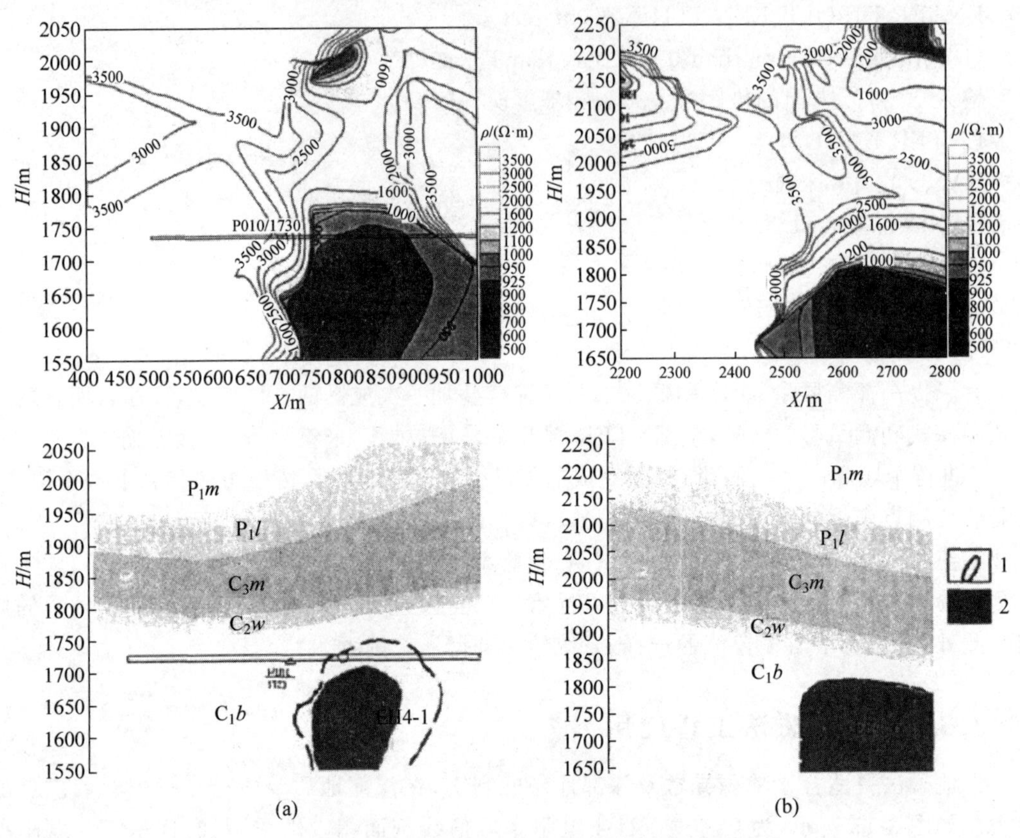


图 3-18 某铅锌矿 EH-4 电阻率剖面图

图 3-18 为某铅锌矿 EH-4 电阻率剖面图，上部为视电阻率等高线剖面图，下部为地质解译结果。由图可见，该探测区域属于电阻率相对较高的高电阻场，电阻率变化范围在 0～3500Ω·m。存在明显的低电阻异常区，深色区域为低电阻异常区，视电阻率为 0～900Ω·m，其他区域的视电阻率 1000～3500Ω·m。

图 3-19 为大地磁法在资源探测方面的应用。由图可知，该区域属于电阻率相对较低的低电阻场，电阻率变化范围在 0～100Ω·m，图中剖面同样出现了高电阻率异常区，视电阻率值为 80Ω·m。图 3-20 为某水资源勘探剖面，也属于低电阻场，电阻率变化范围在 0～70Ω·m。在此低电阻场中出现了明显的低电阻异常，视电阻率仅为 0～5Ω·m，表现出高导电性。

图 3-21(a)为某风化残积型铝土矿地层的大地磁法电阻率剖面图，由图可知，这也是一个低电阻场，视电阻率在 40～260Ω·m，在地层深度 15m 附近出现低电阻区。各地层视电阻率如表 3-8 所示。

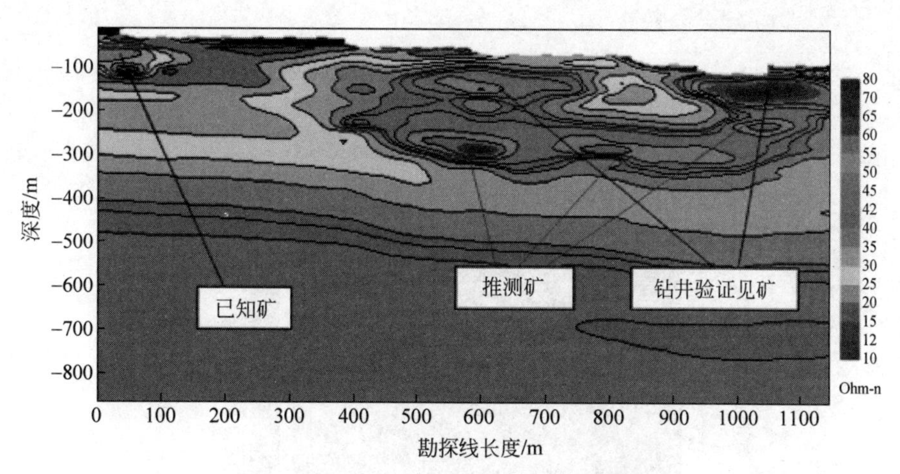


彩图 3-19

图 3-19　某资源探测电阻率剖面图

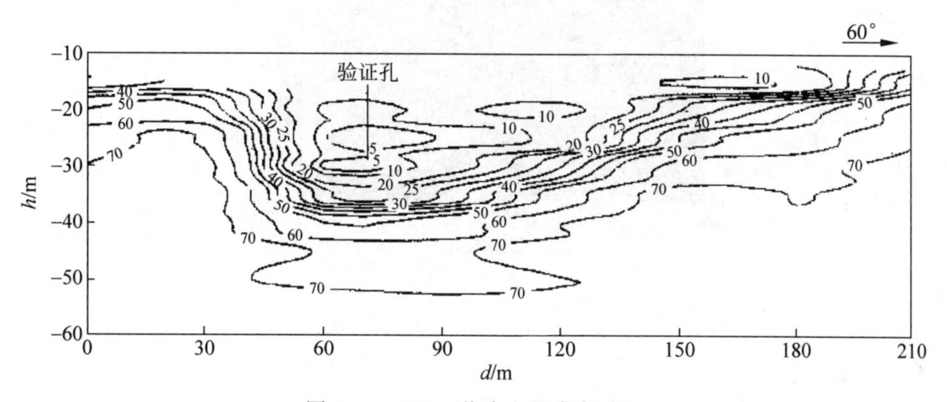


图 3-20　EH-4 找水电阻率断面图

**表 3-8　铝土矿含矿地层的标定结果**

| 岩矿类型 | 标本数量 | $\rho_{min}$/(Ω·m) | $\rho_{max}$/(Ω·m) | 平均 $\rho$/(Ω·m) |
|---|---|---|---|---|
| 腐殖土及残积坡层及堆积物 | 14 | 26 | 51 | 40 |
| 浅灰、灰色灰岩 | 12 | 700 | 1389 | 1000 |
| 灰黑色结核灰岩及白云质灰岩 | 15 | 120 | 193 | 160 |
| 残积型铝土矿 | 15 | 80 | 120 | 100 |
| 页岩 | 15 | 240 | 372 | 306 |
| 砂岩 | 10 | 372 | 600 | 503 |
| 凝灰岩 | 14 | 1500 | 2682 | 2054 |

根据出露地层及综合地质分析，获得地层剖面如图 3-21(b)所示。从该地层剖面可以看出，上覆盖层为第四纪黏土层，厚度小，最大层厚小于 2m；其下顺次为厚大的灰岩地层、强风化页岩、中等风化页岩、弱风化页岩及铝土矿。其中，灰岩层厚度超过 5m，强风化及弱风化页岩层厚度为 2～3m，铝土矿地层厚度为 4～5m。在铝土矿地层中夹有较小的煤脉，并被槽探所证实。

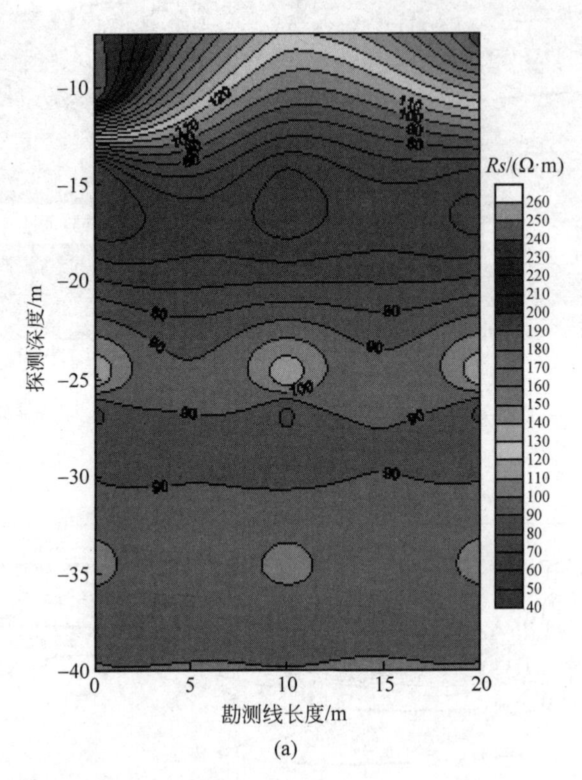

(a)

彩图 3-21

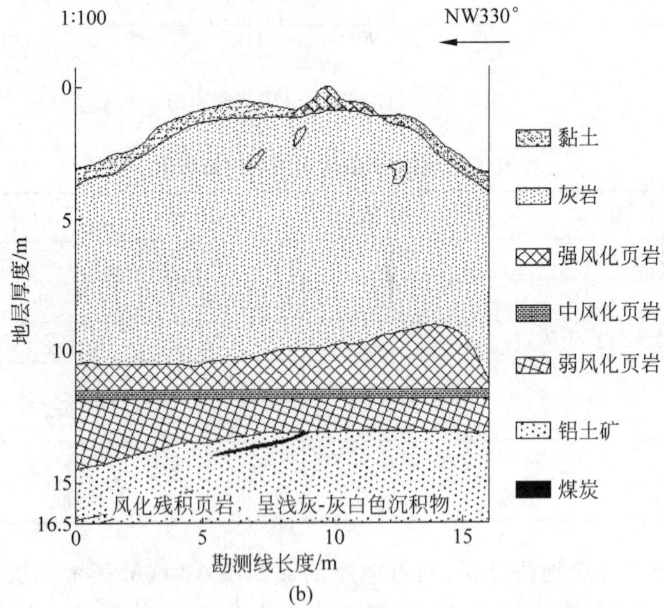

(b)

图 3-21　某残积型铝土矿地层综合解译剖面图

# 3.6 声波法

## 3.6.1 声波测井

声波振动沿钻井的传播特征是声波测井(acoustic prospecting)的物理基础,它可以充分利用已有的钻井,结合地质调查,查明地层岩性特征,进行地层划分;确定软弱夹层的层位及深度;了解风化壳的厚度和特征,进行风化壳分带;寻找岩溶洞穴和断层破碎带;研究岩石的某些物理力学性质,进行工程岩体分类等。与其他测井方法密切配合,还可以全部或部分代替岩芯钻探,开展无岩芯钻进。

声波测井的方法有多种,但以声速测井最为常用。声速测井装置为单发射双接收型。声波测试方法示意图如图 3-22 所示。

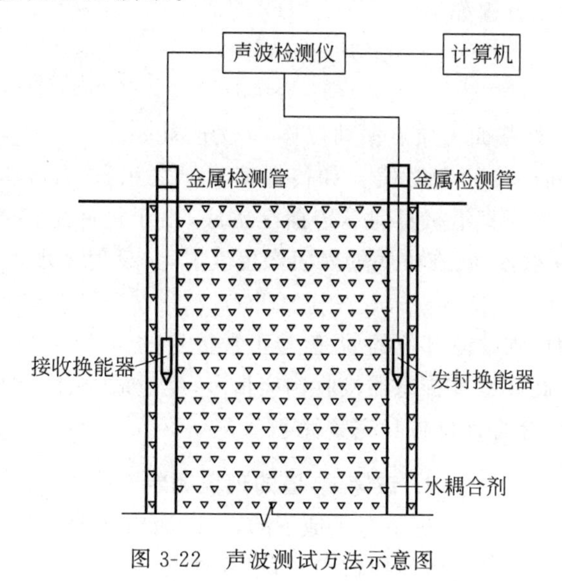


图 3-22 声波测试方法示意图

设两个接收换能器 $R_1$、$R_2$ 的距离为 $l$,沿井壁的滑行波到达两个接收器的时间差为 $\Delta t$,则有

$$\Delta t=\frac{l}{v} \tag{3-6}$$

式中:$\Delta t$ 表示声波通过厚度为 $l$ 的岩层所需的时间。通常把它表示为通过 1.0m 厚的岩层所需的时间,即 $\Delta t=\frac{1}{v}$称为旅行时间,单位为 $\mu$s/m。由 $\Delta t$ 即可求出声波在岩层中的传播速度$v$(m/s):

$$v=\frac{10^6}{\Delta t} \tag{3-7}$$

不同岩层的矿物成分、结构、裂隙发育和风化程度不同,因而具有不同的声速及声速曲线形态,据此即可划分岩层、探查断层破碎带和进行风化壳分带等。三峡水利枢纽坝基为前震旦纪的石英闪长岩和闪云斜长花岗岩,经大量声波测井获得的各风化带纵波速度列于表 3-9 中。

表 3-9　三峡水利枢纽坝基岩石各风化带纵波速度

| 风化分带 | 纵波速度 $v_p$/(m·s$^{-1}$) | | 风化分带 | 纵波速度 $v_p$/(m·s$^{-1}$) | |
|---|---|---|---|---|---|
| | 石英闪长岩 | 闪云斜长花岗岩 | | 石英闪长岩 | 闪云斜长花岗岩 |
| 全风化带 | <2000 | 1000～2000 | 弱风化带 | 3000～5000 | 3200～4800 |
| 强风化带 | 2000～3000 | 2000～3000 | 微风化带 | >5000 | 4800～6000 |

不同风化带的声速曲线形态也不相同，其特征也会相应变化。

## 3.6.2　声波测桩

**1. 基本原理**

用小锤敲击桩头，产生质点弹性振动并向桩底方向传播，视桩为一维弹性杆件，根据一维波动理论，其轴向振动方程如下：

$$\frac{\partial^2 \mu}{\partial x^2}=\frac{1}{c^2}\frac{\partial^2 \mu}{\partial t^2} \tag{3-8}$$

式中：$\mu$ 为距离桩顶 $x$ 处截面上质点振动位移；$t$ 为时间。

设桩身沿轴向不同部位的密度值 $\rho$ 和传播速度 $c$ 之积 $\rho c$ 为波阻抗，当波阻抗无变化时，小锤激励的弹性波将一直沿桩身向下传播至桩底，由于桩底地层的波阻抗 $\rho c$ 与桩身的波阻抗 $\rho c$ 不同，根据反射定律，在桩底处界面产生反射，其反射系数可表示为

$$R_v=(\rho_1 c_1-\rho_2 c_2)/(\rho_1 c_1+\rho_2 c_2) \tag{3-9}$$

当桩身存在缺陷时，则缺陷部位的 $\rho c$ 值与正常桩身的 $\rho c$ 值不同，在缺陷部位亦会产生反射波，安装在桩顶的高灵敏度传感器接收响应信号，经过放大，滤波处理，送入计算机进行时域、频域分析和对比，综合评价桩身完整性。

**2. 波速 $c_0$ 值的现场测定**

桩是埋于地下的，无法测出其轴向波速，假定桩符合各向同性、均匀性假设，可利用桩体宽度 $d_0$ 与两检波器时差 $t_0$，求得桩体波速 $c_0$，即 $c_0=d_0/t_0$。如图 3-23 所示，将两个检波器分置桩体两侧，一侧锤击，计算出波速 $c_0$，按不同方位算出的 $c_0$ 没有差别。由于声波波速 $c_0$ 与混凝土强度有一定的对应关系，故可由声波波速对混凝土强度等级给出定性评价，评价标准见表 3-10。

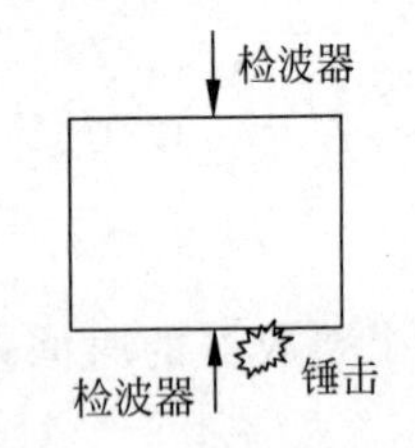

图 3-23　声波波速的测定示意图

表 3-10　J. M. seit(德国)混凝土评价参考体系

| 波速/(m·s$^{-1}$) | <1920 | 1920～2850 | 2751～3300 | 3300～4120 | >4210 |
|---|---|---|---|---|---|
| 桩身混凝土质量评价 | 极差 | 较差 | 可疑 | 良好 | 优质 |

**3. 桩长 $L$ 的测定及桩身完整性**

将两检波器同时置于桩顶，敲击桩顶，记录桩底反射波，如图 3-24 所示，根据反射波走时与已测度，计算桩长，即

$$L=c_0 t/2=d_0 t/2t_0 \tag{3-10}$$

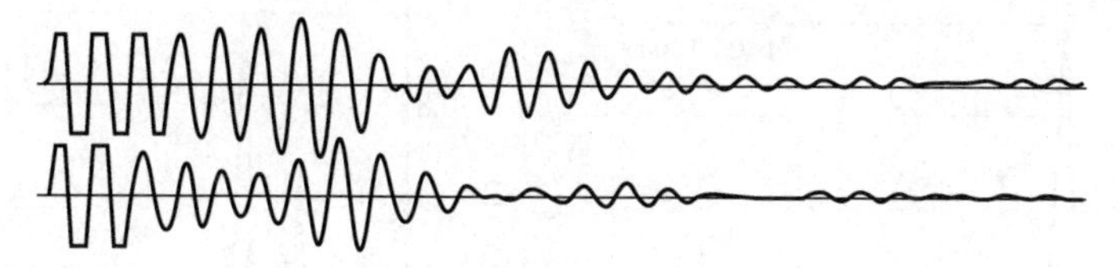

图 3-24　声波测桩原始波形图

最后进行桩体完整性分析，对记录波形进行谱分析，完整桩谱形呈单峰，频率高，两检波器谱形一致；有缺损的桩谱形呈多峰，频率降低，两检波器谱形有明显差异。

**4. 声波测桩的应用**

声波测桩用于检测原有抗滑桩的长度、桩身混凝土强度及桩体完整性，结合地质资料分析抗滑桩失效的原因，为设计新抗滑桩提供参考。

针对南昆铁路 K343＋370～＋450 段巨型滑坡，原边坡共布置有 6 根抗滑桩，抗滑桩位置见图 3-8 及图 3-9，抗滑桩断面 2.0m×2.5m，在滑坡发生过程中均发生了明显位移。为了查明其失稳原因，使用工程声波检测仪对这 6 根桩的长度、桩的混凝土强度及完整性进行了声波探测。按照国家有关行业标准，结合工作中的实际情况，得出的检测结果。

检测中使用工程检测仪，频带 1～10 000Hz，采样为 16 位，动态范围为 120dB，采样间隔可选，最小采样率 2μs，最大记录长度为 32K 样点，采样长度 8K，最大记录时程为 8s，一发双收，具有走时读取、相关分析、速度计算、波谱分析、能量衰减计算等功能。

首先进行桩身波速测定，将两个检波器分置桩体两侧，一侧锤击，利用桩体宽度与两检波器到时差之比求得桩体波速，它表征桩身混凝土强度。之后进行桩长测定，将两检波器同时置于桩顶，敲击桩顶，记录桩底反射波，根据反射波走时与速度计算桩长，见表 3-11。最后进行桩体完整性分析，对记录波形进行谱分析，完整桩谱形呈单峰，频率高，两检波器谱形一致；有缺损的桩谱形呈多峰，频率降低，两检波器谱形有明显差异，如图 3-25 和图 3-26 所示。

**表 3-11　南昆铁路八渡抗滑桩声波检测结果**

| 桩号 | 桩长/m | 桩体声速/($km \cdot s^{-1}$) | 桩体主频/Hz | 混凝土强度等级 | 桩身完整性 | 持力层情况 |
| --- | --- | --- | --- | --- | --- | --- |
| 1# | 10.50 | 3.79 | 1569～1607 | 达到 C20 | Ⅰ | 强风化岩 |
| 2# | 11.70 | 3.77 | 1577～1580 | 达到 C20 | Ⅱ | 强风化岩 |
| 3# | 8.65 | 3.79 | 916～1373 | 达到 C20 | Ⅲ | 松散层 |
| 4# | 9.90 | 3.80 | 1292～1394 | 达到 C20 | Ⅰ | 强风化岩 |
| 5# | 11.70 | 3.90 | 1404～1410 | 达到 C20 | Ⅰ | 强风化岩 |
| 6# | 15.30 | 4.17 | 1333～1373 | 达到 C20 | Ⅰ | 强风化岩 |

测桩结果表明，抗滑桩桩体强度很高，声波速度为 3.77～4.17km/s，达到了 C20 混凝土技术指标，桩长在 9～15m。1#、4#、5#、6# 桩完整性较好，基本无缺陷，如图 3-25 所示。2#、3# 桩较差，3# 桩最差，中间局部有间断。根据对过去施工情况的调查，在灌桩的时候有片石投入，可能使桩局部漏空。3# 桩埋深偏浅，且桩底反射很强，说明桩底为软土，且谱形呈多峰现象，如图 3-26 所示，推断为折断桩或悬浮桩。

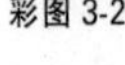
彩图 3-25

彩图 3-26

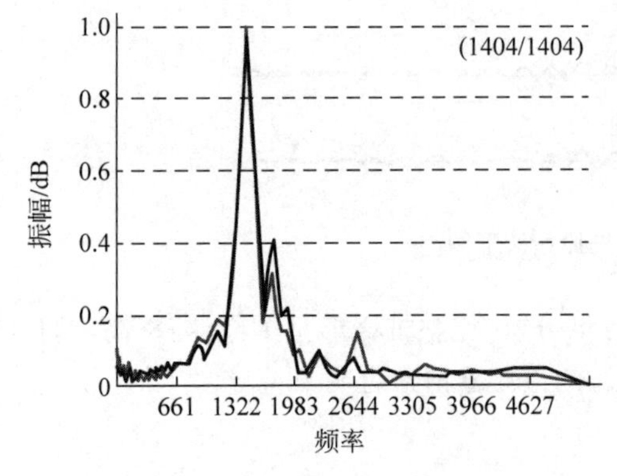


图 3-25 正常桩(5#)的频谱形态

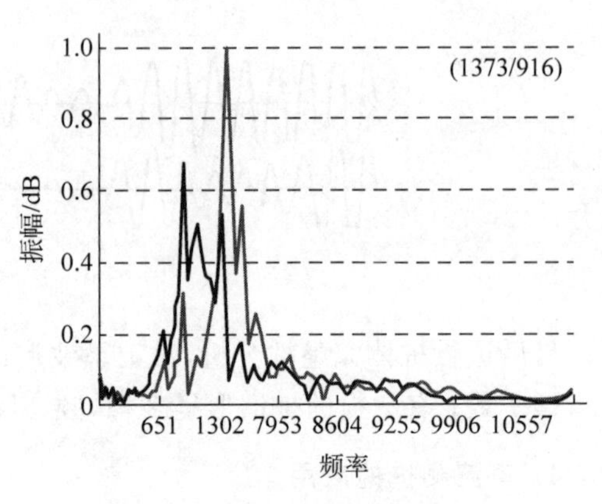


图 3-26 缺陷桩(3#)的频谱形态

## 3.7 综合物探方法的应用

各种物探方法都有其自身的局限性,且大多数勘测场地又存在显示相同物理场多种地质体并存的条件,通常用单一的物探方法解释异常比较困难。因此,可在同一剖面、同一测网中采用两种以上的物探方法共同工作,将数据资料相互印证,综合分析,有利于排除干扰因素,提高数据解译的置信度。南昆铁路八渡滑坡探测就是采用地震波法与地质雷达综合探测的典型案例。

如图 3-27 所示,是运用电法、重力与磁法综合物探寻找含水溶洞的实例。该区用电测剖面法探查时,发现充水溶洞与被土充填的溶洞电性差异很小,收效较差。然而,从地质调

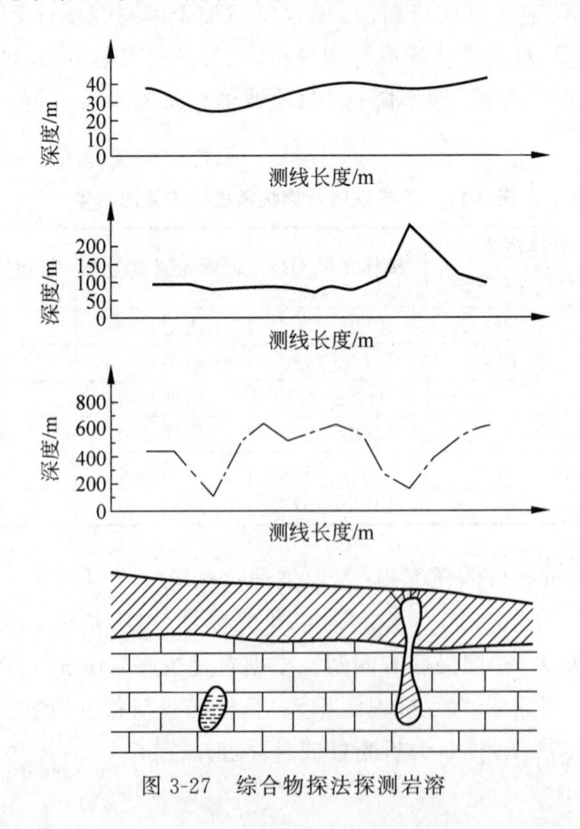


图 3-27 综合物探法探测岩溶

查中了解到，充填于溶洞中的土是由上部土洞与灰岩中的溶洞贯通而淤积的，由于淋滤作用，土中含铁磁性矿物局部富集，其重度也较大。为此，沿原电剖面测点布置了磁法勘探和重力勘探。结果表明，被土充填的溶洞出现了明显的磁力高异常，而充水溶洞测得较低的重力值。通过三种物探方法比较，较有效地判别了充水溶洞与被土充填的溶洞，排除了电法成果的多解性，消除了不确定性，取得了较好的探测结果。

此区经综合物探方法确定的9个含水溶洞，其置信度达100%。该典型案例有力地说明了综合物探在岩土工程勘测中应用的可行性。

## 3.8 水域勘探的相关问题

在江河、湖海、水库、塘、坝及沟等水域进行岩土工程勘探，需要考虑围堰筑岛、桁架、浮筏、勘探船、索桥或吊桥等水上平台的修建与定位、勘探方法与仪器设备的选择、钻机与套管的安装、钻孔结构与护壁方式、钻探进尺测量、地下水样的采取和安全措施等。工程中，应坚持因地制宜、因时制宜、安全第一的原则，科学决策。

### 3.8.1 水上平台的修建与定位

**1. 水上平台的修建**

(1) 围堰筑岛法。用枕木垛、土围堰、土袋围堰等方法筑岛修造平台。一般用于水深不大于1m、流速不大、不受山洪影响的水域。

(2) 桁架法。用木头和钢管等组成桁架、平铺木板和竹架板等搭建稳固平台。一般用于水浅、近岸、流急、孔浅区，水深1～2m，使用钻机较小，质量轻，就地取材、安装容易。

(3) 浮筏法。用空油桶、钢管架和竹排联合组成符合钻探要求的漂浮平台。安装时，根据空油桶直径和高度，纵横向用建筑龙骨和钢丝将钢管构成十字架，再将空油桶捆系在钢管上，并用五层夹合板局部加固。一般用于水深2～8m，钻船出入困难的水域，如塘、坝、沟、湖和滨海带等。使用时，要准确计算空油桶数量。参考数据：每桶浮力1.0kN，钻探100m深的设备总质量$5\times10^3$～$6\times10^3$kg，安全系数为3。

(4) 勘探船法。①单体钻船。主要用于河水较浅、水位变幅不大、流速平稳的情况。最适合池塘、库区钻探，钻孔深度浅，一般不超过100m。特点是搭建容易，运输车次少，水中移动灵活。②双体钻船。主要用于河水较深、流速快、波浪大、钻孔较深、地层复杂、地质要求孔径大的水域。特别要求两船额定荷载相同，避免起拔钻具时倾斜。拼接钻船时，将两只船横排并连，中间留有一定的空隙。空隙大小根据具体情况而定，一般为0.5～0.8m。空隙大则不安全、连接材料的用量增加；空隙小则没有回旋余地、下护孔管十分困难。船面用0.25m×0.25m的方木连接，长度应超出两船并连后的外侧0.25～0.30m方木间距0.8～1.0m，方木上面铺钉木板。船底用12.5mm钢绳串连。钻船周围设栏杆和缆绳。拼接完成后，在钻船的四角设有4个人工绞车，便于移动和固定钻船。翻砂船只要稍加改装，即可作为双体钻船。

(5) 索桥或吊桥法。通过钢索和锚杆形成索桥或吊桥。工程中，根据地形选择钻孔位置，索桥的锚桩必须经过计算后加大安全系数，桥面钢绳的松紧一致，当桥面受力时使每根钢绳受力均衡。每根钢绳与连接方木紧固,然后用木板铺钉即为钻探平台。设备安装时应认真检查,护孔管应与连接方木固定为一体起支撑桥面作用,一般使用直径168地质管做护孔管。索桥或吊桥法架空、搭建困难、投资大、耗时费工、安全隐患多,是难度最大的一种钻台类型,一般用于河床狭窄、水深流急、钻船无法到位、桁架无法搭建的水域。

**2. 钻船的定位**

钻船的定位有撑杆法、抛锚法、缆绳法和撑杆缆绳结合法4种。

(1) 撑杆法。多用于在浅水、静水及旁岸钻探时固定钻船,是水上固定钻船最简单的方法。

(2) 抛锚法。常在库区、池塘和距岸较远的静水或流速较小的水域采用。锚为圆钢三角钩,锚的质量和数量根据水的深浅、水的平稳状况和钻船的大小来决定。从安全的角度来讲,锚的质量越大越好,数量越多越好,锚的质量和数量决定钻船的稳定性,是安全生产的保证。

(3) 缆绳法。多用于在河流中固定钻船。在河流峡谷地带,使用抛锚法不太可靠,采用缆绳固定钻船是唯一的办法。在钻船前后使用8字形缆绳固定,在水流较急的地段必须在船头拉一根引绳,增加拉力,减轻前8字绳的拉力。

(4) 撑杆缆绳结合法。多用于在旁岸、流水水域固定钻船。受钻孔深度、水流急缓、河面宽度等影响,固定双体钻船时要求锚钩质量大。

## 3.8.2 勘探方法与仪器设备的选择

**1. 水域工程物探方法与仪器的选择**

常用水域工程物探方法及仪器见表3-12。

表3-12 常用的水域工程物探方法与仪器

| 方法 | 仪器 | 主要优缺点 |
|---|---|---|
| 浅层地震法 | ES-2401 | 能清楚地分辨第四纪地层结构、岩石起伏、断裂构造,深度不大于30m,有气泡干扰,在城区或水生物保护区不能获准放炮 |
| 浅地层剖面测量 | CAP6000EG&G | 以声脉冲形式向水下传播声波。广泛用于测水深、泥沙厚度,对倾角较大(>45°)的断裂构造解译有困难,电火花产生气泡,有干扰 |
| 高精度磁测 | IGS-Z/MP-4 | 利用磁性差异,测量地质体磁场强度或梯度的变化。轻便、快捷,能分辨断层、土岩分界、风化岩分层,但第四系分层不准 |
| 地震映像法 | SWS-2型数字图像勘探仪 | 利用水中无面波干扰的特点,采用小偏移距与等偏移距,单点高速激发。单点接放或多点接放,经过实时数据处理,以大屏幕密集显示波阻抗界面的方法形成彩色数字剖面。保持航迹与勘探线一致有难度,要求船的航速不大于3km/h |

**2. 水域钻探方法与设备的选择**

常用水域钻探方法及设备见表3-13。

表 3-13　常用的水域钻探方法与设备

| 钻探方法 | 设　备 | 适用土层 |
| --- | --- | --- |
| 冲击钻 | SH-30 型 | 砂土、碎石土 |
| 回转钻 | 钻机有 XY-ZPC 型、XU300-2 型、XY-1 型、XY-1 型；泥浆泵有 BW-200/40 型 | 黏性土、粉土、砂土、岩石 |
| 冲击-回转钻 | G-2 型 | 砂土、小粒径碎石土、黏性土 |
| 振动钻 | ZDJ-2 型、QTZ-1 型 | 黏性土、粉土、砂土 |
| 振冲钻 | 风动 SH30-2 型 | 碎石土，特别是回填的大块石 |

对三角洲、人工护岸区、港口填海抛石区有一定厚度的碎石土，考虑用振冲钻进可钻穿砾石、块石层；对滨海带有较厚的砂土或粉土，一般选择冲击钻，辅以套管护壁，待钻穿砂土，深度大于等于 12m 时，进入岩层后改用回转钻。

钻探设备的选择原则是在满足钻孔要求的前提下选小不选大。如单体钻船常用设备有 XY-2PC 钻机、XY-1 钻机、BW-200/40 泥浆泵、S195 柴油机、3kW 柴油发电机组、管子三角塔架等；双体钻船钻探设备有 XY-2 钻机、XU-300-2 钻机、BW200/40 泥浆泵、S195 柴油机或 S115 柴油机、8kW 和 12kW 柴油发电机组、管子三角钻塔等。索桥和拆架不稳定，承受力有限，在条件许可的情况下，其他设备尽可能安装在岸上。

### 3.8.3　钻机与套管的安装

**1. 钻机安装**

钻机可安装在船尾、船舷或两船之间。一般船尾的随波起伏比船舷的大。安装时应少占面积、安装紧凑、确保安全。

(1) 单体钻船。钻机通常安装在单体钻船的船尾中心，回转器面向河水的上游，钻机底座用螺栓固定在钻船上，钻塔固定在上底座上，四周用钢丝绳拴紧；泥浆泵和发电机组安装在钻船的尾部两边，钻探材料按质量均匀摆放在钻船的左右两边。安装完毕后，船头比船尾略高，有利于减小流水的冲刷阻力。单体钻船的吨位比较小，常用为 50～80t。钻船吨位较大时，钻机安装在船舷中心受波浪影响较小。

(2) 双体钻船。钻机安装在两船中间，钻机底座用螺栓固定在基台上，钻塔亦固定在底座上，四周用钢丝绳拴紧，防止钻船摆动时钻机移位、影响施工。常见双体钻船采用两艘 30～50t 钻船相连。

(3) 索桥。要求方木与钢丝绳连为一体，钻机固定在方木上，钻机立轴面向岸边，方木上铺木板，用钉子固定，其他设备尽量不要安装在索桥上，以减少索桥的质量。套管安装稳固后与平台稳定在一起，在立轴上顶时支撑钻台。

(4) 桁架。也可利用套管做支撑。钻机安装在孔位之后，其他设备尽量安装在岸上，以减轻平台的质量。

**2. 套管安装**

流速小时，套管受自重易于直立，用常规锤击或振动方法插入水底岩土中；流速大时，可在管底加重锤或保护绳以向上游方向增加拉力，将套管用锤击或振动方法插入水底岩土中。

### 3.8.4 钻孔结构与护壁方式

**1. 孔口结构和套管**

孔口结构由孔口架、保护套管、止水套管和套管三通构成，结构比较简单，易装易拆，是一种简单的升降补偿装置。孔口架一般为无缝钢管，由角铁、铁板焊成的外方活动框架固定孔位和导向；保护套管为插入硬、可塑性土层或中密砂土层的厚壁套管，作用是隔绝流水、保护止水套管并导向；止水套管一般比保护套管直径小，采用跟管钻进方法下入在基岩面上。浅海水域钻进时，潮水位涨落，应准备一定长度的短套管进行调节。套管三通口径与止水套管一致并以丝口相连，使孔内返出的冲洗液能回流到泥浆桶中。常见的孔口架内圆直径 $\phi$273，保护套管为 $\phi$168 或 $\phi$219 厚壁套管，止水套管一般比保护套管直径小 40～50mm，一般采用 $\phi$127 套管，短套管长度一般为 0.5～1.0m。

**2. 孔身结构与护壁方式**

孔身结构的外层导管随钻船沉浮以稳定钻孔轴心，保护套管在钻船抛锚定位后插入江底。开孔采用合金回转钻进，泥浆冲洗，边钻边跟进套管，直至硬可塑性土层或中密砂层，入土深度 5～25m。当水深大于 10m 时，套管接箍常用套管夹板夹牢，并用定位绳和保险绳固定，防止折断；基岩段钻进通常采用合金钻头或金刚石钻头，全段采用泥浆护壁。常用钻头直径为 $\phi$91～110。

### 3.8.5 钻探进尺测量

钻探进尺是指水底孔口与孔底之间的距离，等于钻具总长度减去孔口上部的长度，上余部分为主动钻杆顶端与水底孔口之间的距离，由管口上余和套管上余两部分组成。套管上余可用刚性管或柔性测绳测量。每回次提钻时，量出钻具总长、管口上余和套管上余，即可求得总钻探进尺。

### 3.8.6 安全措施

水上钻探受风力、河流、洪水及水位变化等自然条件的影响较大，必须采取安全可靠的措施。

**1. 对外联系**

在通航河道进行钻探时，应先与当地水管部门联系，取得水管部门的同意后方可施工。钻船上必须悬挂当地航运部门规定的标志。

**2. 对内管理**

钻船、渡船必须要有足够的救生衣、通信设备、船只堵漏和消防器材，并规定呼救信号；钻船、渡船和渡口均须有健全的制度和安全措施，上下班交接必须穿救生衣；夜间作业时，钻船与渡口必须要有良好的照明；钻船平台载重保持平衡，不常用的器具或已装满的岩芯箱应及时搬移上岸，妥善保管；提升钻具时不得强力起吊，不得将千斤顶支撑在船上处理事故；每班有专人检查缆绳、钻船绷绳、船上绞车及钻船平台安全情况，根据水情变化可及时调整钻船绷绳；及时掌握上游水情，若遇有洪峰警报，应及时通知钻船工作人员做好准备，并由队长组织指挥度汛或撤离；船边应设栏杆和缆绳，钻船平台应整平，不能留有缝隙、漏洞，使用的扒钉等一定要平整；两船中间的空当一定要盖牢；钻船使用器具必须摆放整齐，以防绊倒工作人员；遇大风、大雾时应暂停工作；停钻停工时，船上必须安排专人值班，负责监视和清除挂在套管上的漂浮物，水涨水落时调整固定钻船的缆绳。

## 3.9　勘探方案选择

为了确保岩土工程勘探顺利进行，在进行勘探工作之前，必须先制订技术可靠、经济合理、施工可行的勘探、测试方案，作为岩土工程勘测纲要的重要部分。合理的勘探方案既能满足勘测技术要求，又能经济快速地获得客观的岩土资料。在选定勘探方案前，应做好以下准备工作。

**1. 队伍组织**

勘探工作在野外完成，相对较艰苦，组织专业素质和思想素质较高的勘探人员队伍，是高质量完成勘测工作的重要保证。

**2. 调查与资料收集**

应充分调查、访问并收集和利用已有的资料。调查、访问便于了解场地情况、节省时间和精力、减少投资、有的放矢地制订方案。例如，调查、访问当地水井（相当于坑探）开挖时揭露的地层和使用期的水位变化，可以了解地层结构和地下水特征。资料收集包括以下几方面：

(1) 遥感影像资料，如卫星照片、航空摄影照片及其解译成果。

(2) 区域地质图、工程地质图及其他专题图件。

(3) 邻近地区已有的勘测资料及本场地前期的勘探成果。

(4) 勘探区已有的研究资料或地质与岩土工程资料数据库。

对地质研究程度很低、资料缺乏的地区，在现场踏勘的基础上应进行初步地质测绘和简易勘探工作，为制订方案提供依据，避免盲目性。

### 3.9.1　各勘探方案的特点

(1) 坑探。人能通达其中，可直接观察编录、掌握地质结构的细节，便于素描，可以平行作业，但重型坑探工程耗资高，勘探周期长。

(2) 钻探。适用于任何地层，使用最广泛，岩土工程勘探几乎不能没有钻探，钻探能直观地揭露岩土层，并可实现深层取样，还可借助钻孔进行原位测试工作，借助钻机的升降机进行动力触探工作，但设备复杂，并要求熟练掌握较先进的钻孔、护壁和取样技术，劳动强度大，作业环境差，司钻人员须训练有素，所需的人数也较多。操作水平越高、经验越丰富，工作也就越顺利；否则，安全、质量和进度问题都会存在。

(3) 静力触探和动力触探。适应各类土层，如软土、黏性土、粉土、砂土及少量碎石土，在动力触探中还可适用于软岩、极软岩及密实类碎石土。兼有勘探和测试双重功能。设备轻便，劳动强度小，通过触探参数可得到土的分层情况和物理、力学指标及地基的承载力，但触探的机理并不十分清楚，现有的理论分析无非借助于单桩极限承载力的有关假设理论和模型试验的近似模拟，以求得半经验解。

(4) 工程物探。要求欲测地质体与其围岩之间存在足够的物性差异，并已知物探参数或一定数量的验证钻孔。设备轻便、成本低、效率高，有些人工难以进入的高难地区可用航空物探取得观测资料，且易于加大勘探密度、深度和从不同方向敷设网线，构成多方位数据阵，具有平面及立体透视性优点，但在解译时应考虑多解性，区分有用信息与干扰信号，必要时采用多种方法探测、进行综合判释。

### 3.9.2 影响勘探方案的因素

#### 1. 勘测阶段

不同勘测阶段使用不同的综合勘探手段。

(1) 可行性研究勘测阶段：任务是对拟建场地的稳定性和适宜性做出评价，以工程地质调查与测绘为主，与之配合较多的是工程物探，用以判断岩土层的分布与变化情况、地质构造的发育情况、地下洞穴的分布以及地下水分布规律等方面的问题。在此阶段，钻探和坑探工作较少，主要是用以验证物探成果和建立基准剖面。

(2) 初步勘测阶段：任务是对建筑场地的岩土工程条件及场地的稳定性做出初步评价，以钻探为主，并结合少量的坑探、物探、触探和原位测试。

(3) 详细勘测阶段：任务是提交详细的岩土工程资料，并对基础设计、地基处理以及不良地质现象的防治等做出论证，并提出建议方案，以满足施工图设计的要求。以钻探、坑探和触探为主，并进行大量的原位测试工作，少量物探工作，主要是波速测试和测井工作，以研究地质剖面和地下水分布等。

#### 2. 地形条件

对于平原地区，地形基本不影响勘探方法；对于地形陡峻、崎岖的山区，因为设备进场及移位困难，重型坑探和机械钻探不方便，可选用轻型坑探、人力钻探、触探和工程物探等，并注重多种勘探手段配合使用，以达到事半功倍的效果。

#### 3. 地质条件

地质条件简单时，专业人员可以利用掌握的理论、获得的经验，采用常规方法；地质条件复杂时，如岩溶地区在勘探深度内发育多层溶洞，在采用综合勘探的同时，要深入研究钻探和工程物探等专门技术，还要合理安排勘探顺序，取长补短。勘探的顺序可以是先工程物探、触探，后钻探，这样可使钻探点布置在更有代表性的部位；也可以是先少量钻探后工程物探、触探，用加密的工程物探和触探资料作为大量钻探成果内插、外推的依据。

#### 4. 勘测等级

勘测等级直接影响勘探手段、勘探范围和勘探工作量。如对于甲级岩土工程勘测，一般采用以钻探为主的综合勘探测试手段；勘探范围包括平面和深度范围，应从工程与环境相互影响的角度去考虑，仅局限于建筑用地或荷载影响是不够的；在确定勘探工作量时，既不能在实行费用总承包的情况下盲目减少勘探工作量，又不能在按实物工作量计费的情况下，不必要地增加勘探工作量，前者会造成成果资料的缺陷，后者会增加投资、拖延时间。

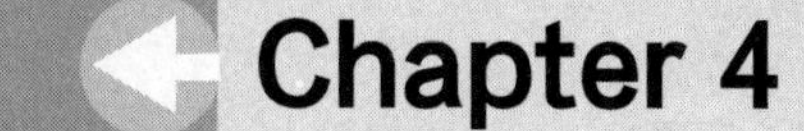

# 第4章 Chapter 4 地应力测试技术

## 4.1 基本原理

测量原始地应力就是确定存在于拟开挖岩体及其周围区域的未受扰动的三维应力状态，这种测量通常是通过点的量测完成的。岩体中一点的三维应力状态可由选定坐标系中的6个分量($\sigma_x,\sigma_y,\sigma_z,\tau_{xy},\tau_{yz},\tau_{xz}$)来表示，如图4-1所示。这种坐标系是可以根据需要和方便任意选择的，但一般取地球坐标系作为测量坐标系，由6个应力分量可求得该点的3个主应力的大小和方向，这是唯一的。在实际测量中，每一测点所涉及的岩石可能从几立方厘米到几千立方米，但不管是几立方厘米还是几千立方米，对于整个岩体而言，仍可视为一点。虽然也有一些测定大范围岩体内的平均应力的方法，如超声波等地球物理方法，但这些方法并不准确，因而远没有"点"测量方法普及。由于地应力状态的复杂性和多变性，要比较准确地测定某一地区的地应力，就必须进行充足数量的"点"测量，在此基础上，才能借助数值分析和数理统计、灰色建模、人工智能等方法，进一步描绘出该地区的全部地应力场状态。

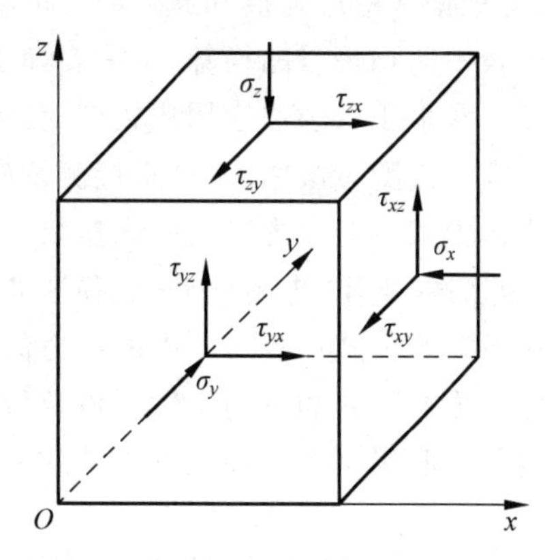


图4-1 岩体中任一点三维应力状态示意图

## 4.2 地应力测量方法

随着地应力测量工作的不断开展，各种测量方法和测量仪器也不断发展起来，目前主要测量方法有数十种之多，而测量仪器则有数百种之多。对测量方法的分类还没有统一的标准。根据测量原理的不同，将在实际测量中使用过的测量方法分为构造法、变形法、电磁法、地震法及放射性法五类；依据测量手段的不同，分为直接测量法和间接测量法两大类，见表4-1。

表 4-1 地应力测量方法分类

| 分　类 | 主要测量方法 |
| --- | --- |
| 直接测量法 | (1) 刚性包体应力计法，如钢弦应力计；<br>(2) 水压致裂法；<br>(3) 扁千斤顶法；<br>(4) 声发射法 |
| 间接测量法 | (1) 全应力解除法(套孔应力解除法)，包括孔径变形法、孔底变形法、孔壁应变法、空心包体应变法、实心包体应变法；<br>(2) 局部应力解除法，包括切槽解除法、钻孔全息干涉测量法、平行钻孔法、中心钻孔法、钻孔延深法、钻孔局部壁面应力解除法；<br>(3) 松弛应变测量法，包括微分应变曲线分析法(差应变曲线分析法)、非弹性应变恢复法；<br>(4) 孔壁崩落测量法；<br>(5) 地球物理探测法，包括声波观测法、超声波谱法、原子磁性共振法、放射性同位素法 |

直接测量法是由测量仪器直接测量和记录各种应力量，如补偿应力、恢复应力、平衡应力，并根据这些应力值和原岩应力的相互关系，通过计算获得原岩应力值。在计算过程中并不涉及不同物理量的换算，不需要知道岩石的物理力学性质和应力应变关系。刚性包体应力计法和水压致裂法应用比较广泛。

在间接测量法中，不是直接测量应力量，而是借助某些传感元件或某些介质，测量和记录岩体中某些与应力有关的间接物理量的变化，如岩体中的变形或应变，岩体的密度、渗透性、吸水性、电阻、电容的变化，弹性波传播速度的变化等，然后由测得的间接物理量的变化，通过已知的公式计算岩体中的应力值。因此，在间接测量法中，为了计算应力值，首先必须确定岩体的某些物理力学性质以及所测物理量和应力的相互关系。套孔应力解除法是目前国内外普遍采用的发展较为成熟的一种方法。

### 4.2.1 刚性包体应力计法

刚性包体应力计法是 20 世纪 50 年代继扁千斤顶法之后应用较为广泛的一种岩体应力测量方法。刚性包体应力计的主要组成部分是一个由钢、铜合金或其他硬质金属材料制成的空心圆柱，在其中心部位有一个压力传感元件。测量时首先在测点打钻孔，然后将该圆柱挤压进钻孔中，以使圆柱和钻孔壁保持紧密接触，就像焊接在孔壁上一样。理论分析表明，位于一个无限体中的刚性包体，当周围岩体中的应力发生变化时，在刚性包体中会产生一个均匀分布的应力场，该应力场的大小和岩体中的应力变化存在一定的比例关系。设在岩体中的 $x$ 方向有一个应力变化 $\sigma_x$，那么在刚性包体中的 $x$ 方向会产生应力 $\sigma'_x$，并且

$$\frac{\sigma'_x}{\sigma_x}=(1-\nu^2)\left[\frac{1}{1+\nu+\dfrac{E}{E'}(\nu'+1)(1-2\nu')}+\frac{2}{\dfrac{E}{E'}(\nu'+1)+(\nu+1)(3-4\nu)}\right] \tag{4-1}$$

式中：$E$、$E'$分别为岩体和刚性包体的弹性模量；$\nu$、$\nu'$分别为岩体和刚性包体的泊松比。

由式(4-1)可以看出，当 $E/E'>5$ 时，$\sigma'_x/\sigma_x$ 的比值将趋向于一个常数 1.5。这就是说，

当刚性包体的弹性模量超过岩体的弹性模量5倍之后，在岩体中任何方位的应力变化都会在包体中相同方位引起1.5倍的应力。因此只要测量出刚性包体中的应力变化就可知道岩体中的应力变化。这一分析为刚性包体应力计奠定了理论基础。上述分析也说明，为了保证刚性包体应力计能有效工作，包体材料的弹性模量要尽可能大，至少要超过岩体弹性模量的5倍以上。根据刚性包体中压力测试原理的不同，刚性包体应力计可分为液压式应力计、电阻应变片式应力计、压磁式应力计、光弹应力计及钢弦应力计等几种。

图4-2是一种液压式应力计的结构示意图。在该应力计的中心槽中装有油水混合液体，端部有一个薄膜。钻孔周围岩体中的压力发生变化时，引起刚性包体中的液压发生变化，该变化被传递到薄膜上，并由粘贴在该薄膜上的电阻应变片将这种压力变化测量出来。为了使应力计和钻孔保持紧密接触并给其施加预压力，将包体设计成具有一定的锥度，并加了一个与之匹配的具有相同内锥度的套筒，该套筒的外径和钻孔直径相同。安装时首先将套筒置入钻孔中，然后将刚性包体加压推入套筒中，由于锥度的存在，随着刚性包体的不断推入，应力计和钻孔的接触将越来越紧，其中的预压力也越来越大。

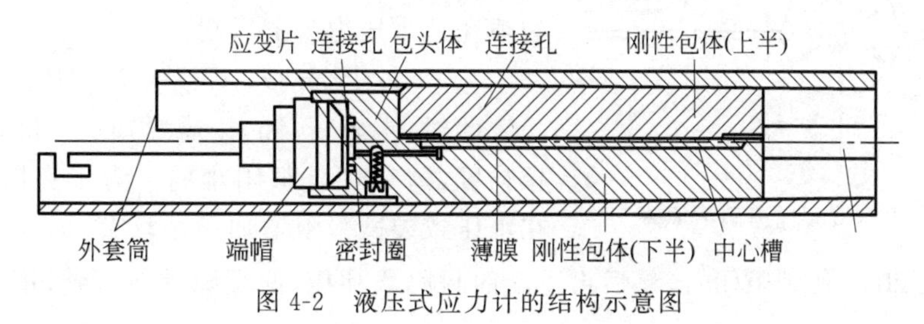

图4-2　液压式应力计的结构示意图

刚性包体应力计具有很高的稳定性，因而可用于对现场应力变化进行长期监测。然而，通常只能测量垂直于钻孔平面的单向或双向应力变化情况，而不能用于测量原岩应力。除钢弦应力计外，由于其他各种刚性包体应力计的灵敏度普遍较低，已逐步被淘汰。

### 4.2.2　水压致裂法

**1. 测量原理**

水压致裂法在20世纪50年代被广泛应用于油田，通过在钻井中制造人工的裂隙来提高石油的产量。M. K. 哈伯特(M. K. Hubbert)和D. G. 威利斯(D. G. Willis)在实践中发现了水压致裂裂隙和原岩应力之间的关系，这一发现又被C. 费尔赫斯特(C. Fairhurts)和B. C. 海姆森(B. C. Haimson)用于地应力测量。

根据弹性力学理论，当一个位于无限体中的钻孔受到无穷远处二维应力场($\sigma_1$，$\sigma_2$)的作用时，离开钻孔端部一定距离的部位处于平面应变状态。在这些部位，钻孔周边的应力为

$$\sigma_\theta = \sigma_1 + \sigma_2 - 2(\sigma_1 - \sigma_2)\cos 2\theta \tag{4-2}$$

$$\sigma_r = 0 \tag{4-3}$$

式中：$\sigma_\theta$ 和 $\sigma_r$ 分别为钻孔周边的切向应力和径向应力；$\theta$ 为周边一点与 $\sigma_1$ 轴的夹角。

当 $\theta=0$ 时，$\sigma_\theta$ 取得极小值，此时

$$\sigma_\theta = 3\sigma_2 - \sigma_1 \tag{4-4}$$

如果采用图 4-3 所示的水压致裂系统将钻孔某段封隔起来，并向该段钻孔注入高压水，当水压超过 $3\sigma_2-\sigma_1$ 和岩石抗拉强度 $T$ 之和后，在 $\theta=0$ 处，也即 $\sigma_1$ 所在方位将发生孔壁开裂，设钻孔壁发生初始开裂时的水压为 $P_i$，则有

$$P_i=3\sigma_2-\sigma_1+T \tag{4-5}$$

如果继续向封隔段注入高压水，使裂隙进一步扩展，当裂隙深度达到 3 倍钻孔直径时，此处已接近原岩应力状态，停止加压，保持压力恒定，将该恒定压力记为 $P_s$，它应和原岩应力 $\sigma_2$ 平衡，即

$$P_s=\sigma_2 \tag{4-6}$$

由此，只要测出岩石抗拉强度 $T$，即可由 $P_i$ 和 $P_s$ 求出 $\sigma_1$ 和 $\sigma_2$。这样，就确定了 $\sigma_1$ 和 $\sigma_2$ 的大小和方向。

在钻孔中存在裂隙水的情况下，如封隔段处的裂隙孔隙水压力为 $P_0$，则

$$P_i=3\sigma_2-\sigma_1+T-P_0 \tag{4-7}$$

此时，求解 $\sigma_1$ 和 $\sigma_2$ 需要知道封隔段岩石的抗拉强度，这往往是很困难的。为了克服这一困难，在水压致裂试验中增加一个环节，即在初始裂隙产生后，将水压卸除，使裂隙闭合，然后再重新向封隔段加压，使裂隙重新打开，记裂隙重开时的压力为 $P_r$，则有

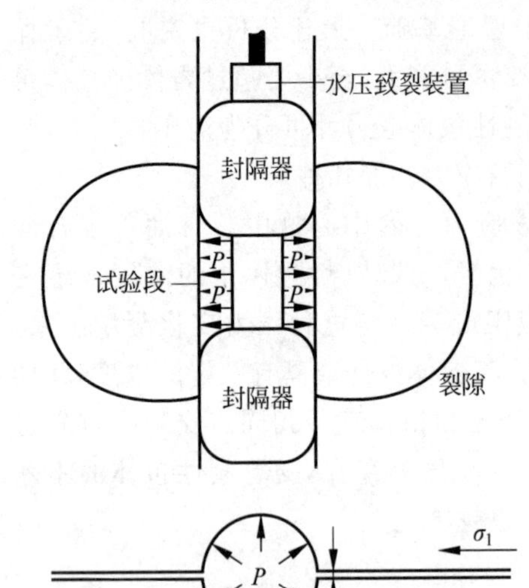


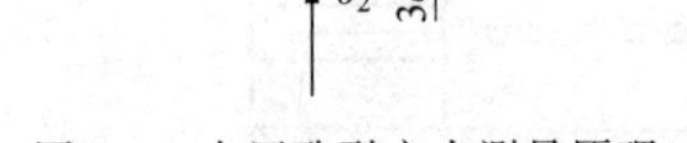


图 4-3 水压致裂应力测量原理

$$P_r=3\sigma_2-\sigma_1-P_0 \tag{4-8}$$

由此求 $\sigma_1$ 和 $\sigma_2$ 就无须知道岩石的抗拉强度。因此，由水压致裂法测量原岩应力将不涉及岩石的物理力学性质，而完全由测量和记录的压力值来决定。由此，地应力公式为

$$\sigma_H=3P_s-P_r-P_0 \tag{4-9}$$

$$\sigma_h=P_s \tag{4-10}$$

式中：$\sigma_H$ 为最大水平主应力；$\sigma_h$ 为最小水平主应力。

**2. 测量步骤**

水压致裂法应力测量系统如图 4-4 所示。

(1) 打钻孔到准备测量应力的部位，并将钻孔中待加压段用封隔器密封起来，钻孔直径与所选用的封隔器的直径一致，有 38mm、51mm、76mm、91mm、110mm、130mm 几种。封隔器一般是充压膨胀式，充压可用液体，也可用气体。

(2) 向两个封隔器的隔离段注射高压水，不断加大水压，直至孔壁出现开裂，获得初始开裂压力 $P_i$；然后继续施加水压以扩张裂隙，当裂隙扩张至 3 倍直径深度时，关闭高压水系统，保持水压恒定，此时的压力称为关闭压力，记为 $P_s$；最后卸压，使裂隙闭合，给封隔器加压和给封闭段注射高压水可共用一个液压回路。一般情况下，利用钻杆作为液压通道先给封隔器加压，然后关闭封隔器进口，经过转换开关，将管路接通至给钻孔密封段加压，也可采用双回路，即给封隔器加压和水压致裂的回路是相互独立的，水压致裂的液压通道是钻杆，而封隔器加压通道为高压软管。

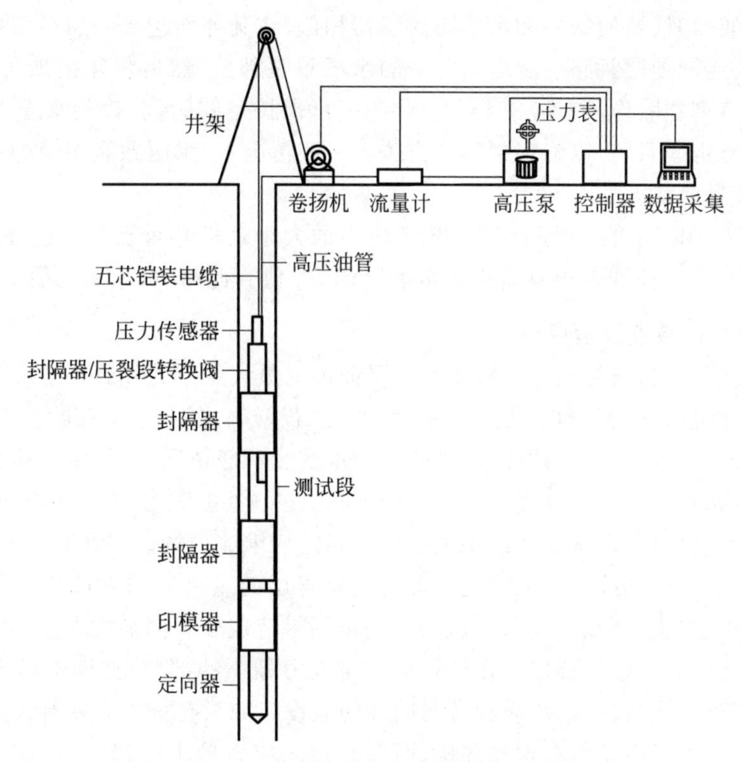


图 4-4 水压致裂应力测量系统示意图

在整个加压过程中，同时记录压力-时间曲线图（图 4-5）和流量-时间曲线图。使用适当的方法从压力-时间曲线图可以确定 $P_i$ 和 $P_s$ 值；从流量-时间曲线图可以判断裂隙扩展的深度。

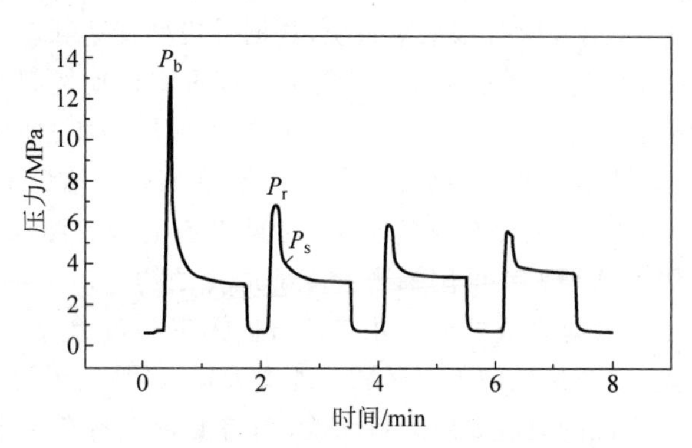


图 4-5 水压致裂法试验压力-时间曲线图

（3）重新向密封段注射高压水，使裂隙重新打开并记下裂隙重开时的压力 $P_r$ 和随后的恒定关闭压力 $P_s$。这种卸压-重新加压的过程重复 2～3 次，以提高测试数据的准确性，$P_r$ 和 $P_s$ 同样由压力-时间曲线和流量时间曲线确定。

（4）将封隔器完全卸压，连同加压管等全部设备从钻孔中取出。

（5）水压致裂裂隙和钻孔试验段天然节理、裂隙的位置、方向和大小的测量，可以采用井下摄影机、井下电视、井下光学望远镜或印模器。前三种方法价格昂贵，操作复杂，使用印模器则比较简便，印模器的结构和形状与封隔器相似，在其外面包裹一层可塑性橡皮或类似材料，将印模器连同加压管路一起送入井下的水压致裂部位，然后将印模加压膨胀，以便使钻孔上的所有节理裂隙均印在印模器上。此印痕可保持足够时间，以便提至井上后记录下来。印模器装有定向系统，以确定裂隙的方位。一般情况下，水压致裂裂隙为一组径向相对的纵向裂隙，容易辨认。

正确确定 $P_i$ 和 $P_s$ 值，对于准确计算地应力的大小是极其重要的。但在某些情况下，由压力($P$)、时间($T$)曲线却很难直接获得确定的 $P_s$ 值。此时，可采用孔径变形法来确定。

**3. 水压致裂法特点及适用性**

水压致裂测量结果只能确定垂直于钻孔平面内的最大主应力和最小主应力的大小和方向，所以从原理上讲，它是一种二维应力测量方法。若要确定测点的三维应力状态，必须打互不平行的交汇于一点的 3 个钻孔，这是非常困难的。一般情况下，假定钻孔方向为一个主应力方向，如将钻孔打在垂直方向，并认为垂直应力是一个主应力，其大小等于单位面积上覆岩层的重量，则由单孔水压致裂结果也就可以确定三维应力场。但在某些情况下，垂直方向并不是一个主应力的方向，其大小也不等于上覆岩层的重量。如果钻孔方向和实际主应力的方向偏差 15°以上，那么上述假设就会对测量结果造成较为明显的误差。

水压致裂法认为初始开裂发生在钻孔壁切向应力最小的部位，亦即平行于最大主应力的方向，这是基于岩体为连续、均质和各向同性的假设。如果孔壁本来就有天然节理裂隙存在，那么初始裂痕很可能发生在这些部位，而并非切向应力最小的部位。因而，水压致裂法较适用于完整的脆性岩石。

深部地应力水压致裂法已克服传统水压致裂法的技术瓶颈，对后者进行了优化和改进。目前，深部地应力水压致裂法具有以下特点：①采用自动卸压阀，解决了封隔器深部平衡压力问题；②采用单管及推拉阀进行双回路转换；③采用无中心管封隔器，克服了中心管强度低的制约；④采用了 16 道实时数据采集系统，数据采集精度达到 12 位，克服了记录仪模拟输出的人为误差，大大提高了测量精度；⑤测试过程采用自动控制系统，可实现电机、油压等的自动控制。此外，由于采用单管双回路，可直接由钻杆加压。同时，为了防止钻杆内高压力传输时产生变形、铁锈脱落，导致液压管路堵塞，在回路中增设了防塞装置。

水压致裂法的突出优点是能测量深部应力，已见报道的最大测深为 5000m，这是其他方法所不能做到的。因此这种方法可用来测量深部地壳的构造应力场。同时，对于某些工程，如露天边坡工程，由于没有现成的地下井巷、隧道、峒室等可用来接近应力测量点，或者在地下工程的前期阶段，需要估计该工程区域的地应力场，经济实用的方法就是使用水压致裂法。如果使用其他更精确的方法如应力解除法，则需要首先打几百米深的导洞才能接近测点，那么经济上将十分昂贵。因此对于一些重要的地下工程，在工程前期阶段使用水压致裂法估计应力场，在工程施工过程中或工程完成后，再使用应力解除法比较精确地测量某些测点的应力大小和方向，就能为工程设计、施工和维护提供比较准确可靠的地应力场数据。

### 4.2.3 扁千斤顶法

**1. 测量原理**

扁千斤顶又称压力枕，由两块薄钢板沿周边焊接在一起，在周边有一个油压入口和一个出气阀，如图 4-6 所示。

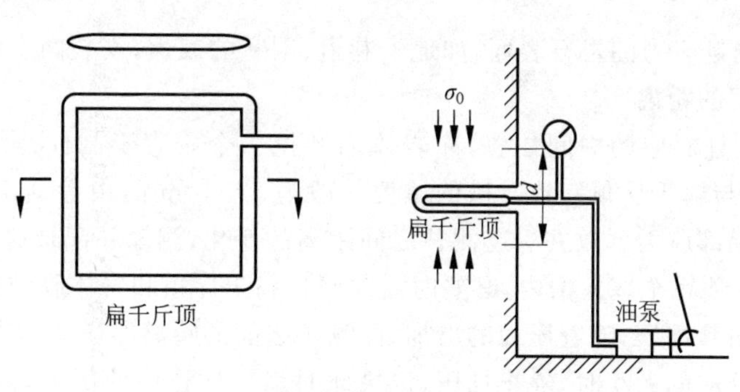


图 4-6　扁千斤顶应力测量示意图

**2. 测量方法**

采用扁千斤顶法测量地应力，需要在地下硐室或巷道表面沿不同部位和不同方向开挖至少 6 个扁槽，通常为 8～9 个扁槽，如图 4-7 所示。根据表面岩体应力测量结果，使用数值计算或数值分析方法，推导岩体中的原始应力状态。

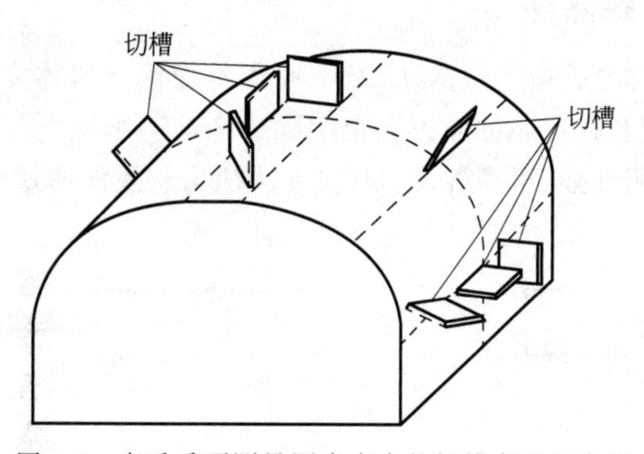


图 4-7　扁千斤顶测量原岩应力的切槽布置示意图

从原理上，扁千斤顶法是一种一维应力测量方法，一个扁千斤顶只能确定测点处垂直于扁千斤顶方向的次生应力场而非原岩应力场。因此，为了确定测点的 6 个应力分量，必须沿该测点在不同方向切割 6 个扁槽，事实上是不可能实现的。由于扁千斤顶测量只能在巷道、硐室或其他开挖岩体表面附近的岩体中进行，因而其测量只是开挖扰动后的次生应力场。扁千斤顶的测量原理是基于岩体完全线弹性假设，对于非线性岩体，其加载和卸载路径的应力应变关系是不同的，由扁千斤顶得到的平衡应力并不等于扁槽开挖前岩体中的应力。此外，由于受开挖影响，岩体将受不同程度的损坏，使得测量结果的可靠性难以得到保障。

在扁千斤顶的基础上，有一种曲形千斤顶，其工作原理与扁千斤顶相同。但曲形千斤顶测量主应力的步骤比较繁杂，同时环形槽必须有足够的长度才能安置千斤顶，因此要求被测岩体非常完整，但测量深度很难达到原岩应力区，且只能测量垂直钻孔平面的二维应力状态，因而限制了其在实际测量中的应用。这里不做详细介绍，需要时可参考有关地应力测量文献。

**3. 测量步骤**

(1) 在准备测量应力的岩石表面,如地下巷道、硐室的表面,安装两个测量柱,并采用微米表测量二柱之间的距离。

(2) 在与两测柱对应的中间位置,向岩体内开挖一个垂直于测柱连线的扁槽,槽的大小、形状和厚度须与扁千斤顶一致。槽的厚度一般为 5～10mm,由盘锯切割而成。由于扁槽的开挖将造成局部应力释放并引起测柱之间距离的变化,测量并记录这一变化。

(3) 将扁千斤顶完全塞入槽内,必要时需注浆将扁千斤顶和岩体胶结在一起,然后用电动或手动液压泵向其加压,随着压力的增加,两测柱之间的距离亦增加。当两测柱之间的距离恢复到扁槽开挖前的大小时,停止加压,记录此时扁千斤顶中的压力,该压力称为平衡应力或补偿应力,等于扁槽开挖前表面岩体中垂直于扁千斤顶方向也即平行于两测柱连线方向的应力。对于普通千斤顶,特别是面积较小的扁千斤顶,由于周边焊接圈的影响,液压泵施加到扁千斤顶中的压力高于扁千斤顶作用于岩体上的压力。因此,在测量之前,须对千斤顶进行标定。

## 4.2.4 全应力解除法

全应力解除法,又称套孔应力解除法,基本原理是使测点岩体完全脱离地应力作用,通常采用套钻的方法实现套孔岩芯的应力完全解除。全应力解除法是发展历史悠久,技术比较成熟的一种方法,适用性强、可靠性高。图 4-8 为应力解除法测量步骤。

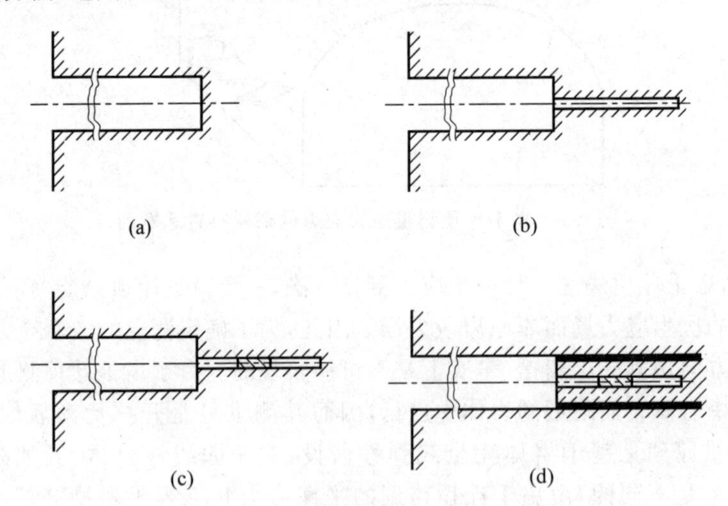


图 4-8 应力解除法测量步骤示意图
(a) 第一步;(b) 第二步;(c) 第三步;(d) 第四步

第一步,从岩体表面,一般是从地下巷道、隧道、硐室或其他开挖岩体的表面向岩体内部钻凿大直径钻孔,直至需要测量岩体应力的部位。大孔直径为下一步即将钻凿的用于安装探头的小孔直径的 3 倍以上,小孔直径一般为 36～38mm,因此大孔直径一般为 130～150mm。大孔深度为巷道、隧道或已开挖硐室跨度的 2.5 倍以上,以保证测点为未受岩体开挖扰动的原岩应力区。硐室的跨度越大所需的大孔深度也越大。为了节省人力、物力并保证试验的成功,测量应尽可能选择在跨度较小的开挖空间中进行,避免将测点安排在叉道口或其他开挖扰动大的地点。为了便于安装测试探头，大小孔要保持一定的同心度，因此在钻进过程中需有导向装置。大孔钻完后须将孔底磨平，并钻出锥形孔，以便下一步钻同心小孔，清洗钻孔，使探头顺利进入小孔。

第二步，从大孔底钻同心小孔，供安装探头用，小孔直径由所选用的探头直径决定，一般为36～38mm。小孔深度一般为孔径的10倍左右，以保证小孔中央部位处于平面应变状态。小孔钻凿完成后须放水冲洗钻孔，保证小孔中没有钻屑和其他杂物，为此，钻孔须上倾1°～3°。

第三步，用专用装置将测量探头，如孔径变形计、孔壁应变计等安装（固定或胶结）到小孔中央部位。

第四步，用第一步钻大孔用的薄壁钻头继续延深大孔，从而使小孔周围岩芯实现应力解除。由于应力解除引起的小孔变形或应变由包括测试探头在内的测量系统测定并通过仪器记录下来，根据测得的小孔变形或应变通过有关公式即可求出小孔周围的围岩应力状态。

从理论上讲，不管套孔的形状和尺寸如何，套孔岩芯中的应力都将完全被解除。但是，若测量探头对应力解除过程中的小孔变形有限制或约束，就会对套孔岩芯中的应力释放产生影响，此时就必须考虑套孔的形状和大小。一般来说，探头的刚度越大，对小孔变形的约束越大，套孔的直径也就需要越大。对绝对刚性的探头，套孔的尺寸必须无穷大，才能实现完全的应力解除。这就是刚性探头不能用于应力解除测量的缘故。对于孔径变形计、孔壁应变计和空心包体应变计等，由于它们对钻孔变形几乎没有约束，所以对套孔尺寸和形状的要求就不太严格，一般只要套孔直径超过小孔直径的3倍以上即可，而对实心包体应变计，套孔的直径就要适当大一些。

### 4.2.5 局部应力解除法

以切槽解除法（局部应力解除法的一种）测试地应力为例介绍其基本步骤。

（1）向岩体内部钻凿直径为96mm的钻孔，直到需要测定应力的部位。

（2）将一个包含金刚石锯片和切向应变传感器的装置预先固定在钻孔中需测应力部位。

（3）利用气动压力将切向应变传感器预压固定在孔壁上靠近切槽的部位，然后驱动锯片在孔壁上开出径向槽，即该槽与钻孔中心位于同一平面内，如图4-9所示，以便使该槽附近岩体实现应力解除。在割槽过程中，切向应变传感器所测应变值将产生变化，当割槽达到一定深度后，应变值趋于稳定。此稳定应变值即为切向应变传感器所在部位由于割槽而实现应力解除所引起的切向应变值。

（4）为了确定测点垂直于钻孔轴线平面内的应力状态，至少要在3个相隔120°方位上进行切槽测试。由弹性力的一般公式即可计算出切向应变传感器所在的垂直于钻孔轴线的平面内的二维应力状态。

（5）要确定测点的三维应力状态，必须钻凿测点的3个互不平行的钻孔，进行上述割槽解除试验。

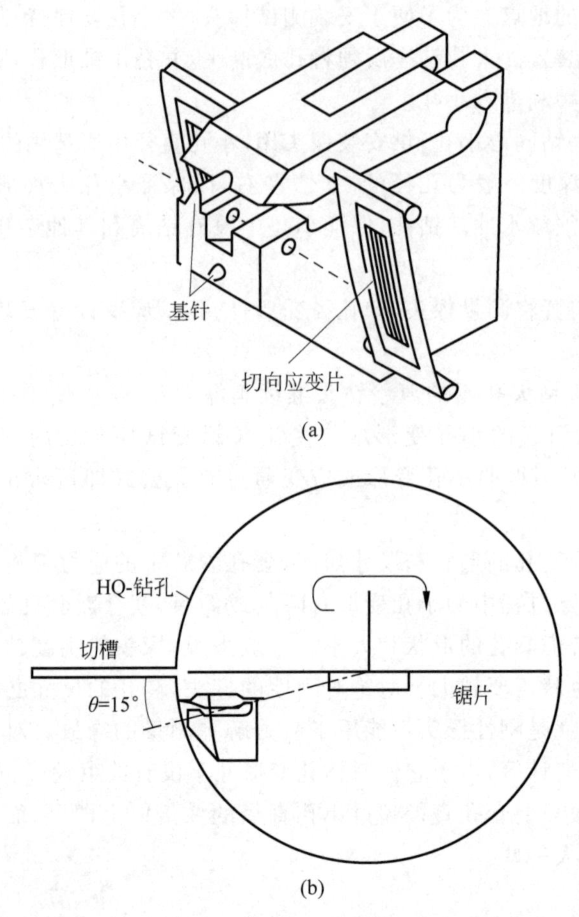


图 4-9　钻孔切槽及切向应变传感器位置示意图

## 4.2.6　地球物理探测法

### 1. 声波观测法

从 20 世纪 60 年代初开始，声波法即用于测量岩体中的应力状态。这种方法的原理是：声波特别是纵波的传播速度和振幅随岩体中的应力状态而定量地变化。

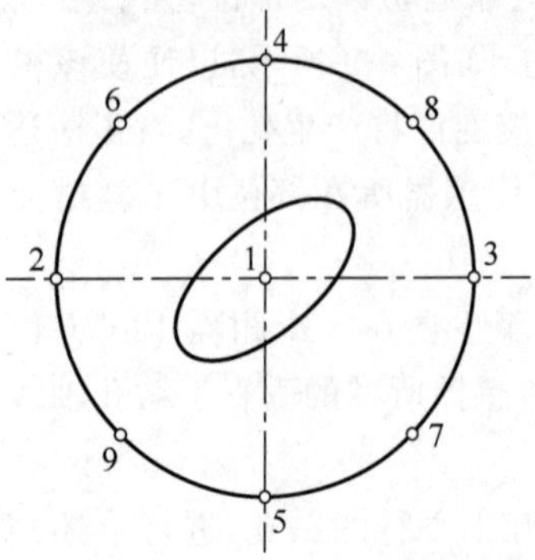

1—发射点；2,3,4,5,6,7,8—接受点。

图 4-10　声波传播速度椭圆

声波法测量步骤如下。

第一步，选择岩性、结构较为简单的地段，取某一点作为声波发射点。

第二步，以发射点为中心，在其周围不同方向布置接收点，组成监测网。

第三步，使用微爆破、机械振动或其他专用仪器向岩体中发出声波，并在各接收点使用声岩仪等仪器接收声波。

第四步，测量发射点至各接收点的声波传播速度，绘制如图 4-10 所示的速度椭圆，椭圆长、短轴的方向即代表了岩体中最大和最小主应力的方向。

第五步,使用合理的方法,对声波传播速度和地应力大小之间的关系进行标定试验,根据标定结果由测得的速度椭圆确定岩体中的应力状态。

**2. 超声波谱法**

J. R. 阿格森(J. R. Aggson)于1978年首次提出超声波谱法,该方法依据的物理现象是:当岩石受到超声剪切波的作用时将成为双折射性的,其双折射率是应力的函数,测量步骤如下。

第一步,向岩体内钻孔。

第二步,使用专用仪器向钻孔内发射偏振剪切波并接收该波在钻孔中的传播信号。

第三步,当偏振波在钻孔中传播一段距离后,将出现快波和慢波之间的相消干涉,这种相消干涉由接收的传播信号的最小值来认定;相消干涉也即传播信号最小值出现的频率,主要由岩体中平行于剪切波偏振方向的应力分量所决定;因此,测得的相互干涉频率可用于推断岩体中的应力状态。

第四步,由于不同类型的岩石在超声剪切波作用下的双折射性是各不相同的,为了根据测量数据定量确定应力的大小,必须在试验中进行相关的标定。

第五步,为了确定一点的二维或三维应力状态,必须在同一地点的多个互不平行的钻孔中进行上述的测量试验。

以上表明,全应力解除法是一种比较经济而实用的方法,它能比较准确地测定岩体中的三维原始应力状态。局部应力解除法、松弛应变测量法则只能用于粗略地估计岩体中的应力状态或者岩体中的应力变化情况,而不能用于准确测定原岩应力值。地球物理探测法可用于探测大范围内的地壳应力状态,但是,由于对测定的数据和应力之间的关系缺乏定量的了解,同时由于岩体结构的复杂性,各点的岩石条件和性质各不相同,因此这种方法还不能为实际的岩石工程提供可靠的地应力数据。

## 4.3 工程案例

**案例1:水压致裂法测量**

峨口铁矿位于山西代县境内,是一座大型露天铁矿山,该矿在构造上处于五台凸起的西北隅,地层属于太古界五台群,矿床为鞍山式沉积变质贫铁矿床。矿区内主要构造为一系列平行皱褶,构成全区复式倒转向斜,总体走向NEE-SWW。该复式倒转向斜由北向南依次为:①老脊向斜,位于矿区北部,由西向东贯穿全区,长约2300m;②万年冰背斜,与老脊向斜毗邻,北翼即为老脊向斜的南翼,长约1600m;③马宗山向斜,由西向东翘起,为一轴面南倾的倒转向斜;④上进背斜;⑤白坞塘向斜。在皱褶形成的同时,在倒转皱褶的两翼产生大型逆断层、正断层及垂直于走向的横断层。三羊坪断层为矿区唯一大型断层,走向340°,倾角为48°~74°,走向长大于2000m,断距为214m。

利用矿山4个勘查钻孔进行地应力测量,钻孔直径76mm,封隔器直径76mm,封隔器长度均为120cm,两个封隔器采用直径40mm、长50mm的钢管以螺纹连接。

**1. 测量钻孔与测点布置**

根据矿山初步设计方案布置测试钻孔。原则是选择临近井工结构及井巷开挖位置,使钻孔分布均匀,尽可能揭露断层附近的应力变化。根据矿山要求,共安排 4 个钻孔(H1～H4),布置见图 4-11。

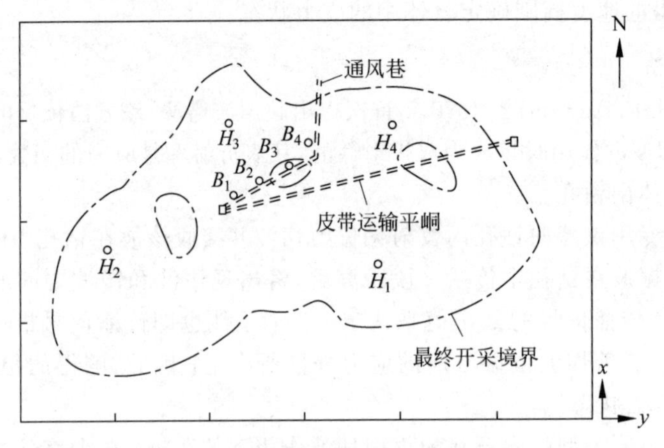


图 4-11 勘探区地应力钻孔的布置

**2. 测试参数的确定**

(1) 关闭压力 $P_s$。根据压力-时间曲线采用指数压力衰减法确定 $P_s$ 的值,结果见表 4-4。

(2) 裂隙重开压力 $P_r$。裂隙重开压力通过比较第一加压循环和第二(或第三、第四等)加压循环获得。通常,将第二加压循环和第一加压循环的压力-时间曲线重叠在一起,然后选择第二加压循环曲线偏离第一加压循环曲线的一点作为裂隙重开点,将该点的压力定为裂隙重开压力 $P_r$ 结果,见表 4-2。根据式(4-9)和式(4-10),即可确定各钻孔水平方向的地应力值,地应力结果见表 4-3。

**表 4-2 地应力测量参数**

| 测 点 | 深度/m | $P_s$/MPa | $P_r$/MPa | $P_0$/MPa |
|---|---|---|---|---|
| 1 | 118.00 | 6.4 | 4.8 | 1.07 |
| 2* | 99.14 | 5.4 | 5.4 | 0.92 |
| 2 | 133.48 | 6.3 | 6.3 | 1.26 |
| 3 | 151.25 | 7.3 | 7.3 | 1.47 |
| 4 | 110.92 | 9.0 | 9.0 | 0.98 |

注:2* 为 H2 孔的第二测点,下同。

**表 4-3 各测点地应力计算结果**

| 测点 | 深度/m | $\sigma_H$ | | $\sigma_h$ | | $\sigma_v$/MPa |
|---|---|---|---|---|---|---|
| | | 数值/MPa | 方向/(°) | 数值/MPa | 方向/(°) | |
| 1 | 118.00 | 13.3 | 140 | 6.4 | 50 | 3.1 |
| 2* | 99.14 | 13.3 | 102 | 6.5 | 12 | 2.6 |
| 2 | 133.48 | 14.0 | — | 7.2 | — | 3.5 |
| 3 | 151.25 | 18.5 | 97 | 9.1 | 7 | 4.0 |
| 4 | 110.92 | 13.2 | 112 | 6.8 | 22 | 2.9 |

**3. 勘探区地应力场分布规律**

根据水压致裂钻孔的地应力测试，并结合矿山在巷道进行的应力解除法地应力测量结果，采用灰色代数曲线模型 GAM($n,h$)进行回归分析，得出勘探区地应力的分布模型如下：

$$\sigma_{\mathrm{H}} = -0.13 - 0.1697x + 0.2797y + 0.4396z$$

$$\sigma_{\mathrm{h}} = -0.03 - 0.1480x + 0.2052y + 0.1177z$$

$$\sigma_{\mathrm{v}} = -0.017 - 0.008x + 0.016y + 0.3316z$$

式中：主应力单位为 MPa；$x=X/100$，$y=Y/100$，$z=Z/10$，$X$、$Y$ 为区域坐标，$Z$ 为钻孔深度(向下为正)，单位为 m。

水压致裂法地应力测试结果表明：①最大主应力位于水平方向，其值为自重应力的 2 倍以上。垂直应力基本等于或大于上覆岩层质量，说明峨口铁矿的地应力场是以水平构造应力为主导的，而不是以自重应力为主导的，这就否定了传统认为山坡地质构造应力已充分释放的假设。较大的水平构造应力的存在对边坡稳定性有重大的影响，必须给予足够的重视。②最大水平主应力随深度增加变化较快，而深度变化对最小水平主应力的影响相对较小。③最大主应力的方向基本为 NNW-SSE 向或接近于 S-N 向，与矿区地质构造分析的结果一致。矿区的一系列东西褶皱构造，都是在近南北向主压应力的作用下形成的，山羊坪正断层也是受到南北向挤压应力作用而产生的与东西向挤压构造相配套的张性断裂。

**案例 2：应力解除法测量**

三山岛金矿位于山东省莱州市北 32km 处，北、西面临渤海，东、南面与陆地相连，是我国唯一的滨海地下金矿。矿床位于沂沭大断裂东侧次一级断裂——三山岛断裂带内，属典型的破碎带蚀变岩型岩浆热液矿床。目前，三山岛金矿直属矿区已进入深部开采阶段，开采深度将达到并超过 1000m。随着开采深度的增加，地压显现加剧，巷道围岩变形、塌方、冒顶、片帮等事故日渐增多。一个 600m 水平以下的开拓工程面临冲击地压、岩爆灾害的潜在威胁。由此，采用套孔应力解除法，在该矿深部开展了 9 个测点的地应力测量工作。

1) 地应力测量点分布

采用套孔应力解除法进行现场地应力实测，测点选择遵循以下原则：

(1) 完整或尽量完整的岩体内，一般要远离断层，避开岩石破碎带、断裂发育带。

(2) 远离或尽量远离较大开挖体，如大的采空区，大硐室等。

(3) 避开巷道和采场的弯、叉、拐、顶部等应力集中区，保证应力测点必须位于原岩应力区，即应力状态未受工程扰动的地区。

(4) 为研究地应力状态随深度变化的规律，尽量在 3 个或 3 个以上水平进行测量。

根据上述原则，在三山岛金矿深部 6 个水平面上共安排了 9 个测点，各测点的分布和钻孔概括见表 4-4。

**表 4-4　地应力各测点位置及钻孔施工概况**

| 测点号 | 位置 | 坐标($x,y,z$) | 埋深/m | 孔深/m | RQD/% |
|---|---|---|---|---|---|
| 1 | −510 北巷 | (41837.8,96016.9,−512.0) | 512 | 8.10 | 48.5 |
| 2 | −510 南巷 | (41032.3,95701.3,−512.5) | 512.5 | 9.44 | 64.2 |
| 3 | −555 南巷 | (40825.7,95716.6,−553.0) | 553 | 8.63 | 81.2 |
| 4 | −600 盲竖井附近 | (40804.2,95767.1,−602.2) | 602.2 | 9.71 | 61.3 |

续表

| 测点号 | 位置 | 坐标($x,y,z$) | 埋深/m | 孔深/m | RQD/% |
|---|---|---|---|---|---|
| 5 | −600 新立联络巷 | (40760.6,95485.1,−603.0) | 603 | 9.64 | 88.4 |
| 6 | −645 斜坡道口 | (40901.7,95813.3,−647.0) | 647 | 9.13 | 47.4 |
| 7 | −690 斜坡道口 | (40979.5,95851.2,−693.0) | 693 | 10.79 | 75.3 |
| 8 | −690 风井附近 | (40825.6,95878.1,−693.0) | 693 | 9.20 | 82.7 |
| 9 | −750 斜坡道口 | (40941.2,95867.8,−750.0) | 750 | 8.51 | 66.5 |

2）测量结果

三维地应力计算结果如表 4-5。

**表 4-5 各测点主应力计算结果**

| 测点号 | 最大主应力 $\sigma_1$ | | | | 中间主应力 $\sigma_2$ | | | 最小主应力 $\sigma_3$ | | |
|---|---|---|---|---|---|---|---|---|---|---|
| | 深度/m | 数值/MPa | 方向/(°) | 倾角/(°) | 数值/MPa | 方向/(°) | 倾角/(°) | 数值/MPa | 方向/(°) | 倾角/(°) |
| 1 | 510 | 24.55 | 129 | 4 | 16.35 | −138 | 2 | 14.49 | 133 | −85 |
| 2 | 510 | 24.64 | −111 | 3 | 15.68 | 155 | 82 | 15.02 | 161 | −10 |
| 3 | 555 | 25.71 | −45 | −13 | 14.00 | 14 | 73 | 13.00 | 50 | −20 |
| 4 | 600 | 28.88 | 103 | 1 | 16.54 | 10 | 76 | 14.77 | 13 | −8 |
| 5 | 600 | 30.17 | 110 | −16 | 18.83 | 24 | −11 | 16.94 | 236 | −70 |
| 6 | 645 | 29.57 | 112 | −3 | 19.56 | −177 | −80 | 15.48 | −156 | −9 |
| 7 | 690 | 31.50 | −80 | 2 | 19.08 | 230 | −79 | 17.54 | 10 | −10 |
| 8 | 690 | 29.77 | −83 | 4 | 20.84 | −8 | −74 | 19.63 | 8 | 15 |
| 9 | 750 | 33.22 | 119 | −10 | 19.93 | −89 | −82 | 17.10 | 208 | −8 |

深部地应力场分布存在如下规律：

(1) 每个测点均有 2 个主应力接近于水平方向，其与水平面夹角一般不大于 10°，最大不超过 20°；另有一个主应力接近于垂直方向，其与垂直方向夹角不大于 20°。

(2) 最大主应力位于近水平方向，9 个测点最大水平主应力方向全部位于 NW-SE 向，与区域构造应力场的最大主应力方向基本一致。9 个测点的最大主应力，有 7 个与水平面的夹角小于或等于 10°，因而都是非常接近于水平的。最大水平主应力($\sigma_H$)与垂直主应力($\sigma_v$)的比值，9 个测点中有 8 个点超过 1.5 倍，最大一点为 1.81 倍，最小一点为 1.43 倍，平均为 1.65 倍(表 4-6)。由此分析可见，矿区深部地应力场是以水平构造应力为主导，而非自重应力。

**表 4-6 最大水平主应力与垂直主应力的比值**

| 测点号 | 1 | 2 | 3 | 4 | 5 | 6 | 7 | 8 | 9 |
|---|---|---|---|---|---|---|---|---|---|
| $\sigma_H/\sigma_v$ | 1.69 | 1.57 | 1.84 | 1.74 | 1.78 | 1.51 | 1.65 | 1.43 | 1.67 |

(3) 在 9 个测点中，有 7 个点的最小主应力也位于近水平方向，说明水平方向两个主应力的差值较大。9 个点的最大水平主应力($\sigma_H$)与最小水平主应力($\sigma_h$)之比见表 4-7。9 个点平均比值为 1.76，最大为 1.98。按照莫尔-库仑强度理论，两个主应力的差值就是剪应

力，而岩体的破坏通常是由剪切破坏引起的，在水平面内存在很大剪应力，是引起地下巷道和采场变形与破坏的主要原因，必须引起足够的重视。

表 4-7　最大水平主应力与最小水平主应力的比值

| 测点号 | 1 | 2 | 3 | 4 | 5 | 6 | 7 | 8 | 9 |
| --- | --- | --- | --- | --- | --- | --- | --- | --- | --- |
| $\sigma_H/\sigma_h$ | 1.50 | 1.64 | 1.98 | 1.96 | 1.60 | 1.91 | 1.80 | 1.52 | 1.94 |

(4) 最大水平主应力($\sigma_H$)、最小水平主应力($\sigma_h$)和垂直主应力($\sigma_v$)均随深度的增加而增加，并且成近似线性增长的关系。

同样，采用线性回归的方法对所测各点的应力值进行了回归分析，获得地应力模型如下：

$$\sigma_H = 0.947 + 0.044H$$

$$\sigma_h = 1.066 + 0.024H$$

$$\sigma_v = 0.136 + 0.028H$$

式中：$H$ 为测点埋深，单位为 m；主应力的单位为 MPa。主应力随埋深的回归曲线如图 4-12 所示。

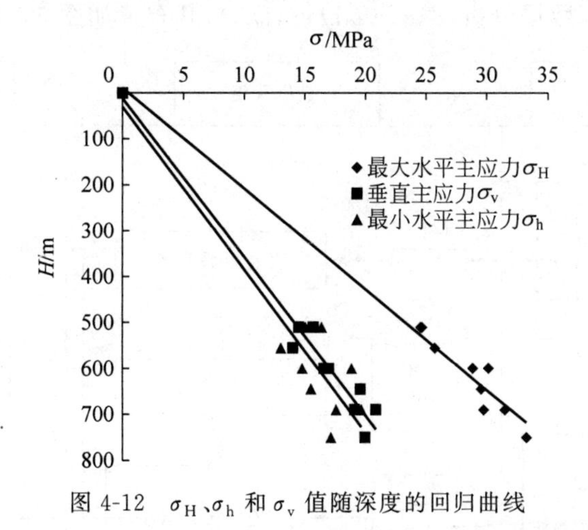


图 4-12　$\sigma_H$、$\sigma_h$ 和 $\sigma_v$ 值随深度的回归曲线

地应力场模型给出了开采设计、支护加固、地压控制等数值模拟、物理模拟研究和各种定量计算和分析所必须的矿区力学边界条件。

# 第5章 Chapter 5

# 仪器钻进探测技术

## 5.1 仪器钻进探测系统的基本原理

### 5.1.1 系统的基本组成

仪器钻进系统主要由三个部分组成：①感应单元(sensing system，SS)；②数据采集(data logging，DL)；③数据分析(data analysis，DA)，其布置如图 5-1 所示。

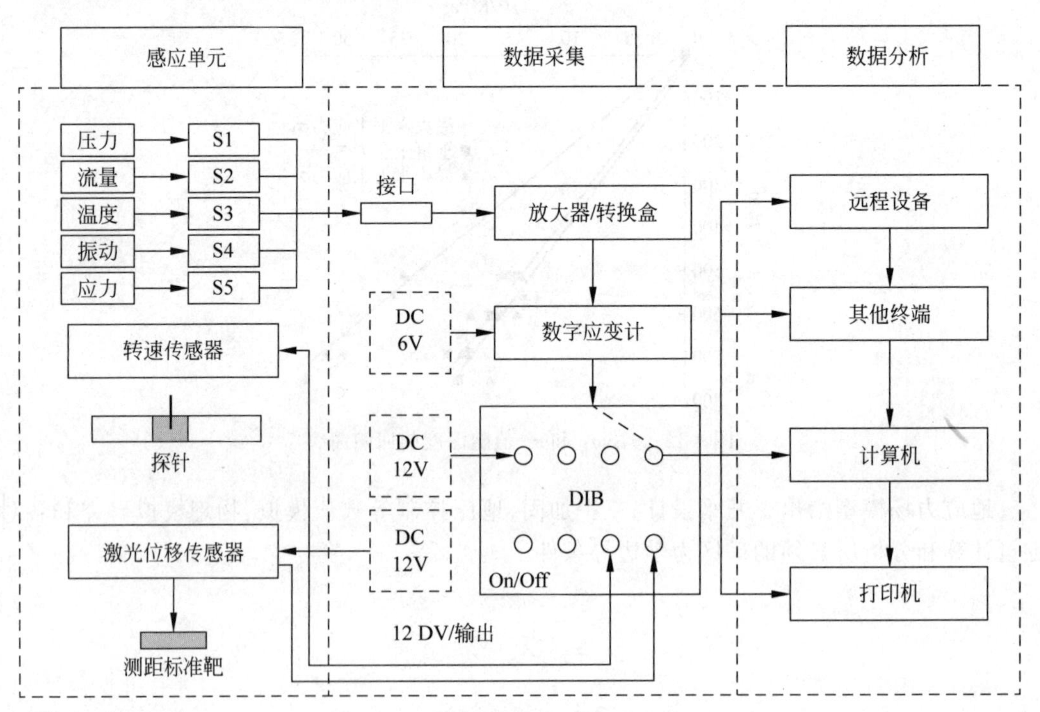


图 5-1　仪器钻探系统设计流程图

**1. 感应单元**

感应单元 SS 安装在控制台或钻架上，用于监测钻孔的物理参数。这些传感器包括：

(1) 激光位移传感器，用来监测钻头的位置。在仪器钻探系统中采用日本 MM30R 激光测距仪进行位移的监测。

(2) 转速传感器,用来监测钻头及钻杆的转速。在仪器钻探系统中采用德国 PEPPERL＋FUCHS 电磁传感器测量转速,测量范围为 0～2500r/min。

(3) 压力传感器,用来监测钻机水平向前或后退运动、钻头及钻杆的前进或后退、冲洗水/液压力等产生动力荷载时的液体压力。这里采用英国 Gems 2200/2600 传感器系列,各压力传感器的测量范围为 1.0～25MPa,参见标定部分。

(4) 流量传感器,主要用来测量钻进液的流量。对于一定的钻机而言,冲洗液的排出孔径一定,此时,可通过监测冲洗液的压力来表征冲洗量的大小。此外,流量传感器的另一个重要用途是监测燃料、液压油及润滑油的消耗量与速率。

**2. 数据采集**

数据采集单元 DL 安装在地面工作台上,进行数据的传输与转化。这部分包括:

(1) 转换盒,将压力传感器采集的模拟数据进行转换。通常采用日本 CSW-5A 型转换器,它通过 CR-655 接口电缆与数字应变仪相连。

(2) 数字应变仪,将 CSW-5A 转换盒输入的压力模拟信号变换为数字信号,这里采用日本 TC-31K 数字应变仪,通过 RS-232C 接口电缆将数据输入数据集成盒(date integrated box,DIB)。

(3) 数据集成盒,将数字应变仪输入的压力感应数据及位移和旋转感应器输入的数据进行集成,通过 CR-553B 接口电缆输入终端设备。

**3. 数据分析**

数据分析单元 DA 可以安装在测试现场、工地或远处的办公室。终端可以是计算机、打印机、调制解调器(modem)、测距器(telemeter)以及外部显示终端。图 5-2 是数据分析单元的输出连接示意图。

### 5.1.2 钻机组成与工作原理

**1. 钻机类型、组成与工作原理**

仪器钻进试验常采用液压式气压回转式钻机。钻机由机座、水平运动机构、钻具回转机构、加压/调压机构、液压控制系统及钻具等组成。其中,水平运动机构主要由机座上的导轨及两个水平油缸组成。水平油缸可使钻机整体沿导轨产生向前或向后的水平运动,用以调整钻孔的位置。钻具回转机构由液压马达、减速箱、输出轴、联轴器、旋转头及钻具组成。液压马达经减速箱,最后通过旋转头将转动传给钻具和钻头,使钻具和钻头产生旋转动作。加压/调压机构由安装在钻机前端的两个垂直油缸及连接板组成,油缸刚体一端固定在机架上,活塞杆通过连接板与钻具固连在一起,因此,活塞运动时,钻具将随活塞杆一起往复运动,从而给钻具施加压力或提升力。液压控制系统则通过操纵开关控制钻机所需要的各种动力及冲洗水压力和流量。

钻头为牙轮钻头或取样钻头,钻孔原理是在一定的有效轴压作用下,将钻头压入岩石一定深度,由旋转头带动钻具旋转来破碎岩石。当钻机采用独立的调压系统时,有效轴压 $P_e$ 是指轴压 $P_a$、调压力 $P_t$ 及钻具自重 $W$ 共同作用下的合理轴推力,由下式计算

$$P_e = P_a + W - P_t \tag{5-1}$$

在钻机前端安装两个并行的垂直油缸,其中一个为钻具轴压的加压油缸,另一个为钻具

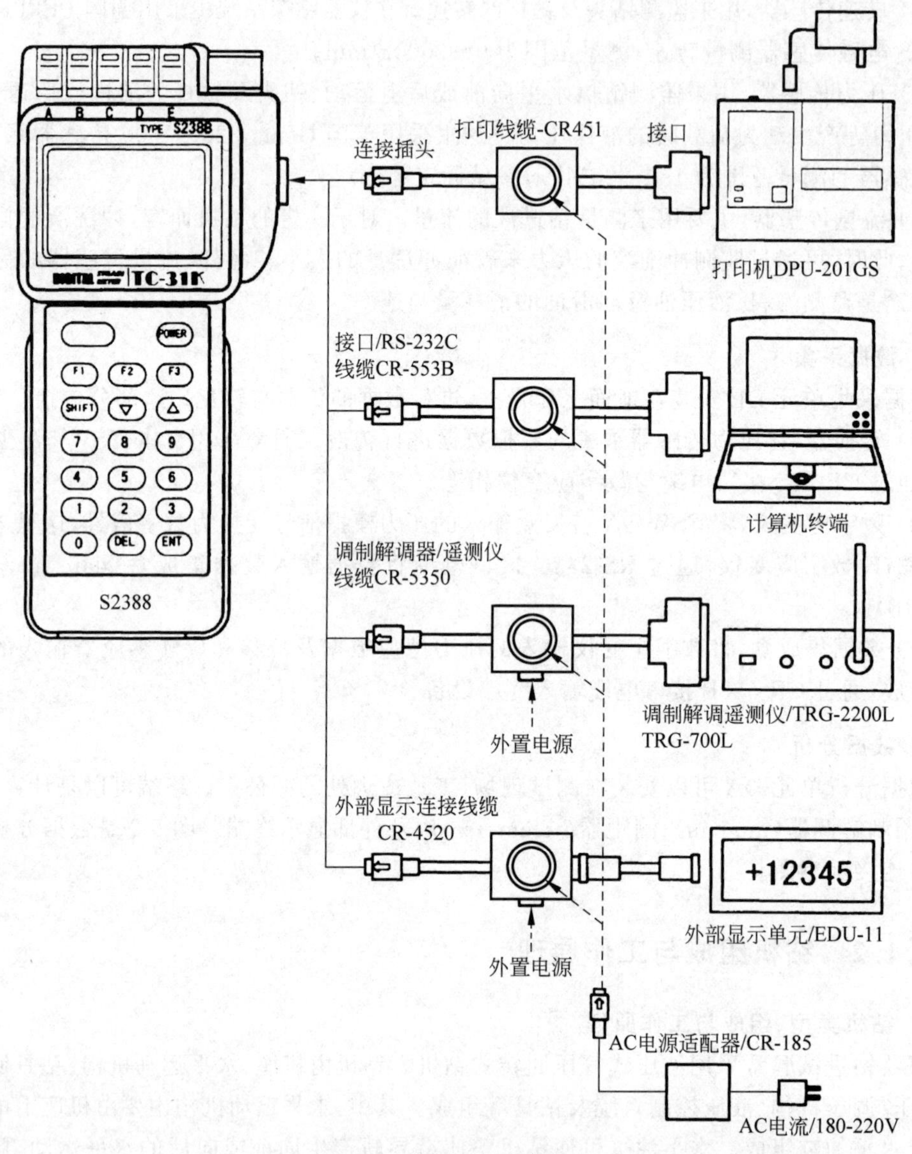


图 5-2　数据输出连接方式

的调压油缸。在钻进过程中，当钻具的自重低于钻孔所需的合理轴压力时，将采用加压钻进，即通过加压油缸来增大轴压，加压油缸的压力方向总是向下。因此，$P_a$ 的作用方向始终向下，是正压力。随着钻孔深度的增大，钻具重量增加，钻具本身的重量将超出合理轴压力。此时，需要减压钻进，即由调压油缸提供反向的提升力来平衡一部分钻具重量来达到合理的轴压力。由于调压力总是向上，所以 $P_t$ 为负。

钻具所需的转速与轴压之间存在一定的关系，遵循高轴压—低转速或低轴压—高转速的工作方式。其大小与钻头直径、岩石强度或硬度、轴压及干式、湿式钻进有关。钻头的转速由液压马达经减速箱控制。

**2. 钻机工作参数**

(1) 推进压力。由加压油缸施加给钻具,提供轴压力。根据钻进过程的实际压力范围,采用10MPa的压力传感器对轴压进行监测,参数输出单位为mV。经标定后转换为压力值。压力传感器系列号为P083112。

(2) 调压力。与轴压力方向相反,随着孔深的增大,钻具重量增加,所要求的调压力逐渐增大,其范围比轴压力相对大。这里采用25MPa的压力传感器。

(3) 冲洗液压力。冲洗液的作用是从孔底清除岩渣,减少重复破碎,提高钻进效率;同时,冷却和润滑钻头及钻杆,减少磨损;提高钻孔的稳定性。由于冲洗液压力不大,一般为小于0.4MPa,故采用1.0MPa的压力传感器进行监测。

(4) 前进压力。它是钻机用以对钻孔开始时的定位及钻进中的调整,压力的大小由克服钻机沿水平导轨运动所产生的摩擦力以及钻进过程中调整钻杆与纠偏的水平力决定,根据工程应用实际,采用10MPa的压力传感器进行监测。

(5) 后退压力。与前进压力相反。

(6) 旋转速度。钻具的旋转由减速箱的输出轴传递,对于R-20钻机,钻具的最大转速一般为600r/min,为了满足各种钻机的需要,转速传感器的测量范围为0～2500r/min。转速传感器为脉冲传感器,其输出即为转速,无须转换。

(7) 钻进位移。钻进位移是钻头穿透位移的累计,由安装在钻机前端的垂直推进油缸来实现。每个循环的最大推进长度为650mm,当发生向下推进运动时,位移逐渐增大;当发生向上提升钻具的运动时,位移逐渐减少。采用激光测距仪对位移进行监测。

**3. 仪器系统工作原理**

采用传感器技术,采集钻机钻进过程的工作参数,以电压或电子脉冲信号的形式,根据选定的采样频率直接输出到数据采集系统,经数据转化和数字集成后输入计算机分析系统及其他终端,进行数据的存储、显示、分析、打印及网络传输。其中,钻机工作时各种动荷载的输入依靠液压控制系统提供,压力的监测由压电传感器实现,原始感应信号为电压或电流;钻具转动速率的监测由电磁传感器实现,原始感应信号为电磁脉冲信号,通过脉冲次数记录转数;钻头位置的变化通过光电传感器即激光测距仪来实现,其原始输出数据为距离。

### 5.1.3 仪器系统参数设置

1) TC-31K的参数设置

TC-31K是一种应变计,主要功能是对仪器系统的数据进行转化。参数设置主要包括应变计的运行参数、压力传感器以及显示格式的设置。运行参数的设置包括分析、存储、计时、打印、RS-232C接口及仪器等功能模式。

(1) 分析模式的功能是给出监测数据时间系列的$Y$-$T$曲线,这些数据存储在所选通道中,一个通道为一个数据存储模块,共19个通道。当TC-31K设置为＜正常＞模式时,即可绘制单个时间系列曲线。当与CSW-5A连接时,为多通道模式,可同时绘制19条时间系列曲线,可根据监测项目数确定。曲线参数设置包括0的位置、$Y$的分割数、$T$的分割数以及数据范围。

(2) 用存储卡将监测数据保存于TC-31K中,数据可以转化到计算机或读卡机。存储卡的工作模式为等待-0、数据写-1、数据读-2、数据删除-3 以及格式化存储卡。

(3) TC-31K 内置了一个间隔计时器，分 5 步编程，监测工作可以自动按照预先设定的时间间隔开始，进行间隔测量的状态称为计时器模式。每一步包括时间间隔及重复或循环数，间隔测量是从第 1 到第 5 顺序进行的。如下面所示，时间间隔为 1s，循环数为 1。

S1 00：00：01 N01

S2 00：00：01 N01

S3 00：00：01 N01

S4 00：00：01 N01

S5 00：00：01 N01

(4) 存储在 TC-31K 存储器中的数据可通过选择＜打印＞功能进行硬输出。

(5) RS-232C 电缆接口的参数设置为

Baud rate：9600

Data length：8bit

Party：none

Stop bit：1 bit

X-parameter：no

(6) 系统参数设置为

Memory cascade：no

Ring buffer：no

Burn out check：no

Internal RJC：yes

Auto power offer：no

Data output：Auto

CSV output：no

Multi monitor：yes

Comet：non

2) CSW-5A 的参数设置

CSW-5A 设有 5 个通道，由 24V 外部直流电源供电，压力传感器的模式数设置为 32，各传感器的参数设置如下

00　S=32：V　24V

01　S=32：V　24V

02　S=32：V　24V

03　S=32：V　24V

04　S=32：V　24V

3)显示形式设置

测量模式设置为直接模式，各压力传感器的输出为电压，单位为 mV，显示形式的设置包括系数、小数点及物理单位。参数如下

[D]　00　mV

[D]　01　mV

［D］　02　mV
［D］　03　mV
［D］　04　mV

各压力传感器的系数设置为1，如下所示

00　C＝＋1.000
01　C＝＋1.000
02　C＝＋1.000
03　C＝＋1.000
04　C＝＋1.000

小数点设置为1位，各压力传感器如下

00　P1　↙↙↙↙↙.↙
01　P1　↙↙↙↙↙.↙
02　P1　↙↙↙↙↙.↙
03　P1　↙↙↙↙↙.↙
04　P1　↙↙↙↙↙.↙

物理单位设置为电压，单位为mV。各压力传感器如下

00　U17　mV
01　U17　mV
02　U17　mV
03　U17　mV
04　U17　mV

4）激光测距仪的参数设置

与TC-31K相比，激光测距仪（laser monitor of distance，LMD）的设置相对简单。这里，测距的物理单位设置为m，而通过RS-232C基带信号的数据通信设置如下

Asynchronous working
Baud rate：1200bps（/9600bps）
Start bit：1 bit
Data length：8bit
Parity：none
Stop bit：1 bit

以上各种传感器在测量前须进行标定。标定工作可在室内进行，必要时，还将针对所使用的钻机及环境条件进行现场标定和检验。

## 5.2　钻进过程中的能量

### 5.2.1　钻进过程中的能量分析

**1. 能量原理**

在钻孔过程中，钻头破碎孔底岩石需要消耗能量。破碎单位体积岩石的能量与岩石性

质、钻具及钻头类型、钻进方式、排碴状态、排碴介质类型及破碎岩石的比表面积等有关。因考虑到取样的需要，在岩土工程钻探以及油气钻井中，一般以旋转式钻进为主；在其他生产钻进中，则根据岩石性质选择钻进方式，一般在硬岩中以冲击式钻进为主；在中硬岩中以冲击-旋转式钻进为主；在软岩中，则以旋转式钻进为主。在不同的钻进方式中，能量的传递方式不同。这里主要针对取样钻进，即旋转钻进进行分析。在钻机、钻具/钻头类型及排碴方式(包括钻井液类型)一定，正常排碴与钻进的情况下，破碎岩石的粒级配比可视为一定，即破碎单位体积岩石所产生的比表面积基本恒定。此时，破碎单位体积岩石所需的能量由岩石强度及硬度等性质决定。因此，当钻进条件确定时，可用破碎单位体积岩石的实际能耗来反映岩石的物理力学性质。

设用于破碎单位体积岩石的能耗为 $E$，则岩石强度或硬度指标的变化可表示为

$$I = C \cdot E(h) \tag{5-2}$$

式中：$C$ 为岩石强度与比能之间的相关性系数；$h$ 为钻孔深度。

假设钻孔深度的变化步长为 $\Delta h$，则岩石破碎比能的变化率为

$$\frac{\Delta I}{\Delta h} = C\,\frac{E(h_0 + \Delta h) - E(h_0)}{\Delta h} \tag{5-3}$$

当 $\Delta h \to 0$ 时，式(5-2)即为函数 $E(h)$ 的导数

$$I' = C \cdot E'(h) = \lim_{\Delta h \to 0}\left(\frac{\Delta I}{\Delta h}\right) = \lim_{\Delta h \to 0} C\,\frac{E(h_0 + \Delta h) - E(h_0)}{\Delta h} \tag{5-4}$$

设岩石界面的强度显著性指标为 $S$(变化率)，则深度 $h$ 处，岩石界面识别标准为

$$S \leqslant C \cdot E'(h) \tag{5-5}$$

式(5-5)表明，在正常钻进过程中，当破碎单位岩石的能耗变化率大于某个设定值 $S$ 时，可以认为岩石强度在 $h$ 位置发生了显著变化，说明岩体已从一种强度进入到另一强度；而 $h$ 的位置为岩体强度显著变化的分界面。显然，当显著性指标设定后，岩体分界的划分标准随之确定；而且，通过设定 $h$ 的步长，可以识别任意厚度层中岩体强度的显著性变化。

在自然界中，由于岩体形成条件的不同，同种岩体的强度差异迥然。显然，通过强度和破碎能量的变化来鉴定岩体，可以避免通过岩芯进行岩性分类在工程应用中的不足。此外，以往的岩体分级指标均采用试验指标，而试验指标取决于取样点的位置。一方面，通过点来揭示沿孔深的变化，不能反映岩体强度沿孔深全断面的变化。另一方面，试验指标往往离开了原始的环境场，受外界及人为扰动很大。而采用原位钻进指标，则可克服上述不足。

**2. 钻进过程能量计算**

在金刚石钻进过程中，破碎岩体的能量源自钻头旋转所产生的扭矩以及作用于钻头的有效轴压-轴推力，而这两部分的能量共同用于岩石破碎、摩擦生热、破碎发声等的能量消耗。将钻进系统视为质点，则根据能量守恒原理，钻机动力系统所做的功存在以下能量转换关系

$$P_e = P_k + P_d + P_f \tag{5-6}$$

式中：$P_e$ 为钻机动力系统输出的总能量；$P_k$ 为钻具旋转运动所产生的动能；$P_d$ 为克服钻具重量并使钻具上下位移所需要的能量；$P_f$ 为钻机动力系统能量输出过程中所产生的摩擦热、振动及声发射等能量消耗。

在式(5-6)中,直接用于破碎岩体的能量为 $P_k$ 与 $P_d$,分别由下式确定

$$P_k = \frac{1}{2}\sum m v_1^2 = \frac{1}{2}\sum m(\pi D n)^2 \tag{5-7}$$

式中:$\sum m$ 为钻进系统的总质量,包括钻头、取样器、钻杆及加长杆的质量,与孔深有关,为变量;$v_1$ 为钻进系统质量中心的瞬时线速度;$D$ 为钻进系统的回转直径;$n$ 为钻进系统的转速。

$$P_d = F_e S\sin\alpha = \left(F_t + \sum mg - F_a\right) v\sin\alpha \tag{5-8}$$

式中:$F_e$ 为施加在钻进系统的有效轴压力;$S$ 为钻具系统在单位时间内的位移;$\alpha$ 为钻具系统中心轴线与水平面夹角,$0°\leqslant\alpha\leqslant 90°$,当垂直钻孔时 $\alpha=90°$,水平钻孔时 $\alpha=0°$;$v$ 为穿孔速率;$F_t$ 为加压-调压系统施加在钻具上的轴向压力;$F_a$ 为加压-调压系统施加在钻具上的调压力,用以平衡钻具重量。

其中,钻杆质量为钻杆长度的函数,设单根钻杆的长度为 $l$,则钻进系统的钻杆质量为 $l$ 的分段函数,即

$$m_r = \rho g \sum_{i=1}^{n} l_i \tag{5-9}$$

式中:$\rho$ 为单位长度钻杆的质量;$n$ 为钻杆的数量。

将钻机旋转马达及减速系统视为黑箱,则用于钻进的有效能量,由减速系统输出轴带动钻具系统所产生的动能与钻机加压-调压机构推动钻具位移所做的轴力功组成,即用于钻进的总能量 $P_w$ 为

$$P_w = P_k + P_d \tag{5-10}$$

在上述钻进总能量中,钻进系统所做的功一部分用于岩石破碎,生成新的表面并发声发热,另一部分能量用于钻杆与钻井液的摩阻消耗以及液体运动。

钻头破碎岩石的摩擦能耗包括两部分:钻头孔底摩擦和侧向摩擦,这部分能量主要用于摩擦破碎岩石,生成新表面和发热发声。其中,单位时间内孔底摩擦所消耗的能量为 $P_{f,b}$

$$P_{f,b} = \frac{1}{4}\int_0^{\theta} n\tau_f D_b \mathrm{d}\theta = \frac{1}{4} n\mu_b \pi D_b F_e \tag{5-11}$$

式中:$\mu_b$ 为钻头与孔底岩石间的摩擦系数;$\tau_f$ 为孔底摩擦应力;$D_b$ 为钻头外直径,金刚石钻头钻进时为内、外直径的均值,破坏式钻进时则为钻头外径的 1/2;其他符号意义同前。

单位时间内钻头侧向摩擦所消耗的能量为

$$P_{f,s} = \pi D_b \mu_s K_s F_e n \tag{5-12}$$

式中:$\mu_s$ 为钻头与岩石之间的侧向摩擦系数;$K_s$ 为轴向压力的侧压系数;其他符号意义同前。其中侧压系数 $K_s$ 与所钻凿的岩石性质及钻头材料有关。由于钻头材料的硬度通常远大于岩石材料的硬度,因此,钻头可视为刚性材料,侧压系数由岩石性质决定,可由下式估算:

$$K_s = \frac{\nu}{1-\nu} \tag{5-13}$$

式中:$\nu$ 为岩石的泊松比。

钻具(包括钻杆及钻头)与孔壁及钻孔液(排碴液)之间的摩擦,主要来自钻杆与钻孔液

之间的黏滞阻力，分为沿钻杆推进方向和钻杆环向的摩擦两部分，与排碴液密度、转速及流体状态（雷诺数 Re）等有关。

单位时间内钻具环向摩擦所消耗的能量 $P_c$ 可按下式计算：

$$P_c=\mu_c N_c \pi D_r n \tag{5-14}$$

式中：$\mu_c$ 为钻具旋转时的摩擦系数；$N_c$ 为钻杆与孔壁或排碴液之间的黏滞力；$D_r$ 为钻杆外直径。

单位时间内钻具轴向摩擦所消耗的能量 $P_a$ 可按下式计算：

$$P_a=\mu_a N_a \pi v \tag{5-15}$$

式中：$\mu_a$ 为钻具发生轴向运动时的轴向动摩擦系数；$N_a$ 为钻杆与孔壁或排碴液之间的黏滞力，$N_a=N_c$。

由式(5-14)及式(5-15)可知，这两部分能耗与岩石破碎并无直接关系，全部转换为热能及液体动能。

在钻进条件一定时，若钻头不重复破碎孔底岩石，则在钻进系统的总能量中，用于非破碎岩石能耗的变化部分主要为钻杆随孔深变化的摩擦功，而其他摩擦能耗与岩石性质、钻头形式、钻进方式有关。当钻头形式和钻进方式一定时，摩擦能耗直接由岩石性质决定。因此，在总能量中，与岩石破碎有关的能量 $P_{rf}$ 可用钻进总能量减去钻杆-液间的黏滞能耗来表示：

$$P_{rf}=P_w-(P_c+P_a) \tag{5-16}$$

从以上可以看出，要确定摩擦功耗或与岩石有关的能耗，须知道有关摩擦系数、岩石的泊松比以及黏滞力等参数。

有关油水乳化液摩阻的研究表明，随着钻具转速的提高，管内液体一般会出现层流、层流＋Taylor 涡旋、紊流及紊流＋Taylor 涡旋四种状态。当转数不太高，没有达到某一临界值时，流体处于层流。当转速增大，达到某一临界转速时，流体发生离心失稳，出现 Taylor 涡旋，此时，管壁摩擦力急剧增大，流体处于层流＋Taylor 涡旋。随着转速的进一步提高和雷诺数的增大，将出现紊流、紊流＋Taylor 涡旋。显然，摩阻系数的计算还与流型有关。

钻头-岩石摩阻系数及钻杆-液间黏滞力的测定非常复杂，通常只能依靠试验模拟来估算。事实上，在实时钻进中，由于受测试条件的限制，摩阻、黏滞力及泊松比等参数是很难测定的。因此，要精确计算钻进过程中用于岩石破碎的能量是不可能的。这也说明用单位体积破碎功确定岩石可钻性存在"输入功率用于其他方面和用于切削岩层或总体积破碎功的比值对每种岩石来说都是不同的，并很难测量"的事实。然而，在实际钻进中，由于钻进速度很低，轴向黏滞阻力会很小，可以忽略不计。而环向旋转产生的黏滞力将带动钻杆与孔壁间液体运动，且由于钻杆与孔壁间的距离很小，因此，液体质点沿径向的速度梯降很小，孔间液体质点可视为等线速度运动。根据能量守恒及传递原理，黏滞力所做的功将转化为液体的动能 $P_{lk}$。因此，式(5-14)可用下式来计算

$$P_{lk}=\frac{1}{2}m_1 v_1^2=\frac{1}{8}\rho\pi^3 n^2 D_e^2(D_h^2-D_r^2)v \tag{5-17}$$

式中：$m_1$ 为钻杆与钻孔壁间排碴液体的质量；$\rho$ 为排碴液的质量密度；$D_e$ 为排碴液环形柱的等效直径；$D_h$ 为钻孔直径。其他符号意义同前。

由此，式(5-16)可直接由下式确定：

$$P_{rf}=P_{w}-P_{lk} \tag{5-18}$$

经过转换后，难测参数变成了容易获取的可测参数。

值得指出的是，钻进能量的传递效率与穿透深度成反比，且不同钻进方法、不同钻头形式、不同钻进参数下变为热能所消耗的能量不同。随着钻孔深度的增大，钻杆增多，在钻杆连接处的能量损失也随之增大；而且，钻杆-液间摩擦与机械振动都将增大，由此而产生的热能损耗也将增大。有研究表明，钻进过程中有70%～90%的输入功转换为热能被钻进液带走。尽管这个数字并不精确，但从某种意义上说明了钻孔能量的效率很低。

为了检验金刚石钻进能量的大小，在R-20液压回转式钻机上安装仪器系统，分别在普通风化花岗岩地层、充填土风化花岗岩地层及复杂风化花岗岩地层进行钻探试验。在岩层中钻进时，金刚石钻头的内、外径分别为$\phi$84mm及$\phi$100mm，在土层中钻进时，钻头内、外径分别为$\phi$100mm及$\phi$115mm。钻杆直径均为$\phi$100mm，质量为6.0kg/m。钻进液为洁净的天然水，钻进工作参数由系统自动控制和调节，钻孔的终孔深度为完整基岩以下10m。仪器系统监测的参数包括轴压、调压、转数、冲洗压力、水平调节压力、钻头位移等，部分监测参数见表5-1。为了分析和比较，在采用仪器系统监测获取钻进参数的同时，仍采用录孔、取样、力学试验等常规试验方法获得岩性及物理力学参数。最后，根据监测数据，利用上述分析所得公式对钻进过程中的能量进行分析计算。

**表5-1　在不同风化花岗岩地层中的钻进参数**

| 地层分级 | 普通风化花岗岩地层 | | | 充填土-风化花岗岩地层 | | | 复杂风化花岗岩地层 | | |
|---|---|---|---|---|---|---|---|---|---|
| | 有效轴压力/kN | 钻头转数/($r\cdot min^{-1}$) | 穿孔速率/($cm\cdot min^{-1}$) | 有效轴压力/kN | 钻头转数/($r\cdot min^{-1}$) | 穿孔速率/($cm\cdot min^{-1}$) | 有效轴压力/kN | 钻头转数/($r\cdot min^{-1}$) | 穿孔速率/($cm\cdot min^{-1}$) |
| 充填土 | — | — | — | 0.573 | 92 | 35.48 | — | — | — |
| Ⅴ | 1.883 | 132 | 35.23 | 0.609 | 116 | 50.67 | 3.545 | 88 | 26.41 |
| Ⅴ/Ⅳ | 2.196 | 133 | 29.44 | 1.345 | 121 | 16.83 | 4.036 | 114 | 8.40 |
| Ⅳ | 3.418 | 142 | 4.98 | 1.350 | 66 | 4.37 | 2.438 | 97 | 11.22 |
| Ⅳ/Ⅲ | 4.319 | 293 | 11.19 | 1.386 | 92 | 11.61 | 4.079 | 161 | 9.96 |
| Ⅲ | — | — | — | — | — | — | 3.534 | 220 | 7.38 |
| Ⅲ/Ⅱ | 3.562 | 289 | 10.89 | — | — | — | 4.400 | 197 | 10.01 |
| Ⅱ | 4.194 | 302 | 4.60 | 5.391 | 289 | 4.94 | — | — | — |
| 岩脉 | 4.785 | 282 | 3.15 | 1.960 | 140 | 2.72 | — | — | — |
| 混凝土 | — | — | — | 1.782 | 126 | 10.42 | — | — | — |

注：Ⅴ—全风化；Ⅳ—强风化；Ⅲ—中等风化；Ⅱ—轻度风化；—表示此地层缺失。

## 5.2.2　钻进能量在地层中的变化特点

### 1. 普通风化花岗岩地层中的能量变化

普通风化花岗岩地层由全风化至微风化花岗岩组成，各层厚度不一。其中，上覆充填土层的厚度为 0～2.0m，由于钻孔开孔准备的需要，充填土层不在监测范围内。在此地层中，钻进能量随钻头位移的变化如图 5-3 所示。

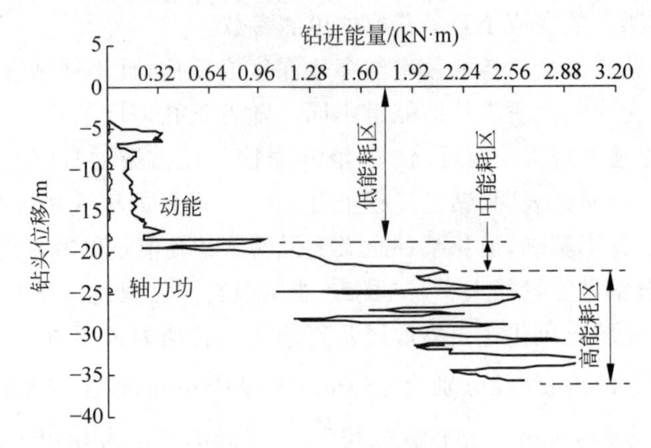


图 5-3　普通风化花岗岩地层中钻进能量随钻头位移的变化曲线

图 5-3 中只反映钻进系统的输入能量，即系统的动能与轴力功。从图可见，钻进系统的输入能量主要来自钻具旋转运动产生的动能，有效轴压力推动钻头位移所做的功非常小，最大为 0.027kN·m。而钻杆带动液体运动克服黏滞力所消耗的能量比轴力所做的功更低，最大仅为 0.007kN·m。由于黏滞阻力所消耗的能量很少，没有在能量曲线中反映出来。从总的能量来看，可以用系统输入的动能来表征系统的钻进能量。按照动能可把钻凿地层分为低能耗区、中能耗区及高能耗区。根据录孔数据可知，在 0～18.58m 深度范围主要为全风化（Ⅴ）至强风化（Ⅳ）花岗岩地层；在 18.58～22.50m 深度范围主要为强风化（Ⅳ）至中等风化（Ⅲ）花岗岩地层；在 22.50～35.67m 深度范围内则主要为中等风化（Ⅲ）到轻度风化（Ⅱ）花岗岩及其岩脉。显然，钻进能量分区与风化程度分级一致，能量曲线的平稳性与地层变化的复杂性有关。如在低能耗区，在 5.36～6.67m 存在一厚为 1.31m 的中等至轻度风化的花岗岩层（Ⅲ/Ⅱ），钻进能量明显增大，表明所需要的能耗增大，在能量曲线上表现出明显的脉冲。

**2. 充填土-风化花岗岩地层中的能量变化**

充填土-风化花岗岩地层由上覆充填土、全风化至微风化花岗岩组成，各层厚度不一。其中，充填土的厚度为 0～7.10m。在此地层中，钻进能量随钻头位移的变化如图 5-4 所示。与普通风化花岗岩地层相似，钻进能量主要为系统的动能。其中，有效轴压力推动钻头位移所做的功最大为 0.038kN·m，而钻杆带动液体运动克服黏滞力所消耗的能量最大仅为 0.010kN·m。

由图 5-4 可知，钻凿地层同样可以划分为三个区，低能耗区的深度为 21.50m，但中能耗区只有 1.51m 厚，比在普通风化花岗岩中薄，而且，在 21.51～21.68m 处夹杂有薄层花岗岩岩脉。对照录孔数据可知，在低能耗区主要由充填土及全风化花岗岩地层组成，在 5.60～6.09m 存在薄层的混凝土夹层；中能耗区亦为强风化及中等风化的花岗岩；23.00m 至终孔深度 31.87m 为高能耗区，其间主要为轻度风化花岗岩。

**3. 复杂风化花岗岩地层中的能量变化**

复杂花岗岩地层由上覆充填土、全风化至中等风化花岗岩组成。在此地层中，钻进能量

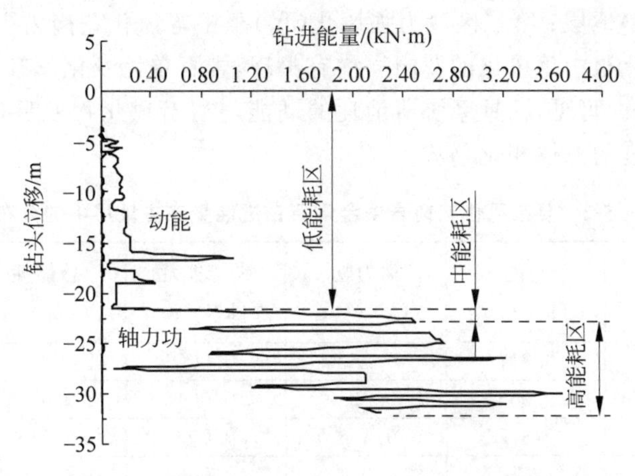


图 5-4 充填土-风化花岗岩地层中钻进能量随钻头位移的变化曲线

随钻头位移的变化如图 5-5 所示。同样，系统动能是主要的钻进能量来源，轴力功及黏滞力所耗能量均很低，有效轴压力推动钻头位移所做的功最大为 0.163kN·m，而钻杆带动液体运动克服黏滞力所消耗的能量最大仅为 0.003kN·m。从能量的分布曲线来看，在 11.65～55.36m 能量曲线呈现为凸峰状，在 39.65m 深处达到峰顶。但从能量尺度分布分析，与以上两种风化花岗岩地层比较，此区间亦为中能耗区。典型监测钻孔揭露情况表明，该地层由上至下岩石单元变化十分复杂。其中，上覆充填土的厚度为 1.00m，全风化花岗岩（Ⅴ级）为 10.65m，其下为强风化与中等风化花岗岩（Ⅵ/Ⅲ～Ⅲ级）交替地层，厚度为 29.74m，再往下的岩石变得更弱和更复杂。强风化、中等风化甚至全风化的岩石单元均有出现，在 −49.25～−52.32m 及 −53.00～−53.83m 深度区间重新又出现全风化花岗岩，最后导致卡钻而终孔。

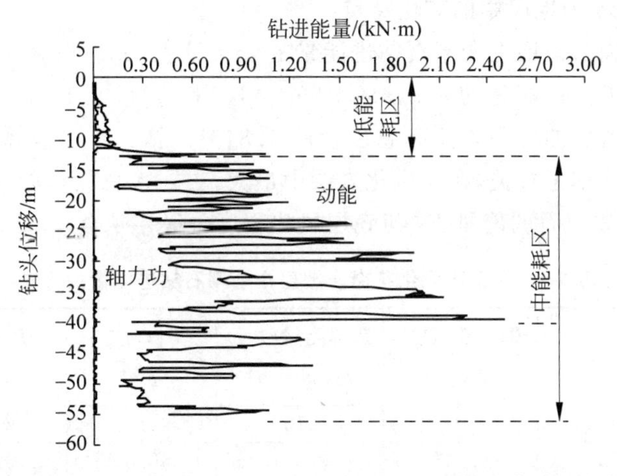


图 5-5 复杂风化花岗岩地层中金刚石钻进能量随钻头位移的变化曲线

从图 5-5 可知，根据钻具系统动能的大小及变化趋势，可将动能-深度曲线划分为两个大的区段，它们是低能耗区及中能耗区，动能的平均值分别为 0.066kN·m、0.750kN·m，对应的地层深度范围分别为 0～−11.65m、−11.65～−53.83m，见表 5-2。根据能量守恒与转化原理，金刚石钻进系统在各区段所消耗的动能是不同的。从录孔资料来看，第一区段主要为全风化花岗岩(Ⅴ)地层；第二区段为强风化(Ⅳ)至中等风化花岗岩(Ⅲ)交替层；在第三区段，全风化、强风化至中等风化的花岗岩均有出现，岩石单元变化没有规律性，总体上岩石风化增强，强度变弱。可见，钻具系统所消耗的动能与岩石风化程度呈负相关，反映了所穿透地层岩石风化程度的总体变化趋势。

**表 5-2　复杂风化花岗岩中金刚石钻进能量在主地层中的分布**

| 区间/m | 值 | 动能/(kN·m) | 轴力功/(kN·m) | 黏滞能耗/(kN·m) | 总能耗/(kN·m) | 比能/(kN·m·$m^{-3}$) |
|---|---|---|---|---|---|---|
| 0～−11.65 | 最大值 | 0.317 | 0.163 | 0.003 | 0.321 | 0.0888 |
| | 平均值 | 0.066 | 0.021 | 0.001 | 0.086 | 0.0118 |
| | 极差 | 0.317 | 0.158 | 0.003 | 0.315 | 0.0888 |
| −11.65～−53.83 | 最大值 | 2.470 | 0.021 | 0.003 | 2.479 | 2.0050 |
| | 平均值 | 0.748 | 0.006 | 0.003 | 0.753 | 0.2961 |
| | 极差 | 2.314 | 0.014 | 0.003 | 2.320 | 1.9466 |

此外，从动能变化的极差来分析，在第一、二区段及第三区段的极差分别为 0.317kN·m、1.788kN·m 和 2.314kN·m。显然，在第一区段，全风化花岗岩强度很低，与充填土比较接近，极差较小；在第三区段，风化程度变化比第二区段大，其极差较大。可见，极差越小，岩石风化程度的差异越小。因此，动能极差大小反映了所穿透地层岩石风化程度的复杂性。

图 5-3～图 5-5 的能量分析表明，在旋转钻进中钻进能量主要来自系统的动能，有效轴压力在钻进过程中推动钻头位移所做的功很少，占钻进总能量的比重非常小。而且，能量曲线的跃迁或涨落与岩石风化程度有关。风化程度越大，钻凿岩石所需能量越少，地层中风化程度变化越大，钻进能量的涨落也越大。

#### 4. 钻进能量在不同地层中的变化特点

在普通风化花岗岩地层中金刚石钻进能量的分布见表 5-3。研究表明，在此地层中，钻进过程中动能占了输入总能量的 83.49%～99.94%，平均为 98.16%；钻进过程中有效轴压力推动钻具位移所做的功平均只有总能量的 1.84%。钻具克服液体黏滞阻力所消耗的能量与孔深及旋转速率等有关，在全风化岩层中最大，占输入总能量的 0.87%，在各地层中平均为 0.24%。破碎岩石的能量 $P_f$ 与地层风化程度分级相吻合。

**表 5-3　在普通风化花岗岩地层中金刚石钻进能量的分布**

| 地层分级 | 动能($P_k$)/(kN·m) | 轴力功($P_d$)/(kN·m) | 钻进能量($P_{rf}$)/(kN·m) | $P_k/P_w$/% | $P_d/P_w$/% | $P_{lk}/P_w$/% |
|---|---|---|---|---|---|---|
| Ⅴ | 0.149 | 0.011 | 0.159 | 93.13 | 6.87 | 0.87 |
| Ⅴ-Ⅳ | 0.341 | 0.011 | 0.351 | 96.30 | 3.70 | 0.42 |
| Ⅳ | 0.545 | 0.003 | 0.547 | 99.40 | 0.60 | 0.06 |
| Ⅳ/Ⅲ | 1.175 | 0.006 | 1.179 | 99.00 | 1.00 | 0.14 |
| Ⅲ/Ⅱ | 1.771 | 0.008 | 1.777 | 99.55 | 0.45 | 0.13 |
| Ⅱ | 2.241 | 0.003 | 2.243 | 99.88 | 0.12 | 0.02 |
| 岩脉 | 2.026 | 0.002 | 2.028 | 99.85 | 0.15 | 0.04 |

在充填土-风化花岗岩地层中金刚石钻进能量分布见表5-4，在土层与岩层中能量分布有明显的不同，在土层中，动能占总能量的7.24%～98.38%，平均为77.67%，此时，有效轴压力推动钻具位移所做的功平均占总能量的22.33%；在岩层中，动能占总能量的91.03%～99.98%，平均为98.29%，有效轴压力所做的功为1.81%，钻杆与钻进液间黏滞力所消耗的能量在土层与混凝土层中最大，分别占输入总能量的1.15%和1.20%，在各地层中平均耗能为0.48%。亦可见破碎岩石的能量 $P_f$ 与地层风化程度分级相吻合。而且，通过试验可以看出，混凝土夹层中钻凿的能耗介于充填土与强风化地层之间，这与混凝土构件的风化程度有关。

**表5-4　在充填土-风化花岗岩地层中金刚石钻进能量的分布**

| 地层分级 | 动能($P_k$)/(kN·m) | 轴力功($P_d$)/(kN·m) | 钻进能量($P_{rf}$)/(kN·m) | $P_k/P_w$/% | $P_d/P_w$/% | $P_{lk}/P_w$/% |
|---|---|---|---|---|---|---|
| 充填土 | 0.072 | 0.007 | 0.079 | 77.67 | 9.36 | 1.15 |
| Ⅴ | 0.142 | 0.001 | 0.143 | 98.89 | 0.69 | 0.04 |
| Ⅴ/Ⅳ | 0.148 | 0.003 | 0.150 | 97.81 | 1.81 | 0.12 |
| Ⅳ | 0.199 | 0.005 | 0.202 | 97.30 | 2.32 | 1.03 |
| Ⅳ/Ⅲ | 0.301 | 0.004 | 0.305 | 98.54 | 1.31 | 0.20 |
| Ⅱ | 1.938 | 0.004 | 1.941 | 99.73 | 0.23 | 0.05 |
| 岩脉 | 0.347 | 0.001 | 0.348 | 99.75 | 0.27 | 0.03 |
| 混凝土夹层 | 0.111 | 0.003 | 0.113 | 96.00 | 2.66 | 1.20 |

在复杂风化花岗岩地层中金刚石钻进能量分布见表5-5，动能占总能量的2.59%～99.95%，平均为95.14%；钻进过程中有效轴压力推动钻具位移所做的功平均只占总能量的4.86%。黏滞力所消耗的能量在全风化岩层中最大，为0.31%，平均为0.11%。在此复杂地层中亦可见破碎岩石的能量 $P_f$ 与地层风化程度分级基本吻合。但在强风化层(Ⅳ)中，钻凿岩石的能耗 $P_f$ 略低于Ⅴ/Ⅳ类混合层，这可能与分级误差有关。因为此地层岩石风化程度变化很大，人工进行分级难免会产生误差。

**表5-5　在复杂风化花岗岩地层中金刚石钻进能量的分布**

| 地层分级 | 动能($P_k$)/(kN·m) | 轴力功($P_d$)/(kN·m) | 钻进能量($P_{rf}$)/(kN·m) | $P_k/P_w$/% | $P_d/P_w$/% | $P_{lk}/P_w$/% |
|---|---|---|---|---|---|---|
| Ⅴ | 0.145 | 0.016 | 0.161 | 76.94 | 10.01 | 0.31 |
| Ⅴ/Ⅳ | 0.479 | 0.007 | 0.485 | 98.20 | 1.37 | 0.04 |
| Ⅳ | 0.240 | 0.005 | 0.244 | 98.31 | 1.91 | 0.08 |
| Ⅳ/Ⅲ | 0.705 | 0.005 | 0.709 | 98.79 | 0.76 | 0.07 |
| Ⅲ | 0.952 | 0.004 | 0.955 | 99.39 | 0.43 | 0.09 |
| Ⅲ/Ⅱ | 1.083 | 0.009 | 1.091 | 99.22 | 0.78 | 0.08 |

显然，在地层中钻进时，钻孔能量主要来自钻具的动能。但在土层中，有效轴压力推动钻头位移所做的功明显增大。如在充填土-风化花岗岩地层中，在土层中轴压力所做的功占总能量的22.33%。原因是土层比较软，较小的轴压力即可达到岩石的压入硬度，将钻头压入，从而产生位移做功。这在复杂风化花岗岩地层中也得到反映。在此地层中，全风化花岗

岩地层(Ⅴ级)变化大,不仅在浅地表深度范围(0～11.65m)存在,而且,在地基深处(49.50～53.83m)也存在,虽然同属Ⅴ级,但其风化程度在同级之间还有很大的变化,轴压力所做的功平均达23.06%。而在风化程度较低或新鲜岩层中,由于作用于钻头上的轴压力一般达不到岩石的压入硬度,此时破碎岩石所需要的能量主要来自于钻具系统回转所产生的动能。在上述三种地层中,动能占钻进总能量平均为97.20%。黏滞力所消耗的能量比较低,与地层岩性关系很大,在土层与混凝土层中的耗能明显增大,这与旋转破岩的钻进原理一致。

## 5.3 钻进比功与岩体分级

### 5.3.1 钻进比功

在旋转钻进过程中,金刚石钻头在一定的轴压作用下,通过钻头旋转产生的扭矩破碎孔底岩石,通过排碴系统在钻进液的共同作用下将破碎岩粉排出,从而形成钻孔。形成钻孔的难易程度不仅与岩石性质(如强度、硬度及磨蚀性等)有关,而且与钻头直径、钻头形式、钻进方式及排碴状态有关。当钻头直径、钻头形式、钻进方式及排碴状态一定时,钻进的难易程度反映了岩石的可钻性程度,从而也反映了岩石抵抗机械破坏的难易程度。

岩石抵抗钻头侵入的能力可用侵入硬度来反映。岩石抵抗压头侵入的难易程度称为岩石的侵入硬度,通常采用的指标有赫兹侵入硬度、史氏侵入硬度及巴氏侵入硬度。此外,采用压碎、球磨、捣碎及砸碎等方法产生新表面所消耗的功来反映岩石的坚固性。但由于功与表面积的测量不稳定,表面耗能并不容易测定。

在旋转钻进中,其凿岩原理具有压入、压碎和剪切磨削的特征,可用岩石侵入硬度及破碎单位表面积的能耗来表征。然而,这两个指标在实时钻进中难以测定。这里,采用钻进比功来反映钻进过程中岩石破碎的综合特征,钻进比功可定义为钻进过程中,在一定的钻头形式、钻进方式和排碴条件下,钻头破碎单位体积岩石所消耗的总的钻进能量。可用公式表示为

$$E(h)=\frac{4P_{\mathrm{f}}}{\pi(D_{\mathrm{b}}^{2}-D_{\mathrm{i}}^{2})v} \tag{5-19}$$

式中:$P_{\mathrm{f}}$ 为钻进过程中单位时间内钻头破碎岩石所做的功,是孔深或地层深度 $h$ 的函数,由式(5-18)确定;$D_{\mathrm{i}}$ 为钻头内直径,当为破坏钻进时,$D_{\mathrm{i}}=0$;其他符号意义同前。

从式(5-19)可以看出,比功反映了钻进能量与破碎面积及穿孔速率的关系,表明了在一定轴压下岩石抵抗钻头压入及破碎的难易程度。

### 5.3.2 钻进比功在地层中的分布

**1. 钻进比功在普通风化花岗岩中的分布**

普通花岗岩地层中,金刚石钻进比功随钻头位移的变化如图5-6所示。钻进比功随岩石风化程度(级)的减弱而增大,其比功值的变化见表5-6。从表5-6可知,随着风化程度的减弱,平均比功指标增大,反映了岩石随风化程度的减弱,抵抗破坏能力增强的渐变性质。

尽管钻进比功在不同风化程度的地层中具有明显的分区性，但变化范围较大，不同风化程度岩石的比功值，其下界指标低于次级风化程度岩石的上界指标，即不同风化程度岩石的比功变化区间呈现相互交叉的特征。这进一步揭示了岩石非连续及非均质的本质。由于不同风化程度的岩石中必然包含各种节理、裂隙甚至软弱夹层等结构面，比功值会出现比较低的下界值。然而，采用试验指标进行岩石分级时，岩石中结构面的含有率将大大降低，从而增大了比功指标的下门槛值，缩短了变化范围，在应用上对于完整性好的岩石是合适的。

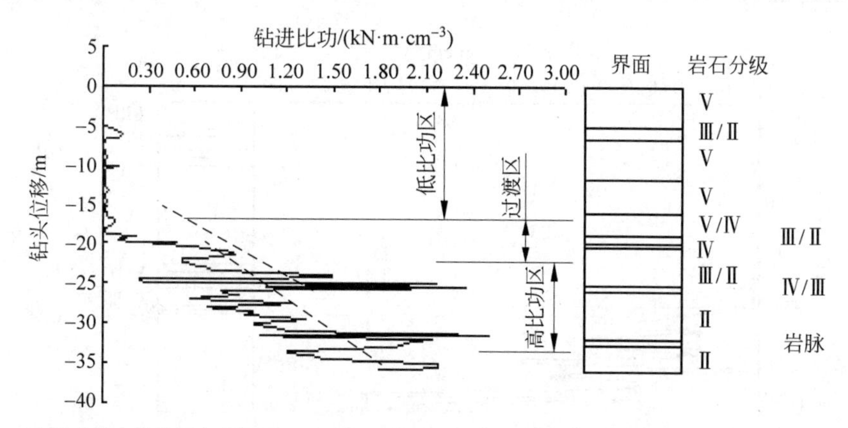


（左图虚线为线性拟合直线，右图为沿钻孔剖面的岩土工程界面及相应的岩石风化程度分级）

图 5-6　普通花岗岩地层中钻进比功随钻孔深度的变化曲线

**表 5-6　钻进比功在普通风化花岗岩地层中的分布**　　kN·m·$cm^{-3}$

| 风化程度分级 | V | V/Ⅳ | Ⅳ | Ⅳ/Ⅲ | Ⅲ/Ⅱ | Ⅱ |
|---|---|---|---|---|---|---|
| 比功均值 | 0.0196 | 0.0390 | 0.2840 | 0.4702 | 0.6021 | 1.4434 |
| 比功变化范围 | 0.0045～0.1113 | 0.0105～0.0744 | 0.1075～0.4978 | 0.0640～1.4971 | 0.2470～0.9439 | 0.5682～2.3534 |

注：V—全风化；Ⅳ—强风化；Ⅲ—中等风化；Ⅱ—轻度风化。

事实上，对于工程岩石的划分，要求可操作性强，不可能也无必要划分得太细。根据图 5-6 可将比功值划分为三个区间，即低比功区、过渡区和高比功区。其深度范围、比功均值及变化区间见表 5-7。

**表 5-7　基于钻进比功进行的普通风化花岗岩分类**

| 比 功 区 间 | 低 比 功 区 | 过 渡 区 | 高 比 功 区 |
|---|---|---|---|
| 岩石类型 | 软岩 | 中硬岩 | 硬岩 |
| 深度范围/m | −4.00～−18.58 | −18.58～−24.00 | −24.00～−35.67 |
| 比功均值/(kN·m·$cm^{-3}$) | 0.0421 | 0.6620 | 1.3780 |
| 比功变化区间/(kN·m·$cm^{-3}$) | 0.0045～0.2324 | 0.2466～1.4971 | 0.2470～2.4665 |

显然，根据比功均值的变化，可将相应区段的岩石划分为软岩、中硬岩及硬岩。由图 5-6 可知，软岩层主要包括全风化及强风化花岗岩，其中含少量中等风化至微风化的岩石夹层，这类岩石也构成了此地基中的过渡层即中硬岩，而硬岩层则主要由微风化岩组成，局部含花岗岩岩脉。

**2. 钻进比功在充填土-风化花岗岩中的分布**

钻进比功在充填土-风化花岗岩中的变化如图 5-7 所示。钻进比功的分布见表 5-8。在此地层中，比功的均值指标大多低于普通风化花岗岩地层中的指标值。可见，此地层岩石抵抗金刚石钻头旋转破坏的能力相对普通花岗岩地层较弱。从其埋藏特点分析，此地基原属坡地，后因建筑充填平整而成当前地基，其岩基应属出露岩石，说明其风化作用相对较普通花岗岩地基强烈。

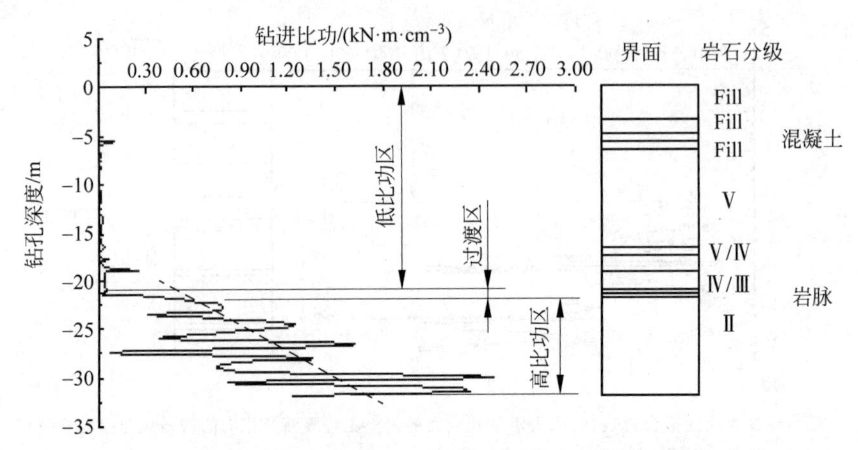


图 5-7 充填土-风化花岗岩地层中钻进比功随钻孔深度的变化曲线

**表 5-8 钻进比功在充填土-风化花岗岩地层中的分布** $kN \cdot m \cdot cm^{-3}$

| 风化程度分级 | 充填土 | Ⅴ | Ⅴ/Ⅳ | Ⅳ | Ⅳ/Ⅲ | Ⅱ |
|---|---|---|---|---|---|---|
| 比功均值 | 0.0215 | 0.0131 | 0.1035 | 0.1127 | 0.2651 | 1.2230 |
| 比功变化范围 | 0.0000～0.1145 | 0.0017～0.0780 | 0.1480～0.2175 | 0.0258～0.2613 | 0.0062～0.2715 | 0.0766～2.4935 |

与普通花岗岩地层的分析同理，亦可将图 5-7 中的比功变化曲线划分为三部分，软岩主要为全风化至强风化花岗岩，中硬岩为中等风化花岗岩及部分岩脉，硬岩为微风化花岗岩。此地层中的过渡区相对较小，仅 1.50m，充填土中夹杂有 0.49m 厚的古老混凝土块。

比功分区的情况见表 5-9。从表可知，各区段的比功值比普通花岗岩的值相对要低，在软岩、中硬岩及硬岩中分别降低了 35.87%、26.22%和 18.37%。显然，随着地层深度的增大，风化影响减弱。

**表 5-9 基于钻进比功进行的充填土-风化花岗岩分类**

| 比功区间 | 低比功区 | | 过渡区 | 高比功区 |
|---|---|---|---|---|
| 岩石类型 | 充填土 | 软岩 | 中硬岩 | 硬岩 |
| 深度范围/m | −3.50～−7.10 | −7.10～−21.50 | −21.50～−23.00 | −23.000～−31.868 |
| 比功均值/($kN \cdot m \cdot cm^{-3}$) | 0.0191 | 0.0270 | 0.4884 | 1.1249 |
| 比功变化区间/($kN \cdot m \cdot cm^{-3}$) | 0.0000～0.1145 | 0.0017～0.2715 | 0.2613～0.7833 | 0.0766～2.4935 |

**3. 钻进比功在复杂风化花岗岩中的分布**

在复杂风化花岗岩地层中，钻进比功的变化如图 5-8 所示。钻进比功的分布见表 5-10。可知，比功值多数介于普通风化花岗岩与充填土-风化花岗岩之间，其变化范围的特点与上述两种岩层中相同。

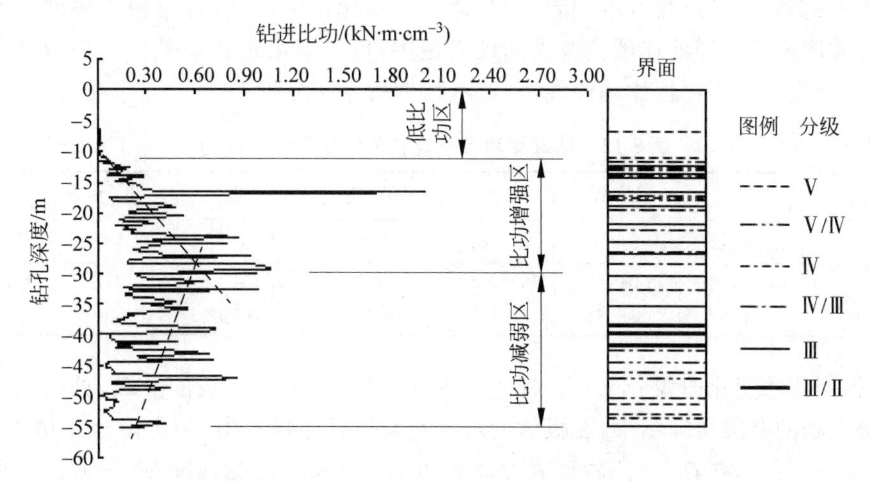


图 5-8　复杂花岗岩地层中钻进比功随钻孔深度的变化曲线

**表 5-10　钻进比功在复杂风化花岗岩地层中的分布**　　$kN \cdot m \cdot cm^{-3}$

| 风化程度分级 | V | V/IV | IV | IV/III | III | III/II |
|---|---|---|---|---|---|---|
| 比功均值 | 0.0328 | 0.1263 | 0.2669 | 0.2956 | 0.3497 | 0.3647 |
| 比功变化范围 | 0.0000～0.1197 | 0.0466～0.6955 | 0.0390～0.3851 | 0.0018～2.0050 | 0.1519～0.9798 | 0.0018～1.0503 |

由图 5-8 可知，由于此地层的复杂性，比功随地层深度曲线呈现出低-高-低的变化态势。因此，根据这一特点，可将其划分为低比功区、比功增强区及比功减弱区，结果见表 5-11。从比功的变化特点分析，比功增强区及减弱区的指标值均低于上述两种花岗岩地层中的相应指标值。由图 5-8 可知，增强曲线与减弱曲线基本对称，其与深度坐标轴所包络的面积相近，表明在增强和减弱区的钻进过程中，能耗基本相同，抵抗旋转钻进破坏的能力相近，因此，这两个区均属于中硬岩石类型。

**表 5-11　基于钻进比功进行的复杂风化花岗岩分类**

| 比 功 区 间 | 低 比 功 区 | 比功增强区 | 比功减弱区 |
|---|---|---|---|
| 岩石类型 | 软岩 | 中硬岩 | 中硬岩 |
| 深度范围/m | −1.00～−11.65 | −11.65～−29.00 | −29.00～−53.83 |
| 比功均值/($kN \cdot m \cdot cm^{-3}$) | 0.0118 | 0.3280 | 0.2551 |
| 比功变化区间/($kN \cdot m \cdot cm^{-3}$) | 0.0000～0.0888 | 0.0476～2.0050 | 0.0339～0.9798 |

## 5.3.3　基于钻进比功的岩体分级

根据以上试验结果分析，可获得不同风化程度花岗岩地层中金刚石旋转钻进比功的分布及其均值指标，见表5-12。其中，变化范围为同级岩体中比功值的下下界值与上上界值。由表5-12可知，钻进比功的均值指标随风化程度的降低而增大，但过渡级指标偏小。如Ⅴ/Ⅳ的指标值均偏向于Ⅴ级风化岩体的指标值，Ⅳ/Ⅲ的指标值均偏向于Ⅳ级风化岩体的指标值，而Ⅲ/Ⅱ的指标值均偏向于Ⅲ级风化岩体的指标值，这说明过渡级岩体的风化程度以前级为主。此外，不同风化程度的岩体中，比功的变化范围较大，这是由岩体的非连续及非均质等性质决定的。即使在硬度较大的硬岩层中，也可能出现比较低的下门槛值。正因为如此，岩体分类必须先根据比功曲线进行分段，然后才能分级。

**表5-12　钻进比功与花岗岩风化程度分级**　　$kN \cdot m \cdot cm^{-3}$

| 风化程度分级 | Ⅴ | Ⅴ/Ⅳ | Ⅳ | Ⅳ/Ⅲ | Ⅲ | Ⅲ/Ⅱ | Ⅱ |
|---|---|---|---|---|---|---|---|
| 比功均值 | 0.0218 | 0.0896 | 0.2212 | 0.3436 | 0.3497 | 0.4834 | 1.3332 |
| 比功变化范围 | 0.0017～0.1197 | 0.0105～0.6955 | 0.0258～0.4978 | 0.0018～2.0050 | 0.1519～0.9798 | 0.0018～1.0503 | 0.0766～2.4935 |

此外，根据比功变化曲线分区及指标进行统计分析，可获得地层的分级，见表5-13。根据冲击凿碎比功的有关研究结果，在极软的页岩及凝灰岩等岩石中，冲击凿碎比功值为0～0.186$kN \cdot m \cdot cm^{-3}$，在石灰岩、砂页岩等软岩中为0.196～0.284$kN \cdot m \cdot cm^{-3}$，在花岗岩、硅质灰岩等中硬岩中为0.294～0.480$kN \cdot m \cdot cm^{-3}$，在石英岩、细粒花岗岩等硬岩中为0.490～0.676$kN \cdot m \cdot cm^{-3}$。将金刚石钻进比功均值与之对比可知，在软岩中金刚石旋转钻进比功显著低于冲击凿碎比功；在中硬岩中，金刚石钻进比功与冲击凿碎比功接近；在硬岩中，金刚石钻进比功显著高于冲击凿碎比功。因此，只有在中等硬度的岩层中，采用冲击凿碎比功对岩体进行分级才是合适的。其他硬度的岩层中宜使用钻进比功进行分级。

**表5-13　基于钻进比功的岩体分级**　　$kN \cdot m \cdot cm^{-3}$

| 岩石类型 | 充填土 | 软岩 | 中硬岩 | 硬岩 |
|---|---|---|---|---|
| 比功均值 | 0.0191 | 0.0270 | 0.4334 | 1.2515 |
| 比功变化区间 | 0.0000～0.1145 | 0.0017～0.2715 | 0.0339～2.0050 | 0.0766～2.4935 |

# 第6章 Chapter 6

# 地层地质勘测

## 6.1 工程地质勘测

### 6.1.1 工程地质勘测的基本概念

工程地质勘测是指通过一定的勘探和测试技术手段，查明建筑物及构筑物工程场址的地质因素所进行的地质调查与测试研究工作，地质因素主要包括地形地貌、地质结构及构造、地层岩性、地下水、岩土物理力学性质及不良地质等。

采用搜集资料、调查访问、地质测量、遥感解译及地球物理等方法，查明场地的工程地质要素，并绘制相应的工程地质图件，称为工程地质测绘和调查（engineering geological mapping and survey）。通过观察和访问，对勘测区的工程地质条件进行综合性的地面研究，将查明的地质现象和资料填绘到有关的图表与记录本中，研究某特定地区的工程地质条件，即地区的合理开发及保护，各类建筑物的修建，以及建筑、矿山、公路和其他工程的地质条件，并将其反映在地形底图上。编制工程地质图件，论述和评价工作区的地质条件。该成果对于正确布置勘探、原位测试等地质工作来说是必不可少的，而这些工作可以按不同勘察阶段的要求，全面查明工程地质条件。

工程地质测绘和调查是勘探的基础和前提。场地地质条件的复杂程度越高，在研究地层剖面、地区构造、地质作用的发生和发展条件时，分析资料的工作越困难，测绘和调查在勘察中的地位就越高。在研究水利枢纽场地的地质结构时，要取得全部原始地质资料，除了测绘和调查，还必须进行其他类型的地质工作。在研究库区的工程地质条件时，测绘和调查常常是解决工程问题主要的、有时甚至是唯一的地质工作类型。研究道路干线的工程地质条件时，对于线路的不同地段，测绘意义不相同，如在各种人工建筑物如桥梁、隧道、电力枢纽等的配置地段，测绘和调查工作比较详细，且须补充大量其他类型的地质工作。

在进行工程地质测绘和调查前，要搜集和研究已有地质资料并踏勘，以便合理地编制纲要、保证进度和质量。

### 6.1.2 工程地质勘测的基本内容

工程地质勘测的内容由具体要求确定，其重点也因勘察设计阶段及工程类型的不同有所侧重。内容主要包括以下几个方面。

**1. 地形与地貌**

(1) 地形（topography）的形态及变化调查。地形形态一般可分为分水岭、山脊、山峰、斜坡、悬崖、河谷、阶地、冲沟、洪积扇或锥、残丘、洼地等。根据坡角大小，地形可分为缓坡（坡度 $i<15°$）、中坡（$15°<i<40°$）、陡坡（$40°<i<70°$）、陡崖（$70°<i<90°$）和悬崖（$i>90°$）。

(2) 调查地貌(topographic feature)的成因类型和形态特征，划分地貌单元，分析各地貌单元的发生、发展和相互关系，并划分各地貌单元的分界线。

(3) 调查微地貌的特征及其与岩性、构造和不良地质现象的联系。

(4) 调查植被的性质及其与各种地形要素的关系。

(5) 河谷地貌是测绘和调查的重点内容之一，应着重调查河漫滩的位置及其特征，有无古河道、牛轭湖等。

**2. 地层岩性**

1) 沉积岩地区

(1) 了解岩相的变化情况、沉积环境、接触关系，观察层理类型、岩石成分、结构、厚度和产状要素。对斜坡和坝基地段应注意软弱夹层或遇水易软化岩石的稳定性，必要时应单独划分为一个特殊单元，然后绘制地层岩性剖面图，以了解其变化规律和相互关系。

(2) 了解岩溶发育规律及其形态的大小、形状、位置、充填情况及岩溶发育与岩性、层理和构造断裂等的关系。

2) 岩浆岩地区

了解岩浆岩类型、形成年代、产状和分布范围，并详细研究以下内容。

(1) 岩石结构、构造和矿物成分以及原生和次生构造的特点。

(2) 与围岩的接触关系和围岩的蚀变情况。

(3) 岩脉和岩墙等的产状、厚度，与断裂的关系以及各侵入体间的穿插关系。

3) 变质岩地区

(1) 了解变质岩的变质类型和程度，并划分变质带。

(2) 确定变质岩的产状、原始成分和原有性质。

(3) 了解变质岩的节理、劈理、片理、带状等微构造的性质。

**3. 地质构造**

(1) 了解断裂(fault)和褶皱(folding)等地质构造(geological structure)的性质、类型、规模、产状及岩层的接触关系。

(2) 研究新构造运动的性质、强度、趋向、频率，分析升降变化规律及各地段的相对运动，特别是新构造运动与地震的关系。

(3) 调查节理(joint)的产状、性质、宽度、成因和充填胶结程度。

**4. 第四纪地质**

了解第四纪地质成因类型、土的工程分类及其在水平与垂直方向上的变化规律；了解土的物理、水理、化学和力学性质；特殊土及地区性土的研究和评价。

**5. 地表水及地下水**

了解河、溪等地表水的水位、流量、流速、冲刷、淤积、洪水位与淹没情况；地下水的类型、化学成分与分布情况、补给与排泄关系、埋藏深度、水位变化规律与变化幅度及对工程建设的影响。

**6. 不良地质现象**

(1) 调查滑坡、崩塌、岩堆、泥石流及移动砂丘等不良地质现象的分布范围、形成条件、发育程度、分布规律及其对工程建设的影响。

(2) 当基岩裸露地表或接近地表时，应调查岩石的风化程度、风化层厚度、风化物性质及风化作用与气候、地形、岩性和水文地质条件的关系。

**7. 建筑砂石料**

调查石料的名称、性质、风化程度、裂隙发育程度等；调查砂及碎石料的级配、成分、形状及分布情况等；调查粉土及土料的成因及分布、物理力学性质等。

**8. 工程经验**

了解既有建筑物的设计和施工情况，以资借鉴。

**9. 地震**

根据地震烈度区划图，结合场区岩性、构造及水文地质等条件，确定场区所属烈度范围及大于Ⅶ度的烈度界线。

### 6.1.3　工程地质勘测的基本方法

**1. 工程地质调查方法**

工程地质调查主要采用直接观察和访问的方法，也可开展适量的勘探和试验。

1) 直接观察

直接观察指利用自然迹象和露头，进行由此及彼、由表及里的观察分析工作，这是最重要、最基本的工程地质调查方法。观察工作的质量取决于观察点的选择和数量是否恰当，调查人员的知识和实践经验等。

2) 访问

访问是常用的、方便的工程地质调查方法，是对直接观察必不可少的补充。调查访问居民，可以了解有关问题的历史情况及当地与自然灾害作斗争的经验，如地震情况、洪水位、风沙、雪害、滑坡、崩塌和泥石流等的发生情况、活动过程和分布情况。调查时应注意以下几点：

(1) 选择对象要合适。要求对象认真负责、年龄大、身体健康且对问题有切身经历。

(2) 应有一定的数量。要求认真听取各种意见，进行综合分析，做出合理的判断。

**2. 工程地质测绘方法**

1) 像片成图法

利用地面摄影或航空、卫星摄影的像片，先在室内进行解释，划分地层岩性、地质构造、地貌、水系及不良地质现象等，并在像片上选择若干点和路线，然后在实地核对修正，绘成底图，最后再转绘成图。

2) 实地测绘法

(1) 路线法。沿着一定的路线穿越测绘场地，把走过的路线正确地填绘在地形图上，并沿途详细观察地质情况，把各种地质界线、地貌界线、构造线、岩层产状及各种不良地质现象标绘在地形图上，这种测绘方法称为路线法，如图 6-1 所示。路线形式有“S”形或“直线”形，一般用于中、小比例尺。用路线法测绘时应注意以下几个问题：①应选择有明显特征的地形地物作为起点。②路线的走向最好大致与岩层走向、构造线方向及地貌单元垂直，也称穿越法。③观察路线应选择在露头或覆盖层较薄的地方。

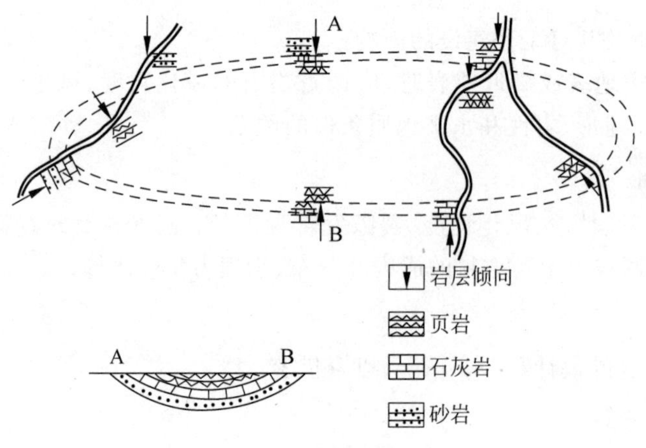


图 6-1　路线法测绘示例

(2) 布点法。根据不同比例尺预先在地形图上布置一定数量的观察点及路线，适用于大、中比例尺的填图。

(3) 追索法。追索法是指沿着地层或某一构造线走向布点追索，以便查明局部的复杂构造，这是一种辅助方法。

在测绘过程中，根据不同的比例尺对观察点、地质构造及各种地质界线进行测量，常常采用肉眼、罗盘加测绳或测量仪测定对象的位置和高程。

近年来，遥感技术已应用于地质测绘并取得了一定的效果。遥感技术指利用目标物的电磁辐射信息识别目标物及其性质的探测技术。电磁辐射的基本原理是遥感技术的理论基础。电磁辐射是电磁波能量的传递过程，包括辐射、吸收、反射和透射等现象。遥感技术所提供的遥感资料，具有图像覆盖面积大、遥感信息丰富、资料获取迅速等特点，能对大型的地质病害起到"过滤"作用。

### 6.1.4　工程地质勘测的范围和精度

一般地，测绘范围小、比例尺大，测绘越详细，地质剖面的分层及各工程地质要素的区分和标识也越详细，在地质图上就能表示出更多的界线和接触关系等信息。其影响因素包括：勘测区工程地质的研究程度、工程地质条件的复杂性、工程勘察的阶段、设计建筑物的类型、研究区的大小以及交通和露头情况。

测绘范围应稍大于建筑面积，便于解决实际问题。

对于测绘比例尺，可行性研究勘察阶段可选用 1∶5000～1∶50000；初步勘察阶段可选用 1∶2000～1∶10000；详细勘察阶段可选用 1∶500～1∶2000；工程地质条件复杂时，可适当放大比例尺；对工程有重要影响的地质单元体，如滑坡、断层、洞穴及软弱夹层等，必要时可采用扩大比例尺表示；航片比例尺宜采用 1∶25000～1∶100000；热红外图像的比例尺不宜小于 1∶50000；陆地卫星影像宜采用不同时间、各个波段的 1∶250000～1∶500000 黑白像片和假彩色合成或其他增强处理的图像。

测绘精度包括测绘填图时所划分单元的最小尺寸和实际单元的界线在图上标定时的误差大小两个方面。建筑地段的地质界线、地质点测绘精度在图上的误差不应超过 3mm，其他地段不应超过 5mm，划分单元的最小尺寸为 2mm。为了达到精度要求，一般采用比提交成图比例尺大一级的地形图作为底图填图。

对地质条件简单的场地，可采用调查代替测绘。

## 6.2　水文地质勘测

根据工程需要，应采用调查与现场勘察方法查明地下水的性质和变化规律，提供水文地质参数；针对地基基础形式、基坑支护形式、施工方法等情况分析评价地下水对地基基础设计、施工和环境影响，预估可能产生的危害，提出预防和处理措施的建议。

**1. 地下水的调查内容**

(1) 地下水的类型、主要含水层及其渗透特性。

(2) 地下水的补给排泄条件、地表水与地下水的水力联系。

(3) 历史最高、最低地下水位及近3～5年水位变化趋势和主要影响因素。

(4) 区域性气象资料。

(5) 地下水腐蚀性和污染源情况。

**2. 水文地质勘察要求**

在无经验地区，当地下水变化或含水层的水文地质特性对地基评价、地下室抗浮和工程降水有重大影响时，应在调查基础上进行专门水文地质勘察，并应满足下列要求：①查明地下水类型、水位及其变化幅度；②与工程相关的含水层相互之间的补给关系；③测定场地地下水的渗透系数、影响半径等水文地质参数；④对缺乏常年地下水监测资料地区，在初步勘察阶段应设置长期观测孔或孔隙水压力计，或进行孔压静力触探试验，但在黏性土中应有足够的消散时间；⑤对与工程结构有关的含水层，应采取有代表性水样进行水质分析；⑥在岩溶地区，应查明场地岩溶裂隙水的主要发育特征及其不均匀性。

**3. 地下水的取样与测试**

(1) 水的流向测定可用几何法，地下水流速可采用指示剂法或充电法。

(2) 地下水位的量测应在初见水位后经一定的稳定时间后量测，对多层含水层，应采取止水措施，将被测含水层与其他含水层隔离开。稳定水位的间隔时间按地层的渗透性确定，对砂土和碎石土，不得少于0.5h；对粉土和黏性土，不得少于8h，并宜在勘察结束后统一量测稳定水位，其精度不得低于±2cm。

(3) 水试样应能代表天然条件下的水质情况，取样数量每个场地不应少于2件，对建筑群不应少于3件，对不同含水层应分别取样。

(4) 水试样应及时试验，清洁水放置时间不宜超过72h，稍受污染的水不宜超过48h，受污染的水不宜超过12h。水的腐蚀性评价应结合环境类型、地层渗透性进行水对建筑材料(混凝土结构、混凝土结构中的钢筋及钢结构)的腐蚀性评价，水对建筑材料腐蚀的防护应符合有关标准的规定。

(5) 渗透系数宜采用现场钻孔或探井进行抽水试验、注水试验或压水试验。抽水试验宜采用3次降深，最大降深应接近工程设计所需的地下水位降深的高程；渗水和注水试验对砂土和粉土可采用试坑单环法，对黏性土可采用试坑双环法；深度较大时可采用钻孔法，压方试验段应根据工程要求，结合工程地质测绘和钻探资料确定。

**4. 地下水对工程的影响评价**

(1) 对地基基础、地下结构应考虑在最不利组合情况下,地下水对结构的上浮作用。

(2) 验算边坡稳定时,应考虑地下水及其动水压力对边坡稳定的不利影响。

(3) 采取降水措施时,在地下水位下降的影响范围内应考虑地面沉降及其对工程的危害。

(4) 当地下水位回升时,应考虑可能引起的回弹和附加的浮托力等。

(5) 在湿陷性黄土地区应考虑地下水位上升对湿陷性的影响。

(6) 在有水头压差的粉细砂、粉土地层中,应评价产生潜蚀、流砂、管涌的可能性。

(7) 在地下水位下开挖基坑,应评价降水或截水措施的可行性及其对基坑稳定和周边环境的影响。

(8) 当基坑底下存在高水头的承压含水层时,应评价坑底土层的隆起或产生突涌的可能性。

(9) 对地下水位以下的工程结构,应评价地下水对混凝土或金属材料的腐蚀性。

**5. 基坑降水措施应满足的要求**

(1) 施工中地下水位应保持在基坑底面下 0.5～1.5m。

(2) 降水过程中应防止渗透水流的不良作用。

(3) 深层承压水可能引起突涌时,应采取降低基坑下承压水头的减压措施。

(4) 应对可能影响的既有建/构筑物、道路和地下管线等设施进行监测,必要时应采取防护措施。

## 6.3 地层地质勘测应用

### 6.3.1 残积风化地层勘测

**1. 工程背景**

1) 地形地貌

勘探场地地貌形态为中山峰丛洼地、中低山及低山峰丛洼地、峰林洼地、峰丛谷地、峰林平原以及低山陡/缓坡丘陵区,地貌形态复杂。

河流自西北向东南流经勘探区西侧,河床高 80m 左右;见布河位于该区东北侧,河床高程 200～100m,两河之间为岩溶地貌组成的中低山,最高峰为北西端的马鞍山,海拔 778.59m,向东南降低到海拔 200～300m 的低山岩溶地区;地势总体上是西北高、东南低。

2) 地层岩性

工程区内含岩系为下更新统地层,由铝土矿角砾碎屑及少量铁铝岩、褐铁矿、灰岩及硅质岩等岩屑与泥砂质黏土混杂而成,沿岩溶洼地、谷地及山丘坡地分布。产状受基底地形控制,分布于峰丛洼地及峰林洼地中,产状平缓,一般倾角小于 10°;分布于陡坡、缓坡丘陵上则产状较陡,倾角一般为 10°～20°。

表土层为黄褐色泥砂质黏土和腐殖土层及少量碎屑岩,厚度一般为 1～3m。表土层的平均厚度为 0.80m,其中,堆积层表土层平均厚度为 0.79m,残积层平均厚度为 1.61m,最厚者为 4.78m。

3) 勘测任务与目标

在该区域内残积层被认为是铝土矿的富集层,由于地形地质条件极其复杂,且残积层受风化影响大，形态复杂，给坑探及钻探等传统勘探方法带来了极大的困难。因此，残积层一直以来没有进行详细勘探。根据初步调查，在工程区内已发现有2条长约20km、宽约10m的残积层带出露地表，资源价值巨大，但埋深、空间形态及产状等要素不清。此外，原有地质勘探亦揭露有部分隐埋地下残积层。但残积层分布零散、隐伏，且由于传统地质勘探方法的勘探网度有限，属点勘探，所揭露的矿体要素非常粗略，精度低，亦迫切需要采用新的方法进行精细探测，确定了残积层也就找到了新的资源。

**2. 测点及测线布置**

1）总体布置

经过对勘探区现场踏勘调查与分析，基本查清了勘探区的地形地貌、地层构造、成岩类型等，根据残积层的分布情况，共选择了6个测试区段，布置69个测站，188个测点，完成探测线总长度11.28km。测线布置如图6-2所示。

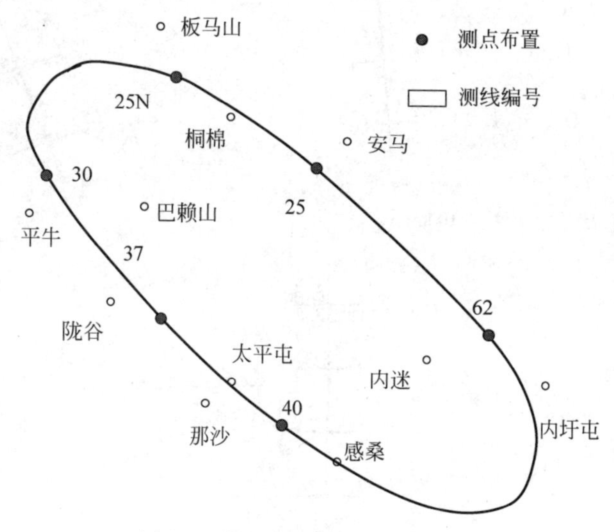


图6-2　勘探场地测点分布概略图

2）测点及测线布置

在现场初步调查和分析的基础上，对测试工作进行了优化设计。为了查明残积层的埋藏条件，测线布置原则上是垂直可能的残积层带，按一定间隔分布；当残积层带不连续，改变方向或起伏变化时，测线可以布置为折线。测线及测点布置参见表6-1。

**表6-1　勘探区测站及测点布置一览表**

| 测线编号 | 测站数 | 测点数 | 测线长度/m | 备注 |
|---|---|---|---|---|
| 25 | 69 | 221 | 4014 | 分为7段 |
| 25N | 10 | 32 | 600 | 分为1段 |
| 30 | 25 | 71 | 1500 | 分为3段 |
| 37 | 11 | 35 | 660 | 分为1段 |
| 40 | 62 | 168 | 3720 | 分为5段 |
| 标定 | 11 | 35 | 660 | 分为1段 |
| 合计 | 188 | 562 | 11280 | 共计为18段 |

3）测线布置及描述

根据勘测对象特点，布置测线及测点，应对测线测点的特点进行描述。该工程中常见的测线及测点布置如图 6-3。

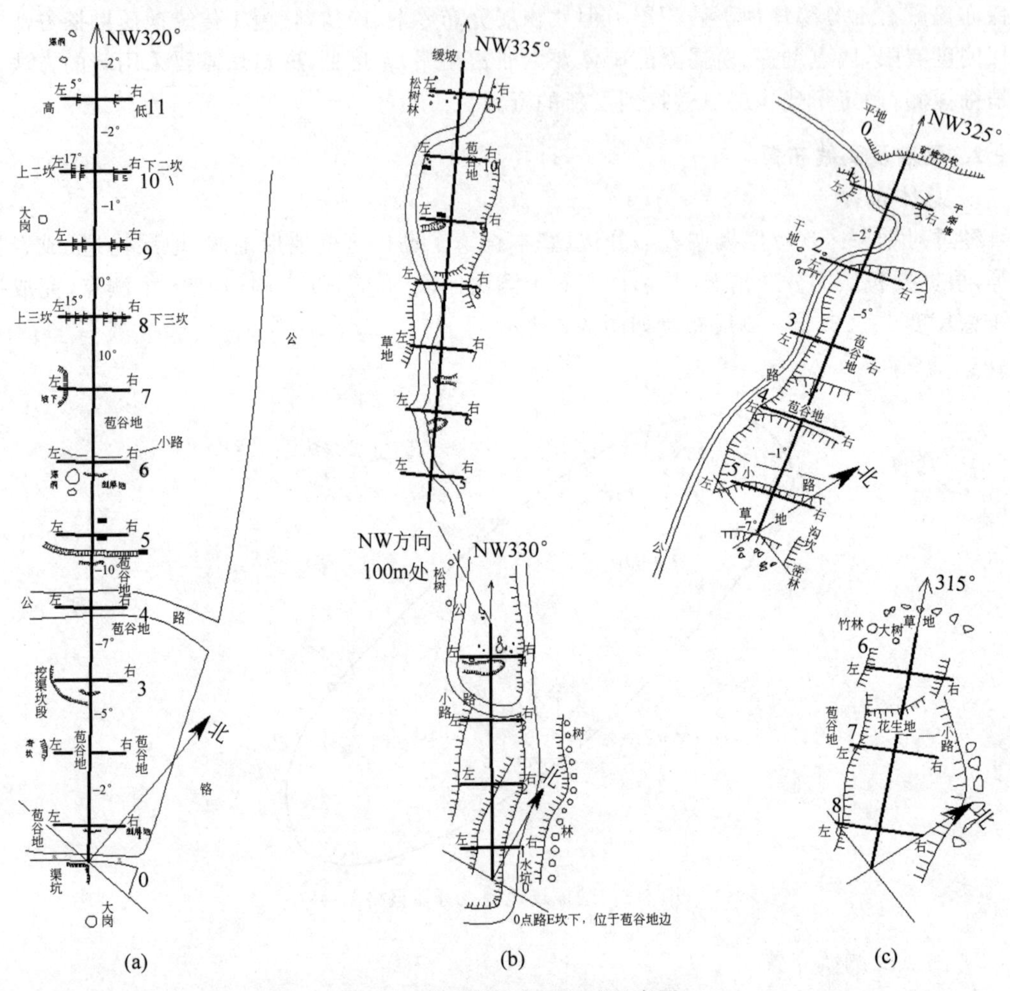

图 6-3 典型测线布置形式示意图

(a) 直线型(No. 25)；(b) 折线型(No. 30-1)；(c) 非连续型(No. 40-1)

以 25 号测线为例，沿残积层走向共垂直布置了 7 条测线，各测站均在一条直线上，测线起点方位为 E107°30′50.3″，N23°39′96.3″；终点为 E107°30′49.2″，N23°39′97.7″。各测线的测点数如表 6-2。

表 6-2 沿 25 号测线布置的测站及测点数

| 测线编号 | 测站数 | 测点数 | 纵向测线长度/m | 横向测线长度/m |
|---|---|---|---|---|
| 25-1 | 11 | 35 | 330 | 330 |
| 25-2 | 11 | 35 | 330 | 330 |
| 25-3 | 11 | 35 | 330 | 330 |
| 25-4 | 10 | 32 | 300 | 300 |
| 25-5 | 12 | 38 | 360 | 360 |

续表

| 测线编号 | 测站数 | 测点数 | 纵向测线长度/m | 横向测线长度/m |
|---|---|---|---|---|
| 25-6-1 | 8 | 26 | 240 | 240 |
| 25-6-2 | 6 | 20 | 180 | 180 |
| 总计 | 69 | 221 | 2070 | 2070 |

25号测线段煤岩层沿NW320°方向延伸，煤岩层是沉积铝土矿层的直接顶板，因此主轴线亦沿320°方位延长。而测线是垂直主轴线的，故此测线方向不仅与岩层和矿层的倾向一致，且与地形坡向亦基本一致。

主轴线布在峰林坡脚下面的缓坡。总体来说西(左)高，沿缓坡边沿煤系地层走向延伸，沿线都有挖煤坑，煤洞散布，满坡除见到碳质页岩、硅质岩碎块及风化物外，还有沉积铝土矿碎屑及大的岩块出现，并见有岩石堆积物。东(右)面低处，位于坡脚与平地相连接线边，多为耕作旱地。

其中，各测点的描述如下。

0点：在大树NW向，煤洞支叉路南边，有剑麻地，东边有石头排布。中点在苞谷地中，距右边小树的距离约3m。右侧点在东面，剑麻地与苞谷地的分阶草丛中。左侧点在中点西侧的苞谷地中，坡角3°。

1点：SW坡下坎的苞谷地中，苞谷地NE侧有土坑，1～2点坡角－5°。

2点：苞谷地坎下面，垂直高2m。前有煤洞，中点在苞谷地中。右侧点高，东面在苞谷地中。左侧点低，西面坎边，左右坡角2°。2～3点坡角－7°。

3点：在路边苞谷地中。中点在2点下面的坎下，垂直高1.5m。左侧点低，在煤洞后面的坎下边。3-4点坡角－1°，过公路。

4点：西面有竹林。中点在土包中，西面距离竹林约8m，前面3m为坎。坎边有铝土矿堆积。中点前面27m处，谷地土为灰黑色硅质岩及煤渣堆积物。

5点：西侧5m有煤洞，在剑麻地坎上3m处。5～6点：5～15m处西侧有煤洞分布。中点右侧是土包，左侧点在低凹处，右侧点在小路南边。

6点：坎上，剑麻地中，距坎约2m处。左侧点在竹林北侧的草丛中，铝矿石堆积。右侧点在黑土苞谷地中。6～7点坡度10°。

7点：谷地中SW边，离西面坎3m，南边坎4m处。7～8点：苞谷地中。

8点：在上坎谷地中间。中点在7点苞谷地近西面坎边下1m处。左侧点高，右侧点低，在苞谷地中。8～9点沿西面坎边过，坡角－1°，苞谷地中。中点在电线杆SE处。左侧点高，上去两个坎的苞谷地中。右侧点低，下去两个坎的苞谷地边，距离大树约8m。

9点：中点在苞谷地上。中点前面1m处1.5m高的坎，9～10点坡角－2°。

10点：中点苞谷地上，左侧点上去两个小坎的苞谷地中，右侧点下去两个坎的苞谷地上。左高右低，左右坡角10°。10～11点：西向约为20m处，有煤洞分布，与主轴线相一致排列。沿苞谷地延伸，下去两个坎，坡角－3°。左侧点上去一个坎，西面坎边。右侧点下去一个坎，苞谷地东面坎前面，左高右低。

### 6.3.2 电阻率剖面

采用3.5中大地磁法进行现场探测，直接获得如下结果：①各测点地层视电阻率、相位、相关系数与频率的关系图像；②各测点地层真电阻率与探测深度之间的关系图像；③各测线真实电阻率与地层深度关系的剖面图。

典型地层视电阻率、振幅、相位、相关系数与频率的关系如图 6-4～图 6-5 所示。

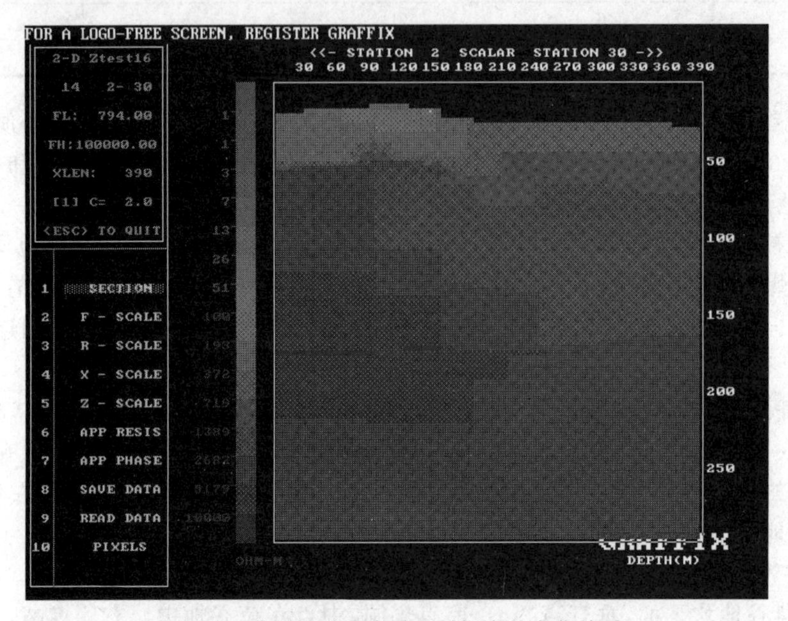

彩图 6-4

图 6-4 典型视电阻率随地层深度的变化关系

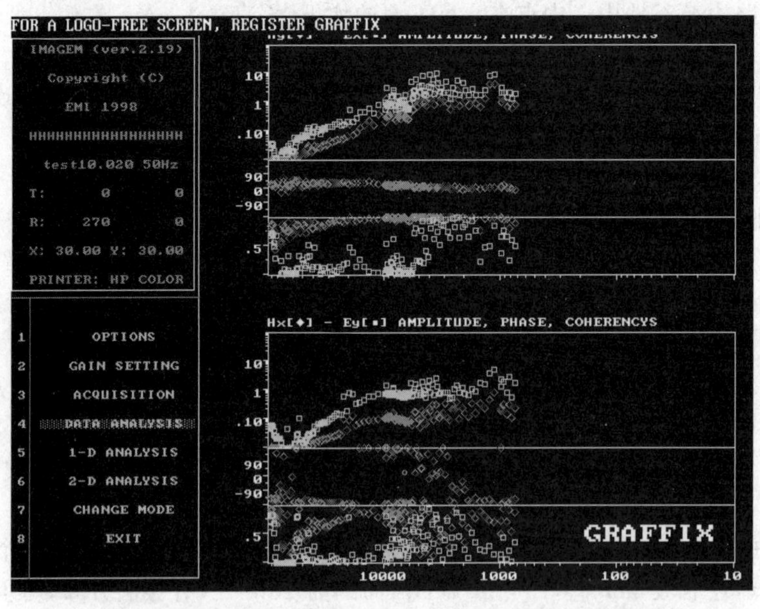

彩图 6-5

图 6-5 典型测点(017)振幅、相位、相关系数与频率的关系

为了揭示电阻率随地层的变化并确定有关靶区，需要对地层电阻率进行标定，采用 Surfer 软件进行分析。标定时，需要选择典型地层剖面进行标定，以较准确地确定各地层的电阻率。同时，可结合室内测试进行分析和修正。

# 第7章 Chapter 7

# 场地与地基的地震效应勘测

地震预防是关系国计民生的大事。地震灾害实例表明，通过科学合理的防、抗、救措施，能在一定程度上避免或降低地震的危害，达到有效减灾目的。在勘察阶段，运用科学手段，根据具体场址的地震、地质条件，确定不同建设工程的抗震设防要求，有利于工程建设的合理布局，有利于增强建设工程的抗震能力和保证生命财产安全，有利于促进国民经济的发展。

抗震设防烈度为Ⅵ度及Ⅵ度以上地区的建筑必须进行抗震设计，场地岩土工程勘察应根据实际情况，划分对建筑有利、不利和危险的地段，提供建筑的场地类别和岩土地震稳定性如滑坡、崩塌、液化和震陷特性等评价，对需要采用时程分析法补充计算的建筑，尚应根据设计要求提供土层剖面、场地覆盖层厚度和剪切波速等有关动力参数。任务需要时，可进行地震安全性评估或抗震设防区划。

## 7.1 勘测场地及地震的工程分类

### 7.1.1 场地土类型

场地土的类型划分是地震效应评价中最基本的要求，应根据实测剪切波速确定，当无实测剪切波速时，对丁类建筑及层数不超过 10 层，且高度不超过 30m 的丙类建筑，可根据岩土名称和性状按表 7-1 确定。

表 7-1 土的类型划分和剪切波速范围

| 土的类型 | 岩土名称和性状 | 土层剪切波速范围 $v_s/(m \cdot s^{-1})$ |
|---|---|---|
| 岩石 | 坚硬、较硬且完整的岩石 | $v_s>800$ |
| 坚硬土或软质土 | 软和较软的岩石，破碎和较破碎的岩石，密实的碎石土 | $500<v_s\leqslant 800$ |
| 中硬土 | 中密、稍密的碎石土，密实、中密的砾、粗中砂，$f_{ak}>200$kPa 的黏性土和粉土，坚硬黄土 | $250<v_s\leqslant 500$ |
| 中软土 | 稍密的砾、粗中砂，除松散的细、粉砂外，$f_{ak}\leqslant 200$kPa 的黏性土和粉土，$f_{ak}>130$kPa 的填土及可塑黄土 | $140<v_s\leqslant 250$ |
| 软弱土 | 淤泥和淤泥质土，松散的砂及新近沉积的黏性土和粉土，$f_{ak}<130$kPa 的填土，流塑黄土 | $v_s\leqslant 140$ |

注：$f_{ak}$ 为通过荷载试验等方法得到的地基承载力特征值，kPa；$v_s$ 为岩土剪切波速，m/s。

**1. 剪切波速测量的要求**

初勘时，测量的钻孔数应为控制性钻孔的 1/5～1/3，且不宜少于 3 个；详勘时，单栋建筑的剪切波速测量孔不宜少于 2 个；处于同一地质单元下的高层建筑群每栋建筑下不得少于 1 个；剪切波速测试深度为 20m；对低于 10 层且高度不超过 30m 的多层建筑可根据各地层的承载力特征值反推剪切波速。

**2. 覆盖层厚度的确定**

覆盖层厚度应按地面至剪切波速大于 500m/s 的土层顶面的距离确定；当地面 5m 以下存在剪切波速大于相邻上层土剪切波速 2.5 倍的土层，且其下卧岩土的剪切波速均不小于 400m/s 时，可按地面至土层顶面的距离确定；剪切波速大于 500m/s 的孤石、透镜体，应视同周围土层；土层中的火山岩硬夹层应视为刚体，其厚度应从覆盖层中扣除。

值得注意的是，对划分场地类别的勘探孔，在缺乏资料时规定其深度应大于覆盖层厚度，当覆盖层厚度大于 80m 时，孔深应大于 80m 并分层测定剪切波速。

**3. 等效剪切波速的计算**

从时效性考虑，采用等效剪切波速 $v_{se}$ 取代加权平均剪切波速，物理意义明确

$$v_{se}=\frac{d_0}{t} \tag{7-1}$$

$$t=\sum_{i=1}^{n}\frac{d_i}{v_{si}} \tag{7-2}$$

式中：$d_0$ 为取覆盖层厚度和 20m 二者间的较小值；$t$ 为剪切波在地面至计算深度之间的传播时间；$d_i$ 为计算深度范围内第 $i$ 层的厚度；$v_{si}$ 为计算深度范围内第 $i$ 层剪切波速；$n$ 为计算深度范围内土层的分层数。

**4. 场地类别的确定**

建筑场地类别应根据土层等效剪切波速和场地覆盖层厚度按表 7-2 划分为四类。当有可靠的剪切波速和覆盖层厚度且其值位于场地类别的分界线时，允许按插值方法确定地震作用计算所用的设计特征周期。

**表 7-2 根据等效剪切波速和覆盖层厚度确定场地类别** m

| 等效剪切波速/(m·s$^{-1}$) | 场地类别 | | | |
|---|---|---|---|---|
| | Ⅰ | Ⅱ | Ⅲ | Ⅳ |
| $v_{se}>500$ | 0 | — | — | — |
| $250<v_{se}\leqslant 50$ | <5 | ≥5 | — | — |
| $140<v_{se}\leqslant 250$ | <3 | 3～50 | >50 | — |
| $v_{se}\leqslant 140$ | <3 | 3～15 | >15，≤80 | >80 |

## 7.1.2 抗震地段的划分

地震造成建筑的破坏，除地震动直接引起结构破坏外，还有场地条件的原因，如地震引起的地表错动和地裂，地基土的不均匀沉陷、滑坡和饱和粉土、砂土液化等。抗震设防区建筑工程宜选择有利的地段，避开不利地段。国内外的地震宏观调查资料表明，地形条件相

同，岩土构成不同，地震影响将不同。因此划分抗震有利、不利和危险地段必须综合考虑地形、地貌和岩土特性的影响，参见表7-3。除此外，其他地段视为可进行建设的一般场地。

**表7-3　有利、不利和危险地段的划分**

| 类　别 | 地质、地形、地貌 |
|---|---|
| 有利地段 | 稳定地基，坚硬土，开阔、平坦、密实、均匀的中硬土等 |
| 不利地段 | 软弱土，液化土，条状突出的山嘴，高耸孤立的山丘，非岩质陡坡，河岸和边坡的边缘，平面分布上成因、岩性、状态明显不均匀的土层，如故河道、疏松的断层破碎带、暗埋的塘滨沟谷和半填半挖地基等 |
| 危险地段 | 地震时可能发生滑坡、崩塌、地陷、地裂、泥石流等发震断裂带上可能发生地表位错的部位 |

### 7.1.3　断裂的地震工程分类

断裂是地质构造活动的产物，是岩土工程勘察过程中不可避免的不良地质作用之一。地震往往与断裂相关。地震的发生多是由某一构造带全部或局部活动，导致地壳岩石断裂或原有断裂发生错动而引起的。有关资料表明，我国80%的破坏性地震与活动断裂，特别是第四纪以来的活动断裂有关。在抗震设防烈度大于或等于Ⅷ度的重大工程场地应进行活动断裂勘察，尤其是存在发震断裂时必须对其工程影响进行评价。

工程地质上一般将活动断裂界定于中更新世，它是近代历史上有过活动和正在活动的断裂；全新活动断裂为在全新地质时期(10 000a)内有过地震活动或近期正在活动，在今后100年可能继续活动的断裂，根据其活动性、平均活动速率和历史地震震级断裂可分为三级：

(1) 当地震震级 $M>7$，平均活动速率 $v\geqslant 1.0$mm/年时，为强烈全新活动断裂。

(2) 当 $6\leqslant M<7$，$0.1\leqslant v<1.0$mm/年时，为中等全新活动断裂。

(3) 当 $M<6$，$v\leqslant 0.1$mm/年时，为弱等全新活动断裂。

## 7.2　勘测技术与方法

### 7.2.1　勘测的基本要求

**1. 勘察要求**

强震区场地的岩土工程勘察应调查场地、地基可能发生的震害。根据工程重要性、场地条件及工作要求分别予以评价，并提出合理的工程措施。其具体要求如下：

(1) 确定场地土的类型和建筑场地类别，并划分对建筑抗震有利、不利或危险地段。

(2) 场地与地基应判别是否液化，并确定液化程度等级，提出处理方案；可能发生震陷的场地与地基，应判别震陷并提出处理方案。

(3) 对场地的滑坡、崩塌、岩溶、采空区等不良地质现象，在地震作用下的稳定性进行评价。

(4) 缺乏历史资料和建筑经验的地区，应提出地面峰值加速度、场地特征周期、覆盖层厚度等参数；对需要采用时程分析法计算的重大建筑，应根据设计要求提出岩土的有关动参数。

(5) 重要城市和重大工程应进行断裂勘察,必要时宜进行地震危险性分析或地震小区划分和震害预测。

**2. 勘探要求**

场地工程地震钻探,目的是查明场地土层结构、性状和地下水埋深,采取土样进行土动力性质试验,测试土层剪切波速,判定覆盖层厚度。

1) 为划分场地类别布置的勘探孔,当缺乏资料时,其深度应大于覆盖层厚度。当覆盖层厚度大于 80m 时,勘探孔深度应大于 80m,并分层测定剪切波速。10 层和高度 30m 以下的丙类和丁类建筑,无实测剪切波速时,按土的名称和性状估计土的剪切波速。

2) 为满足建筑场地类别划分和土层剪切波速测量,场地工程地震钻孔应满足剪切波测量的要求,地下铁道、轻轨交通工程,每个车站、区间在同一地质单元内,其波速试验孔数不应少于 4;桥梁和高架桥线路每个墩台和桩基至少应布置 1 个波速试验孔。

3) 评价工程场地地震安全性和场地土层地震反应时,钻探应符合下列规定:

(1) Ⅰ级工作场地,钻探深度必须达到基岩或剪切波速大于 700m/s 处。

(2) Ⅱ、Ⅲ级工作场地,宜有不少于两个钻孔达到基岩或剪切波速大于或等于 500m/s 处;若土层厚度超过 100m,可终孔于满足场地地震反应分析所需要的深度处。

(3) Ⅱ级工作场地,钻孔布置应能控制土层结构和场地内不同工程地质单元。

为了测定场地土动力性能,要求Ⅰ级场地工作必须对场地内不同土层进行土动力三轴试验;Ⅱ、Ⅲ级工作应对场地内具有代表性的土层进行土动力三轴试验。土动力三轴试验内容包括:初始剪切模量、剪切模量比与剪应变关系曲线,阻尼比与剪应变关系曲线。对于重大建设工程项目中的主要工程场地,应对饱和砂土层和软土层进行土动力三轴的液化与震陷试验分析。

### 7.2.2 勘测的基本方法

**1. 历史地震勘察**

历史地震的勘察是强震区地震工程勘察的重要内容之一。因为已遭受强震侵袭过的建筑场地相当于在天然实验室中进行 1∶1 的现场试验,可以给抗震设计提供极有价值的资料。

历史地震勘察以宏观震害调查为主。在工作中,不仅在震中区需要重点调查近场震害,对远场波及区也要给予注意。在方法上,不仅要注意研究场地条件与震害的关系,而且还要研究其震害发生的机制及过程,并评价最终结果。在进行地面调查的同时,还需做必要的勘探测试工作,其目的在于查明地面震害与地下岩土类型、地层结构及古地貌特征等各方面的关系,用以指导抗震设防工作。

宏观震害调查包括:不同烈度区的宏观震害标志、断裂及地裂缝等地表永久性不连续变形、地震液化、震陷、崩塌、滑坡等。

**2. 工程场地勘察**

工程场地若未知地震地质情况和历史地震资料时,勘察工作的首要任务是为了选址,其次是对场地设计地震动参数做出估计,最后为进行场地地基基础及其上部结构相互作用下动力反应分析，测求各项动力参数。为完成上述任务需开展系统的勘察工作。

勘察的内容包括：①场地条件的研究，包括地形地貌条件，地表、地下的岩土类型和性质，断裂，地下水等；②地基液化可能性的判定；③震陷和不均匀沉陷；④地震滑移的可能性；⑤最大概率地震及其基岩加速度等。为了研究地基与结构物在一定概率地震下的相互作用，需通过勘探测试工作，测求各项工程参数。

### 7.2.3　地震液化判别

**1. 液化判别要求**

1）抗震设防烈度为Ⅵ度时，可不考虑液化的影响，但对沉陷敏感的乙类建筑，可按Ⅶ度进行液化判别；甲类建筑应进行专门的液化勘察。

2）场地地震液化判别应先进行初判，当初判认为有液化可能时，应进一步判别。液化的判别宜采用多种方法，综合判定液化可能性和液化等级。

3）液化初判除按现行有关抗震规范进行外，尚应包括下列内容，进行综合判别：

（1）分析场地地形、地貌、地层、地下水等与液化有关的场地条件。

（2）当场地及其附近存在历史地震液化遗迹时，宜分析液化重复发生的可能性。

（3）倾斜场地或液化层倾向水面或有临空面时，应评价液化引起土体滑移的可能性。

4）地震液化的进一步判别应在地面以下15m范围内进行，对于桩基和基础埋深大于5m的天然地基，判别深度应加深至20m；对判别液化而布置的勘探点不应少于3个，勘探孔深应大于液化判别深度。

5）地震液化的进一步判别，除应按现行标准的规定执行外，尚可采用其他成熟方法进行综合判别；当采用标准贯入试验判别液化时，应按每个试验孔的实测击数进行；在需进行判定的土层中，试验点的竖向间距宜为1.0～1.5m，每层土的试验点数不宜少于6个。

6）凡判别为可液化的土层，应按现行标准规定确定其液化指数和液化等级；勘察报告除应阐明可液化的土层、各孔的液化指数外，尚应根据各孔液化指数综合确定场地液化等级。

**2. 液化的判断**

当场地内存在饱和砂土和饱和粉土但不含黄土的地基土时，除Ⅵ度设防外，应进行液化判别。它包括三个方面：①判定场地土有无液化的可能性；②评价液化等级和危害程度；③提出抗液化措施建议。液化判别综合判定常用的手段有标准贯入试验、静力触探和剪切波速测试。

1）当符合下列条件之一时，可初判为不液化或可不考虑液化影响。

（1）地质年代为第四纪晚更新世（$Q_3$）及其以前时，地震烈度Ⅶ、Ⅷ度时可判为不液化。

（2）六偏磷酸钠作为分散剂测定粉土黏粒含量百分率，在地震烈度Ⅶ、Ⅷ、Ⅸ度分别不小于10%、13%、16%时，可判为不液化土。

（3）天然地基的建筑，当上覆非液化土层厚度和地下水位深度符合下列条件之一时，可不考虑液化影响：

$$d_u > d_0 + d_b - 2 \tag{7-3}$$

$$d_w > d_0 + d_b - 3 \tag{7-4}$$

$$d_u + d_w > 1.5d_0 + 2d_b - 4.5 \tag{7-5}$$

式中：$d_w$ 为地下水位深度，宜按设计基准期内年平均最高水位选取，也可按近期内年最高水位选取；$d_u$ 为上覆盖非液化土层厚度，计算时宜将淤泥和淤泥质土层扣除；$d_0$ 为液化土特征深度(表 7-4)；$d_b$ 为基础埋置深度，不超过 2m 时应采用 2m。

**表 7-4　液化土特征深度**

| 饱和土类别 | 地震烈度/度 | | | 饱和土类别 | 地震烈度/度 | | |
|---|---|---|---|---|---|---|---|
| | Ⅶ | Ⅷ | Ⅸ | | Ⅶ | Ⅷ | Ⅸ |
| 粉土/m | 6 | 7 | 8 | 砂土/m | 7 | 8 | 9 |

2）地震液化的进一步判别

地震液化的进一步判别应在地面以下 15m 的范围内进行；对于桩基或埋深大于 5m 的天然地基，判别深度应加深至 20m。对判别液化布置的勘察点应不少于 3 个，且勘探孔深度应大于液化判别深度，试验点的竖向间距宜为 1.0～1.50m，每层土的试验点数不宜少于 6 个。

当饱和土标准贯入实测锤击数小于液化判别锤击数临界值 $N_{cr}$ 时，应判别为液化土。

$$N_{cr}=N_0[0.90+0.10(d_s-d_w)](3/\rho_c)^{-2}\quad(d_s\leqslant 15)\tag{7-6}$$

$$N_{cr}=N_0(2.4-0.10d_s)(3/\rho_c)^{-2}\quad(15<d_s\leqslant 20)\tag{7-7}$$

式中：$N_0$ 为液化判别标准贯入锤击数基准值(表 7-5)；$d_s$ 为饱和土标准贯入点深度，m；$\rho_c$ 为黏土含量百分率，当小于 3%或为砂土时应采用 3%。

**表 7-5　标准贯入锤击数基准值**

| 设计地震分组 | 地震烈度/度 | | | 设计地震分组 | 地震烈度/度 | | |
|---|---|---|---|---|---|---|---|
| | Ⅶ | Ⅷ | Ⅸ | | Ⅶ | Ⅷ | Ⅸ |
| 第一组 | 6(8) | 10(13) | 16 | 第二、第三组 | 8(10) | 12(15) | 18 |

**3. 液化等级的计算**

评价液化等级的基本方法是逐点判别、按孔计算、综合评价。对存在液化土层的地基，应探明各液化土层的深度和厚度，按式(7-8)计算每个钻孔的液化指数 $I_{IE}$，并按表 7-6 综合划分地基的液化等级并选用地基抗液化措施。

$$I_{IE}=\sum_{i=1}^{n}(1-N_i/N_{cri})d_i w_i\tag{7-8}$$

式中：$n$ 为判别深度范围内每一个钻孔标准贯入试验点的总数；$N_i$，$N_{cri}$ 分别为第 $i$ 点标准贯入试验锤击的实测值和临界值，当实测值大于临界值时应取临界值的数值；$d_i$ 为第 $i$ 点所代表的土层厚度；$w_i$ 为第 $i$ 土层单位土层的层位影响权函数。

**表 7-6　液化等级**

| 液 化 等 级 | 轻　微 | 中　等 | 严　重 |
|---|---|---|---|
| 判别深度为 15m 时的液化等级 | $0<I_{IE}\leqslant 5$ | $5<I_{IE}\leqslant 15$ | $I_{IE}>15$ |
| 判别深度为 20m 时的液化等级 | $0<I_{IE}\leqslant 6$ | $6<I_{IE}\leqslant 18$ | $I_{IE}>18$ |

# 第8章 Chapter 8
# 特殊土岩勘测技术

具有特殊物质成分、结构和独特工程特性的土，称为特殊土，如软土、湿陷性土、膨胀岩土、红黏土、填土、盐渍土、多年冻土、混合土、风化岩与残积土等。特殊土具有明显的区域性，勘测时，采用常规技术难以满足工程要求，应采用专门的勘测技术，综合分析，以获得客观的勘测成果。

## 8.1 软土勘测

### 8.1.1 软土的概念与成因

软土指滨海、湖沼、谷地、河滩沉积的天然含水率高、孔隙比大、压缩性高、抗剪强度低的细粒土。软土在静水中或非常缓慢的流水环境中沉积，经生物化学作用形成，多为近代沉积，主要是第四纪后期形成的海滨相、泻湖相、溺谷相、三角洲相及湖沼相的黏性土沉积物或河流沉积物。为欠固结土，孔隙比都大于1，当大于1.5时为淤泥，而小于1.5时则为淤泥质土。

软土由于沉积年代及环境的差异，成因不同，它们的成层情况、粒度组成、矿物成分有所差别，使工程性质有所不同。不同沉积类型的软土，有时其物理性质指标虽较相似，但工程性质差异性大，不应借用。软土的力学性质参数宜尽可能通过现场原位测试取得。

按沉积环境，软土分为下列几种类型。

**1. 滨海沉积**

(1) 滨海相：常与海浪岸流及潮汐的水动力作用形成的较粗颗粒(粗、中、细砂)相掺杂，使其不均匀、极松软，增强了淤泥的透水性能，易于压缩固结。

(2) 泻湖相：颗粒微细、孔隙比大、强度低、分布范围较宽阔，常形成滨海平原。在泻湖边缘，表层常有厚度在0.3～2.0m的泥炭堆积，底部含有贝壳和生物残骸碎屑。

(3) 溺谷相：孔隙比大、结构松软、含水量(率)高，有时甚至高于泻湖相。分布范围略窄，在其边缘表层也常有泥炭沉积。

(4) 三角州相：河流及海潮的复杂交替作用使淤泥与薄层砂交错沉积，受海流与波浪的破坏，分选程度差，结构不稳定，多交错成不规则的尖灭层或透镜体夹层，结构松软，颗粒细小。如上海地区深厚软土层中有无数极薄的粉砂层，为水平渗流提供了良好条件。

**2. 湖泊沉积**

湖泊沉积是近代淡水盆地和咸水盆地的沉积。沉积物中夹有粉砂颗粒，呈现明显的层理。淤泥结构松软，呈暗灰、灰绿或暗黑色，厚度一般为10m左右，最厚者可达25m。

**3. 河滩沉积**

河滩沉积主要包括河漫滩相和牛轭湖相，成层情况较为复杂，成分不均，走向和厚度变化大，平面分布不规则。一般常呈带状或透镜状，间与砂或泥炭互层，其厚度不大，一般小于10m。

**4. 沼泽沉积**

沼泽沉积分布在地下水、地表水排泄不畅的低洼地带，多以泥炭为主，且常出露于地表，下部分布有淤泥层或底部与泥炭互层。

### 8.1.2 软土的工程特性

**1. 含水率较高，孔隙比较大**

软土主要由黏土粒组和粉土粒组组成，并含有少量的有机质。黏土矿物晶粒很细，呈薄片状，表面带负电荷，它与周围介质的水和阳离子相互作用，形成偶极水分子，并吸附表面形成水膜，在不同的地质环境下形成各种絮状结构。软土含水率一般为35%～80%，孔隙比为1～2。

**2. 抗剪强度低**

含水率与强度密切相关，含水率越大，强度越低。软土的天然不排水抗剪强度一般小于20kPa，其变化范围在5～25kPa。

**3. 压缩性较高**

含水量与压缩性密切相关。含水率越大，压缩性越高。一般正常固结土$a_{1-2}=0.5\sim1.5\text{MPa}^{-1}$，甚至达到$4.5\text{MPa}^{-1}$。

**4. 渗透性很小**

软土的渗透系数一般为$i\times10^{-6}\sim i\times10^{-8}$cm/s，各向异性明显，水平向渗透系数较大。

**5. 结构性明显**

软土结构性明显，一般为絮状结构，灵敏度较高。

**6. 流变性显著**

软土流变性显著，主固结之后还可能继续产生可观的次固结沉降。

### 8.1.3 软土勘测技术

**1. 勘测内容**

软土勘测除应满足常规要求外，应查明下列内容：

(1) 成因类型、成层条件、分布规律、层理特征、水平向和垂直向的均匀性。

（2）地表硬壳层的分布与厚度、下伏硬土层或基岩的埋深和起伏。

（3）固结历史、应力水平和结构破坏对强度和变形的影响。

（4）微地貌形态和暗埋的塘、浜、坑穴的分布、埋深及填土的情况。

（5）开挖、回填、支护、工程降水、打桩、沉井等对软土的应力状态、强度和压缩性的影响。

（6）当地的工程经验。

**2. 勘测方法**

（1）勘测手段：采用钻探、取样与静力触探相结合的手段。

（2）钻进技术：一般采用干钻法，如螺旋钻进、冲/锤击钻进等。对于多年处于最低地下水位以下的厚层饱和黏土，亦可采用机械回转钻进。钻探应采用优质泥浆，若坍塌现象严重，采用套管加固孔壁。

（3）勘探点布置：应根据土的成因类型和地基复杂程度确定。当土层变化较大或有暗埋的塘、浜、沟、坑及穴时应予加密。

（4）取土技术：换层时做好取样工作，采用薄壁取土器。

（5）原位测试方法：宜采用静力触探试验、旁压试验、十字板剪切试验、扁铲侧胀试验和螺旋板荷载试验。

（6）力学参数获取：软土力学参数宜采用室内试验、原位测试，并结合经验确定。有条件时，可根据堆载试验、原型监测反分析确定。抗剪强度指标的确定，室内宜采用三轴试验，原位测试宜采用十字板剪切试验。压缩系数、先期固结压力、压缩指数、回弹指数、固结系数，可分别采用常规固结试验、高压固结试验等方法确定。

**3. 评价内容**

软土的评价包括地基沉降、承载力和稳定性三个方面，并提出基础形式和持力层建议。

1）地基沉降

软土地基在荷载下沉降变形的主要部分为固结沉降 $S_c$，此外还包括瞬时沉降 $S_d$ 与次固沉降 $S_s$。软土地基固结沉降计算可采用分层总和法或土应力历史法，并应根据当地经验进行修正。必要时，应考虑软土的次固结效应。当建筑物相邻高低层荷载相差较大时，应分析其变形差异和相互影响；当地面有大面积堆载时，应分析沉降对相邻建筑物的不利影响。

2）承载力

软土地基承载力应根据室内试验、原位测试和当地经验，并结合下列因素综合确定：

（1）软土成层条件、应力历史、结构性、灵敏度等力学特性和排水条件。

（2）上部结构的类型、刚度、荷载性质和分布，对不均匀沉降的敏感性。

（3）基础的类型、尺寸、埋深和刚度等。

（4）施工方法和程序。

（5）采用预压排水处理的地基，应考虑软土固结排水后强度的增长。对于上为硬层、下为软土的双层土地基应进行下卧层验算。

3）稳定性

工程位于池塘、河岸、边坡附近时，软土地基上建筑物将承受水平推力。由于软土抗剪强度低，应分析基础是否连同部分地基土在土中剪切滑移失稳。在软土地基上桥台、挡土墙等承受侧向推力的建筑物，在保证其地基承载力、沉降满足要求的同时，应进行稳定性分析。

## 8.2 湿陷性土勘测

野外浸水荷载试验，在 200kPa 压力下的附加湿陷量与承压板宽度之比大于或等于 0.023 的土，应判定为湿陷性土。湿陷性土包括干旱和半干旱地区的湿陷性黄土和除黄土以外的湿陷性碎石土、湿陷性砂土和其他湿陷性土。对湿陷性黄土的岩土工程勘测应按现行有关标准执行。

### 8.2.1 湿陷性黄土勘测及评价

**1. 勘测工作要点**

(1) 黄土地基的勘测工作应着重查明地层时代、成因，湿陷性土层的厚度，湿陷性随深度的变化，场地湿陷类型和湿陷等级的分布，地下水位变化幅度和其他工程地质条件，结合工程要求，对场地地基做出评价，提出处理措施和建议。

(2) 采取非扰动土样，必须保持天然湿度和结构状态，探井中取样竖向间距一般为 1m，土样直径不应小于 10cm；钻孔中取样必须注意钻进工艺。取土勘探点中，应有一定数量的探井，在Ⅲ、Ⅳ级自重湿陷性黄土场地，探井数量不得少于 1/3。

(3) 为评价地层的均匀性和土的力学性质，勘探点中应有一定数量的原位试验孔。

(4) 勘探点的间距按表 8-1 确定。

**表 8-1 勘探点的间距** m

| 场地类别 | 初步勘测 | 详细勘测 | 场地类别 | 初步勘测 | 详细勘测 |
|---|---|---|---|---|---|
| 简单场地 | 250～150 | 100～50 | 复杂场地 | 100～50 | ＜30 |
| 中等场地 | 150～100 | 50～30 | — | — | — |

(5) 勘探点的深度：除应大于地基压缩层的深度外，对非自重湿陷性黄土场地，还应大于基础底面以下 5m；对自重湿陷性黄土场地，应根据地区和湿陷性黄土层的厚度确定。

(6) 钻进技术：对于浅层黄土，宜采用冲洗液钻进(肋骨式合金钻头)或干钻法快速钻进，防止缩径或坍塌。对于厚度大于 40m 的厚层黄土，采用无泵反循环钻进或冲击钻进时，应控制送水量，送水量要小，冲程一般为 0.2～0.3m，回次进尺为 2～3m，以防止岩芯湿化；采用优质泥浆机械回转钻进时，泥浆的失水量要小，以免黄土吸水导致钻孔坍塌，必要时采用跟管钻进。

**2. 地基承载力评价**

地基承载力特征值可由荷载试验或其他原位测试、理论公式计算并结合工程实践经验等方法综合确定。确定地基土承载力的主要方法有：①根据土的抗剪强度指标由理论公式计算；②根据有关试验数据查表；③平板荷载试验或借鉴经验。通常，现场平板荷载试验是最直接有效的方法。国内外已开展大量的试验工作并制定了试验规程。

**3. 湿陷性评价**

（1）湿陷类型

湿陷性黄土有自重湿陷性黄土和非自重湿陷性黄土两种，而建筑场地的湿陷类型应按实测自重湿陷量或计算自重湿陷量来判定。当实测自重湿陷量或计算自重湿陷量大于7cm时，应判定为自重湿陷性场地，小于或等于7cm时，应判定为非自重湿陷性场地。

（2）湿陷性判定

黄土湿陷性判定，按湿陷系数判别是湿陷性黄土还是非湿陷性黄土，按自重湿陷系数判别是自重湿陷性黄土还是非自重湿陷性黄土。

（3）湿陷等级

根据总湿陷量、湿陷类型和计算自重湿陷量三个指标划分黄土地基的湿陷等级。判定湿陷性黄土湿陷性等级可参照《湿陷性黄土地区建筑标准》（GB 50025—2018）的规定进行判定。

### 8.2.2 其他湿陷性土勘测及评价

除湿陷性黄土外，湿陷性土还包括山前洪、坡积扇内厚度不稳定，呈透镜体及鸡窝状产出的湿陷性碎石土、湿陷性砂土和其他湿陷性土。这类湿陷性土当不能取试样做室内湿陷性试验时，应采用现场荷载试验确定湿陷性。

**1. 勘测工作要点**

湿陷性土场地勘测，除应遵守现行勘测规范的规定外，还应符合下列要求：

（1）勘探点的间距应按现行勘测规范的规定取小值。对湿陷性土分布极不均匀的场地应加密勘探点。

（2）控制性勘探孔深度应穿透湿陷性土层。

（3）应查明湿陷性土的年代、成因、分布和其中的夹层、包含物、胶结物的性质和成分。

（4）湿陷性碎石土和砂土，宜采用动力触探试验和标准贯入试验确定力学特性。

（5）非扰动土试样应在探井中采取。

（6）非扰动土试样除测定一般物理力学性质外，尚应做土的湿陷性和湿化试验。

（7）对不能取得非扰动土试样的湿陷性土，应在探井中采用大体积法测定密度和含水量。

（8）对于厚度超过2m的湿陷性土，应在不同深度处分别进行浸水荷载试验，并不受相邻试验的浸水影响。

**2. 岩土工程评价**

（1）湿陷性土的湿陷程度划分应符合表8-2的规定。

（2）湿陷性土的地基承载力宜采用荷载试验或其他原位测试确定。

（3）对湿陷性土边坡，当浸水因素引起湿陷性土本身或其与下伏地层接触面的强度降低时，应进行稳定性评价。

表 8-2 湿陷性土的湿陷等级

| 湿陷等级 | 附加沉陷量 $\Delta F_s$/cm | |
|---|---|---|
| | 承压板面积 0.50m$^2$ | 承压板面积 0.25m$^2$ |
| 轻微 | $1.6<\Delta F_s\leqslant 3.2$ | $1.1<\Delta F_s\leqslant 2.3$ |
| 中等 | $3.2<\Delta F_s\leqslant 7.4$ | $2.3<\Delta F_s\leqslant 5.3$ |
| 强烈 | $\Delta F_s>7.4$ | $\Delta F_s>5.3$ |

**3. 湿陷性土地基的湿陷等级**

湿陷性土地基受水浸湿至下沉稳定为止的总湿陷量 $\Delta s$ 计算

$$\Delta s=\sum_{i=1}^{n}\beta\Delta F_{si}h_i \tag{8-1}$$

式中：$\Delta F_{si}$ 为第 $i$ 层土浸水荷载试验的附加湿陷量，cm；$h_i$ 为第 $i$ 层土的厚度，cm，从基础底面算起，在初步勘测时自地面下 1.5m，$\Delta F_{si}/b<0.023$ 的不计入；$\beta$ 为修正系数，cm$^{-1}$，承压板面积为 0.50m$^2$ 时，$\beta=0.014$，承压板面积为 0.25m$^2$ 时，$\beta=0.020$。

对能用取土器取得不扰动试样的湿陷性粉砂，其试验方法和评定标准按有关标准执行。

湿陷性土地基的湿陷等级按表 8-3 判定。

表 8-3 湿陷性土地基的湿陷等级

| 总湿陷量 $\Delta s$/cm | 湿陷性土层厚度/m | 湿陷等级 |
|---|---|---|
| $5<\Delta s\leqslant 30$ | $>3$ | Ⅰ |
| | $\leqslant 3$ | Ⅱ |
| $30<\Delta s\leqslant 60$ | $>3$ | Ⅱ |
| | $\leqslant 3$ | Ⅲ |
| $\Delta s>60$ | $>3$ | Ⅲ |
| | $\leqslant 3$ | Ⅳ |

# 8.3 膨胀岩土勘测

含有大量亲水矿物、湿度变化时有较大体积变化、变形受约束时产生较大内应力的岩土，应判定为膨胀岩土。膨胀岩土的初判应符合现行勘测规范的规定，终判应在初判的基础上按现行勘测规范的规定进行，将自由膨胀率大于或等于 40% 的黏性土判定为膨胀岩土。

## 8.3.1 膨胀岩土的勘测要点

(1) 勘探点宜结合地貌单元和微地貌形态布置；其数量应比非膨胀岩土地区适当增加，其中采取试样的勘探点不应少于全部勘探点的 1/2。

(2) 勘探孔的深度，除应满足基础埋深和附加应力的影响深度外，尚应超过大气影响深度；控制性勘探孔不应小于 8m，一般性勘探孔不应小于 5m。

(3) 在大气影响深度内，每个控制性勘探孔均应采取Ⅰ、Ⅱ级土试样，取样间距不应大于 1.0m，在大气影响深度以下，取样间距可为 1.5～2.0m；一般性勘探孔从地表下 1m 开始至5m深度内，可采取Ⅲ级土试样，测定天然含水量。

(4) 膨胀岩土的室内试验除应遵守现行勘测规范有关室内试验的规定外，尚应测定下列指标：自由膨胀率，有、无荷载膨胀率，收缩系数，膨胀力。

(5) 膨胀岩土的现场试验。重要的和有特殊要求的工程场地，宜进行现场浸水荷载试验、剪切试验或旁压试验。对膨胀岩土应进行黏土矿物成分、体膨胀量和无侧限抗压强度试验。对各向异性的膨胀岩土，应测定其不同方向的膨胀率、膨胀力和收缩系数。

(6) 膨胀岩土的分级。对初判为膨胀土的地区，应计算土的膨胀变形量、收缩变形量和胀缩变形量，并划分胀缩等级。计算和划分等级方法应符合有关标准规定，有地区经验时，亦可根据地区经验分级。当拟建场地或其邻近有膨胀岩土损坏的工程时，应判定为膨胀岩土，并进行详细调查，分析膨胀岩土对工程的破坏机制，估计膨胀力的大小和胀缩等级。

(7) 钻进时，要使用优质泥浆，失水量应控制在30min内不超过8mL，黏度保持在18～20Pa·s，比重为1.1～1.5，含砂量小于4%，以防止遇水膨胀导致钻孔缩径或糊钻。采用肋骨合金钻头时，应选用单动双管钻具。

### 8.3.2　膨胀岩土的工程评价

膨胀岩土的岩土工程评价应符合下列规定：

(1) 对建在膨胀岩土上的建筑物，其基础埋深、地基处理、桩基设计、总平面布置、建筑和结构措施、施工和维护，应符合有关标准规定。

(2) 一级工程的地基承载力应采用浸水荷载试验方法确定，二级工程宜采用浸水荷载试验，三级工程可采用饱和状态下非固结不排水三轴剪切试验计算或根据已有经验确定。对边坡及位于边坡上的工程应进行稳定性验算，验算时考虑坡体内含水量变化的影响。均质土可采用圆弧滑动法，有软弱夹层及层状膨胀岩土直接按最不利的滑动面验算。具有胀缩裂缝和地裂缝的膨胀土边坡，应进行沿裂缝滑动的验算。

## 8.4　红黏土勘测

红黏土为颜色棕红或褐黄，覆盖于碳酸盐岩系之上，液限大于或等于50%的高塑性黏土。原生红黏土经搬运、沉积后仍保留其基本特征，且液限大于45%的黏土可判定为次生红黏土。红黏土具有表面收缩、上硬下软、裂隙发育等特征。

### 8.4.1　红黏土勘测工作要点

#### 1. 红黏土地区勘探点的布置

(1) 勘探时应取较密的间距，查明红黏土厚度和状态的变化。初步勘测勘探点间距宜取30～50m，勘探孔深度宜大于15m或达到基岩面。

(2) 详细勘测勘探点间距，对均匀地基宜取12～24m，对不均匀地基宜取6～12m。厚度和状态变化大的地段，勘探点间距还可加密。各阶段勘探孔的深度可执行现行规范的有关规定。对不均匀地基，勘探孔深度应达到基岩。对不均匀地基、有土洞发育或采用岩面端承桩时，宜进行施工勘测，其勘探点间距和勘探孔深度根据需要确定。

**2. 水文地质勘测**

当岩土工程评价需要详细了解地下水埋藏条件、运动规律和季节变化时，应在测绘调查的基础上补充地下水的勘测、试验和观测工作。

**3. 红黏土的室内试验**

室内试验除应满足现行勘测规范的规定外，对裂隙发育的红黏土应进行三轴剪切试验或无侧限抗压强度试验。必要时，可进行收缩试验和重复浸水试验。当需评价边坡稳定性时，宜进行重复剪切试验。

**4. 红黏土的地基承载力**

红黏土的地基承载力应结合地区经验按有关标准综合确定。当基础浅埋、外侧地面倾斜、有临空面或承受较大水平荷载时，应结合以下因素综合考虑确定红黏土的承载力。

(1) 土体结构和裂隙对承载力的影响。

(2) 开挖面长时间暴露，裂隙发展和重复浸水对土质的影响。

### 8.4.2 红黏土的工程评价

(1) 建筑物应避免跨越地裂密集带或深长地裂地段。

(2) 轻型建筑物的基础埋深应大于大气影响急剧层的深度；炉窑等高温设备基础应考虑地基土的不均匀收缩变形；开挖明渠时应考虑土体干湿循环的影响；在石芽出露的地段，应考虑地下水渗透形成的地面变形。

(3) 选择适宜的持力层和基础形式。在满足上述要求的前提下，基础宜浅埋，利用浅部硬壳层，并进行下卧层承载力的验算；不能满足承载力和变形要求时，建议进行地基处理或采用桩基础。

(4) 基坑开挖时宜采取保湿措施，边坡应及时维护，防止失水干缩。

## 8.5 填土勘测

### 8.5.1 填土的基本类型

填土是指由人类活动而堆填的土。根据填土的物质组成和堆填方式可分为下列四类。

(1) 素填土：由碎石土、砂土、粉土和黏性土等一种或几种材料组成，不含杂物或含杂物很少。

(2) 杂填土：含有大量建筑垃圾、工业废料或生活垃圾等杂物。

(3) 冲填土：由水力冲填泥砂形成。

(4) 压实填土：按一定标准控制材料成分、密度、含水量，分层压实或夯实而成。

### 8.5.2 填土勘测要点

**1. 勘测内容**

(1) 收集资料，调查地形和地物的变迁，填土的来源、堆积年限和堆积方式。

（2）查明填土的分布、厚度、物质成分、颗粒级配、均匀性、密实性、压缩性和湿陷性。

（3）判定地下水对建筑材料的腐蚀性。

**2. 勘测工作布置**

1）勘探点布置与方法

填土勘测应在现行勘测规范规定的基础上加密勘探点，确定暗埋的塘、浜及坑等的范围。勘探孔的深度应穿透填土层。勘探方法应根据填土性质确定，对由粉土或黏性土组成的素填土，可采用钻探取样、轻型钻具与原位测试相结合的方法；对含较多粗粒成分的素填土和杂填土宜采用动力触探、钻探，并应有一定数量的探井。

2）室内试验与原位测试

填土的工程特性指标宜采用室内试验与原位测试方法确定。

（1）填土土的均匀性和密实度宜采用触探法，并辅以室内试验。

（2）填土的压缩性、湿陷性宜采用室内固结试验或现场荷载试验。

（3）杂填土的密度试验宜采用大容积法。

（4）对压实填土，在压实前应进行击实试验，压实后应测定干密度，计算压实度。

### 8.5.3　填土的工程评价

（1）阐明填土的成分、分布和堆积年代，判定地基的均匀性、压缩性和密实度。必要时按厚度、强度和变形特性分层或分区评价。

（2）堆积年限较长的素填土、冲填土和由建筑垃圾或性能稳定的工业废料组成的杂填土，当较均匀和较密实时，其可作为天然地基；由有机质含量较高的生活垃圾和对基础有腐蚀性的工业废料组成的杂填土，不宜作为天然地基。

（3）填土地基承载力应结合地区经验按有关标准综合确定。

（4）当填土底面的天然坡度大于20%时，应验算其稳定性。

## 8.6　盐渍土勘测

岩土中易溶盐含量大于0.5%并在自然环境下具有溶陷、盐胀及腐蚀等工程特性时应判定为盐渍岩土。我国盐渍土可分为滨海盐渍土、内陆盐渍土和冲积平原盐渍土，青海、新疆、甘肃、内蒙古、宁夏分布较多，陕西、辽宁、吉林、黑龙江、河北、河南、山东、江苏等地也有分布。

### 8.6.1　盐渍土勘测要点

**1. 盐渍岩土地区的调查内容**

（1）盐渍岩土的成因、分布和特点。

（2）含盐化学成分、含盐量及其在岩土中的分布。

（3）溶蚀洞穴发育程度和分布。

(4) 搜集气象和水文资料。

(5) 地下水的类型、埋藏条件、水质、水位及其季节变化。

(6) 植物生长状况。

(7) 以石膏为主的盐渍岩的水化深度，含芒硝较多的盐渍岩在隧道通过地段的地温情况。

**2. 勘探工作**

(1) 除应遵守现行勘测规范的基本规定外，勘探点布置尚应满足查明盐渍岩土分布特征的要求。

(2) 采取岩土试样宜在干旱季节进行，对用于测定含盐离子的扰动土取样，宜符合表 8-4 的规定。

**表 8-4 盐渍土扰动试样取样要求**

| 勘测阶段 | 深度范围/m | 取土试样间距/m | 取样孔占勘探孔总数的百分数/% | 勘测阶段 | 深度范围/m | 取土试样间距/m | 取样孔占勘探孔总数的百分数/% |
|---|---|---|---|---|---|---|---|
| 初步勘测 | ＜5 | 1.0 | 100 | 详细勘测 | ＜5 | 0.5 | 100 |
| | 5～10 | 2.0 | 50 | | 5～10 | 1.0 | 50 |
| | ＞10 | 3.0～5.0 | 20 | | ＞10 | 2.0～3.0 | 30 |

注：浅基取样时深度到 10m 即可。

(3) 工程需要时应测定有害毛细水上升的高度。

(4) 应根据盐渍土的岩性特征，选用荷载试验等适宜的原位测试方法，溶陷性盐渍土尚应通过浸水荷载试验来确定其溶陷性。

(5) 对盐胀性盐渍土宜现场测定有效盐胀厚度和总盐胀量，当土中硫酸钠含量不超过 1%时可不考虑盐胀性。

(6) 除进行常规室内试验外，尚应进行溶陷性试验和化学成分分析，必要时可对岩土的结构进行显微结构鉴定。

(7) 溶陷性指标的测定可按湿陷性土的湿陷试验方法进行。

## 8.6.2 盐渍土工程评价

(1) 岩土中含盐类型、含盐量及主要含盐矿物对岩土工程特性的影响。

(2) 岩土的溶陷性、盐胀性、腐蚀性和场地工程建设的适宜性。

(3) 盐渍土地基的承载力宜采用荷载试验确定，当采用其他原位测试方法时，应与荷载试验结果进行对比。

(4) 确定盐渍岩地基的承载力时，应考虑盐渍岩的水溶性影响。

(5) 盐渍岩边坡的坡度宜比非盐渍岩的软质岩石边坡适当放缓，对软弱夹层、破碎带应部分或全部加以防护。

(6) 盐渍岩土对建筑材料的腐蚀性评价应执行现行勘测规范的规定。

## 8.7 多年冻土勘测

温度小于或等于 0℃,含有固态水,且在自然界中保持三年以上,当温度条件改变时,其物理力学性质随之改变,并可产生冻胀、融陷、热融滑塌等现象的土,判定为多年冻土。根据融化下沉系数 $\delta_0$ 的大小,多年冻土可分为不融沉、弱融沉、融沉、强融沉和融陷五级,并应符合表 8-5 的规定。多年冻土的平均融化下沉系数 $\delta_0$ 可按如下计算

$$\delta_0=\frac{h_1-h_2}{h_1}=\frac{e_1-e_2}{1+e_1}\times 100\% \tag{8-2}$$

式中:$h_1$、$e_1$ 分别为冻土试样融化前的高度(mm)和孔隙比;$h_2$、$e_2$ 分别为冻土试样融化后的高度(mm)和孔隙比。

**表 8-5 多年冻土的冻融性分类**

| 土的名称 | 总含水量 $\omega_0$/% | 平均融沉系数 $\delta_0$ | 融沉等级 | 融沉类别 | 冻土类型 |
|---|---|---|---|---|---|
| 碎石土,砾、粗、中砂(粒径小于 0.075mm 的颗粒含量不大于 15%) | $\omega_0<10$ | $\delta_0\leqslant 1$ | Ⅰ | 不融沉 | 少冰冻土 |
| | $\omega_0\geqslant 10$ | $1<\delta_0\leqslant 3$ | Ⅱ | 弱融沉 | 多冰冻土 |
| | $\omega_0<12$ | $\delta_0\leqslant 1$ | Ⅰ | 不融沉 | 多冰冻土 |
| 碎石土,砾、粗、中砂(粒径小于 0.075mm 的颗粒含量大于 15%) | $\omega_0<12$ | $\delta_0\leqslant 1$ | Ⅰ | 不融沉 | 少冰冻土 |
| | $12\leqslant\omega_0<15$ | $1<\delta_0\leqslant 3$ | Ⅱ | 弱融沉 | 多冰冻土 |
| | $15\leqslant\omega_0<25$ | $3<\delta_0\leqslant 10$ | Ⅲ | 融沉 | 富冰冻土 |
| | $\omega_0\geqslant 25$ | $10<\delta_0\leqslant 25$ | Ⅳ | 强融沉 | 饱冰冻土 |
| 粉砂、细砂 | $\omega_0<14$ | $\delta_0\leqslant 1$ | Ⅰ | 不融沉 | 少冰冻土 |
| | $14\leqslant\omega_0<18$ | $1<\delta_0\leqslant 3$ | Ⅱ | 弱融沉 | 多冰冻土 |
| | $18\leqslant\omega_0<28$ | $3<\delta_0\leqslant 10$ | Ⅲ | 融沉 | 富冰冻土 |
| | $\omega_0\geqslant 28$ | $10<\delta_0\leqslant 25$ | Ⅳ | 强融沉 | 饱冰冻土 |
| 粉土 | $\omega_0<17$ | $\delta_0\leqslant 1$ | Ⅰ | 不融沉 | 少冰冻土 |
| | $17\leqslant\omega_0<21$ | $1<\delta_0\leqslant 3$ | Ⅱ | 弱融沉 | 多冰冻土 |
| | $21\leqslant\omega_0<32$ | $3<\delta_0\leqslant 10$ | Ⅲ | 融沉 | 富冰冻土 |
| | $\omega_0\geqslant 32$ | $10<\delta_0\leqslant 25$ | Ⅳ | 强融沉 | 饱冰冻土 |
| 黏性土 | $\omega_0<\omega_p$ | $\delta_0\leqslant 1$ | Ⅰ | 不融沉 | 少冰冻土 |
| | $\omega_p\leqslant\omega_0<\omega_p+4$ | $1<\delta_0\leqslant 3$ | Ⅱ | 弱融沉 | 多冰冻土 |
| | $\omega_p+4\leqslant\omega_0<\omega_p+15$ | $3<\delta_0\leqslant 10$ | Ⅲ | 融沉 | 富冰冻土 |
| | $\omega_p+15\leqslant\omega_0<\omega_p+35$ | $10<\delta_0\leqslant 25$ | Ⅳ | 强融沉 | 饱冰冻土 |
| 含土冰层 | $\omega_0\geqslant\omega_p+35$ | $\delta_0>25$ | Ⅴ | 融沉 | 含土冰 |

注:1. 总含水量 $\omega_0$ 包括冰和未冻水;$\omega_p$ 为塑限。2. 本表不包括盐渍化冻土、冻结泥炭化土、腐殖化、高塑性黏土。

### 8.7.1 多年冻土勘测要点

**1. 基本要求**

多年冻土勘测应根据多年冻土的设计原则、多年冻土类型和特征进行,并应勘测下列内容:

(1) 多年冻土的分布范围及上限深度。

(2) 多年冻土的类型、厚度、总含水量、构造特征、物理力学和热学性质。

(3) 多年冻土层上水、层间水和层下水的赋存形式、相互关系及其对工程的影响。

(4) 多年冻土的融沉性分级和季节融化层土的冻胀性分级。

(5) 厚层地下冰、冰锥、冰丘、冻土沼泽、热融滑塌、热融湖塘、融冻泥流等不良地质作用的形态特征、形成条件、分布范围、发生发展规律及其对工程的危害程度。

**2. 勘探点间距**

多年冻土地区勘探点的间距,除应满足现行规范的要求外,尚应适当加密。勘探孔的深度应满足下列要求:

(1) 对保持冻结状态设计的地基,不应小于基底以下 2 倍基础宽度,对桩基应超过桩端以下 3～5m。

(2) 对逐渐融化状态和预先融化状态设计的地基,应符合非冻土地基的要求。

(3) 无论何种设计原则,勘探孔的深度均宜超过多年冻土上限深度的 1.5 倍。

(4) 在多年冻土的不稳定地带,应勘测多年冻土下限深度;当地基为饱冰冻土或含土冰层时应穿透该层。

**3. 多年冻土的勘探测试**

(1) 多年冻土地区钻探宜缩短施工时间,宜采用大口径低速钻进,终孔直径不宜小于 108mm,必要时可采用低温泥浆,并避免在钻孔周围融区或孔内冻结。

(2) 应分层测定地下水位。

(3) 保持冻结状态设计地段的钻孔,孔内测温工作结束后应及时回填。

(4) 取样的竖向间隔,除应满足现行规范的要求外,在季节融化层应适当加密,试样在采取、搬运、储存、试验过程中应避免融化。

(5) 试验项目除按常规要求外,尚应根据需要进行总含水量、体积含水量、相对含水量、未冻含水量、冻结温度、导热系数、冻胀量、融化压缩等项目的试验。对盐渍化多年冻土和泥炭化多年冻土,尚应分别测定易溶盐含量和有机质含量。

(6) 工程需要时,可建立地温观测点,进行地温观测。

(7) 当需查明与多年冻土融化有关的不良地质作用时,调查工作宜在 2 月至 5 月进行;多年冻土上限深度的勘测时间宜为 9 月和 10 月。

### 8.7.2 多年冻土工程评价

(1) 多年冻土的地基承载力,应区别保持冻结地基和容许融化地基,结合当地经验用荷载试验或其他原位测试方法综合确定;对次要建筑物,可根据邻近工程经验确定。

(2) 除次要工程外,建筑物宜避开饱冰冻土、含土冰层地段和冰锥、冰丘、热融湖、厚层地下冰,融区与多年冻土区之间的过渡带,宜选择坚硬岩层、少冰冻土和多冰冻土地段以及地下水位或冻土层上水位低的地段和地形平缓的高地。

## 8.8 混合土勘测

由细粒土和粗粒土混杂且缺乏中间粒径的土应定名为混合土,包括粗粒混合土和细粒混合土。当碎石土中粒径小于0.075mm的细粒土质量超过总质量的25%时,应定名为粗粒混合土;当粉土或黏性土中粒径大于2mm的粗粒土质量超过总质量的25%时,应定名为细粒混合土。

**1. 混合土勘测要点**

(1) 查明地形和地貌特征,混合土的成因、分布,下卧土层或基岩的埋藏条件。

(2) 查明混合土的组成、均匀性及其在水平方向和垂直方向上的变化规律。

(3) 勘探点的间距和勘探孔的深度除应满足现行规范的要求外,尚应适当加密加深。

(4) 应有一定数量的探井,并应采取大体积土试样进行颗粒分析和物理力学性质测定。

(5) 对粗粒混合土宜采用动力触探试验,并应有一定数量的钻孔或探井检验。

(6) 现场荷载试验的承压板直径和现场直剪试验的剪切面直径都应大于试验土层最大粒径的5倍,荷载试验的承压板面积不应小于0.50$m^2$,直剪试验的剪切面面积不宜小于0.25$m^2$。

**2. 混合土的工程评价**

(1) 混合土的承载力应采用荷载试验、动力触探试验并结合当地经验确定。

(2) 混合土边坡的容许坡度值可根据现场调查和当地经验确定。对重要工程应进行专门试验研究。

## 8.9 风化岩与残积土勘测

岩石在风化营力作用下,其结构、成分和性质已产生不同程度的变异,应定名为风化岩。已完全风化而未经搬运的为残积土。岩体风化是工程建设中的重要问题,风化作用不仅导致原岩产生大量的风化裂隙,破坏原岩的结构、构造,还可以使原岩矿物成分改变,产生蚀变或生成次生矿物,从而改变原岩的物理、力学、水理性质,降低原岩强度。

### 8.9.1 风化岩与残积土勘测技术要点

**1. 勘测重点**

(1) 母岩地质年代和岩石名称。

(2) 不同岩石风化带的埋深及厚度,对某些易风化岩应注意其风化速度。

(3) 风化岩石的均匀性及连续性,有无侵入岩脉、破碎带和软弱夹层的分布,查明节理裂隙的发育情况及产状、球状花岗岩风化体(孤石)的分布。

(4) 岩石物理力学性质及地下水的赋存条件。

(5) 残积土界于风化岩与土之间,三者共同形成完整的风化壳。勘测时,应查明其分布、厚度和层底埋深以及底界面起伏形态 。查明风化程度及工程性质的差异性。技术孔要控制微风化岩，鉴别孔要控制强风化岩。

**2. 勘探点的布置**

(1) 勘探点布置除满足一般要求外，还应根据风化岩和残积土水平和垂直分布的稳定性，岩脉、软弱夹层、断裂构造的产状、厚度及分布特点，按建筑物的基础类型及勘测阶段布置。

初勘阶段，应有部分勘测点达到或深入微风化层以了解整个风化剖面，层状岩体地区勘探线宜垂直走向布置，勘测点间距宜按表 8-6 取值。如岩面起伏和风化程度变化较大时，勘探点宜加密，对一桩一柱、荷载很大的建筑物，最好每桩设一勘测点。

**表 8-6 风化岩及残积土勘测点间距** m

| 工程重要性等级 | 一级(重要工程) | 二级(一般工程) | 三级(次要工程) |
|---|---|---|---|
| 初勘阶段 | 50 | 75 | 150 |
| 详勘阶段 | 10 | 15 | 30 |

(2) 勘探点深度应按不同建筑物的一般要求进行，并应有一定数量的探井，以直接观察其结构以及暴露后岩体的变化情况(如开裂、湿化、软化等)。

(3) 宜在探井或钻孔中用双重管、三重管采取非扰动试样，每一风化带不应少于 3 组。钻探时应测取岩芯采取率及 RQD 指标。

**3. 测试要求**

对于残积土和风化岩的测试工作，应考虑其特点，加强测试和观测工作是风化岩勘测的重要环节，由于风化岩和残积土的结构性和含粗颗粒及裂隙等，不易取得原状土样，因而原位试验尤为重要。

1) 原位试验

(1) 荷载试验。包括浅层平板荷载试验、深井荷载试验、岩基荷载试验、旁压试验等，通过测试可直接计算风化岩的承载力及变形参数，并可与其他简单原位试验方法建立地区性经验公式。值得注意的是，平板荷载试验的压板直径或边长应大于压板下应力影响深度内岩土中最大颗粒的 5 倍，可按 2 倍压板直径或边长考虑。

(2) 对残积土和强风化岩及中风化岩可采用标准贯入试验、动力触探试验进行剖面划分。有的残积土层亦可采用静力触探试验。

(3) 对极软岩和极破碎的岩体，可按土工试验要求进行试验。对残积物宜进行湿陷性和湿化试验。对含粗粒的残积土，可在现场采用试坑充水法测定其密度。

(4) 对勘测等级较高的桩基工程，一般应采用声波测试，对桩端平面下一定深度内岩体的完整性进行评价，必要时，建立波速成果与其他测试资料间的相关关系。

2) 室内试验。

(1) 残积土：对残积土进行常规物理力学试验时应注意与一般土的区别。在花岗岩或砾岩残积土中，往往含有未完全风化的粗颗粒，它对天然重度、天然含水率、比重及稠度等试验结果影响很大。对花岗岩残积土应测定粒度小于 0.5mm 的细粒土天然含水率 $\omega_F$、塑性指数 $I_P$、液性指数 $I_L$，按式(8-3)～式(8-5)计算

$$\omega_F=\frac{\omega-\omega_A\times 0.01P_{0.5}}{1-0.01P_{0.5}} \tag{8-3}$$

$$I_P = \omega_L - \omega_P \tag{8-4}$$

$$I_L = \frac{\omega_F - \omega_P}{I_P} \tag{8-5}$$

式中：$\omega_F$ 为残积土中细粒土的天然含水率，%；$\omega$ 为残积土(含粗、细粒土)的天然含水率，%；$\omega_A$ 为残积土中粒径大于0.5mm颗粒的含水率，%，一般可取5%；$P_{0.5}$ 为土中粒径大于0.5mm颗粒的含水率，%；$\omega_L$ 为土中粒径小于0.5mm颗粒的液限含水率，%；$\omega_P$ 为土中粒径小于0.5mm颗粒的塑限含水率，%。

(2) 对于强风化岩，因其界于岩石与残积土之间，取样一般很困难，室内试验资料很少。对于微风化岩一般应进行风干与饱和状态下的岩石抗压试验。对于黏土质软岩，多采用天然状态下试样进行试验。值得注意的是，我国不同行业标准对岩石试验规格并不统一，勘测时，应注意不同规范的试验要求(表8-7)。

**表8-7　不同规范对岩石试件的要求**

| 规范名称 | 试件规格 | 加载速率/($MPa \cdot s^{-1}$) | 备注 |
| --- | --- | --- | --- |
| 《工程岩体试验方法标准》(GB/T 50266—2013) | 直径宜为48～54mm，且应大于岩石最大颗粒尺寸的10倍，高径比宜为2.0～2.5 | 0.50～1.0 | 饱和状态 |
| 《建筑地基基础设计规范》(GB 50007—2011)<br>《公路桥涵地基与基础设计规范》(JTG 3363—2019) | 一般为$\phi$50mm×100mm | 0.50～0.8 | 饱和状态 |

某高层住宅小区中风化泥质粉砂岩$\phi$49、$\phi$71、$\phi$90三种直径，高径比分别为1∶1、1.5∶1、2∶1、2.5∶1、3∶1的天然抗压试验结果(图8-1)表明：在一定的高径比条件下，随着试件断面尺寸的增加，岩石天然单轴抗压强度降低，具有随截面增加强度降低加剧的趋势；在相同的截面尺寸下，试件的高径比越大，岩石抗压强度越低，且有趋于某一定值的规律。经计算发现，高径比为2∶1与高径比为1∶1的岩石抗压强度之比为0.69～0.79。

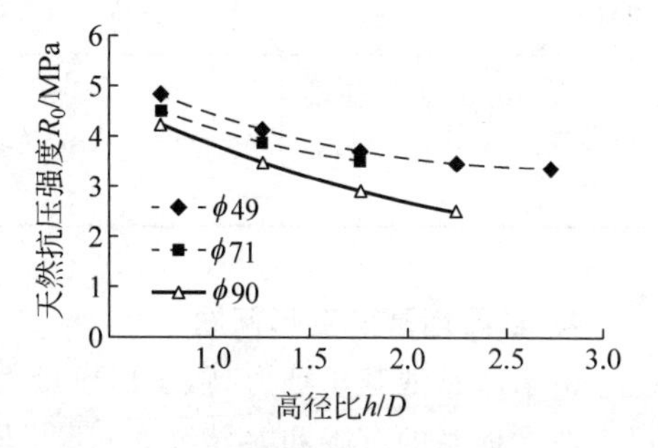

图8-1　泥质粉砂岩单轴抗压强度与试样高径比的关系

## 8.9.2　风化岩与残积土的工程评价

**1. 影响因素**

(1) 对于厚层的强风化和全风化岩石，宜结合当地经验进一步分为碎块状、碎屑状和土状；厚层残积土可进一步划分为硬塑残积土和可塑残积土，也可根据含砾量或含砂量分为黏性、砂质黏性土和砾质黏性土。

(2) 建在软硬互层或风化程度不同地基上的工程，应分析不均匀沉降对工程的影响。

(3) 基坑开挖后应及时检验，对于易风化岩类，应及时砌筑基础或采取其他措施，防止风化发展。

(4) 对岩脉和球状风化体(孤石)及断裂破碎带,应分析评价其对地基(含桩基)的影响,并提出相应建议。

**2. 岩体基本质量评价**

岩体基本质量由岩石坚硬程度和岩石完整程度两个因素确定,二者的划分有定量与定性两种标准。当采用定量标准时,岩石坚硬程度可采用岩石饱和单轴抗压强度($R_c$)或按岩石点荷载强度指数 $I_{s(50)}$ 换算。有关标准详见岩土分类的有关内容。

**3. 岩石地基承载力的确定**

岩石地基的承载力受多种因素影响,常用的几种规范计算公式列于表 8-8 中。

表 8-8 国内常用规范关于嵌岩桩端阻力的对比

| 规范名称 | 计算公式 | 备注 |
|---|---|---|
| 《建筑地基基础设计规范》(GB 50007—2011) | $f_a=\Psi_t \times f_{rk}$ | 完整、较完整和较破碎岩石。$f_a$ 为岩石地基承载力特征值(kPa);$f_{rk}$ 为岩石单轴饱和抗压强度标准值,软岩可采用天然抗压强度(kPa),岩石试件规格为 $\phi$50mm×100mm;$\Psi_t$ 为折减系数,与岩体完整性有关,取 0.1~0.50 |
| 《建筑桩基技术规范》(JGJ 94—2008) | $Q_{pK}=\xi_P f_{rk} A_P$ | 中、微风化岩石。$Q_{pK}$ 为极限端阻力标准值,$\xi_P$ 为 $h_t/d$ 有关的端阻力修正系数,$\xi_P=0\sim0.5$;$f_{rk}$ 为岩石单轴饱和抗压强度标准值;$A_P$ 为桩端面积 |
| 《公路桥涵地基与基础设计规范》(JTG 3363—2019) | $[P_b]=c_1\times A_P\times f_{rk}$ | $[P_b]$为桩端阻力容许值,$A_P$ 为桩端面积;$f_{rk}$ 为岩石单轴饱和抗压强度,试件规格 $\phi$50mm×100mm;$c_1$ 与岩石破碎程度、清孔情况有关,其值为 0.4~0.6 |
| 广东省《建筑地基基础设计规范》(DBJ 15-31—2003) | $R_{pa}=c_1\times A_P\times f_{rk}$ | $R_{pa}$ 为持力岩层总端阻力特征值(kPa);$f_{rk}$ 为岩石单轴饱和抗压强度,试件规格 $\phi$50mm×100mm;系数 $c_1$ 与岩石完整性及沉渣有关,可取 0.3~0.5 |

**4. 岩石地基的变形问题**

由于岩石地基承载力高,变形模量大,当建筑物由同一种风化程度的岩石组成时,一般可不考虑地基的沉降和差异沉降问题,当同一建筑物为风化程度相差两级的岩土组成时,应考虑不均匀沉降影响。对变形参数的确定一般宜采用荷载试验或旁压试验。

**5. 边坡稳定性问题**

当场地位于斜坡附近,风化岩体呈软弱互层,主要结构面与坡面一致且夹角小于 45°时,应评价边坡的稳定性。评价边坡稳定性时,还应结合地下水、地表水、初始应力场、结构面的组合关系等因素具体分析。进行边坡稳定性计算时,应根据边坡类型和可能的破坏形式选择计算方法:对可能产生平面滑动的边坡宜采用平面滑动法;对可能产生折线滑动的边坡采用折线滑动法;对结构复杂的岩质边坡可配合采用极射赤平投影和实体比例投影法。

在工程实践中,多采用岩体等效内摩擦角 $\varphi_D$ 与岩体破裂角 $\theta$ 的关系来判断边坡的整体稳定性。等效内摩擦角按下式计算

$$\varphi_D=\arctan(\tan\varphi+2c/\gamma h\cos\theta) \tag{8-6}$$

式中：$c$ 为岩体的黏聚力，kPa；$\gamma$ 为岩体重度，$kN/m^3$；$h$ 为岩质边坡高度，m，一般取最大边坡高度作为计算高度；$\theta$ 为岩体破裂角，(°)，$\theta=45°+\varphi/2$。

当 $\theta<\varphi_D$ 时边坡整体稳定，反之不稳定。

# 8.10　案例分析

## 8.10.1　填土与软土勘测

某高速公路某路段在路基施工前，场地鱼塘星罗棋布，沟渠纵横交错，设计阶段未在区内进行勘测，仅在两端通道处各有两个钻孔。最初采用明挖清淤，但由于软土分布范围广、地下水位高，施工单位不得不改用"边清边填工艺"，结果是，黏土路堤下软土样，路基的强度、变形和稳定性存在很大隐患。为了查清场地软土的空间分布情况，并为合理选择处治方法提供地质资料，工程采用 GY-50 型钻机和 YQ1 型触探十字板试验两用仪，共完成了 2 个探坑、6 个钻孔和 24 个单桥静力触探孔，配合十字板试验和取样室内试验，查明了场地地质条件，获得了各层的物理、力学指标。结果发现，软土分布在路段中线东侧由北向南延伸，并于 K81＋110 处折向西，横穿路基，最厚达 3.4m。

图 8-2 是在某处先后完成的坑探、静力触探和钻探所得各层厚度的对比。从该图可知，据静力触探 $p_s$-$h$ 曲线确定该处地层情况与坑探结果吻合，而钻探法所得路基填土底面下移了 1m。在所有勘探方法中，坑探是最直观可靠的，但周期长。锤击钻进被认为是探查路基下软土厚度较可行的方法，故普遍应用于现有高速公路工程中，但实践发现，当钻头从硬土进入软土时，层面位置难以准确确定，参见图 8-3，其原因是当某回次由硬土进入软土时，由于黏土钻头内壁与硬土芯之间的摩阻力远大于软土提供的反力，软土难以进入钻头内而被硬土芯挤向孔壁，即硬土芯产生"堵塞作用"。回次终了时，技术人员却以钻头底的位置作为硬土与软土的分界面位置，从而人为降低了软土厚度，其误差值具有随意性，最大可达该回次总进尺。静力触探虽是半直接法，但由于软土层的 $p_s$-$h$ 曲线线形明显，所确定的软硬土层界面位置误差不足 10cm，满足工程要求。

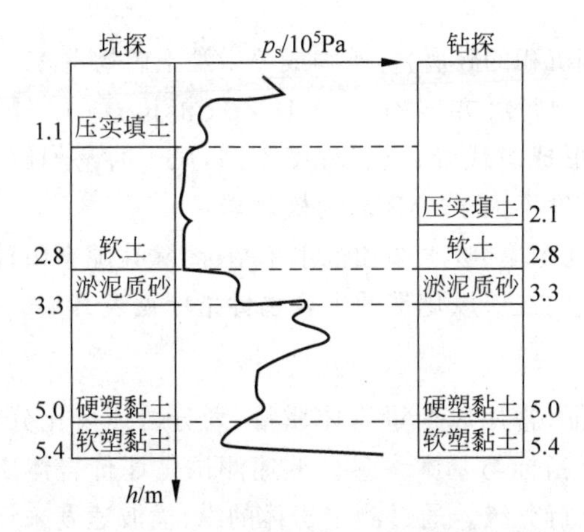


图 8-2　填土和软土采用坑探、静力触探和钻探所得各层厚度(m)的对比

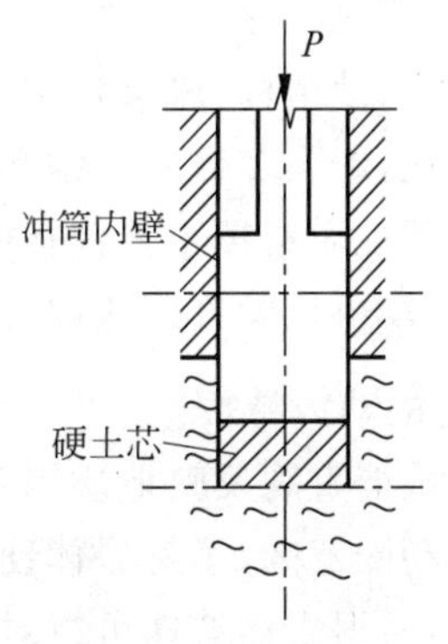


图 8-3　锤击钻头硬土进入软土产生"堵塞"作用示意图

对比分析坑探、钻探和静力触探三种方法，钻探虽是一种探查地层结构的常规手段，但当黏土钻头受锤击后从路基压实填土切入软土时，应注意硬土芯的堵塞作用对硬软层界面位置产生的影响，其误差可达该回次总进尺；静力触探设备轻便，测试和成果整理较简单，确定软土的上、下界面及其厚度非常可靠，还可根据触探参数获得软土的强度和变形等指标，避免了取样和室内试验等对参数的影响，经济实用，宜推广应用于软基勘测，但应严守操作规程。

### 8.10.2 红砂岩勘测

在我国湖南、江苏、江西、广东、广西等地广泛分布着白垩、侏罗、第三纪的红色、褐红色的泥岩、粉砂质泥岩、泥质粉砂岩，常称为红砂岩(red sandrock)。这些地区的许多高层建筑及大型桥梁采用该类岩石作为桩基持力层。该类岩石中黏土矿物含量较高，遇水易软化、膨胀，饱和单轴抗压强度普遍小于或等于15MPa，甚至小于5MPa，属软岩或极软岩。软岩具有一些特殊物理力学性质，其承载力的确定有别于土和硬岩，且室内试验的影响因素较多，与原位试验结果差距很大，难以客观评价其承载能力。此外，由于不同地区依据的规范各有偏重，软岩嵌岩桩的设计取值尚未形成共识。长沙位于湘江和浏阳河交汇的河谷阶地，周围是地势较高的山丘，为盆地地形，常称湘浏盆地。占盆地50%以上的基底岩石为白垩纪沉积的红色、褐红色泥质粉砂岩。基岩埋深为8.0～15.0m，是长沙地区大多数高层、超高层建筑及大型桥梁地基的理想持力层。

目前，除了岩基荷载试验等原位测试手段外，确定岩石地基承载力的方法均与岩石单轴抗压强度密切相关，有的根据岩石抗压强度、结合岩体完整性及结构面特征计算，有的按岩体级别和基岩形态进行折减。由于岩石具有很高的支承力，静力试桩和深井岩基荷载试验难度大，制约了对岩石地基承载力的认识，工程实践中更多依赖于岩石抗压试验。在长沙地区红砂岩的勘测实践中，一些工程单位采用加拿大制造的TEXAM型预钻式高压旁压仪，将泥质粉砂岩的旁压试验、单轴抗压试验和深井岩基荷载试验进行对比研究，获得了一些有益的结论。

**1. 红层的主要物性指标**

泥质粉砂岩为干旱条件下形成的内陆湖相沉积的碎屑岩，矿物成分中黏土矿物占45%～85%，石英占6%～21%，并含少量云母(≤2%)、方解石(0～12%)、相长石(1.5%～7.0%)，泥质粉砂结构，厚层状构造。该岩层形成时代晚、成岩程度不高，风干时易崩解，遇水浸泡易软化，绝大多数岩石饱和单轴抗压强度不大于5MPa，为极软岩。

岩石物理性质指标主要包括密度、比重、孔隙率、吸水率和饱水率指标，除孔隙率由计算得出外，其他均由试验直接获取。长沙地区不同红层风化带的主要物性指标见表8-9。

**2. 红层的动力特性**

声波参数能直观反映地质因素和岩体特征，常用以衡量岩体质量、划分岩体风化分带、圈定围岩松动圈范围，了解岩体动参数的主要指标与基本参量。波速测试是评价岩体质量的可行方法，根据岩体波速可以对岩体质量进行分级。通过测定岩体的纵、横波速度来计算动弹性模量$E_d$、动剪切模量$G_d$和动泊松比$\mu_d$，利用岩块的弹性波速及抗压、抗拉强度来估算

**表 8-9 红层主要物理性质指标**

| 岩性 | 风化程度 | 密度 $\rho/(g\cdot cm^{-3})$ | 比重 $G_s$ | 干重度 $/(kN/m^3)$ | 孔隙率 $n/\%$ | 饱水率/% |
|---|---|---|---|---|---|---|
| 泥质粉砂岩 | 强 | 2.10～2.36 | 2.68～2.73 | 20.40～22.07 | 14.71～22.68 | 6.35～9.23 |
| | 中等 | 2.40～2.55 | 2.69～2.74 | 21.09～23.90 | 11.03～14.04 | 4.55～11.90 |
| | 弱 | 2.55～2.70 | 2.73～2.78 | 22.56～24.03 | 5.4～15.75 | 4.97～6.98 |
| 砾岩 | 强 | 2.16～2.44 | 2.65～2.67 | 21.40～22.10 | 18.2～25.10 | 7.8～10.20 |
| | 中等 | 2.47～2.59 | 2.69～2.73 | 21.09～23.90 | 11.03～15.64 | 4.48～6.65 |
| | 弱 | 2.55～2.72 | 2.72～2.78 | 24.13～24.70 | 9.09～13.15 | 3.02～4.09 |

岩体的完整性指数($K_v$),岩体的抗压、抗拉强度,为岩体的工程地质评价提供定量参数。

$$E_d=\frac{\rho v_s^2(3v_p^2-4v_s^2)}{2(v_p^2-v_s^2)} \tag{8-7}$$

$$G_d=\rho v_s^2 \tag{8-8}$$

$$\mu_d=\frac{v_p^2-2v_s^2}{2(v_p^2-v_s^2)} \tag{8-9}$$

$$K_v=(v_p/v_s)^2 \tag{8-10}$$

式中:$v_p$ 为岩体纵波速度,m/s; $v_s$ 为岩体横波速度,m/s; $\rho$ 为岩石密度,$kN/m^3$。

试验结果表明,红层的强风化层为破碎岩体,中-微风化层属较完整-完整岩体,其纵、横波速度及动力特征参数统计结果见表 8-10。

**表 8-10 红层动力特性参数统计表(均值)**

| 岩性 | 风化程度 | 密度 $\rho/(g\cdot cm^{-3})$ | 纵波速度 $v_p/(m\cdot s^{-1})$ | 横波速度 $v_s/(m\cdot s^{-1})$ | 动泊松比 $\mu_d$ | 动剪切模量 $G_d$ /MPa | 动弹性模量 $E_d$ /MPa | 完整性系数/$K_v$ |
|---|---|---|---|---|---|---|---|---|
| 泥质粉砂岩 | 强 | 2.23 | 1068 | 545 | 0.32 | 662.37 | 867.94 | 0.34 |
| | 中等 | 2.45 | 2178 | 1125 | 0.32 | 3100.78 | 4087.00 | 0.67 |
| | 弱 | 2.57 | 2495 | 1360 | 0.29 | 4753.47 | 6125.50 | 0.89 |
| 砾岩 | 强 | 2.30 | 1437 | 749 | 0.31 | 1290.30 | 1694.80 | 0.28 |
| | 中等 | 2.47 | 2248 | 1231 | 0.29 | 3742.94 | 4812.88 | 0.71 |
| | 弱 | 2.70 | 2730 | 1502 | 0.28 | 6091.21 | 7814.70 | 0.84 |

**3. 红层强度特性**

抗压强度是反映岩石力学性质的一个重要指标。单轴抗压强度是现行规范中计算岩基承载力的主要依据。单轴抗压强度主要受客观存在岩石自身性质及试验条件影响。结果表明:红层单轴抗压强度因其结构和风化程度不同,结果分异性大,参见表 8-11。总体上看,风化程度相同条件下,砾岩的单轴抗压强度及软化系数高于泥质粉砂岩。

表 8-11　泥质粉砂岩与砾岩单轴抗压强度对比

| 指　标 | 泥质粉砂岩 | | | 砾　岩 | | |
|---|---|---|---|---|---|---|
| | 强风化 | 中等风化 | 微风化 | 强风化 | 中等风化 | 微风化 |
| 天然抗压强度 $R_0$/MPa | 0.30～2.12 | 2.37～5.80 | 5.80～12.20 | 0.52～3.85 | 3.45～10.69 | 4.20～15.50 |
| 干燥抗压强度 $R_s$/MPa | 3.90～9.53 | 6.30～22.82 | 7.8～38.40 | 2.40～6.70 | 11.10～13.80 | 13.10～33.60 |
| 饱和抗压强度 $R_w$/MPa | 0.14～2.17 | 0.53～6.50 | 2.10～7.10 | 0.31～3.64 | 0.95～8.29 | 2.00～6.80 |
| 软化系数 $k_d$ | 0.04～0.40 | 0.04～0.34 | 0.13～0.62 | 0.51～0.75 | 0.55～0.72 | 0.15～0.24 |

（1）岩基荷载试验与单轴抗压试验对比。

某办公大楼场址，采用中风化泥质粉砂岩作为人工挖孔桩持力层，岩石天然单轴抗压强度为 2.60～5.90MPa，平均为 4.40MPa。由深井荷载试验测得岩基承载力特征值 5.60MPa（表 8-12），为单轴抗压强度的 1.60 倍。荷载试验曲线见图 8-4。

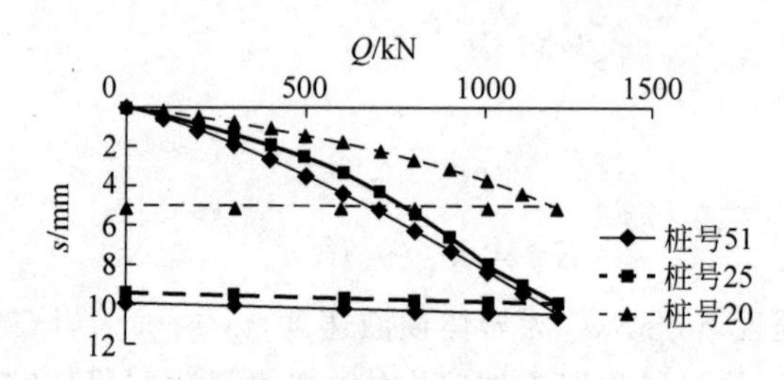


图 8-4　中风化泥质粉砂岩荷载试验曲线

表 8-12　岩基荷载试验成果

| 点号 | 极限荷载 /kN | 试验面积 /m² | 极限承载力 /kPa | 总沉降 /mm | 回弹率 /% | 安全系数 | 承载力特征值/kPa |
|---|---|---|---|---|---|---|---|
| 20 | — | — | — | 5.67 | 12.3 | — | — |
| 25 | 1200 | 0.0707 | 16985 | 10.41 | 8.9 | 3 | 5600 |
| 51 | — | — | — | 10.97 | 8.4 | — | — |

（2）高压旁压试验与单轴抗压对比。

应用 TEXAM 型预钻式高压旁压仪对软岩地基进行评价，旁压器型号为 NX 型、测量腔外径 7.00cm、固有腔体积 790cm$^3$、额定工作压力 10MPa，体积测量精度为 0.1cm$^3$。并利用预钻成孔（$\phi$79mm），岩芯高径比为 2∶1，直径 $\phi$50mm，与岩石抗压试验进行对比，见表 8-13。结果表明：$p_f'/\sigma_c$＝1.63～2.09，$p_l'/\sigma_c$＝4.21～5.82。

表 8-13　旁压试验与单轴抗压强度对比

| 工 程 名 称 | 深度/m | $\sigma_c$/MPa | $p_f'$/MPa | $p_L'$/MPa |
|---|---|---|---|---|
| 某立体仓库 | 13.30 | 1.63 | 3.35 | 9.40 |
| | 20.50 | 1.84 | 3.85 | 10.70 |
| 某办公大楼 | 13.60 | 4.30 | 7.00 | 18.10 |
| | 14.80 | 3.80 | 6.55 | 17.65 |

(3) 岩石单轴抗压试验、旁压试验与荷载试验对比。

某高层住宅小区的中、微风化泥质粉砂岩的单轴抗压试验、旁压试验与荷载试验的平行试验的结果如表8-14。岩基承载力 $q_p$ 与单轴抗压强度度 $\sigma_c$ 的比值远高于规范的最大折减系数0.50,说明该类岩石地基承载力具有相当大的潜力。

**表8-14 岩基强度试验对比**

MPa

| 风化程度 | $\sigma_c$ | $p_f'$ | $p_L'$ | $q_p$ | $q_p/\sigma_c$ |
|---|---|---|---|---|---|
| 中等风化 | 2.74～4.30 | 4.25～5.90 | 7.60～14.60 | 3.50 | 0.81～1.28 |
| 微风化 | 3.90～6.20 | 6.18～8.15 | 14.80～18.85 | 5.40 | 0.87～1.38 |

**4. 红层物理力学指标相关性**

经过大量的试验研究和统计分析,湘浏盆地红层的一些重要指标之间具有一定的相关性,如表8-15所示。利用这些相关方程,可在勘测过程中,利用易测参数对相关指标进行校核和推测,减少勘测工作量。

**表8-15 红层物理力学指标相关性**

| 指 标 | 相关方程 | 样本数 $n$ | 相关系数/$\gamma$ |
|---|---|---|---|
| 天然重度 $\rho_0$ 与天然单轴抗压强度 $R_0$ | $R_0=0.00013e^{4.28\rho_0}$ | 71 | 0.853 |
| 天然单轴抗压强度 $R_0$ 与弹性模量 $E$ | $E=0.351R_0^{1.022}$ | 26 | 0.891 |
| 临塑压力 $p_f$ 与旁压模量 $E_m$ | $p_f=3.99\times10^{-3}E_m+3.64$ | 58 | 0.54 |
| 临塑压力 $p_f$ 天然单轴抗压强度 $R_0$ | $p_f=0.96R_0+1.90$ | 85 | 0.71 |
| 临塑压力 $p_f$ 与岩体纵波速度 $v_p$ | $p_f=0.0003v_P^{2.2089}$ | 45 | 0.84 |
| 净极限压力 $p_L'$ 与岩体纵波速度 $v_p$ | $p_L'=0.0037v_P^{1.9625}$ | 45 | 0.86 |
| 旁压模量 $E_m$ 与岩体纵波速度 $v_p$ | $E_m=3.3111e^{0.0022v_p}$ | 45 | 0.848 |
| 旁压模量 $E_m$ 与动弹模量 $E_d$ | $E_m=25.348e^{0.0003E_d}$ | 45 | 0.874 |
| 饱和单轴抗压强度 $R_w$ 与天然单轴抗压强度 $R_0$ | $R_0=1.496R_w-0.173$ | 23 | 0.97 |

## 8.10.3 填土工程勘测

某填土工程,浅层为人工堆土、湖相淤积堆积层、淤积亚黏土、亚黏土、残坡积土及砾卵石层。填土为第四层表土,在填土后要求掌握淤积堆积层挤压密实情况,以便对填土区域工程的后续应用进行评价。为此,采用大地连续电导率成像系统对地下1000m深度的地层地质进行探测。

现场勘测共布置15条测线,同时在湖区附近排土场布置3条测线,作为参考剖面。测线布置如图8-5所示,测站及测点布置见表8-16。

以勘测线7为例,该线位于湖区东岸,岸线东部,测线7布置如图8-6所示。测线7共布置4个测站。由于受现场地形的限制,在测站2发生了偏转。其中,测站1的坐标为(3285739.9,383304.2,19.6),测点间距为30m,方位角为NW328°。测站2及测站3的方位角为NE15°,测站4与测站1相同。

在测站2附近布有地质勘探钻孔ZK76B(3285756.97,383294.18,14.01),该孔原孔口标高为14.01m,现标高为22.70m,已填土8.69m。

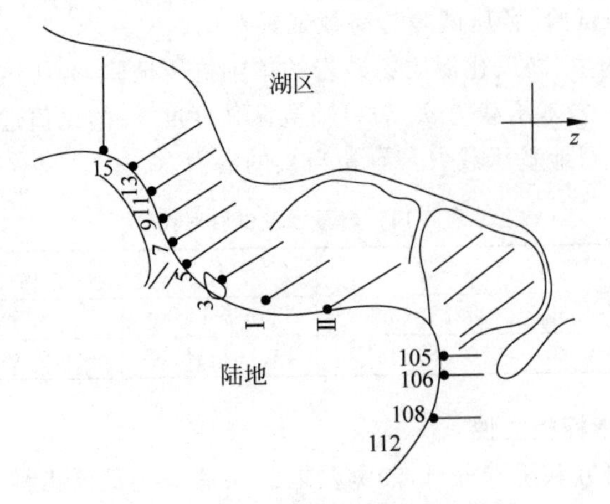


图 8-5 填土工程勘测线布置示意图

**表 8-16 现场测线布置一览表**

| 测 线 号 | 测站数/个 | 测距/m |
|---|---|---|
| 15 | 3 | 30 |
| 13 | 2 | 30 |
| 11 | 4 | 30 |
| 9 | 2 | 30 |
| 7 | 4 | 30 |
| 5 | 5 | 30 |
| 3 | 12 | 30 |
| Ⅰ | 6 | 40 |
| Ⅱ | 6 | 30 |
| 105 | 4 | 30 |
| 106 | 4 | 30 |
| 108 | 2 | 30 |
| 112 | 2 | 30 |

此外，在原地质勘探线上还布置有钻孔 ZK711(3285781.95,383278.90,14.48)，原标高 14.48m，现标高 23.40m，填土 8.92m；钻孔 ZK78(3285808.94,383264.70,13.35)，原标高 13.35m，现标高 21.10m，填土 7.75m。总体上，沿测线地形较平整，测线高差 2.3m 左右。

填土成分主要为各类岩矿的风化产物及第四系表土，下部为湖相淤积黏土，基岩为花岗闪长斑岩。

钻孔 ZK76B 位于原测线 7 的中部，该线与测线 9 平行，居其北，线间距 80m。软弱地层主要为浅层填土及残坡积土，厚度为 24.81m；软弱岩石主要为各类花岗闪长斑岩。钻孔岩性分布见表 8-17。钻孔柱状图如图 8-7 所示。

大地地磁探测数据以天然磁场为主要信息源判断大地的地层地质构造，主要数据最终转换为介质的视电阻率。即使在同一地理位置，天然介质的电磁场不仅与地质介质本身的物质组成、结构构造有关，而且与地层岩性、破碎程度及含水率等因素有关。在不同经纬度的地方，即使同一岩性的地层，由于地球本身电磁场的变化，其电阻率也存在很大的差异。因此，根据电阻率对岩性的定量地质解译是相当复杂。

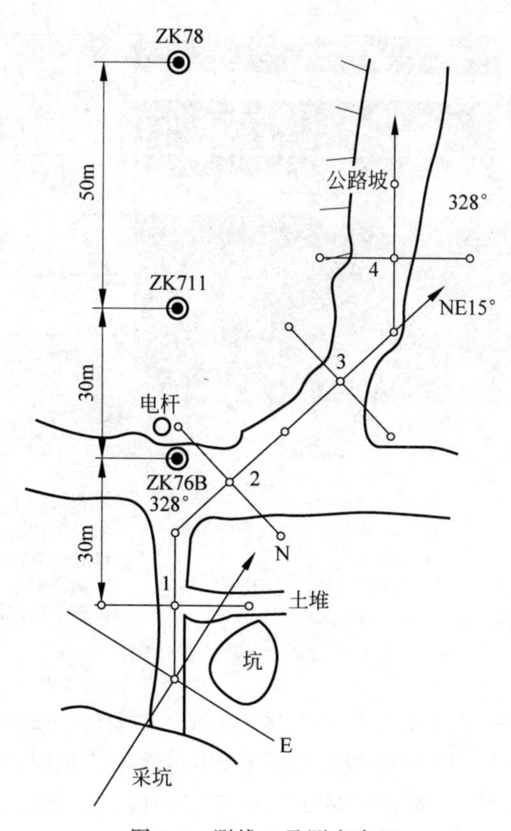


图 8-6 测线 7 及测点布置

**表 8-17 钻孔 ZK76B 的岩性分布**

| 分层起止深度/m | | 厚度/m | 地层岩性 |
|---|---|---|---|
| 自 | 至 | | |
| 0.00 | 8.69 | 8.69 | 填土 |
| 8.69 | 24.81 | 16.12 | 残坡积层 |
| 24.81 | 38.60 | 13.79 | 花岗闪长斑岩 |
| 38.60 | 46.52 | 7.92 | 黄铁矿化接触角砾岩 |

然而,在地球上同一地理位置,在相同或相近的条件下,不同时间的探测结果即电阻率的变化趋势是相对稳定的,这为大地地磁法探测提供了科学依据。一般而言,由于水是良导体,电阻率与含水率有很大的关系。含水率越高,电阻率越低。水中含盐的成分越高,导电性越好,电阻率越低。由于破碎松软岩石一般富含水,其电阻率一般较低。对于松软地层、破碎充水或充填的地质构造,电阻率通常比较低。对于岩溶空洞,如果不被其他介质充填或充水,电阻率通常很高。

因此,对探测数据的低电阻及高电阻异常带的判断,可以定性地判断出地下地层地质构造的异常。

基于电阻率的岩性判断依赖于钻孔数据。通常根据钻孔柱状图,与钻孔位置的测深-电阻率剖面进行对比,从而确定相应测深电阻率的地层岩性。

彩图 8-7

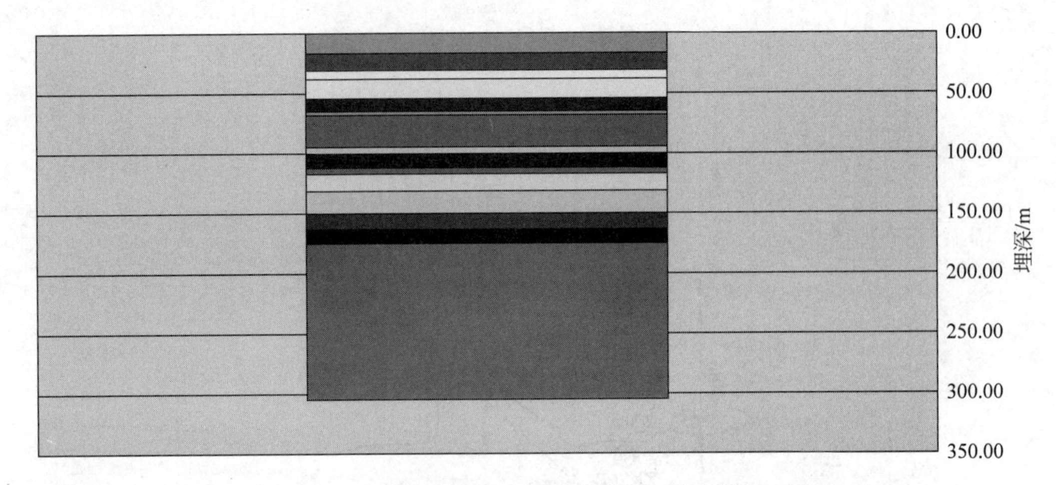


图 8-7　ZK76B 钻孔柱状图

但是,由于大地地磁探测的深度通常可达 1000m 或以上,而通常深孔钻进存在钻孔偏斜,一般而言,钻孔的偏斜率可达 3%或更高,当地层岩性不稳定时,这就意味着依赖的钻孔数据在深度达到一定界限后,其解译结果会出现很大的误差。因此,在某种程度上,应更多地取信于钻孔的浅部信息。

图 8-8 为测线 7 各测点的视电阻率、相位、相关系数及真电阻率的变化。

彩图 8-8

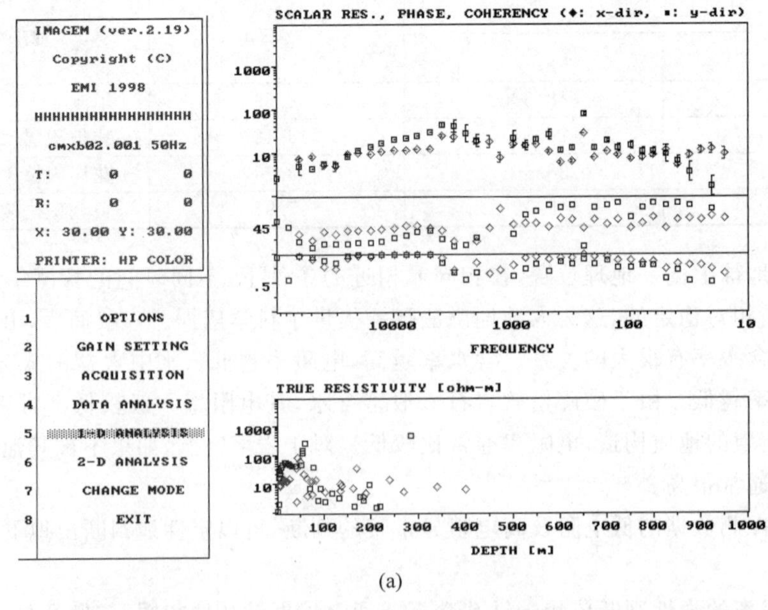


(a)

图 8-8　测线 7 各测点视电阻率、相位、相关系数及真电阻率变化关系图

(a) 测点 1;(b) 测点 3;(c) 测点 4

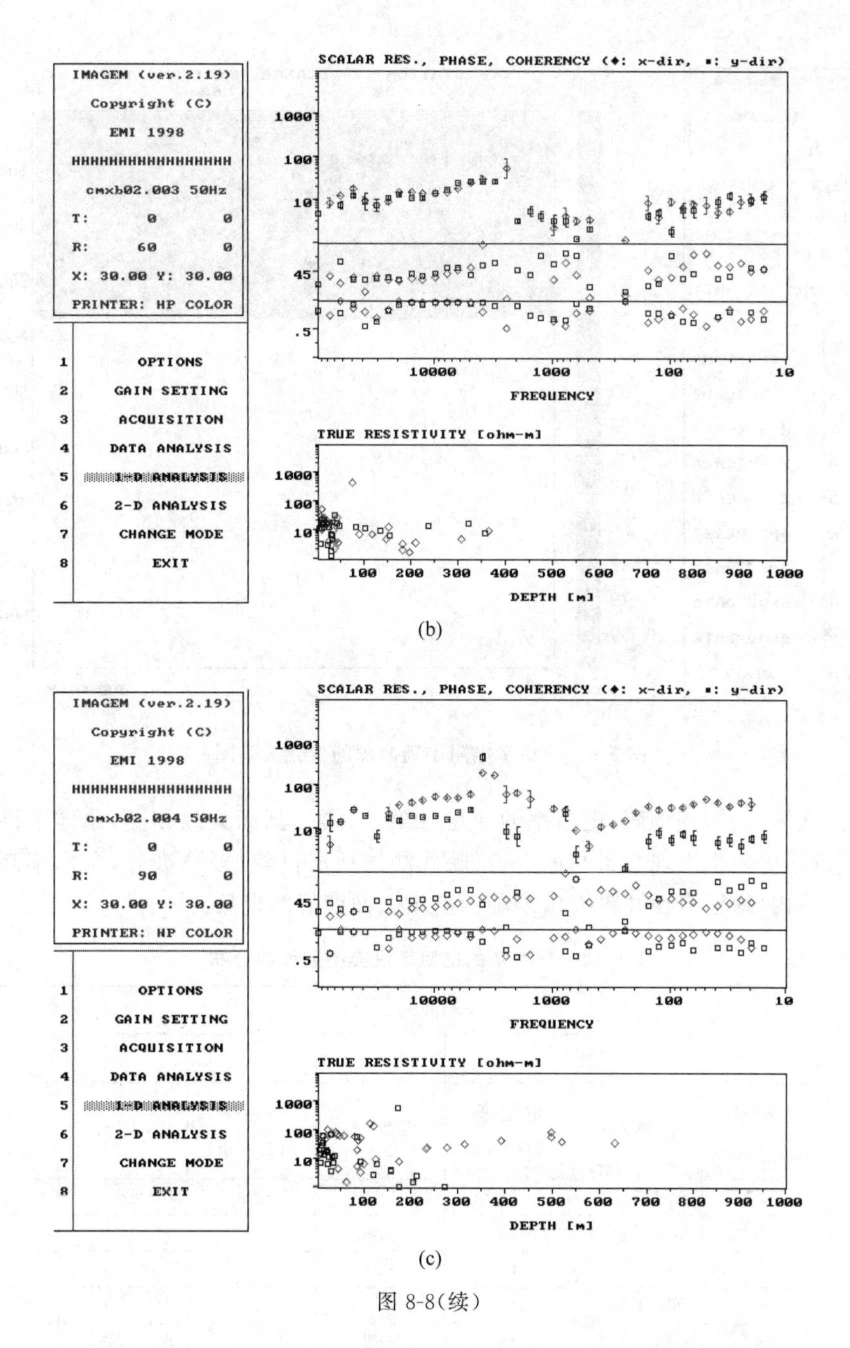


(b)

(c)

图 8-8(续)

图 8-9 为测线 7 电阻率沿测深的变化关系图。从图可知，浅层电阻率变化比较复杂，这里通过 4 个典型剖面来揭示各地层电阻率沿测线方向及深度的变化。电阻率沿各剖面的变化见表 8-18。从表可知，各剖面电阻率均在 100Ω·m 以下，电阻率普遍低，多数地层的电阻率小于 50Ω·m，在 160m 以下的电阻率为 13Ω·m。在 0～368m 深度范围内，第一剖面按电阻率可划分为 7 层，其变化区间为 7～51Ω·m，存在电阻率相同的地层交互出现，如 13Ω·m 电阻率的地层在不同深度均有出现。在第二剖面按电阻率可划分为 8 层，低电阻层的电阻率仅为 3Ω·m，高电阻层为 100Ω·m。同样，13Ω·m 电阻率的地层在不同深度

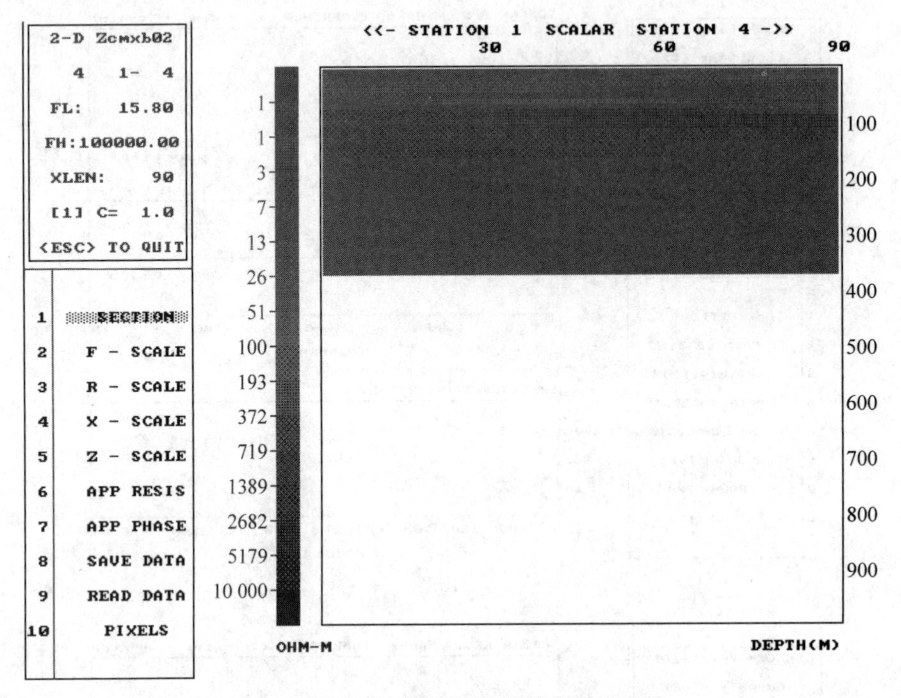

图 8-9 测线 7 电阻率随测深的变化关系图

均有出现。在第三、第四剖面，电阻率的变化与第一、第二剖面大致相同，总体来讲，均属低电阻，且沿测线电阻率出现交错与嵌入，反映此测线地层比较松软\破碎，含水率高，在二期开采深度范围内，地层岩性并没有出现随深度增大而变好的现象。

**表 8-18 测线 7 的电阻率沿典型剖面的分布**

| 剖面号 | | | | | | | |
|---|---|---|---|---|---|---|---|
| ① | | ② | | ③ | | ④ | |
| 深度/m | 电阻率/(Ω·m) | 深度/m | 电阻率/(Ω·m) | 深度/m | 电阻率/(Ω·m) | 深度/m | 电阻率/(Ω·m) |
| 0～24 | 13 | 0～24 | 13 | 0～36 | 26 | 0～16 | 51 |
| 24～36 | 26 | 24～44 | 26 | 36～56 | 13 | 16～24 | 100 |
| 36～44 | 51 | 44～56 | 13 | 56～64 | 51 | 24～36 | 51 |
| 41～56 | 26 | 56～64 | 100 | 64～72 | 13 | 36～56 | 26 |
| 56～72 | 13 | 64～72 | 13 | 72～82 | 7 | 56～72 | 51 |
| 72～160 | 7 | 72～108 | 3 | 82～108 | 3 | 72～82 | 26 |
| 160～368 | 13 | 108～160 | 7 | 108～130 | 7 | 82～108 | 3 |
| | | 160～368 | 13 | 130～368 | 13 | 108～130 | 7 |
| | | | | | | 130～368 | 13 |

利用测线附近的原勘探钻孔对探测地层进行标定。在测线附近，测站 1 的西南向钻孔 ZK76B，考虑该位置已填土 8.69m，获得标定数据见表 8-19。

因为钻孔 ZK76B 离测站 1 较近，根据上述相关数据对测线地层进行标定。由表 8-19

可知，填土与坡积土的电阻率特性一致，在探测深度范围(0～355.2m)内岩石电阻率普遍很低，说明岩石风化强烈，节理、裂隙发育，含水率高，强度低，且此测线从浅部(46.63m)到深部赋存有矿体，砂岩较破碎，为软弱岩层。

**表 8-19　测线 7 剖面电阻率分布及地质解译结果**

| 标高(起/止)/m | 厚度/m | 视电阻率范围/(Ω·m) | 地层岩性 |
|---|---|---|---|
| 0/8.69 | 8.69 | 13 | 填土 |
| 8.69/24.81 | 16.12 | 13 | 残坡积层 |
| 24.81/38.60 | 13.79 | 26 | 花岗闪长斑岩 |
| 38.60/46.52 | 7.92 | 51 | 黄铁矿化接触角砾岩 |
| 46.52/61.57 | 15.05 | 26 | 含铜黄铁矿 |
| 61.57/73.00 | 18.33 | 13 | 褐铁矿、黄铁矿 |
| 73.00/76.01 | 3.01 | 7 | 含铜黄铁矿化花岗闪长斑岩 |
| 76.01/101.98 | 25.97 | 7 | 黄铁矿化花岗闪长斑岩 |
| 101.98/106.58 | 4.60 | 7 | 含铜黄铁矿 |
| 106.58/120.31 | 1.66 | 7 | 含铜黄铁矿化花岗闪长斑岩 |
| 120.31/124.92 | 4.61 | 7 | 含铜黄铁矿化矽卡岩 |
| 124.92/139.08 | 14.16 | 7 | 黄铁矿化硅化花岗闪长斑岩 |
| 139.08/157.90 | 18.82 | 7 | 黄铁矿化矽卡岩 |
| 157.90/170.73 | 12.83 | 7 | 黄铁矿化硅化花岗闪长斑岩 |
| 170.73/183.43 | 12.24 | 13 | 矽卡岩化花岗闪长斑岩 |
| 183.43/312.48 | 129.05 | 13 | 磁铁矿黄铁矿化石榴子石矽卡岩 |
| 312.48/320.59 | 8.11 | 13 | 含铜黄铁矿 |
| 320.59/333.35 | 12.76 | 13 | 磁铁矿、黄铜矿、黄铁矿 |
| 333.35/344.43 | 11.08 | 13 | 黄铜矿、黄铁矿 |
| 346.12/346.62 | 2.19 | 13 | 黄铁矿化硅化灰岩 |
| 337.93/355.31 | 7.16 | 13 | 含铜黄铁矿 |
| 355.31/363.89 | 10.11 | 13 | 黄铁矿化变质石英岩 |

图 8-10 是沿测线 7 电阻率的等高线变化图，图 8-11 是采用 SUERFER 对测线 7 的探测数据进行处理而获得的二维地质剖面图，它反映了岩性地层在测线范围内沿深度的连续分布。

从图 8-11 可知，该线浅层主要为填土及残坡积土，下覆地层主要为花岗闪长斑岩、矽卡岩、灰岩以及褐铁矿、黄铁矿等。从该线附近已有钻孔推测，下覆地层为强风化、破碎岩层。

图 8-12 为测线 7 的地层地质勘测剖面图，沿线电阻率的分布见表 8-20。在近边坡部位测深范围内的电阻率低于 51Ω·m，中间部位低于 26Ω·m，近湖区部位小于 51Ω·m。

**表 8-20　测线 7 低电阻带分布**

| 近陆地部位 | | 测线中部 | | 近湖区部位 | |
|---|---|---|---|---|---|
| 深度/m | 电阻率/(Ω·m) | 深度/m | 电阻率/(Ω·m) | 深度/m | 电阻率/(Ω·m) |
| 0～368 | <51 | 0～56 | <26 | 0～16 | <51 |
| — | — | 64～368 | <13 | 24～368 | <51 |

彩图 8-10

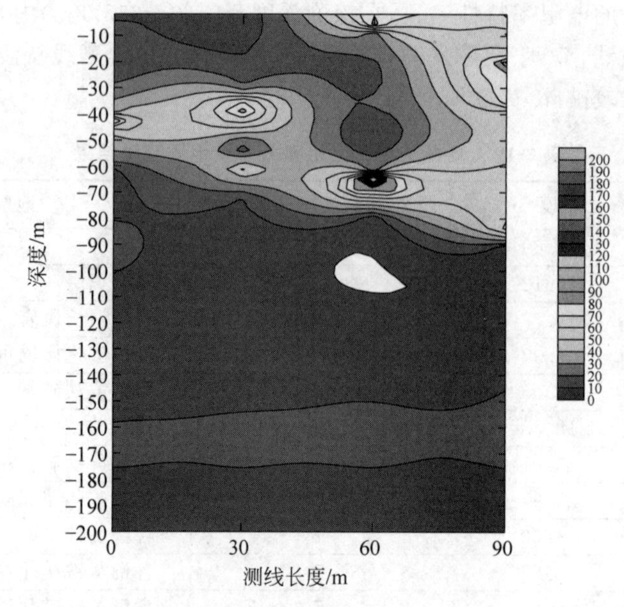


图 8-10　测线 7 电阻率等高线变化图

彩图 8-11

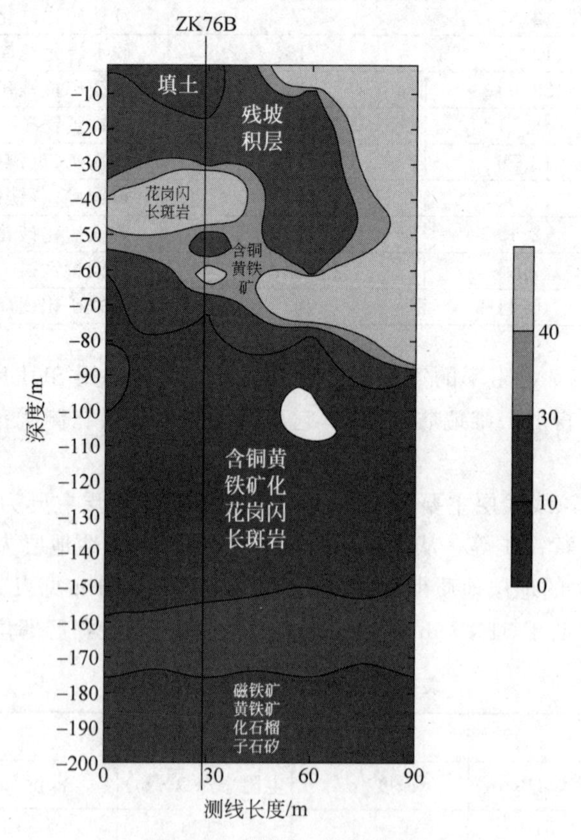


图 8-11　测线 7 地质解译图

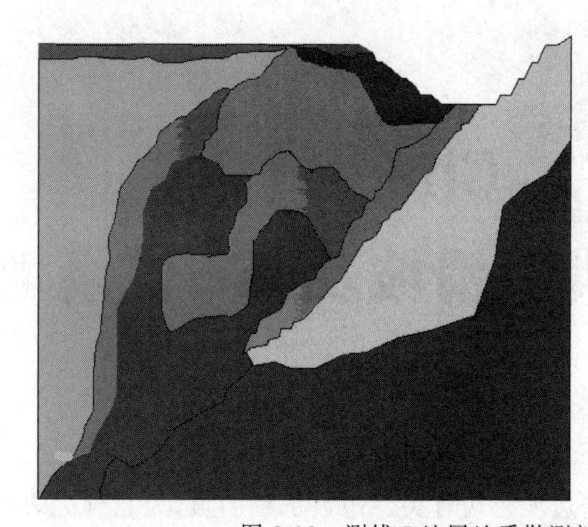

■ 含铜黄铁矿
■ 硅化灰岩
■ 角砾岩
■ 石英岩、石英细砂岩
■ 表土
■ 大理岩
■ 花岗闪长斑岩
■ 石英斑岩
□ 矽卡岩
■ 褐铁矿

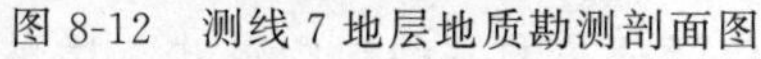
图 8-12　测线 7 地层地质勘测剖面图

通过各勘测线进行测试、标定和解译，最终可获得各勘测地质剖面。利用现代数字制图技术，可以进一步构建三维地质图，并进行工程地质分区。如图 8-13 所示，为填湖区工程地质分区图。

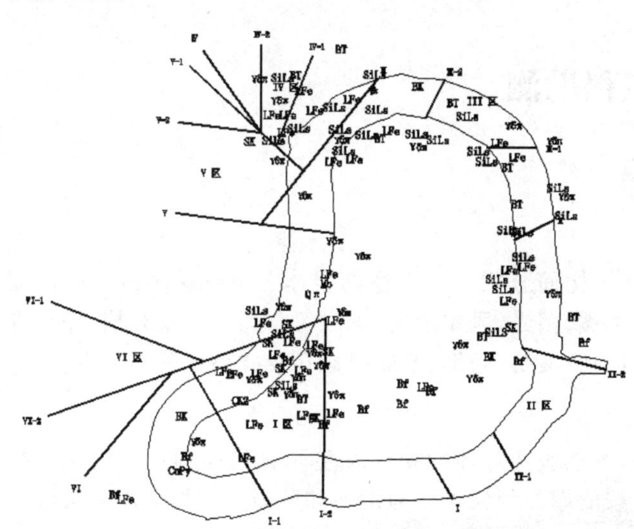

Qπ：属石英斑岩　　SiLs：属硅化灰岩
Bf：属构造角砾岩　CuPy：属含铜黄铁矿带
BT：属接触角砾岩　Lfe：属褐铁矿
BK：属溶蚀洼地堆积物，复合成因角砾岩
S3S：属志留系上统纱帽组，岩性主要为猪肝色、紫红色石英砂岩，灰白色变质石英砂岩及灰白色砂岩夹绿色页岩
γδπ：属花岗闪长斑岩，其中部分与褐铁矿带(Lfe)接触，接触长度为30～40m
D3w：属泥盆系上统五通组，岩性为灰白色含砾石英砂岩、含绢云母砂质页岩、石英砂岩及石英砂砾岩

图 8-13　填湖区工程地质分区

# 第9章 Chapter 9 危岩、崩塌、滑坡及泥石流场地勘测

危岩、崩塌、滑坡及泥石流均与边坡密切有关。边坡也称斜坡，是指地壳表面具有侧向临空面的地质体，是地壳表层广泛分布的一种地貌形式。边坡一般可分为天然边坡和人工边坡两种。所谓天然边坡是指未经人工破坏改造的斜坡，如沟谷、岸坡、山坡和海岸等；而人工边坡是指经人工开挖或改造了形状的斜坡，如渠道边坡、基坑边坡、路堑边坡和露天矿边坡等。

## 9.1 危岩与崩塌的岩土工程勘测

### 9.1.1 危岩与崩塌的特点

#### 1. 危岩

危岩是位于陡坡或陡崖上被各类结构面分割可能失稳的岩体。由于受多组结构面切割，通常为孤立岩体。危岩体在自重、地震、阳光、风霜雨雪、冻融等自然营力及开挖、爆破等外部荷载作用下，容易发生失稳，并以滑动、滚落、倾倒、错断等破坏模式引发落石灾害。

#### 2. 崩塌

岩土体被陡倾的拉裂面破坏分割，突然脱离母体而快速发生垂直位移、翻滚、跳跃和坠落，堆于崖下的破坏形式，即为崩塌。按崩塌的规模可分为山崩和坠石。按物质成分又可将崩塌分为岩崩和土崩。

从崩塌发生条件来看，存在空区或节理裂隙发育的岩土体，一般在发生崩塌岩体或土体的下方；从崩塌发生的位置来看，崩塌通常发生在悬崖或高陡斜坡的坡肩部位；从崩塌发生的运动特点来看，崩塌体质点铅直方向位移矢量较水平方向要大得多，崩塌发生时无依附面，往往具有突发性，运动速度快。

常见的崩塌破坏模式有滑移式、倾倒式及坠落式，其中坠落式又包括悬挑式坠落、坐落式坠落及架空式坠落。

### 9.1.2 危岩与崩塌的勘测方法

#### 1. 危岩勘测要点

(1) 危岩所处地形及位置。危岩所处地形及位置是判断危岩体潜在危险性的重要特征

指标，应重点勘测危岩所处地形的平坦度、宽敞空间大小、悬崖或陡坡岩层的分布、节理裂隙的发育程度以及坡脚的稳定性。

(2) 危岩体结构面。为了确定危岩体边界、规模及变形破坏模式，须对危岩体结构面进行调查，确定不利结构面及其组合。对于危岩而言，确定危岩体的分布范围、圈定危岩体位置、几何尺寸及节理裂隙展布等是非常重要的。

(3) 风化与卸荷。危岩体的发育是从卸荷裂隙开始的，加之有利的地形地貌，危岩体主控结构面的断裂、扩张、追踪控制着危岩体的稳定态势。在危岩体的勘测中，宜重点确定危岩体风化及卸荷深度、卸荷带宽度、卸荷裂隙性状及发展趋势。

(4) 人类工程活动及其相互作用程度。

(5) 失稳破坏模式及稳定性评价。通过勘测和分析，确定危岩体潜在的失稳模式，充分利用监测大数据，考虑全要素，采用静力学、动力学与智能判识等综合方法对危岩体稳定性进行评价。

**2. 崩塌勘察要点**

崩塌勘察宜在可行性研究或初步勘察阶段进行，应查明产生崩塌的条件及其规模、类型、范围，并对工程建设适宜性进行评价，提出防治方案的建议。崩塌勘察主要查明下列内容：

(1) 地形地貌及崩塌类型、规模、范围、崩塌体的大小和崩落方向。

(2) 岩体基本质量等级、岩性特征和风化程度。

(3) 地质构造，岩体结构，结构面的产状、组合、闭合程度、力学属性、延展及贯穿情况。

(4) 气象、水文、地震和地下水的活动。

(5) 崩塌前的迹象和崩塌原因。

(6) 当地防治崩塌的经验。

**3. 危岩与崩塌的勘测方法**

危岩和崩塌的工程地质测绘，宜采用比例尺 1∶500～1∶1000，主剖面的比例尺宜采用1∶200。针对危岩与崩塌的特点，野外详细地质测绘通常具有一定难度，宜采用三维激光扫描、无人机摄像、航测等远距遥测方法。

在地下工程中，井巷及采空区也存在危岩和崩塌灾害。对于井巷顶板危岩，通常通过日常巡查、变形观测和加强顶板支护管理来实现；对于采空区而言，危岩和崩塌的勘测由于条件的限制，空区内采用激光三维扫描进行测量，在地面采用经纬仪、全站仪及 GPS 等测量手段进行地表变形勘测，通过时间序列数据，结合地质数据，对潜在崩塌区进行分析和评价。

**4. 危岩与崩塌的岩土工程评价**

危岩与崩塌的岩土工程评价应符合下列规定：

(1) 规模大，破坏后果很严重，难于治理的，不宜作为工程场地，线路应避绕。

(2) 规模较大，破坏后果严重的，应对危岩进行加固处理，线路应采取防护措施。

(3) 规模小，破坏后果不严重的，可作为工程场地，但应对不稳定危岩采取治理措施。

危岩与崩塌区的岩土工程勘察报告除应满足一般要求外，尚应阐明崩塌区的范围、类型及适宜性，并提出防治方案。

## 9.2 滑坡勘测

斜坡岩土体沿着贯通的剪切破坏面所发生的滑移现象称为滑坡。滑坡是某一滑移面上剪应力超过了该面的抗剪强度所致。滑坡通常是较深层的破坏,滑移面深入坡体内部,质点位移矢量水平方向大于铅直方向,有依附面,即滑移面存在;滑移速度取决于坡度及滑移距离,且具有整体性。滑坡受地形影响显著。

### 9.2.1 滑坡勘测技术与要求

**1. 测试和监测工作**

1)测试工作

为了验算滑坡的稳定性,必须对滑带土进行抗剪强度试验,以求取 $c$、$\varphi$ 指标值。一般滑坡取样做室内试验即可;根据需要做原状土或重塑土试验时,试验方法应与滑带土受力条件相似,采用快剪、固结快剪或饱和固结快剪,获得峰值和残余强度。大型和重要的滑坡,除采样进行室内试验外,还需做滑带土的原位测试。

2)监测工作

规模较大以及对工程有重要影响的滑坡,应进行监测。滑坡监测的内容包括:滑带(面)的孔隙水压力;滑体内外地下水位、水质、水温和流量;支挡结构承受的压力及位移;滑体上工程设施的位移等。滑坡监测资料,结合降雨、地震活动和人为活动等因素综合分析,可作为滑坡时间预报的依据。

**2. 滑坡勘测的任务和目的**

(1) 查明滑坡的现状,包括滑坡周界范围、地层结构、主滑方向;平面上的分块、分条,纵剖面上的分级;滑动带的部位、倾角、可能形状;滑带岩土特性等滑坡的诸形态要素。

(2) 查明引起滑动的主要原因。在调查分析滑坡的现状和滑坡历史的基础上,找出引起滑坡的主导因素;判断是首次滑动的新生滑坡还是再次滑动的古滑坡复活。

(3) 获得合理的计算参数。通过勘探、原位测试、室内试验、反算和经验比拟等综合获得牵引段、主滑段和抗滑段合理的抗剪强度指标。

(4) 综合测绘调查、工程地质比拟、勘探及室内外测试结果,对滑坡当前和工程使用期内稳定性做出合理评价。

(5) 提出整治滑坡的工程措施或整治方案。对规模较大的滑坡以及滑坡群,宜加以避让;防治滑坡宜采用排水(地面水和地下水)、减载、支挡、防止冲刷和切割坡脚、改善滑带岩土性质等综合性措施,且注意每种措施的多功能效果,并以控制和消除引起滑动的主导因素为主,辅以消除次要因素的其他措施。

(6) 提出是否要进行监测和监测方案。

**3. 勘测技术与要求**

1)工程地质测绘和调查

工程地质测绘和调查范围应包括滑坡及其邻近地段,比例尺可选用 1∶200～1∶1000。用于整治设计时,比例尺应选用 1∶200～1∶500。内容包括:

(1) 搜集地质、水文、气象、地震和人类活动等相关资料。

(2) 滑坡的形态要素和演化过程，圈定滑坡周界。

(3) 地表水、地下水、泉和湿地等的分布。

(4) 树木的异态、工程设施的变形等。

(5) 当地治理滑坡的经验。

(6) 对滑坡的重点部位摄影或录像。

2) 工程地质勘探

(1) 勘探工作的主要任务是查明滑坡体的地质结构、滑动面的位置、展布形状、数目和滑带岩土的性质，查明地下水情况，采取岩士试样进行试验等。

(2) 勘探线和勘探点的布置应根据工程地质条件、地下水情况和滑坡形态确定，除沿主滑方向布置勘探线外，在其两侧滑坡体外也应布置一定数量勘探线。勘探点间距不宜大于40m，在滑坡体转折处和预计采取一定措施的地段，也应布置勘探点。

(3) 勘探孔的深度应穿过最下一层滑面，进入稳定地层，控制性勘探孔应深入稳定地层一定深度，满足滑坡治理需要。

(4) 为直接观察地层结构和滑动面，或为原位大型剪切试验要求，宜布设一定数量的探井或探槽。为准确查明滑动面的位置，对于土体滑坡，可布设适量静力触探点；对于岩体滑坡，可采用合适的物探手段。

(5) 在滑坡体内、滑动面(带)和稳定地层内，均应采取足够数量的岩土试样进行试验。

(6) 为查明地下水的类型，各层地下水位，含水层厚度，地下水流向、流速、流量及承压性，应布设专门性钻孔，或利用其他钻孔进行水文地质测试，必要时设置地下水长期观测孔。

(7) 滑坡勘探宜采用管式钻头、全取芯钻进，土质滑坡宜采用干钻，钻进过程中应细致地观察、描述，注意钻进难易。

### 9.2.2　滑动面/带的确定

(1) 通过小间距取样，0.5m或更小，测定和绘制含水量随深度变化的曲线，含水量最大处可能是滑动面(带)。

(2) 所采取岩芯经自然风干，岩芯自然脱开处可能是滑动面；破碎地层与完整地层的界面也可能是滑动面位置；大型、超大型滑坡可能出现地层重复现象，结合调查测绘，分析判断是否属于滑动面(带)。

(3) 孔壁坍塌、卡钻、漏水、涌水，甚至套管变形、民用水井井圈错位等都可能是滑动面位置，但应结合其他情况进行综合分析判断。

### 9.2.3　滑坡评价

滑坡勘测评价除应满足一般规定外，尚应包括下列内容：

(1) 滑坡的地质背景和形成条件。

(2) 滑坡的形态要素、性质和演化。

(3) 提供滑坡的平面图、剖面图和岩土工程特性指标。

(4) 滑坡稳定分析。

(5) 滑坡防治和监测的建议。

# 9.3 滑坡勘测案例

## 9.3.1 大型铁路滑坡勘测

八渡滑坡位于南昆铁路 K343+380～+450 段，曾在 2001 年发生 $60\times10^4 m^3$ 的滑坡，滑坡体主体轴向位移 4m。为查明滑坡发生机制，为滑坡加固提供设计依据，采用综合地球物理方法与其他地质调查方法进行勘测，获得了满意的效果。

**1. 滑坡体地球物理勘测**

本次勘测共布设 9 条高分辨率反射地震剖面，剖面总长 1931m；地质雷达剖面 9 条，总长 1300m；重要地段雷达和地震剖面重合，一般地段分别进行，剖面统一编号从 1 到 14。声波测桩 6 根，地形测量和摄像 $1.08km^2$，地质调查 $1.6km^2$。测线布置参见图 3-8，勘测工作量见表 9-1。

**表 9-1 八渡滑坡(K343)勘测布置**

| 序号 | 项目 | 剖面号 | 剖面长度/m | 测量面积/$km^2$ | 勘测工作量 | 备注 |
|---|---|---|---|---|---|---|
| 1 | 地质雷达 | 1 | 60 | | 1300m | |
| 2 | | 2 | 60 | | | |
| 3 | | 3 | 100 | | | |
| 4 | | 4 | 110 | | | |
| 5 | | 5 | 100 | | | |
| 6 | | 9 | 250 | | | |
| 7 | | 11 | 140 | | | |
| 8 | | 12 | 120 | | | |
| 9 | | 13 | 360 | | | |
| 10 | 地形测量 | | | 0.108 | $0.108km^2$ | 270m×400m |
| 11 | 变形测量 | | | 0.108 | $0.108km^2$ | 270m×400m |
| 12 | 地质摄像 | | | 0.108 | $0.18km^2$ | 270m×400m |
| 13 | 地质调查 | | | 0.160 | $0.16km^2$ | 400m×400m |
| 14 | 声波测桩 | | 6 根 | | 6 根 | |

1) 高分辨反射地震

为了初步掌握松散层、各风化层厚度分布，滑动层底界面分布及岩土层的力学性质，查明易滑层位，为分析滑坡的成因和拟订治理方案提供客观依据，选用高分辨反射地震对场地进行勘测。滑坡勘测主要成果参见表 3-2。

使用仪器：R-24 地震仪，24 道检波器，锤击震源。

工作方法：为使勘测结果准确、客观，必须准确设定工作参数。进场后对场区地质环境进行全面踏勘，了解本区地层特征；在此基础上，在 1 号剖面(图 9-1)进行了工作方法选取试验，工作方法内容参见 3.3.2。

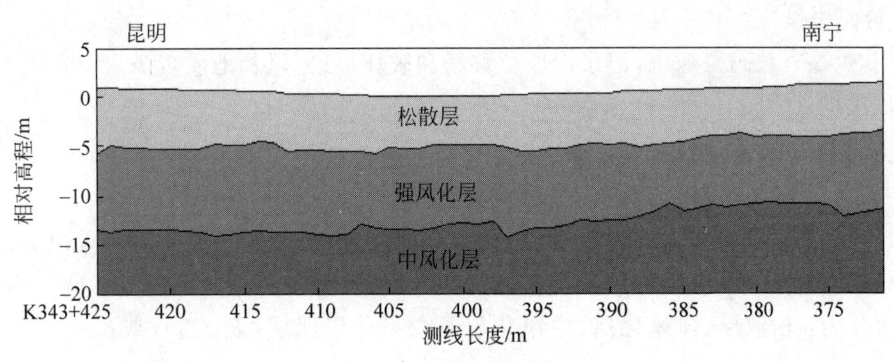

图 9-1　工作方法试验剖面图

2）地质雷达

地质雷达用于查清滑坡体开裂深度、滑坡底界面的分布，为分析滑坡体的成因、变形场特征，提供基础资料。

使用仪器：SIR-2 型地质雷达，配用 100MHz 天线，采样长度 512，时间长度 500ns，探测深度 25m。

测量方法：雷达天线在地表拖行，速度 1m/s，测量中每隔 2m 进行标记。

3）声波测桩

声波测桩用于检测原有抗滑桩的长度、桩身混凝土强度及桩体完整性，结合地质资料分析抗滑桩失效的原因，为设计新抗滑桩提供参考。

使用仪器：CE2001 型工程检测仪，采样率 2μs，采样长度 8k，一发双收。

工作方式：首先进行桩身波速测定，将两检波器分置桩体两侧，一侧锤击，利用桩体宽度与两检波器的时差之比求得桩体波速。其次进行桩长测定，将两检波器同时置于桩顶，敲击桩顶，记录桩底反射波，根据反射波走时与速度，计算桩长见表 3-11。最后进行桩体完整性分析，对记录波形进行谱分析，完整桩谱形呈单峰，频率高，两检波器谱形一致；有缺损的桩，谱形呈多峰，频率降低，两检波器谱形有明显差异。

**2. 其他勘测方法**

1）地形与变形场测量

地形与变形场测量和摄像用于记录滑坡体地形和位移场、变形场分布，以便分析滑坡体的运动和动力学特征，对滑坡的成因进行合理解释，为治理方案的拟订提供科学依据。

使用仪器：全站仪。

工作方法：对滑坡体及周围地区按 1∶500 精度进行地形测量，并对滑坡裂缝的位置、长度、开裂宽度、垂向断距和平错距逐一进行测量。

2）地质调查

地质调查是通过现场考察对滑坡体及周围地质环境进行调查分析，查明滑坡的地质层位、物性特征及易滑层分布，分析滑坡形成的地质条件和动力学条件，为滑坡区的综合治理提供科学依据。

工作方法：对区内各地段、各开挖露头逐一进行考察和记录，特别是砂岩强风化出露地段。

3）数码摄像

使用SONY数码摄像机，记录滑坡位移场和破坏形迹，以及地质现象，为解释滑坡体成因及治理提供资料。

**3. 滑坡体地质条件及变形特征**

1）滑坡地质条件调查

滑坡区地势北高南低，高差近100m。东西两侧山地和南部开挖地段出露泥岩，北部山坡出露砂岩。地震和雷达勘测结果表明，滑坡区内基岩向东南方向倾覆。滑坡区内地层由上而下可分为：松散层、强风化层、中风化层及微风化层四层（表3-3），典型地层分布参见图3-9。

2）抗滑桩检测结果

K343＋370～＋450段现有6根抗滑桩，参见图3-8。抗滑桩断面2.0m×2.5m，滑坡发生过程中均发生了明显位移。为了查明其失稳原因，使用了CE2001工程检测仪对这6根桩的长度、混凝土强度及完整性进行了声波检测。按照国家行业标准有关规定，结合实际，得出的检测结果见表3-11。

测桩结果表明，抗滑桩桩体强度很高，声波速度为3.77～4.17km/s，达到了C20混凝土技术指标，桩长为9～15m。1＃、4＃、5＃、6＃桩完整性较好，基本无缺陷；2＃、3＃桩差一些，其中3＃桩最差，中间局部有间断。根据对过去施工情况的调查，在灌桩的时候有片石投入，可能使桩局部漏空。3＃桩偏浅，且桩底反射很强，说明桩底为软土，且谱形呈多峰现象，可能是折断桩或悬浮桩。

3）滑坡体的变形特征

滑坡体边界北起铁路北侧30m的山坡，南边一直到南盘江北岸，长约350m。南宽北窄，整体向南东方向滑移。滑坡体的西边界以滑动中产生的大规模裂缝为边界，在北部走向为北东，南部走向近南北，呈线性延伸，切割山坡、沟谷和开挖地等不同地形，其形成可能与构造有关。滑坡体东部以深大冲沟为界，总体向东南蠕散。东西宽约250m，呈三角扇形展布，滑动面积约30 000$m^2$。参见图3-13。

滑体包括第四系松散层和强风化层，滑动面在砂岩强风化层上部与松散层底部，滑层厚度约15m。变形场以张裂为主，伴有垂直错断，滑坡体边缘有小规模走滑。张裂缝最大宽度达2m，累积滑动量10m以上，垂向断距最大为4.8m，水平错动最大为0.5m。

## 9.3.2 高陡风化岩边坡滑坡

**1. 矿区概况**

城门山铜矿位于九江市西南18km的城门镇辖区内，矿区与九江-瑞昌公路隔湖相对，距长江南岸6.5km。矿区面积2.7$km^2$，工程地质条件极其复杂。矿山在建规模为15 000t/d，露采最终境界上口尺寸1400m×1450m（EW×SN），坑底尺寸90m×110m，最高台阶标高＋122m，坑底标高－298m，边坡最大高度420m。露天矿等高线图如图9-2所示。

**2. 边坡结构及参数**

矿区露采最终境界边坡及台阶参数如下。

（1）终了阶段高度：12m，台阶靠帮并段后为24m。

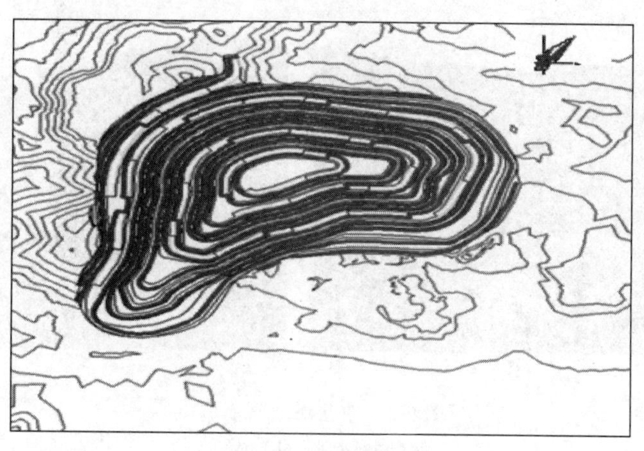

彩图 9-2

图 9-2 露天矿等高线图

(2) 终了阶段坡面角：溶蚀洼地破碎带 38°，强风化带 55°，岩石区域 65°。

(3) 终了平台宽度：安全平台 6m，清扫平台 9～15m，其设置为安全平台-安全平台-清扫平台。

(4) 运输道路宽度：25m，露采境界底部单车道为 16m。

(5) 道路最大纵坡：8%。

(6) 道路最小转弯半径：25m。

(7) 缓和坡段长度：60～80m。

(8) 最高台阶标高：122m。

(9) 坑底标高：南坑 298m。

(10) 出入沟口标高：矿石出入沟口 86m，废石出入沟口 21m。

(11) 境界上口尺寸：1400m×1450m(EW×SN)。

(12) 坑底尺寸：90m×110m(EW×SN)。

(13) 最终边坡角：湖泥区段边坡 21°，其他区段 30.6°～45.2°。

**3. 边坡现状调查**

从矿山工程所揭露的边坡岩体来看，矿区岩石主要包括软硬相间的砂岩、页岩，可溶性灰岩，侵入性中酸性岩浆岩以及各种蚀变岩，高岭土化非常严重。在地质构造、断裂、风化、侵蚀、溶蚀、岩浆岩侵入、地表水、地下水等多种内外营力的作用下，各种岩石在不同地段均受到不同程度的破坏。其中，东帮为高陡边坡，原设计中最大坡高达 420m，在开采过程中出现多处风化并段，严重危及矿山安全生产，是勘测的重点。东帮主要表现如下。

(1) 局部滑坡与崩塌。出现断裂、溶蚀、风化等多种作用组合的走向破碎带，岩浆岩与灰岩接触部位有接触、溶蚀及风化作用所构成的环状破碎带，以及岩浆岩体受风化形成较深的松软带。局部滑坡及崩塌主要发生在断层及风化破碎带附近，如图 9-3 所示。

(2) 台阶风化并段。矿区普遍存在较厚强风化壳，厚度达 30～40m，主要为花岗闪长斑岩及石英斑岩的全风化或强风化。在矿区揭露的边坡岩体中形成白色高岭土强风化带，高岭土富含硅铝矿物，具有很强的塑性及黏性，遇水后极易泥化形成易滑层。主要出现于北坑

彩图 9-3

(a) (b)

图 9-3 东帮滑坡与崩塌

(a) 局部滑坡；(b) 崩塌

东帮东北部至中部、南帮西南部及北坑北帮。在南坑则主要在东帮东北部及中部、北帮、西帮中部及西北部，如图 9-4 所示。

彩图 9-4

图 9-4 东帮北端高岭土风化区及风化并段

（3）地面开裂。地裂缝主要出现于北坑东北部至中部及北坑北帮东北部。前者主要因为东帮采用陡帮剥离形成台阶，坡底卸荷，加上岩石强风化并段，垂直高度大，在自重、外部荷载、风化及雨水作用下形成，容易发生崩塌。后者主要为北坑北帮不均匀沉降、外部荷载及底部卸载等因素诱发造成，如图 9-5 所示。

彩图 9-5

(a)

(b)

图 9-5 东帮地面开裂

(a) 北坑东帮；(b) 北坑北帮

**4. 测线布置**

通过现场调查，初步获得了地层岩性的分布以及风化分区的情况，为了更好地掌握边坡在山体一侧岩土体及风化状态的变化情况，对山体一侧高陡边坡进行勘测。由于山体地形复杂，增加了勘测工作的难度，通过对 IGA 高密度电法及 EH4 大地磁法等地球物理方法的对比，确定采用 EH4 进行勘测。

现场共布置 6 条测线，其中 5 条测线大致垂直边坡眉线布置，分别为 A1、A2、A3、A4 及 A5，测线间距 50m，测线距离边坡近端 25～30m；另外，沿平行边坡眉线方向布置 1 条测线 B1，B1 距边坡坡顶眉线的距离为 50m 左右，测线布置如图 9-6 所示。

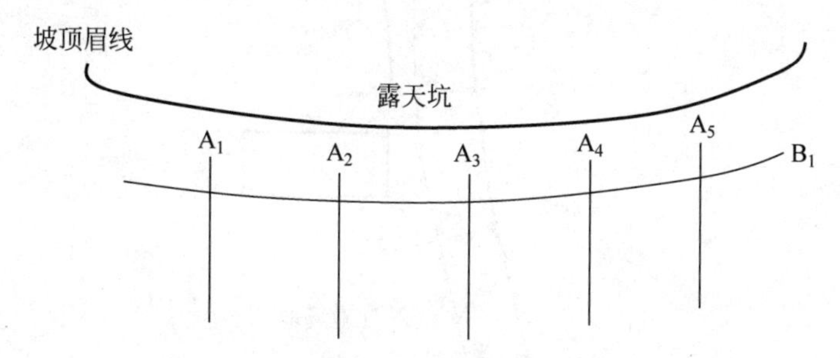


图 9-6　东帮边坡勘测测线布置示意图

（1）垂直坡顶眉线的测线布置。

垂直坡顶眉线共布置 5 条测线，以 A3 测线为例，A3 与 B1 近垂直方向布置，如图 9-7 所示，此测线共布设 4 个测站，由于受场地限制，测点间距为 20m，测线方位为 NW240°。此测线所覆盖的岩石主要为花岗闪长斑岩及硅化灰岩。

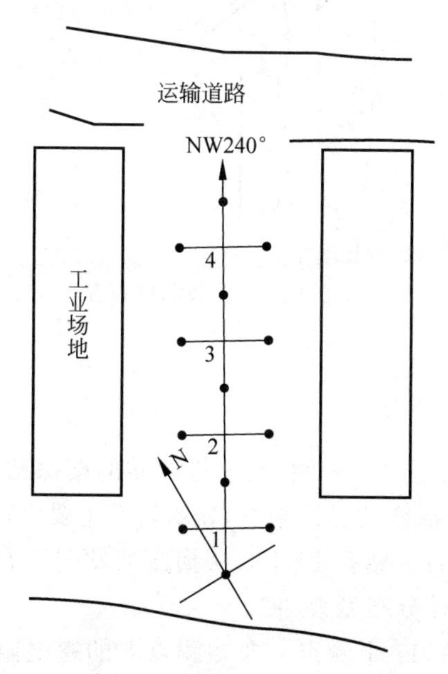


图 9-7　A3 测线及测点布置

(2) 沿坡顶眉线布置的测线。

为了揭露测线间坡顶地层地质的变化，沿坡顶眉线大致平行布置一条测线 B1，如图 9-8 所示，此测线共布设 10 个测站，因受地形限制，考虑安全性，$Ey$ 方向的电极距为 10m，$Ex$ 方向的测点间距为 30m。测线起点段的方位角为 NW335°。此测线所覆盖的岩石主要为花岗闪长斑岩、褐铁矿及硅化灰岩。

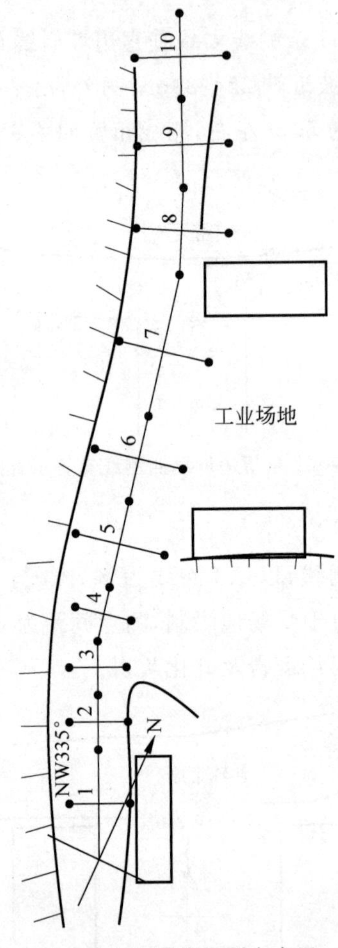


图 9-8 B1 测线及测点布置

**5. 数据标定与解译**

(1) A3 线

钻孔 ZK104 及 ZK123 是位于 A3 测线，贴近测站的勘探钻孔，用以对地球物理勘测结果进行标定。从 ZK104 钻孔揭露的岩性来看，软弱岩石主要为花岗闪长斑岩、角砾岩、矽卡岩及英安斑岩等易风化性岩石。钻孔 ZK123 所揭露的软弱岩石主要为易风化的花岗闪长斑岩及矽卡岩。钻孔地层岩性分布见表 9-2。

A3 测线共布置 4 个测站，17 个测点。典型测点 2 的视电阻率、相位、相关性参数及真电阻率的变化关系如图 9-9 所示，电阻率随测深变化的二维剖面如图 9-10 所示。

**表 9-2 A3 测线典型钻孔地层岩性分布**

| | 分层起止深度/m | | 厚度/m | 地层岩性 |
|---|---|---|---|---|
| | 自 | 至 | | |
| ZK104 | 0.00 | 7.51 | 7.51 | 似火山角砾岩 |
| | 7.51 | 10.38 | 2.87 | 硅化灰岩 |
| | 10.38 | 21.03 | 10.65 | 似火山角砾岩 |
| | 21.03 | 27.20 | 6.17 | 含铁似碧玉岩 |
| | 27.20 | 36.20 | 9.00 | 英安斑岩 |
| | 36.20 | 39.84 | 3.64 | 接触角砾岩 |
| | 39.84 | 44.64 | 4.80 | 含铁似碧玉岩 |
| | 44.64 | 45.73 | 1.09 | 接触角砾岩 |
| | 45.73 | 51.07 | 5.34 | 安山岩 |
| | 51.07 | 141.82 | 90.75 | 水云母花岗闪长斑岩 |
| | 141.82 | 142.32 | 0.50 | 含铜黄铁矿 |
| | 142.32 | 143.62 | 1.30 | 矽卡岩 |
| | 143.62 | 144.72 | 1.10 | 含铜黄铁矿 |
| | 144.72 | 147.54 | 2.82 | 矽卡岩 |
| | 147.54 | 155.05 | 7.51 | 硅化花岗闪长斑岩 |
| | 155.05 | 155.81 | 0.76 | 黄铁矿化硅化灰岩 |
| ZK123 | 0.00 | 34.08 | 34.08 | 风化花岗闪长斑岩 |
| | 34.08 | 38.72 | 4.64 | 风化矽卡岩 |
| | 38.72 | 42.75 | 4.03 | 硅化灰岩 |
| | 42.75 | 44.80 | 2.05 | 花岗闪长斑岩 |
| | 44.80 | 46.03 | 1.23 | 矽卡岩 |
| | 46.03 | 95.66 | 49.63 | 花岗闪长斑岩 |
| | 95.66 | 98.44 | 2.78 | 矽卡岩 |
| | 98.44 | 169.84 | 71.40 | 水云母化花岗闪长斑岩 |
| | 169.84 | 174.31 | 4.47 | 含铜黄铁矿化矽卡岩化灰岩 |
| | 174.31 | 197.44 | 23.13 | 灰岩 |
| | 221.55 | 221.55 | 24.11 | 花岗闪长斑岩 |
| | 221.55 | 292.92 | 71.37 | 含铜黄铁矿化矽卡岩化灰岩 |
| | 292.92 | 298.55 | 5.63 | 花岗闪长斑岩 |
| | 298.55 | 339.14 | 40.59 | 黄铜矿黄铁矿化硅化灰岩 |
| | 339.14 | 350.07 | 10.93 | 花岗闪长斑岩 |
| | 350.07 | 351.68 | 1.61 | 含铜黄铁矿化硅化灰岩 |
| | 351.68 | 366.28 | 14.60 | 花岗闪长斑岩 |

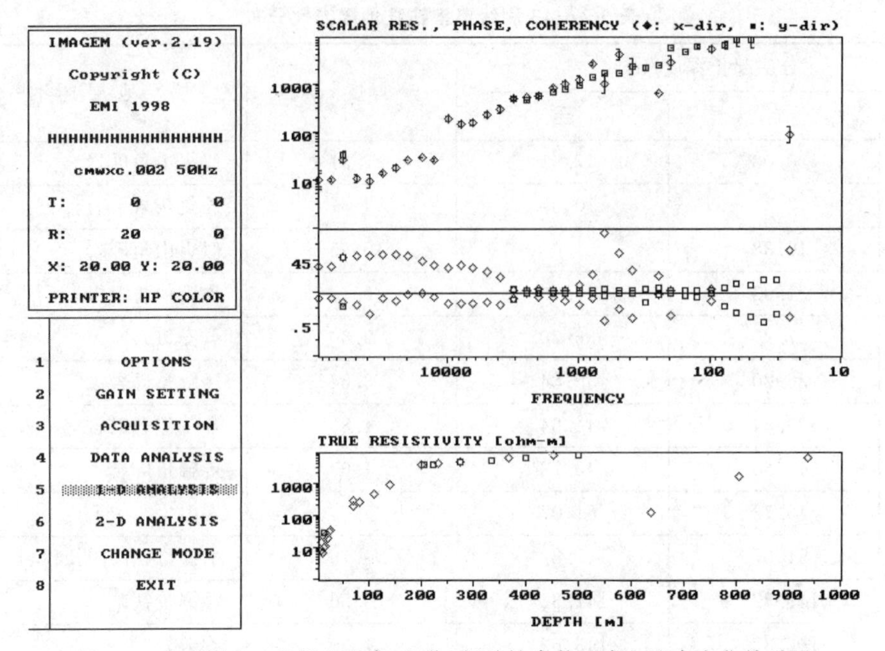

彩图 9-9

图 9-9 典型测点 2 的视电阻率、相位、相关性参数及真电阻率变化关系图

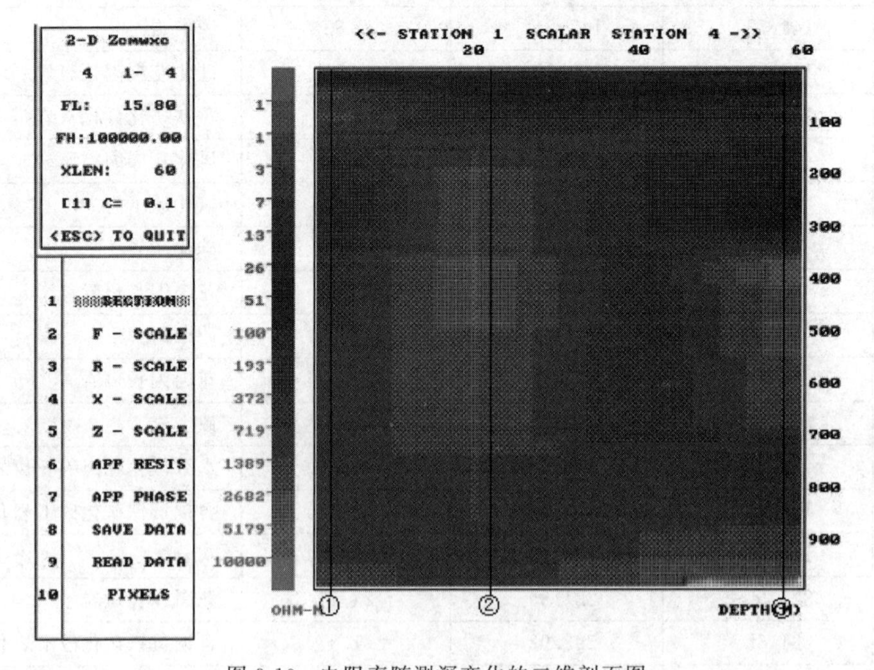

彩图 9-10

图 9-10 电阻率随测深变化的二维剖面图

从电阻率的二维剖面图可知，电阻率图像复杂，除浅部呈现低阻带以外，沿测线在不同深度位置存在高阻区。从典型剖面的电阻率值分布来看，低电阻层主要分布在浅层 0～60m 深度范围内，电阻率为 13～51Ω・m，沿测线西向东方向，低阻带的深度有增大的趋势。各剖线电阻率沿测深方向不仅存在交替变化，而且有随测深增大而增大的趋势。其中，剖面①在测深为 224～342m，存在相对较低的电阻带，它与浅部 34～44m 深度范围的低电阻带

相似。剖面②电阻率随测深增大的规律性较强。在测站 2 位置，离地表 186～740m 存在一个线性高阻带，电阻率为 5179～10 000Ω·m。同时，在此测站下 360～500m 深度范围内，有一个约 10m 宽的高阻区，电阻为 5179Ω·m。剖面③浅层 0～48m 为低阻带，电阻率为 13～51Ω·m。在 364～416m 测深范围内存在大于 4.0m 宽度的高阻带，电阻率为 10 000Ω·m。

沿测线各典型剖面的电阻率分布如表 9-3。同样可见，在浅层存在低阻带，在深部则有高阻带存在。

**表 9-3　A3 测线电阻率沿典型剖面的分布**

| 剖面① | | | 剖面② | | | 剖面③ | | |
|---|---|---|---|---|---|---|---|---|
| 深度/m | 厚度/m | 电阻率/(Ω·m) | 深度/m | 厚度/m | 电阻率/(Ω·m) | 深度/m | 厚度/m | 电阻率/(Ω·m) |
| **0～14** | **14** | **26** | **0～14** | **14** | **13** | **0～14** | **14** | **26** |
| **14～22** | **8** | **51** | **14～22** | **8** | **26** | **14～22** | **8** | **13** |
| 22～34 | 12 | 193 | **22～60** | **38** | **51** | **22～48** | **26** | **51** |
| 34～44 | 10 | 719 | 60～84 | 24 | 193 | 48～64 | 16 | 193 |
| 44～60 | 16 | 2682 | 84～94 | 10 | 372 | 64～74 | 10 | 372 |
| 60～84 | 24 | 1389 | 94～128 | 34 | 719 | 74～86 | 12 | 719 |
| 84～100 | 16 | 2682 | 128～188 | 60 | 1389 | 86～94 | 8 | 372 |
| 100～114 | 14 | 1389 | 188～358 | 170 | 2682 | 94～126 | 32 | 719 |
| 114～126 | 12 | 719 | **358～536** | **178** | **5179** | 126～242 | 116 | 372 |
| 126～148 | 22 | 1389 | 536～774 | 238 | 2682 | 242～304 | 54 | 193 |
| 148～180 | 32 | 719 | 774～1000 | 226 | 1389 | 304～310 | 6 | 372 |
| 180～224 | 44 | 44 | | | | 310～332 | | 719 |
| 224～298 | 74 | 193 | | | | 332～344 | | 1389 |
| 298～342 | 44 | 372 | | | | 344～358 | | 719 |
| 342～494 | 52 | 719 | | | | 358～364 | | 2682 |
| 494～950 | 456 | 1389 | | | | **364～416** | | **10 000** |
| 950～1000 | 50 | 2682 | | | | 416～552 | | 5179 |
| | | | | | | 552～686 | | 2682 |
| | | | | | | 686～872 | | 1389 |
| | | | | | | 872～934 | | 2682 |
| | | | | | | 934～990 | | 5179 |
| | | | | | | 990～10000 | | 51 |

注：表中加黑数字代表低电阻率和高电阻率分异区。

图 9-11 为 A3 测线 200m 深度以上的电阻率分布等高线图。从图可知，沿测线由西向东，浅层松散层的厚度增大，形成一个低阻带。这些松散层可能是修建工业场地时的填土、坡积土以及强/全风化岩。该测线的地质解译结果如图 9-12 所示。由此，获得 A3 测线地层的岩性分布见表 9-4。

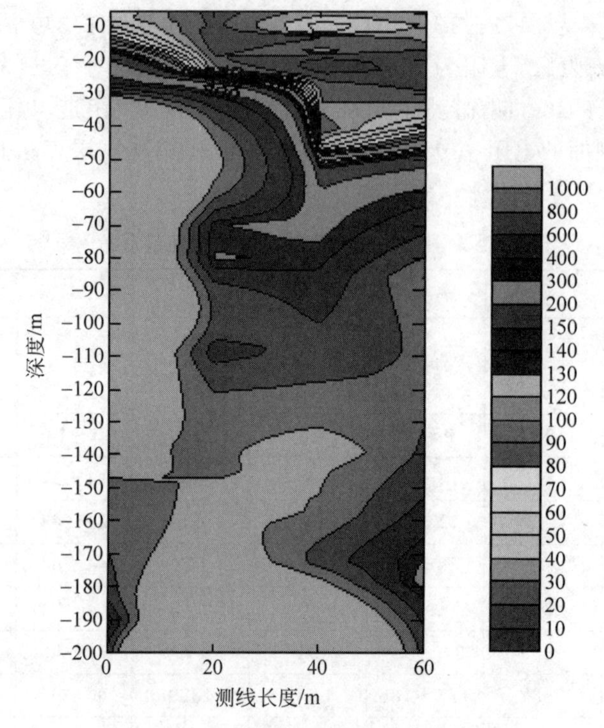

图 9-11 A3 测线电阻率分布等高线图

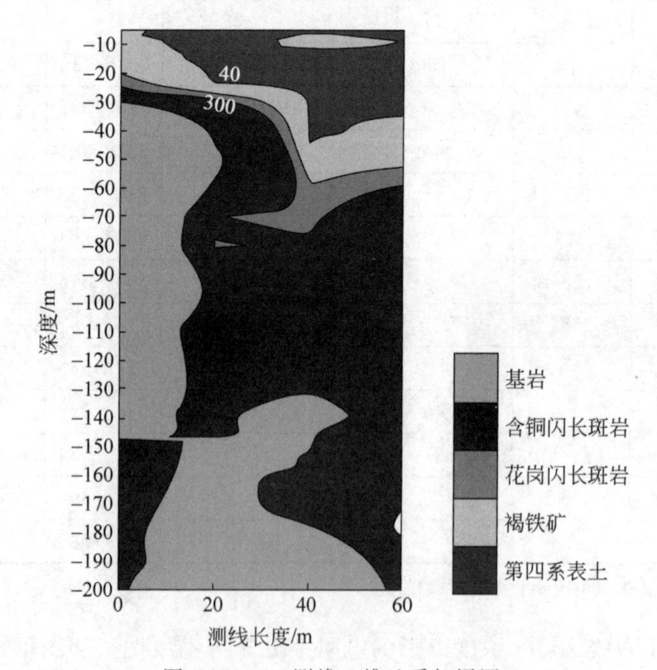

图 9-12 A3 测线二维地质解译图

表 9-4 A3 测线地层岩性分布

| 标高(起/止)/m | 厚度/m | 地层岩性 | 电阻率/(Ω·m) |
|---|---|---|---|
| 34.08 | 34.08 | 风化花岗闪长斑岩 | 0～26 |
| 38.72 | 4.64 | 风化矽卡岩 | 26～51 |
| 42.75 | 4.03 | 硅化灰岩 | 26～51 |
| 44.80 | 2.05 | 花岗闪长斑岩 | 26～51 |
| 46.03 | 1.23 | 矽卡岩 | 26～51 |
| 95.66 | 49.63 | 花岗闪长斑岩 | 51～372 |
| 98.44 | 2.78 | 矽卡岩 | 372～719 |
| 169.84 | 71.40 | 水云母化花岗闪长斑岩 | 372～719 |
| 174.31 | 4.47 | 含铜黄铁矿化矽卡岩化灰岩 | 372～719 |
| 197.44 | 23.13 | 灰岩 | 372～719 |
| 221.55 | 24.11 | 花岗闪长斑岩 | 372～719 |
| 292.92 | 71.37 | 含铜黄铁矿化矽卡岩化灰岩 | 193～372 |
| 298.55 | 5.63 | 花岗闪长斑岩 | 193～372 |
| 339.14 | 40.59 | 黄铜矿黄铁矿化硅化灰岩 | 372～719 |
| 350.07 | 10.93 | 花岗闪长斑岩 | 719～1389 |
| 351.68 | 1.61 | 含铜黄铁矿化硅化灰岩 | 719～1389 |
| 366.28 | 14.60 | 花岗闪长斑岩 | 1389～2682 |

(2) B1 测线

钻孔 ZK810 及 ZK812 是 B1 测线中靠测点附近的勘探钻孔,选择其作为标定钻孔。从钻孔 ZK810 所揭露的岩性来看,软弱地层主要为残坡积层,厚度为 6.60m;软弱岩石主要为花岗闪长斑岩及矽卡岩,覆盖整个钻孔深度,岩石均属易风化类型。在钻孔 ZK812 所揭露的岩性中,软弱地层主要为残坡积层,厚度为 5.00m;软弱岩石主要为花岗闪长斑岩。B1 测线典型钻孔的地层岩性分布见表 9-5。

表 9-5 B1 测线典型钻孔的地层岩性分布

| 分层起止深度/m | | | 厚度/m | 地层岩性 |
|---|---|---|---|---|
| | 自 | 至 | | |
| ZK810 | 0.00 | 6.60 | 6.60 | 残坡积层 |
| | 6.60 | 85.87 | 79.27 | 花岗闪长斑岩 |
| | 85.87 | 303.03 | 217.16 | 水云母化黄铁矿化花岗闪长斑岩 |
| | 303.03 | 308.22 | 5.19 | 黄铜黄铁矿化石榴子石矽卡岩 |
| | 308.22 | 315.92 | 7.70 | 花岗闪长斑岩 |
| ZK812 | 0.00 | 5.00 | 5.00 | 残坡积层 |
| | 5.00 | 156.50 | 151.50 | 花岗闪长斑岩 |
| | 156.50 | 166.92 | 10.42 | 含铜黄铁矿 |
| | 166.92 | 380.75 | 213.83 | 花岗闪长斑岩 |
| | 380.75 | 384.24 | 3.49 | 含铜黄铁矿化矽卡岩化硅化灰岩 |
| | 384.24 | 398.18 | 13.94 | 花岗闪长斑岩 |
| | 398.18 | 399.28 | 1.10 | 黄铜黄铁矿化矽卡岩化大理岩 |
| | 399.28 | 404.96 | 5.68 | 花岗闪长斑岩 |
| | 404.96 | 410.23 | 5.27 | 含铜黄铁矿 |

B1 测线共布置 10 个测站，39 个测点。典型测点的视电阻率、相位、相关性参数及真电阻率的变化关系图如图 9-13 所示。电阻率随测深变化的二维剖面如图 9-14 所示。

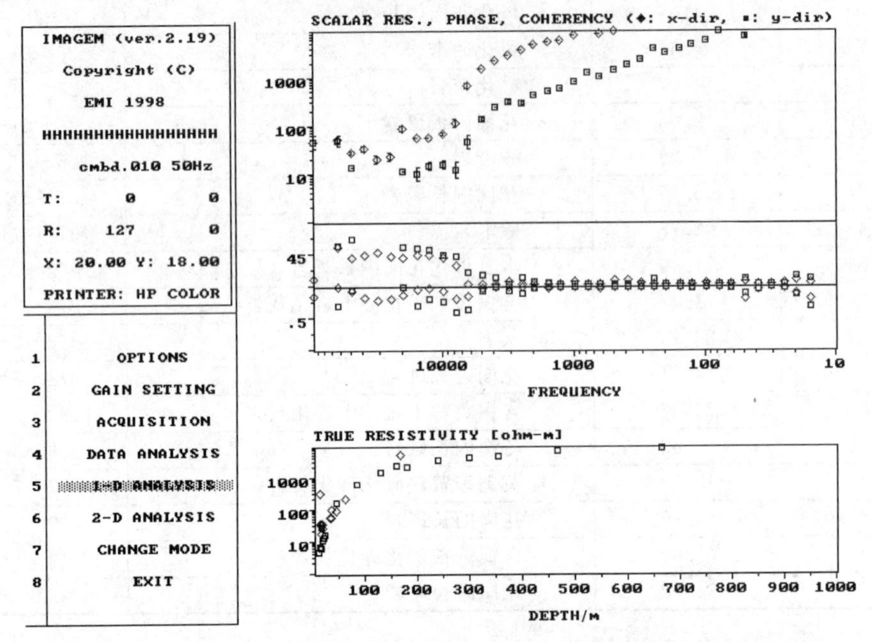

彩图 9-13

图 9-13 B1 测线典型测点视电阻率、相位、相关性参数及真电阻率变化关系图

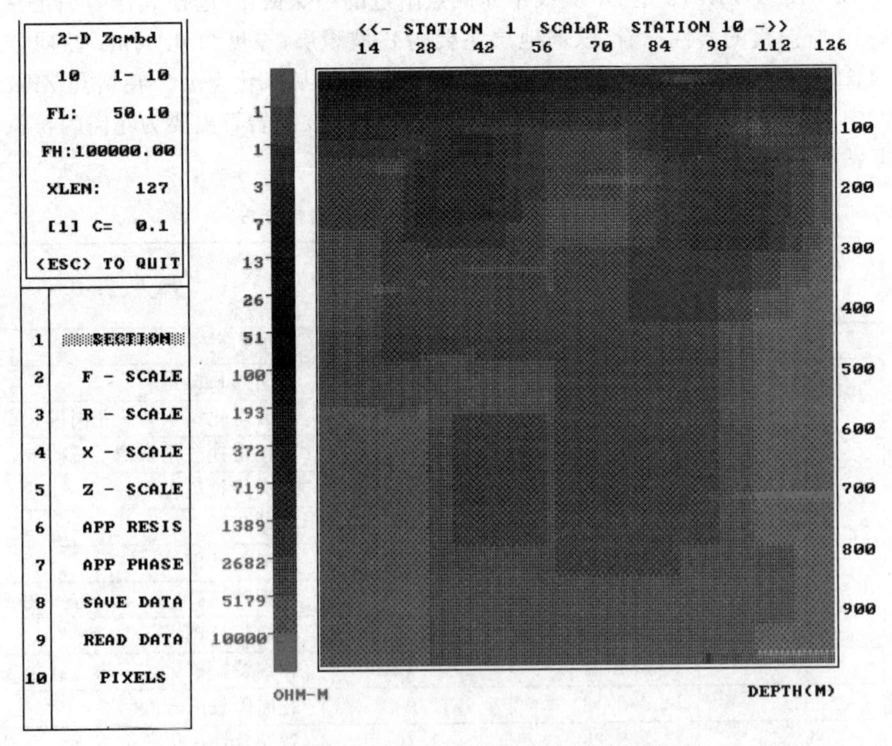

彩图 9-14

图 9-14 B1 测线电阻率随测深变化的二维剖面图

典型剖面线的电阻率值表明，在B1测线的北端，即老工业厂房的西端，在浅层0～34m深度内存在低阻带，从断面形状推断为修建工业场地局部填土、坡积土或花岗闪长斑岩的全/强风化带。但总体上电阻率较高，特别是随着深度的增大，电阻率明显增高，呈现高阻区。各典型剖面的电阻率值见表9-6。从表可知，B1测线低阻带主要出现在浅层，而在深部存在显著的高阻带。该测线地层岩性分布见表9-7。图9-15是B1测线200m以上深度范围的电阻率等高线图。图中电阻率大于1000Ω·m的高阻没有区分。图9-16是B1测线的地质解译图。

**表9-6　B1测线电阻率沿典型剖面的分布**

| ① | | | ② | | | ③ | | |
|---|---|---|---|---|---|---|---|---|
| 深度/m | 厚度/m | 电阻率/(Ω·m) | 深度/m | 厚度/m | 电阻率/(Ω·m) | 深度/m | 厚度/m | 电阻率/(Ω·m) |
| 0～16 | 16 | 372 | 0～12 | 12 | 100 | **0～12** | **12** | **26** |
| 16～30 | 14 | 100 | **12～22** | **10** | 13 | **12～26** | **14** | **3** |
| 30～52 | 22 | 193 | 22～36 | 14 | 193 | **26～34** | **8** | **26** |
| 52～82 | 30 | 372 | 36～72 | 36 | 193 | 34～84 | 50 | 193 |
| 82～114 | 32 | 1389 | 72～84 | 12 | 372 | 84～144 | 60 | 372 |
| 114～262 | 148 | 2682 | 84～96 | 12 | 719 | 144～298 | 154 | 719 |
| 262～550 | 288 | 5179 | 96～104 | 8 | 1389 | 298～436 | 138 | 1389 |
| 550～1000 | 450 | 10000 | 104～144 | 40 | 372 | 436～796 | 360 | 2682 |
| | | | 144～250 | 106 | 719 | 796～1000 | 204 | 5179 |
| | | | 250～294 | 44 | 1389 | | | |
| | | | 294～324 | 30 | 2682 | | | |
| | | | 324～332 | 8 | 5179 | | | |
| | | | 332～456 | 124 | 2682 | | | |
| | | | 456～560 | 104 | 1389 | | | |
| | | | 560～776 | 216 | 2682 | | | |
| | | | 776～1000 | 224 | 5179 | | | |

注：表中加黑数字代表低电阻率和高电阻率分异区。

**表9-7　B1测线钻孔地层岩性分布及电阻率分布**

| 标高(起/止)/m | 厚度/m | 地层岩性 | 电阻率/(Ω·m) |
|---|---|---|---|
| 0.00/6.60 | 6.60 | 残坡积层 | 372 |
| 6.60/85.87 | 79.27 | 花岗闪长斑岩 | 100～372 |
| 85.87/303.03 | 217.16 | 水云母化黄铁矿化花岗闪长斑岩 | 1389～5179 |
| 303.03/308.22 | 5.19 | 黄铜黄铁矿化石榴子石矽卡岩 | 1389～5179 |
| 308.22/315.92 | 7.70 | 花岗闪长斑岩 | 1389～5179 |

采用三维模拟软件如Surpac及3D-GIS，可以对矿区地表原地貌、露天坑进行三维可视化建模，生成数字地形模型(DTM)，如图9-17所示；在三维可视化模型的基础上，可应用前处理功能较强的软件，如MIDAS建立具有复杂地质体表面的仿真模型。

利用矢量化的地质平面及剖面图，按照地层中岩性差异，建立表土层岩性界面、花岗闪长斑岩岩性界面、石英斑岩岩性界面、紫红色砂岩岩性界面以及断层截面。随后，便可以对

彩图 9-15

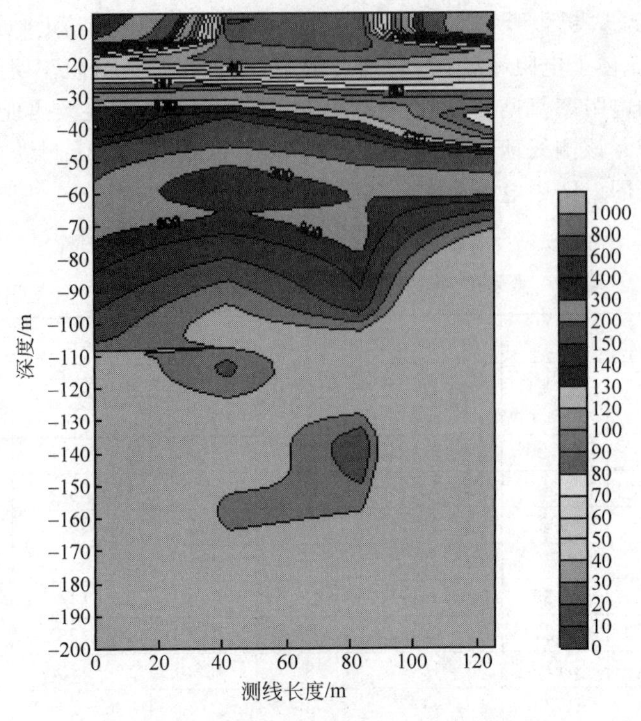


图 9-15 B1 测线电阻率分布等高线图

彩图 9-16

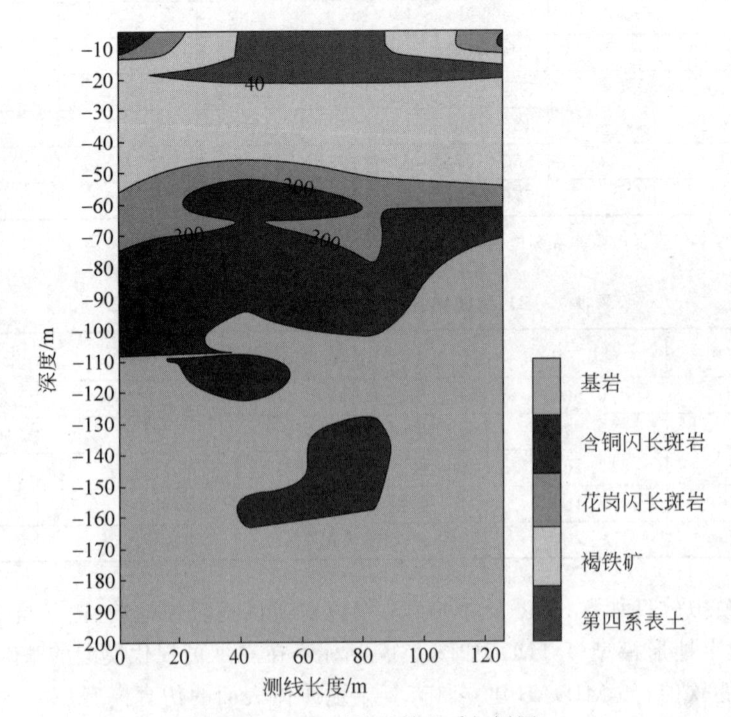


图 9-16 B1 测线二维地质解译图

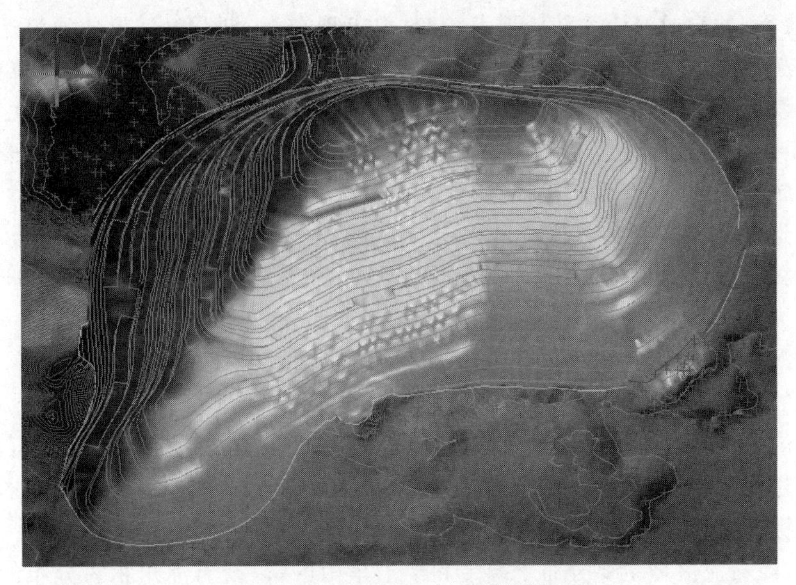

彩图 9-17

图 9-17　露天坑地表三维模型图

按照岩性的不同对露天坑总体模型进行分割，以生成具有不同岩性实体的总体模型，如图 9-18 所示。图中，利用花岗闪长斑岩、石英斑岩及紫红色砂岩等岩性界面以及断层截面分割表土层以下的露天坑实体。从而，可以从三维视角揭示整个矿坑边界岩性的空间变化。

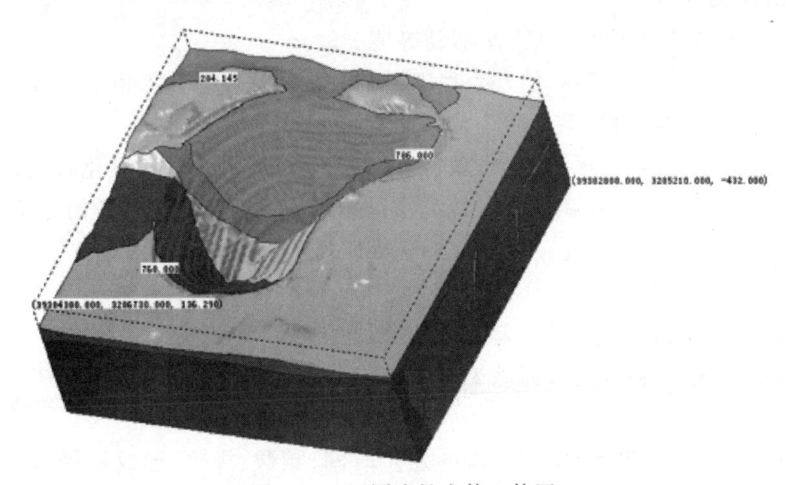

彩图 9-18

图 9-18　不同岩性实体立体图

通过对地层进行划分，依据整理出计算所需岩性资料及岩石力学参数，对模型进行赋值计算，从而获得露天坑的应力、应变及位移数值，进而对露天坑边坡的稳定性进行评价。

## 9.4　泥石流场地勘测

### 9.4.1　泥石流的类型与特点

泥石流(debris flow)是挟带大量泥沙、石块的间歇性洪流。泥石流经常发生在诸如干涸的山谷、峡谷、冲沟或河流等陆域地表，有时也出现在江、湖、海底，形成浊流运动，其固体物含量有时超过水量，是介于挟砂水流和滑坡之间的土石、水、气混合流或颗粒剪切流。它往往突然暴发、来势凶猛、运动快速、历时短暂，严重影响着山区场地的安全。尤其是近半个世纪以来，由于生态平衡破坏的不断加剧，世界上许多山地国家的建筑场地或居民区周围灾害性泥石流频频发生，并造成惨重损失。

泥石流形成的基本条件：①流域内有丰富的泥沙、碎石等固体物质补给；②陡峻的地形和较大的沟床纵坡；③流域的中上游有强大的暴雨或冰雪强烈消融等形成的充沛水源。

典型的泥石流流域，一般可以分为形成区、流通区和堆积区等3个动态区。

泥石流的特点：突发性、短暂性、周期性和区域性。

泥石流的分类：①按泥石流的固体物质，泥石流可分为泥流、泥石流、水石流；②按泥石流的流体性质，泥石流可分为黏性泥石流、稀性泥石流；③按泥石流流域的形态特征，泥石流可分为标准泥石流、河谷型泥石流、山坡型泥石流。

在我国，泥石流流域主要分布于温带和半干旱山区，以及有冰川积雪分布的高山地区，如西南、西北、华北山区和青藏高原边缘山区。

### 9.4.2 泥石流勘测技术要点

**1. 泥石流勘测内容**

(1) 冰雪融化和暴雨强度及地下水活动等情况。

(2) 地形地貌特征，包括沟谷的发育程度、切割情况、坡度、弯曲、粗糙程度，并划分泥石流的形成区、流通区和堆积区，圈绘整个沟谷的汇水面积。

(3) 形成区的水源类型、水量、汇水条件、山坡坡度、岩层性质和风化程度；查明断裂、滑坡、崩塌、岩堆等不良地质作用的发育情况及可能形成泥石流固体物质的分布范围、储量。

(4) 流通区的沟床纵横坡度、跌水、急湾等特征；查明沟床两侧山坡坡度、稳定程度、沟床的冲淤变化和泥石流的痕迹。

(5) 堆积区的堆积扇分布范围、表面形态、纵坡、植被、沟道变迁和冲淤情况；查明堆积物的性质、层次、厚度、一般粒径和最大粒径；判定堆积区的形成历史、堆积速度，估算一次最大堆积量。

(6) 泥石流沟谷的历史，历次泥石流的发生时间、频数、规模、形成过程、暴发前的降雨情况和暴发后产生的灾害情况。

(7) 开矿弃渣、修路切坡、砍伐森林、陡坡开荒和过度放牧等人类活动情况。

(8) 当地防治泥石流的经验。

(9) 当需要采取防治措施时，应进一步查明泥石流堆积物的性质、结构、厚度、固体物质含量、最大粒径、流速、流量、冲出量和淤积量。

**2. 泥石流勘测技术方法**

泥石流勘测的主要目的是判断城镇和房屋建筑场地上游沟谷或铁路、公路等线路通过的沟谷产生泥石流的可能性；预测泥石流的规模、类型、活动规律及其对工程的危害程度。在此基础上评价工程场地的稳定性，并提出相应的防治对策与措施。

1）勘测阶段

对城镇与房屋建筑场地来说勘察工作一般应在可行性研究或初步勘测阶段进行；而线路工程则在各个勘测阶段甚至施工、运营阶段皆应进行勘测调查。勘测时，应查明泥石流的形成条件和泥石流的类型、规模、发育阶段、活动规律，并对工程场地做出适宜性评价，提出防治方案的建议。

2）勘测方法与要求

泥石流勘测应以工地质测绘和调查为主，测绘范围应包括沟谷至分水岭的全部地段和可能受泥石流影响的地段。对全流域测绘比例尺宜采用 1∶50 000；对中下游可采用 1∶2000～1∶10 000。当需要对泥石流采取防治措施时，应进行勘探测试。

**3. 泥石流岩土工程勘测报告**

泥石流岩土工程勘测报告除应满足一般要求外，尚应包括下列内容。

（1）泥石流的地质背景和形成条件。

（2）形成区、流通区、堆积区的分布和特征，绘制专门工程地质图。

（3）划分泥石流类型，评价其对工程建设的适宜性。

（4）泥石流防治和监测的建议。

# 第10章 Chapter 10 岩溶与采空区场地勘测

岩溶、采空区及其他洞室场地的共同特点是存在空洞，前者由自然形成，后者由人为形成，勘察技术有相似之处。

## 10.1 岩溶场地勘测技术

岩溶又称喀斯特(karst)，是指水对可溶性岩石进行以化学溶蚀作用为特征，包括水的机械侵蚀和崩塌作用以及物质的携出、转移和再沉积的综合地质作用，以及由此所产生的现象的统称。岩石的可溶性与透水性、水的溶蚀性与流动性是岩溶产生和发展的4个基本条件。

岩溶地区最主要的特点是形成一系列独特地貌景观，如地表溶沟、石芽、溶隙、溶槽、漏斗、洼地、溶盆、峰林、孤峰、溶丘、干谷，地下的落水洞、溶洞、地下湖、暗河系统及各种洞穴堆积物。同时，也形成一系列特殊的水文地质现象，如冲沟很少且主要呈现出干谷或悬谷，地表水系不发育而主要转入地下水系，因地下架空结构而使可溶岩透水性明显增大，成为良好含水层；岩溶水空间分布极不均匀，且埋深一般较大，动态变化强烈，流态复杂；地下水与地表水相互转化敏捷；山区地下水分水岭与地表水分水岭不一致等。上述特征集中体现为地形的鲜明对照性和强烈差异性，岩石中细微溶蚀裂隙网络与巨大的溶洞、暗河体系的贯穿性。

我国的岩溶无论是分布地域还是气候带，以及形成时代上都有相当大的跨度，使得不同地区岩溶发育各具特征。但无论是何种类型岩溶，其共同点都是：岩溶作用形成了地下架空结构，破坏了岩体完整性，降低了岩体强度，增强了岩石渗透性，也使得地表面参差不齐，以及碳酸盐岩极不规则的基岩面上发育各具特征的地表风化产物——红黏土。这种由岩溶作用所形成的复杂地层常常会由于下伏溶洞顶板坍塌、土洞发育而发生大规模地面塌陷、岩溶水的突袭、不均匀地基沉降等，对工程建设产生重要影响。

### 10.1.1 岩溶的工程问题

岩溶场地可能发生的岩土工程问题有：

(1) 地基主要受压层范围内若有溶洞、暗河等存在，在附加荷载或振动作用下，溶洞顶板坍塌引起地基突然陷落。

(2) 地基主要受压层范围内,下部基岩面起伏较大,上部又有软弱土体分布时,引起地基不均匀下沉。

(3) 由于地下水活动产生的土洞,覆盖型岩溶区逐渐发展导致地表塌陷,造成对场地和地基稳定的影响。

(4) 开挖地下洞室时,突然发生大量涌水、洞穴泥石流灾害以及特殊性的水库诱发地震、水库渗漏、矿坑突水,工程中遇到的溶洞稳定、旱涝灾害、石漠化等一系列工程地质和环境地质问题。

### 10.1.2　岩溶勘测的目的与要求

岩溶场地勘测旨在查明对场地安全和地基稳定有影响的岩溶发育规律,各种岩溶的形态规模及其空间分布规律,可溶岩顶部浅层土体的厚度、空间分布及其工程性质、岩溶水的循环交替规律等,并对建筑场地的适宜性和地基的稳定性做出确切的评价。

勘测应查明与场地选择和地基稳定评价有关的基本问题包括:

(1) 各类岩溶的位置、高程、尺寸、形状、延伸方向、顶板与底部的状况、围岩(土)及洞内堆填物性状、塌落的形成时间与因素等。

(2) 岩溶发育与地层的岩性、结构、厚度及不同岩性组合的关系,结合各层位上岩溶形态与分布数量的调查统计,划分出不同的岩溶岩组。

(3) 岩溶形态分布、发育强度与同处的地质构造部位、褶皱形式、地层产状、断裂等结构面及其属性的关系。

(4) 岩溶发育与当地地貌发展史、所处的地貌部位、水文网及相对高程的关系。划分出岩溶微地貌类型及水平与垂向分带。阐明不同地貌单位上岩溶发育特征及强度差异性。

(5) 岩溶水出水点的类型、位置、高程、所在的岩溶岩组、季节动态、连通条件及其与地面水体的关系。阐明岩溶水环境、动力条件、消水与涌水状况、水质与污染情况。

(6) 土洞及各类地面变形的成因、形态规律、分布密度与土层厚度、下伏基岩岩溶特征、地表水和地下水动态及人为因素的关系。结合已有资料,划分出土洞与地面变形的类型及发育程度。

(7) 在场地及其附近有已拟/建人工降水工程,应着重了解降水的各项水文地质参数及空间与时间的动态。据此预测地表塌陷的位置与水位降深、地下水流向以及塌陷区在陷落漏斗中的位置及关系。

(8) 土洞史的调查访问、已有建筑使用情况、设计施工经验、地基处理的技术经济指标与效果等。勘测阶段应与设计相应的阶段一致。

### 10.1.3　岩溶勘测方法

岩溶勘测宜采用工程地质测绘和调查、钻探、物探等多种手段结合的方法进行。

#### 1. 工程地质测绘

测绘的范围和比例尺。必须根据场地建筑物的特点、设计阶段和场地地质条件的复杂程度而确定。在初期设计阶段,测绘的范围较大而比例尺较小,而后期设计阶段,测绘范围主要局限于围绕建筑物场地的较小范围,比例尺则相对较大。重点研究内容如下:

(1) 地层岩性：可溶岩与非可溶岩组、含水层和隔水层组及它们之间的接触关系；可溶岩层的成分、结构和可溶解性；第四系的成因类型、空间分布及其工程地质性质。

(2) 地质构造：场地的地质构造特征，尤其是断裂带的位置、规模、性质，主要节理的网络结构模型及其与岩溶发育的关系。不同构造部位岩溶发育程度的差异性，新构造升降运动与岩溶发育的关系。

(3) 地形地貌：地表水文网发育特点、区域和局部侵蚀基准面分布、地面坡度和地形高差变化。

(4) 岩溶水：埋藏、补给、径流和排泄情况、水位动态及连通情况，尤其是岩溶泉的位置和高程；场地受岩溶地下水淹没的可能性，以及未来场地内的工程经济活动污染岩溶地下水的可能性。

(5) 岩溶形态：包括类型、位置、大小、分布规律、充填情况、成因及其与地表水和地下水的联系。尤其要注意研究各种岩溶形态之间的内在联系以及它们之间的特定组合规律。

当需要测绘的场地范围较大时，可以借助于遥感图像的地质解译来提高工作效率。在背斜核部或大断裂带上，漏斗、溶蚀洼地和地下暗河常较发育，多表现为线性负地形，因而可以利用漏斗、溶蚀洼地的分布规律来研究地下暗河的分布。利用航空红外扫描照片判读地下暗河效果较为理想。

**2. 钻探**

钻探的目的是查明场地下伏基岩埋藏深度和基岩面起伏情况，岩溶的发育程度和空间分布，岩溶水的埋深、动态、水动力特征等。

钻探前应设计好钻孔结构(图 10-1)，并根据工程地质测绘成果预测岩溶发育情况，准备好足够的钻杆和套管以满足钻孔变径的要求，钻探过程中，要注意防止掉钻、卡钻和井壁坍塌等事故发生，同时要注意观察冲洗液的颜色和消耗量的变化，准确确定溶隙的位置，统计线性岩溶率和体积岩溶率，及时做好现场记录。

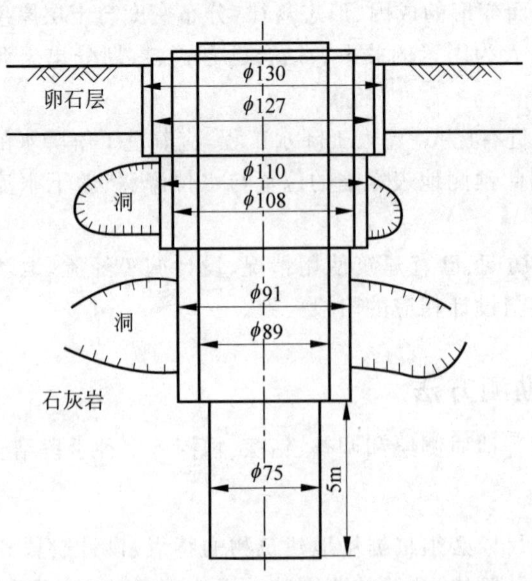


图 10-1 地下有 2 层空洞时的钻孔结构示意图

线性岩溶率是指单位长度上岩溶空间形态长度的百分比，体积岩溶率是指单位面积上岩溶空间形态面积的百分比。

布置勘探点时，要注意以下问题：

（1）钻探点的密度除满足一般岩土工程勘探要求外，还应当对某些特殊地段进行重点勘探并加密勘探点，如地面塌陷、地下水消失地段，地下水活动强烈的地段；可溶性岩层与非可溶性岩层接触的地段；基岩埋藏较浅且起伏较大的石芽发育地段；软土岩层接触的地段；物探异常或基础下有溶洞、暗河等分布的地段。初步勘察时，勘探点宜沿洞室外侧交叉布置，测试孔不宜少于勘探点总数的2/3。详细勘察时，勘探点宜在洞室中线外侧6～8m交叉布置，山区地下洞室按地质构造布置，且勘探点间距不应大于50m；城市地下洞室的勘探点间距，岩土变化复杂的场地为25m，中等复杂的宜为25～40m，简单的宜为40～80m。取样、测试点的数量不应少于勘探点总数的1/2。

（2）钻探点的深度除满足一般岩土工程勘探要求外，对有可能影响场地地基稳定性的溶洞，勘探孔应深入完整基岩35m或至少穿越溶洞，对重要建筑物基础应适当加深。对于为验证物探异常带而布设的勘探孔，其深度一般应钻入异常带以下适当深度，一般不小于2m。控制性勘探孔深度，对岩体基本等级为Ⅰ级和Ⅱ级的岩体宜钻入洞体设计高程下1～3m；对Ⅲ级岩体宜钻入3～5m；对Ⅳ、Ⅴ级的岩体和土层，勘探孔深度应根据实际情况确定。第四纪地层中的控制性勘探孔深度应根据工程地质、水文地质条件、洞室埋深防护设计等需要确定；一般性勘探孔可钻至设计基底高程下6～10m。

**3. 地球物理勘探**

地球物理勘探有多种方法，如电法、地质雷达、地震波法、电磁法、声波法、重力勘探等。为获得较好的探测效果，必须注意各种方法的使用条件以及具体场地的地形、地质、水文地质条件。当条件允许时，应尽可能采用多种物探方法综合对比判译。

电法是最常用的物探方法，以电测深法和电剖面法为主，可以用来测定岩溶化地层的不透水基底深度、起伏情况，均匀碳酸盐地层中岩溶发育深度，地下暗河和溶洞的规模、分布深度、发育方向、地下水位，以及圈定强烈岩溶地段和构造破碎带的分布位置等。

在岩溶场地勘察中，地质雷达可配合不同的天线频率进行探测，通常探测深度可达50m。在雷达剖面上，通常可以识别出石芽、落水洞、岩溶洞穴、竖井或溶沟，但不能识别岩土类型。根据雷达剖面所获得的异常布置钻探，可获得更详细准确的资料，也可检验雷达的准确程度和可靠程度。

电磁法测量速度快、勘探深度大，因而在大面积场地上测量效率高、费用低。通过沿剖面的逐点测量，最终可获得视电阻率等值线剖面图。通常，石灰岩石芽呈低传导性，黏土层呈高传导性，并且传导率变化最大的部位预示着石灰岩和黏土岩交界的出现。

**4. 测试和观测**

对于重要工程场地，当需要了解可溶性岩层渗透性和单位吸水量时，可以进行抽水和压水试验；当需要了解岩溶水连通性时，可以进行连通试验。连通试验对分析地下水的流动途径、地下水分水岭位置、水均衡有重要意义，一般采用示踪剂法。常用示踪剂包括荧光素、盐类及放射性同位素等。当洞区存在有害气体或地温异常时，应进行有害气体成分、含量或地温测定；对高应力地区应进行地应力测量。

除常规试验外，尚应测定基床系数和热物理系数，基床系数用于衬砌设计时计算围岩的弹性抗力强度，应采用边长 30cm 的荷载试验确定；热物理参数用于地下室通风负荷设计，通常采用热源法和热线比较法测定潮湿土层的导温系数、导热系数和比热容。当需要提供动力参数如动弹性模量、动剪切模量及动泊松比时，可用压缩波波速和剪切波波速计算求得。必要时可采用动三轴试段、动单剪试验和共振柱等室内动力性质试验。

对于洞穴稳定性评价，可采取洞体顶板岩样及充填物土样开展物理力学性能试验。必要时可进行现场顶板岩体的荷载试验。当需查明土的性状与土洞形成的关系时，可进行覆盖层土样的物理力学性质测试。

探查地下水动力条件和潜蚀作用、地表水与地下水的联系、预测土洞及地面塌陷的发生和发展时，可进行水位、流速、流向及水质的长期观测。岩溶地区各勘察阶段要求和方法见表 10-1。

**表 10-1　岩溶地区各勘察阶段的要求和方法**

<table>
<tr><th>勘察阶段</th><th>勘察要求</th><th>勘察方法和工作量</th></tr>
<tr><td>可研勘察</td><td>应查明岩溶洞隙、土洞的发育条件，并对其危害程度和发展趋势做出判断，对场地的稳定性和建筑适宜性做出初步评价</td><td rowspan="2">以工程地质测绘及综合物探方法为主，发现异常地段，应选择代表性部位布置验证性钻孔，岩溶发育地段的钻孔应予加密。控制性勘探孔应穿过表层岩溶发育带</td></tr>
<tr><td>初步勘察</td><td>应查明岩溶洞隙及其伴生土洞、塌陷的分布、发育程度和发育规律，并按场地的稳定性和适宜性进行分区</td></tr>
<tr><td>详细勘察</td><td>应查明拟建工程范围及有影响地段的各种岩溶洞隙及土洞的位置、规模、埋深，岩溶堆填物性状和地下水特征，对地基基础的设计和岩溶的治理提出建议。<br>在岩溶发育区的下列部位应查明土洞和土洞群的位置：<br>(1) 土层较薄、土中裂隙及其下岩溶发育部位；<br>(2) 岩面张开裂隙发育，石芽或外露的岩体与土体交接部位；<br>(3) 两组构造裂隙交汇处和宽大裂隙带；<br>(4) 隐伏溶沟、溶槽、漏斗等，其上有软弱土分布的负岩面地段；<br>(5) 地下水强烈活动于岩土交界面的地段和大幅度人工降水地段；<br>(6) 低洼地段和地面水体近旁</td><td>勘探线应沿建筑物轴线布置，条件复杂时每个独立基础均应布置勘探点；<br>基础底面以下土层厚度不大于独立基础宽度的 3 倍或条形基础宽度的 6 倍，且具备形成土洞或其他地面变形的条件时，应有部分或全部勘探孔钻入基岩；<br>当预定深度内有洞体存在，且可能影响地基稳定时，应钻入洞底基岩面下不少于 2m，必要时应圈定洞体范围；<br>对一柱一桩的基础，宜逐柱布置勘探孔；<br>在土洞和塌陷发育地段，可采用静力触探、轻型动力触探、小口径钻探等手段，详细查明其分布；<br>当需查明断层、岩组分界、洞隙和土洞形态、塌陷等情况时，物探应根据物性条件采用有效方法，对异常点应采用钻探验证，当发现或可能存在危害工程的洞体时，应加密勘探点；<br>凡人员可以进入的洞体，均应入洞勘察，人员不能进入的洞体，宜用井下电视等手段探测</td></tr>
</table>

### 10.1.4　岩溶勘测评价

除应符合一般规定外，岩溶勘察报告尚应包括下列内容：

(1) 岩溶发育的地质背景和形成条件；

(2) 洞隙、土洞、塌陷的形态、平面位置和顶底高程；

(3) 岩溶稳定性分析；

(4) 岩溶治理和监测的建议。

## 10.2　采空区勘测技术

### 10.2.1　采空区的概念与工程问题

人类为采掘地下资源而留下的地下空间称为采空区，根据开采现状可分为老采空区、现采空区及未来采空区三类。老采空区是指建筑物兴建时，历史上已经采空的场地；现采空区是指建筑物兴建时，地下正在开采的场地；未来采空区是指建筑物兴建时，地下赋存有工业价值的矿层，目前尚未开采，而规划中要开采的场地。由于地下开采造成一定的地下空间，可能导致周围岩体向此空间移动。如果开采空间的位置很浅或尺寸不大，则围岩的变形破坏将局限在很小的范围内，不会波及地表。但是，当开采空间位置很浅或尺寸很大，这时围岩变形破坏往往波及地表，使之产生沉降，形成地表移动盆地，甚至出现崩陷和裂缝，以致危及地面建筑物安全，形成采空区场地特有的岩土工程问题。

另外，作为采空区场地，不同部位其变形类型和大小各不相同，且也是随时间发生变化的。这种变形直接影响建筑物选址和选型，如铁路、高速公路及大型引水工程选线，工业与民用建筑、隧洞等工程的选址及其地基处理都必须考虑采空区场地变形特性及发展趋势的影响。正因为采空区场地的特殊性，所以与一般建筑场地相比，地下采空区场地的勘察内容、研究方法及建筑设计都是不一样的，甚至对不同类型采空区也是有区别的。

### 10.2.2　采空区勘察的目的和方法

勘察的主要目的：查明老采空区的分布范围、埋深、充填程度及上覆岩层的稳定性，预测现采空区和未来采空区的地表变形特征和规律，为建筑工程选址、设计和施工提供可靠的地质和岩土工程资料。

采空区勘察的方法：宜以搜集资料、调查访问为主。对老采空区和现采空区，当工程地质调查不能查明采空区的特征时，应进行物探和钻探，钻孔的结构参见图 10-1。

采空区勘察具体内容如下：

(1) 矿层的分布、层数、厚度、深度、埋藏特征和上覆岩层的岩性及构造等。

(2) 矿层开采的范围、深度、厚度、时间、方法和顶板管理，采空区的塌落、密实程度、空隙和积水等。

(3) 地表变形特征和分布，包括地表陷坑、台阶，裂缝的位置、形状、大小、深度、延伸方向及其与地质构造开采边界、工作面推进方向等的关系。

(4) 地表移动盆地的特征,划分中间区、内边缘区和外边缘区,确定地表移动和变形的特征值。

(5) 采空区附近的抽水和排水情况及其对采空区稳定的影响。

(6) 建筑物变形和防治措施的经验。

(7) 采深小、地表变形剧烈且为非连续变形的采空区,应查明采空区和巷道的位置、大小、埋藏深度、开采时间、开采方式、回填塌落和充水等情况,并查明地表裂缝、陷坑的位置、形状、大小、深度、延伸方向及其与采空区的关系。对于埋深较大的采空区,应对上覆岩层的稳定性进行地质分析和判断。

### 10.2.3 采空区探测应用

**1. 地质及岩土工程条件**

永平铜矿为矽卡岩型铜矿床,也是我国典型的露天转地下金属矿山。矿区基底地层为震旦—寒武系混合岩组(Su),盖层由石炭系中统叶家湾组(C2y)、二叠—石炭系的船山—茅口组(C3c-P1m)以及二叠系李家组(P1l)、龙潭组(P2l)组成,第四系广泛发育。

矿区所处构造部位为北武夷山隆起带的北缘和东西向信江断陷带的南侧交接部位。该区经历了多次的构造变动,地层发育不全,其中,从中寒武统(∈2)至下石炭统(C1)缺失。这就反映该区自加里东运动后,基底(Su)隆起为陆地,遭受长达2亿多年的剥蚀,而后又下降为洼地接受中石炭统以后的沉积。因此,该区中石炭统叶家湾组(C2y)不整合于基底混合岩(Su)之上,后经多次构造运动,使该区构造复杂化,褶皱构造和断裂构造均很发育。矿区有3组断裂构造:NNE向、NEE～近EW向、NW～NWW向,其中大部分断层与边坡临空面呈大角度相交,大大降低了岩体的完整性。矿区典型地层地质构造纵剖面如图10-2所示。

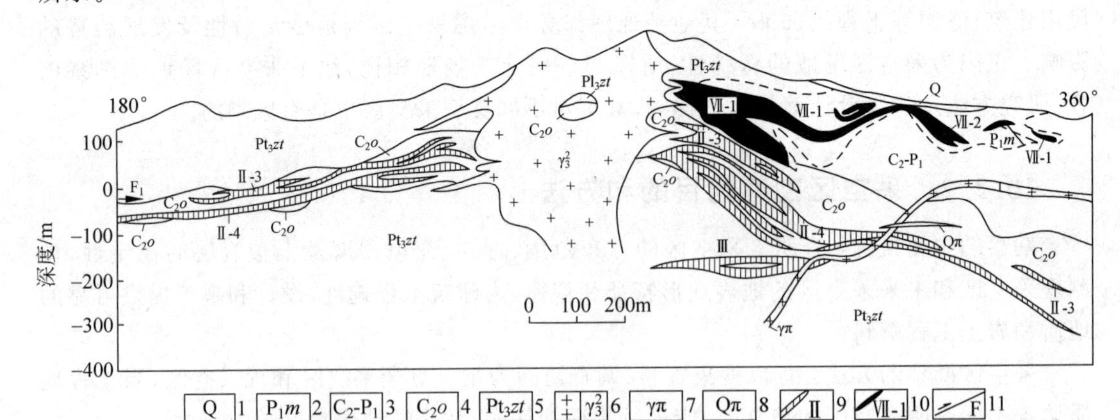


1. 第四系; 2. 下二叠统茅口组; 3. 上石炭统船山组-下二叠统茅口组; 4. 上石炭统藕塘底组; 5. 上元古界周潭岩组; 6. 似斑状黑云母花岗岩(十字头岩体); 7. 花岗斑岩; 8. 石英斑岩; 9. 铜硫-钨矿体及编号; 10. 氧化矿体及编号; 11. 逆断层。

图10-2 矿区典型地层地质构造纵剖面

采场内存在3组主要节理裂隙,它们分别为:①走向北西向,倾向NE,倾角67°～83°,即图10-2中1区;②走向NE,倾向NW,倾角61°～85°,即图10-2中2区;③走向NNE

向，倾向 NW-W，倾角 52°～85°，即图 10-2 中 3 区及 4 区。节理等密度分布如图 10-3 所示。

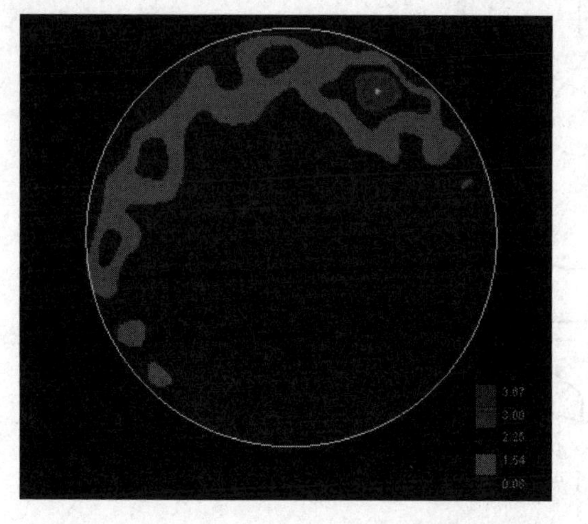


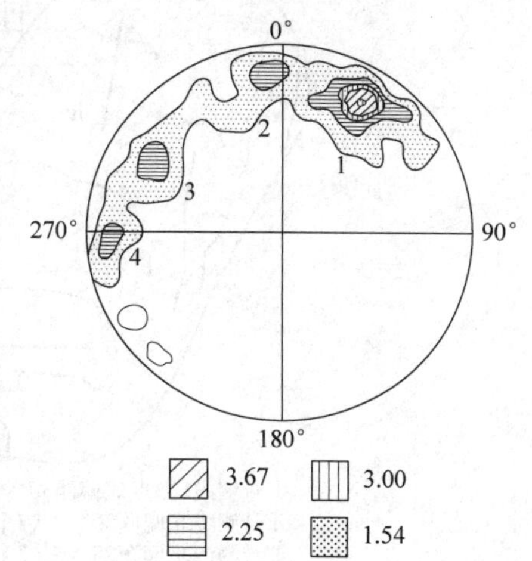

图 10-3　露天坑采场内节理等密分布图

采场内节理裂隙十分发育。岩体结构受节理裂隙控制。节理组数、节理间距、岩体完整性系数、节理粗糙度系数、节理蚀变系数直接影响岩体的完整性及质量。节理裂隙是岩体在应力作用下形成的结构面，是构造断裂的一种，没有位移或位移很小，虽然延长不远，纵深发展不大，但数目众多。节理裂隙发育的方位、数量、大小以及形态的不同，影响着岩体及其围岩的稳定性。矿区岩体质量分级如表 10-2。

**表 10-2　矿区岩体基本质量分级表**

| 岩石名称 | 基本质量级别 | 岩石坚硬程度 | 岩体完整程度 | 岩体完整性指数/$K_v$ | 饱和单轴抗压强度/MPa | 岩体基本质量指标 BQ | RQD/% |
|---|---|---|---|---|---|---|---|
| 石英斑岩<br>花岗斑岩 | Ⅲ | 坚硬岩 | 较破碎 | 0.60 | 65.70 | 437.10 | 56.34 |
| 灰岩 | Ⅳ | 较坚硬岩 | 较破碎 | 0.40 | 33.61 | 290.80 | 53.04 |
| 石英砂岩 | Ⅳ | 较坚硬岩 | 较破碎 | 0.40 | 33.65 | 290.95 | 51.12 |
| 混合岩 | Ⅳ | 较软岩 | 较破碎 | 0.35 | 46.87 | 3187.11 | 42.50 |

**2. 方法选择**

根据提供的地质资料，初步判断地下巷道及可能的岩溶埋藏深度较大，因此，宜采用大地磁法。测试参数设置见 3.5 节内容。

**3. 现场布线**

为了探清矿山露天-地下联合开采的工程地质条件，采用现场调查、物探测试与地质分析相结合的综合方法，对露天-地下地质构造及采空区进行调查。采用大地连续电导率成像系统对地下 1000m 深度的地层地质进行探测，测线布置如图 10-4 所示。

Ⅰ号测线为 NW-SE 向，位于Ⅱ号矿体上方，共包含 9 个测点，前 8 个测点的测点距为 30m，最后一个测点距为 20m。测点测线布置如图 10-5 所示。

Ⅱ号测线为 NW-SE 向，位于Ⅱ号矿体上方，共包含 7 个测点，每个测点测距 30m，如图 10-6 所示。

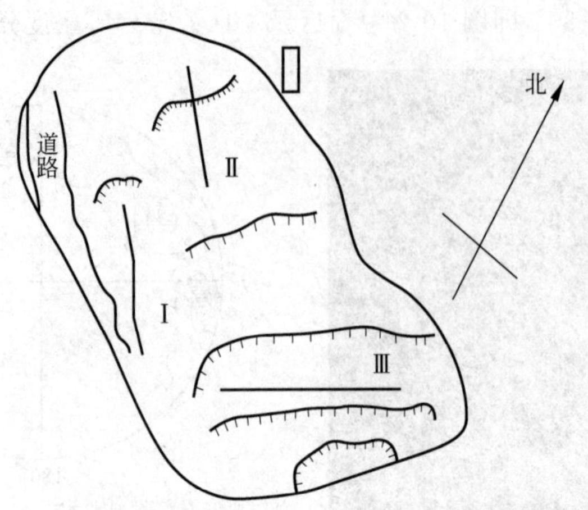


图 10-4 测线布置简略图

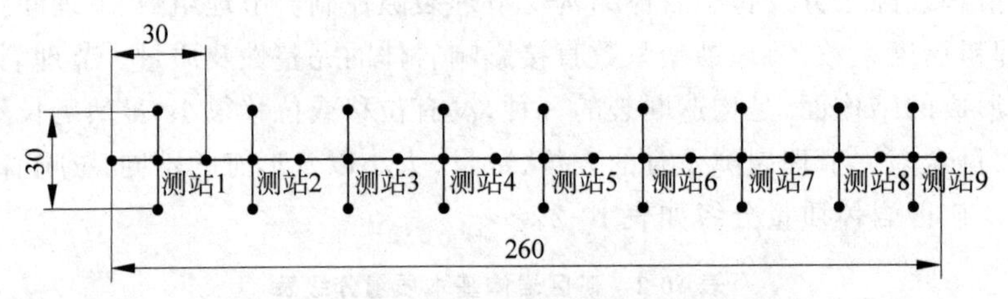


图 10-5 Ⅰ号测线布置图

Ⅲ号测线为 NE-SW 向，位于Ⅳ号矿体上方，共包含 4 个测点，前 8 个测点每个测点测距为 30m，最后一个测点测距为 20m，如图 10-7 所示。

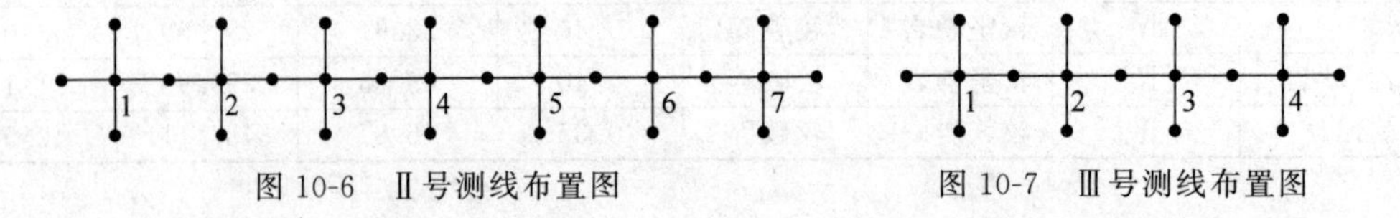


图 10-6 Ⅱ号测线布置图　　图 10-7 Ⅲ号测线布置图

**4. 数据解译与分析**

(1) 测线Ⅰ剖面

典型测点的视电阻率、相位、相关性及真电阻率的分布如图 10-8 所示。其电阻率等高线图如图 10-9 所示。

从图 10-9 中可以看出，在测线Ⅰ附近区域的岩体结构呈现连续性，在标高为－50m、－100m、－200m 区域，各中段巷道的存在使得该区域电阻率较高，电阻率达到 3500Ω·m。浅部及测线北端呈现低电阻，说明浅部地层含水性较好。经调查，浅层土主要为冲积、残坡积物、亚砂土、亚黏土、泥砂、卵石，局部有铁帽碎块及含矿黑土，厚度为 0～40m，测试几天前当地下雨，导致地面湿润。测线北端可能存在充填较好的裂隙或岩溶，此区域内其他位置未出现大的断层或溶洞等缺陷地质构造。

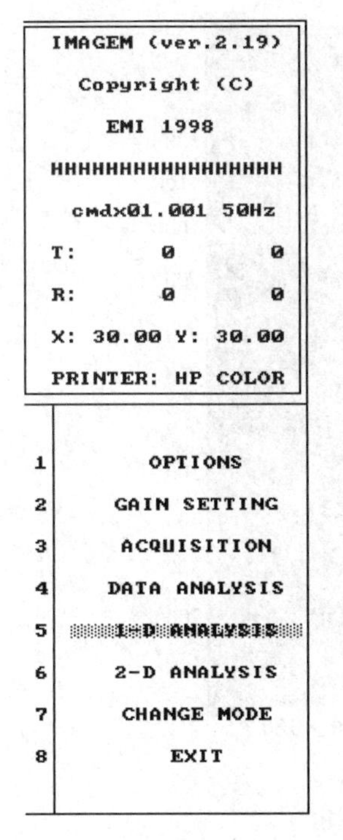


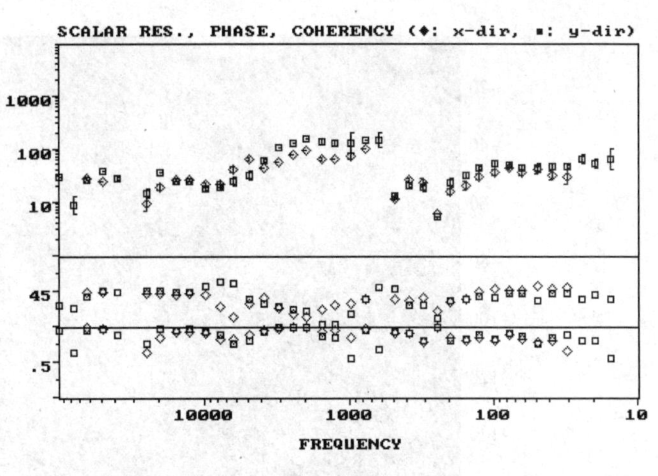

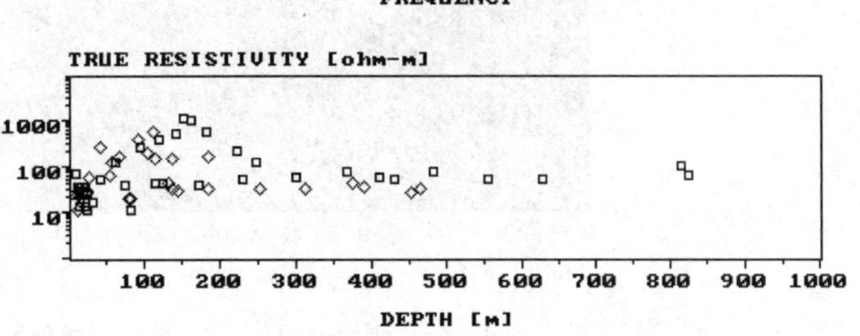


图 10-8　测线Ⅰ典型测点电阻率、相位、相关系数及真电阻率变化关系

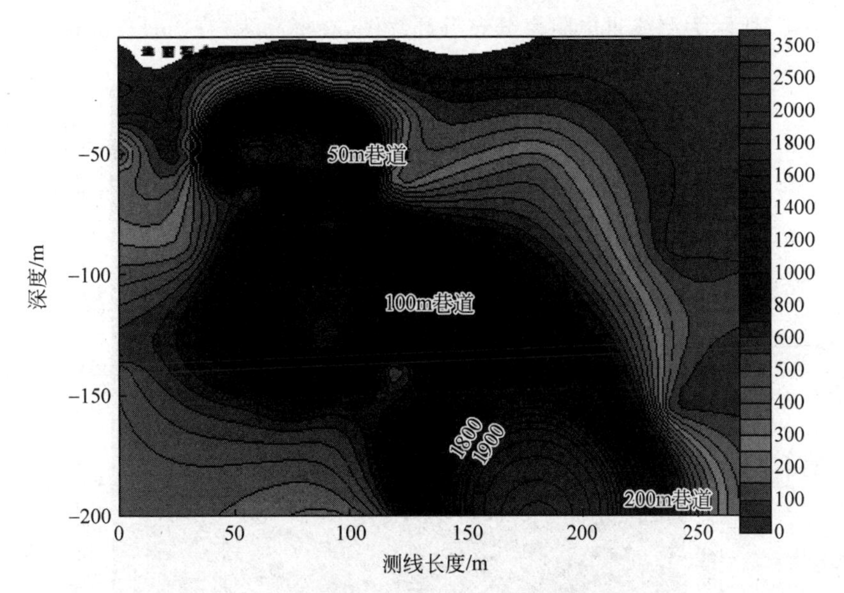

图 10-9　测线Ⅰ电阻率分布等高线剖面图

(2) 测线Ⅱ剖面

如图 10-10 所示，测线Ⅱ反映的情况与测线Ⅰ类似，在标高－140m 处呈现高电阻率区域，高电阻的大小与测线Ⅰ所测高电阻相等，亦为中段巷道所处区域；在－30m 及－80m 处呈现中高电阻差异，浅部及测线北端与测线Ⅰ所揭示的情况相近。

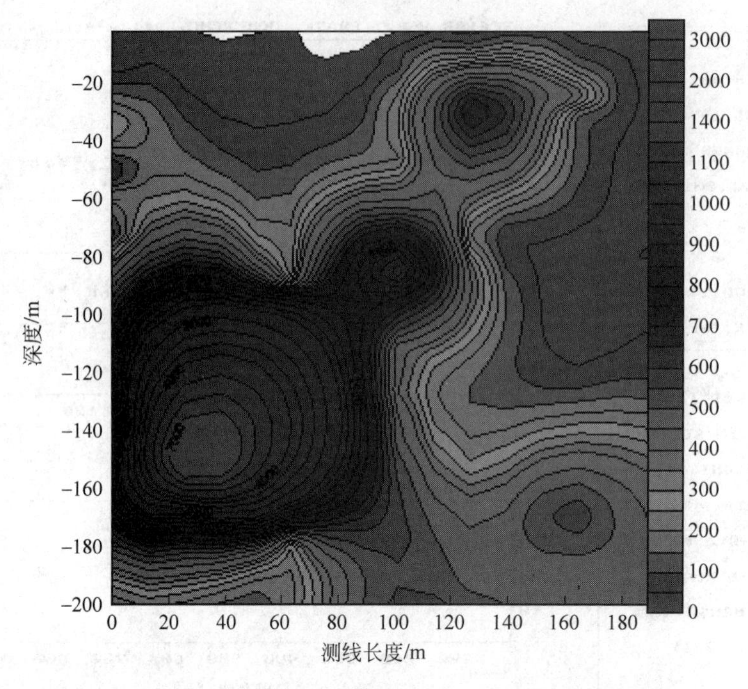

彩图 10-10

图 10-10 测线Ⅱ电阻率分布等高线剖面图

(3) 测线Ⅲ剖面

如图 10-11 所示为测线Ⅲ电阻率分布等高线图，在标高为－50m、－80m、－100m 右侧

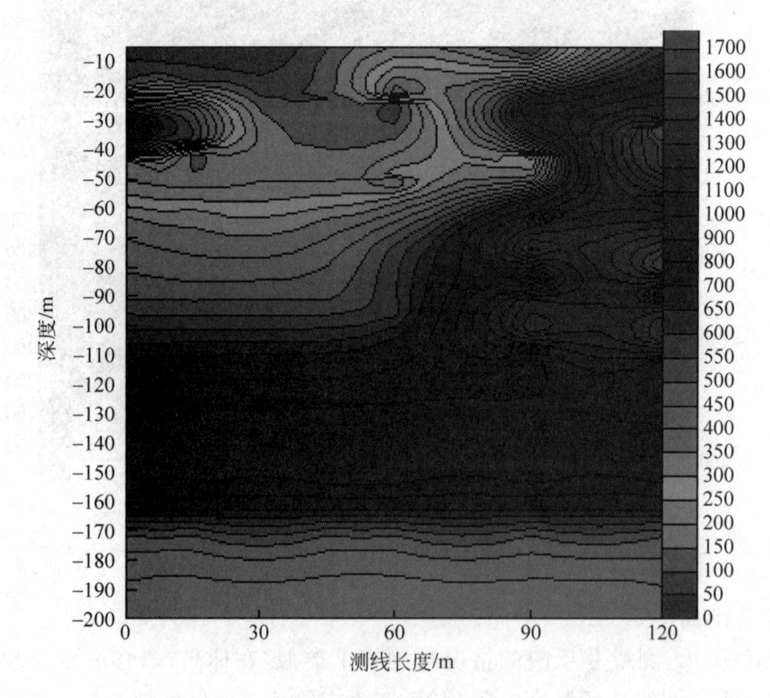

彩图 10-11

图 10-11 测线Ⅲ电阻率分布等高线剖面图

区域内存在高阻体，此区亦存在中段巷道和分段巷道，且分布于测线的东部。原因是东部为出露岩体，主要为灰白色细砂岩、粉砂岩夹页岩，含水性较土体差，因此电阻相对较高。浅部为低电阻，位于测线西部，为冲积、残坡积物、亚砂土、亚黏土、泥砂、卵石，局部有铁帽碎块及含矿黑土，含水性高，因此电阻低。

以上探测结果表明，在露天坑下部除坑采开拓巷道等地下工程外，没有揭示坑底断层破碎带，结果与图 10-3 所反映的地质剖面一致。

# 第11章 Chapter 11
# 建筑及构筑物的岩土工程勘测

房屋建筑与构筑物的岩土工程勘察(geotechnical investigation for buildings)应在搜集建筑物荷载、功能特点、结构类型、基础形式、埋置深度和变形限制等资料的基础上,采用工程地质测绘与调查、勘探、原位测试、室内试验等多种手段和方法,对场地稳定性、岩土条件、地下水等进行调查研究,并对拟建工程地基基础、基坑工程等做出分析、评价、预测和建议。

房屋建筑与构筑物的岩土工程勘察一般包括下列内容:

(1) 查明场地和地基的稳定性、地层结构、持力层和下卧层的工程特性、土的应力历史和地下水条件以及不良地质作用等;

(2) 提供满足设计、施工所需的岩土参数,确定地基承载力,预测地基变形性状;

(3) 提出地基基础、基坑支护、工程降水和地基处理设计施工方案;

(4) 提出对建筑物有影响的不良地质作用的防治方案建议;

(5) 对抗震设防烈度大于等于Ⅵ度的场地,进行场地地基的地震效应评价。

## 11.1 勘测阶段的划分及要求

一般地,房屋建筑与构筑物的勘察应与设计阶段相适应,分阶段进行。对重要的、勘察等级为甲级的高层建筑,勘察阶段宜分为可行性研究(选址勘察)、初步勘察和详细勘察三阶段进行。当场地勘察资料缺乏、建筑平面位置未确定,或场地面积较大,为高层建筑群时,勘察阶段宜分为初步勘察和详细勘察两阶段进行;当场地及其附近已有一定勘察资料,或勘察等级为乙级的单体建筑且建筑总平面图已定时,可将两阶段合并为一阶段,按详细勘察阶段进行;对于一级场地或一级地基的工程,可针对施工中可能出现或已出现的岩土问题进行施工勘察。

### 1. 可行性研究勘察

本阶段的工作重点是对拟建工程场地的稳定性与适宜性做出评价,其任务要求如下。

(1) 搜集区域地质、地形地貌、地震、矿产和当地的工程地质、岩土工程和建筑经验等资料;

(2) 在充分搜集和分析已有资料的基础上,通过勘察了解场地的地层、构造、岩性、地下水等工程地质条件以及滑坡、崩塌、泥石流、岩溶、活动断层及洪涝灾害等不良地质作用;

(3) 对工程地质条件复杂,已有资料不能符合要求,但其他条件较好且倾向于选取的场地，应根据具体情况进行工程地质测绘及必要的勘察工作；

(4) 当有两个或两个以上拟选场地时，应进行比选分析；

(5) 在确定建筑场地时，宜避开以下地段：

① 不良地质作用发育，且对场地稳定性有直接或潜在威胁的；

② 地基土质量严重不良的；

③ 对建筑抗震有危险的；

④ 洪水或地下水对建筑场地有严重不良影响的；

⑤ 地下有未开采的有价值的矿藏或未稳定的采空区。

**2. 初步勘察**

初步勘察是在可行性研究勘察基础上，对场地的稳定性做出评价，对建筑总图布置提出建议，对基础方案、基坑工程进行初步论证，对下阶段勘察重点内容提出建议。

1) 勘察前宜取得和搜集的资料

(1) 建筑红线范围及坐标、初步规划主体建筑与裙房的大致布设情况、建筑群的幢数及大致布设情况。

(2) 建筑的层数、高度，地下室的层数。

(3) 场地的拆迁及分期建设情况。

(4) 场地地震背景、周边环境条件、地下管线和地下设施分布情况。

(5) 设计方的技术要求。

2) 主要勘察内容

(1) 搜集拟建工程的有关文件、工程地质和岩土工程资料以及工程场地范围内的地形图。

(2) 初步查明场地地貌单元、地质构造、地层时代及成因。地层结构、岩土工程特性、地下水埋藏条件，一、二级建筑场地和地基宜进行工程地质分区。

(3) 判别影响场地不良地质作用，如断裂、地裂缝、岩溶、土洞、崩塌、滑坡、泥石流及高边坡等的成因、分布、规模、发展趋势；调查了解古河道、暗洪、暗塘、洞穴或其他人工地下设施，并对场地稳定性做出评价。

(4) 初步判别特殊性岩土对场地、地基稳定性的影响。

(5) 在抗震设防烈度大于等于Ⅵ度区，应对场地和地基的地震效应做出初步评价。

(6) 初步查明地下水类型，补给、排泄条件和腐蚀性，当地下水位较高，需判明地下水升降幅度时，应设置地下水长期观测孔；当需绘制地下水等水位线图时，应根据地下水的埋藏条件和层位，统一量测地下水位。

(7) 高层建筑初勘时，应对可能采取的基础类型、基坑开挖与支护、工程降水方案进行初步论证分析。

3) 勘察技术要求

(1) 勘探线、勘探点的布设：勘探线应垂直地貌单元、地质构造和地层界线布置；每个地貌单元均应布置勘探点，至少有一个控制性勘探点。在地貌单元交接部位和地层变化较大地段，勘探点应予加密；在平坦地区，可按网格布置勘探点，对岩质地基，勘探点和勘探线的布置、勘察深度应根据地质构造、岩体特性及风化情况等，按地方标准或当地经验确定；对土质基础，应按表11-1确定勘探点、勘探线。其中控制性勘探点宜占勘探点总数的1/5～1/3。

表 11-1 初步勘察勘探线、勘探点间距 m

| 地基复杂程度等级 | 勘探线间距 | 勘探点间距 |
| --- | --- | --- |
| 一级(复杂) | 50～100 | 30～50 |
| 二级(中等复杂) | 75～150 | 40～100 |
| 三级(简单) | 150～300 | 75～200 |

(2) 勘探孔深度：初步勘探孔深度可按表 11-2 确定。如遇下列情况时，适当增减勘探孔深度，当勘探孔的地面高程与预计整平地面高程相差较大时，应调整勘探孔深度；在预定深度内遇岩基时，除控制性钻孔仍应钻入基岩适当深度外，其他勘探孔达到确认的基岩后即可终止钻进；在预定深度内有厚度较大，且分布均匀的坚实土层，除控制性钻孔应达到规定深度外，一般勘探孔的深度可适当减小；当预定深度内有软弱土层时，应适当增加部分控制性钻孔穿透软土层或达到预计控制深度；对重型工业建筑应根据结构特点和荷载条件适当增加勘探孔深度。

表 11-2 初步勘察孔深度 m

| 工程重要性等级 | 一般性勘探孔 | 控制性勘探孔 |
| --- | --- | --- |
| 一级(重要工程) | ≥15 | ≥30 |
| 二级(一般工程) | 10～15 | 15～30 |
| 三级(次要工程) | 6～10 | 10～20 |

(3) 测试取样：取样、测试的勘探点应结合地貌单元、地层结构和岩土工程性质布置，其数量占勘探点总数的 1/4～1/2，其竖向间距应按地层特点和土的均匀程度确定，每层土均应进行取样或原位测试，数量不宜小于 6。

**3. 详细勘察**

详细勘察在工程平面位置，设计地坪高程，工程的性质、规模、结构特点、基础形式和埋深已有初步方案情况下进行，是工程建设程序中最重要的一次勘察。详细勘察应采用多种手段查明场地工程地质条件：采用综合评价方法，对场地和地基稳定性做出结论；按单体建筑物或建筑群提出详细的岩土工程资料和设计、施工所需的岩土参数，对不良地质作用和特殊性岩土的防治、基础形式、埋深、地基处理方案、基坑工程支护等提出建议。

1) 勘察前应取得和搜集的资料

(1) 附有坐标和地形的建筑总平面图，场地的地面整平高程。

(2) 建筑结构类型、层数及总高度、荷载及荷载效应组合、地下室及埋深。

(3) 预计的基础类型、平面尺寸、埋置深度及允许变形要求等。

(4) 场地地震背景、周边环境条件及地下管线和其他地下设施情况。

(5) 设计方的勘察技术要求。

2) 勘察的主要内容

(1) 查明各岩土层的成因、年代、地层结构、均匀性和物理力学性质；对岩质地基尚应查明岩石坚硬程度、岩体完整程度、基本质量等级和风化程度。

(2) 查明地下水类型、埋藏条件、补给及排泄条件、腐蚀性、初见及稳定水位；提供水位的季节变化幅度和各主要地层的渗透系数；提供基坑开挖工程应采取的地下水控制措施；

当地下水水位较高，宜进行地下水长期观测；当采用降水控制措施时，应分析施工降水对周围环境的影响。

(3) 对岩土层的工程特性和地基的稳定性进行分析评价，提出各岩土层承载力特征值；论证采用基础形式的可行性，对持力层选择、基础埋深等提出建议；预测地基沉降、差异沉降和倾斜变形特征，提供计算变形所需的参数。

(4) 对复合地基或桩基类型、适宜性、持力层选择提出建议；提供桩的极限侧阻力、极限端阻力和变形计算的有关参数；对沉桩可行性、施工对环境的影响及桩基施工中应注意的问题提出建议。

(5) 对基坑工程的设计、施工方案提出意见；提供边坡的地质模型；当地下室埋置较深，且采取箱形、筏形基础时，需考虑回弹或回弹再压缩变形测试和观测；对基坑工程应进行基坑位移、沉降和邻近建筑、管线的变形观测。

(6) 对不良地质作用的防治提出意见，并提供所需计算参数。

(7) 对初步勘察中遗留的问题提出结论性意见，对勘察等级为甲级的高层建筑应进行沉降观测。

## 11.2　场地稳定性评价

建筑场地岩土工程勘察应查明影响场地稳定性的不良地质作用，评价其对场地稳定性的影响程度，对有直接危害的不良地质作用地段，不得选作建筑建设场地；对有不良地质作用存在，但经技术经济论证可以治理的高层建筑场地，应提出防治方案建议，并采取安全可靠的整治措施。

**1. 对地震效应的评价**

划分建筑场地有利、不利或危险地段。抗震设防地区的建筑场地应选择在抗震有利地段避开不利地段；当不能避开时，应采取有效的防护治理措施。不应在危险地段建设建筑物，根据土层等效剪切波速和场地覆盖层厚度划分建筑场地类别，抗震设防烈度为Ⅶ～Ⅸ度地区，均应采用多种方法综合判定饱和砂土和粉土(不含黄土)地震液化的可能性，提出处理措施。Ⅵ度地区一般不进行判别和处理，但对液化沉陷敏感的乙类建筑可按Ⅶ度的要求进行判别和处理；需要采用时程分析法补充计算的建筑，尚应提供有代表性的地层结构剖面、场地覆盖层厚度和有关动力参数。

**2. 对活动断裂及地裂缝的评价**

应避开浅埋的全新活动断裂和发震断裂，避让的最小距离应按有关规定确定；可不避开非全新活动断裂，但应查明破碎带发育程度，并采取相应的地基处理措施；应避开正在活动的地裂缝，避开距离和采取的措施应按有关规定确定。

**3. 对地面沉降的评价**

在地面沉降持续发展地区，应搜集地面沉降历史资料，预测地面沉降发展趋势，提出高层建筑应采取的措施。

**4. 对斜坡地段场地稳定性评价**

滑坡体不应作为建筑场地，对选在滑坡体附近的建筑场地，应对滑坡进行专门勘察，验算边坡稳定性，论证建筑场地的适宜性，并提出治理措施。位于坡顶或临近边坡下的建筑，应评价边坡整体稳定性、分析判断整体滑动的可能性；当边坡整体稳定时，尚应验算基础外边缘至坡顶的安全距离。位于边坡下的建筑物，应根据边坡整体稳定性论证分析结果，确定离坡脚的安全距离。

**5. 对溶洞、土洞及采空区的评价**

在溶洞和土洞强烈发育地段，应查明基础底面以下溶洞、土洞大小和顶板厚度，研究地基加固措施。经技术经济分析认为不可取时，应另选场地；在地下采空区，应查明采空区上覆岩层、地表变形特征、采空区的埋深和范围，根据高层建筑的基底压力，评价场地稳定性。对有塌陷可能的地下采空区，应另选场地。

## 11.3 天然地基勘察

**1. 勘探点的平面布置**

建筑平面为矩形时按双排布设，对不规则形状的建筑平面应在凸出部位的角点和凹进部位的阴角布设勘探点；在高层建筑层数、荷载和建筑体形变异较大，甲级勘察等级建筑的中心点、电梯井、核心筒部位均应布设勘探点。单幢高层建筑的勘察点数量，勘察等级为甲级时不应少于 5，乙级不应少于 4；控制性勘探点的数量不应少于勘探点总数的 1/3 且不少于 2；高层建筑群可按方格网布设。相邻的高层建筑，勘探点可互相共用。对高层建筑应满足：

(1) 高层建筑纵横方向对地层结构和地基均匀性的评价要求，需要时还应满足建筑场地整体稳定性分析的要求。

(2) 高层建筑主楼与裙楼差异沉降分析时，应查明持力层和下卧层的起伏情况。

(3) 按建筑场地类别划分要求，布设确定场地覆盖层厚度和测量土层剪切波速的勘探点。

(4) 按湿陷性黄土、膨胀土、红黏土等特殊性岩土的评价要求，布设适量的探井。

(5) 按降水、截水设计要求，在缺乏经验值的地区宜进行专门的水文地质勘察。

**2. 勘探点的间距**

天然地基详细勘探点的间距可按表 11-3 确定。对高层建筑，可按勘察等级将其间距控制在 15～35m 范围，甲级宜取较小值，乙级可取较大值；在暗沟、塘、浜、湖泊沉积地带和冲沟地区，岩性差异显著、基岩面起伏很大的地区，破碎带、地裂缝等不良地质作用场地，勘探点间距宜取最小值并可适当加密；在浅层岩溶发育地区，钻孔间距取小值或加密，当溶洞、土洞密集时宜在每个柱基下布设勘探点，并采用浅层地震勘探和孔间电磁波 CT 和空间地震 CT 测试，与钻探相配合以查明溶洞、土洞的发育程度、范围和连续性。

**表 11-3 天然地基详细勘探点间距** m

| 地基复杂程度等级 | 一级(复杂) | 二级(中等复杂) | 三级(简单) |
| --- | --- | --- | --- |
| 勘探点间距 | 10～15 | 15～30 | 30～50 |

**3. 勘探孔的深度**

详细勘察时的勘探深度自基础算起，应符合下列规定：

(1) 勘探深度应能控制主要受力层。当基础宽度不大于 5m 时，对条形基础勘探深度不应小于基础底面宽度的 3 倍，对单独柱基不应小于 1.5 倍，且不应小于 5m。

(2) 对高层建筑和需进行变形计算的地基，控制性勘探孔的深度应超过地基变形计算深度。地基变形计算深度，对中、低压缩性土可取附加压力等于上覆土层有效自重压力 20%的深度；对高压缩性土可取附加压力等于上覆土层有效自重压力 10%的深度；对于箱形基础或筏形基础，在不具备变形深度计算条件时，可按式(11-1)计算

$$D_c = d + \alpha_c \beta b \tag{11-1}$$

其中：$D_c$ 为控制性勘探孔的深度，m；$d$ 为箱型基础或筏形基础埋置深度，m；$\alpha_c$ 为与土层压缩有关的经验系数，根据基础下的地基主要土层按表 11-4 取值；$\beta$ 为与建筑层数或基底压力有关的经验系数，甲级勘察可取 1.1，乙级取 1.0；$b$ 为箱型基础或筏形基础宽度，对圆形基础或环形基础，按最大直径考虑，对不规则形状的基础，按面积等价成方形、矩形或圆形面积的宽度或直径考虑，m。

一般性勘探孔的深度应达到基底下 0.5～1.0 倍基础宽度，并深入稳定地层。当在预定深度内有较稳定且厚度超过 3m 的坚硬地层时，可钻入该层适当深度，以正确定名和判明性质。在预定深度内遇软弱地层时，应加深或钻穿；对箱基或筏基，一般性勘探孔孔深可按式(11-2)计算

$$D_g = d + \alpha_g \beta b \tag{11-2}$$

式中：$D_g$ 为一般性勘察孔的深度，m；$\alpha_g$ 为与土的压缩性有关的经验系数，根据基础下地基的主要土层按表 11-4 中粉土确定。

**表 11-4　经验系数 $\alpha_c$、$\alpha_g$ 值**

| 土类 | 碎石土 | 砂土 | 粉土 | 黏性土(含黄土) | 软土 |
|---|---|---|---|---|---|
| $\alpha_c$ | 0.5～0.7 | 0.7～0.9 | 0.9～1.2 | 1.0～1.5 | 2 |
| $\alpha_g$ | 0.3～0.4 | 0.4～0.5 | 0.5～0.7 | 0.6～0.9 | 1 |

注：表中范围值对同一类土中，地质年代老、密实或地下水位深者取小值，反之取大值。

(3) 在基岩和浅层岩溶发育地区，当基础底面下的土层厚度小于地基变形计算深度时，一般性钻孔钻至完整、较完整基岩面；控制性钻孔应深入完整、较完整基岩(对花岗岩钻入强风化)3～5m，勘察等级为甲级的高层建筑取大值，乙级取小值；专门查明溶洞或土洞的钻孔深度应深入基底完整地层 3～5m。

(4) 用于评价土的湿陷性、膨胀性、砂土地震液化、确定场地覆盖层厚度、查明地下水渗透性等钻孔深度，应按有关规范的要求确定。

(5) 在断裂破碎带、冲沟地段、地裂缝等不良地质作用发育场地及位于斜坡上，进行整体稳定性验算时，控制性勘探孔的深度应满足评价和验算的要求。

**4. 取样与测试**

(1) 取土试样和进行原位测试的勘探点数量，应根据地层结构、地基土的均匀性和设计要求确定。对高层建筑采取不扰动土试样和原位测试勘探点的数量，不宜少于全部勘探点

总数的2/3；勘察等级为甲级的单幢高层建筑不宜少于4；每栋每一主要土层采取不扰动土试样的数量或进行原位测试的次数不应少于6件(组)次；岩石试样的数量，各风化层不应少于6件(组)；当存在岩质边坡时，岩石取样数量应不小于9组。

(2) 在地基主要受力层内，对厚度大于0.5m的夹层或透镜体，应采取不扰动土或进行原位测试，各主要土层的原状土试样及原位测试数据不应少于6件(组)。当土层性质不均匀时，应增加取土数量或原位测试次数。

(3) 采取不扰动土试样或进行原位测试的竖向间距，基础底面下1.0倍基础宽度内宜按1～2m确定竖向间距，给出1.0倍基础宽度范围时可根据土层变化情况适当加大距离。

(4) 勘察等级为甲级的高层建筑、工程经验缺乏或研究程度较差的地区，宜布设荷载试验确定天然地基持力层的承载力特征值和变形参数。

(5) 常规试验应按有关规定执行，具体操作和试验仪器应符合《土工试验方法标准》(GB/T 50123—2019)、《工程岩体试验方法标准》(GB/T 50266—2013)和《工程岩体分级标准》(GB/T 50218—2014)的有关规定。

① 勘察等级为甲级时，土试样质量等级应符合Ⅰ级标准，且应采用三轴压缩试验，并提供摩尔圆及其强度包络线。

② 抗剪强度试验尽可能符合建筑和地基土实际受力情况，根据施工速度、底层条件和计算公式选用：饱和黏性土或施工速率较快、排水条件差的土可采用不固结不排水剪(UU)；经过预压固结的地基，可视其固结程度采用固结不排水剪(CU)。

③ 地基沉降计算的压缩性指标的选取应有针对性：采用单轴压缩试验的压缩模量按分层总和法进行沉降计算时，最大压力值应超过预计的土的有效自重压力与附加压力之和，取土的有效自重压力与附加压力之和；当采用考虑应力历史的固结沉降计算法时，应采用Ⅰ级土样进行试验。试验的最大压力应满足绘制完整的$e$-$\log P$曲线的需要，以求得先期固结压力$P_c$、压缩指数$C_c$和回弹再压缩指数$C_r$，回弹压力宜模拟现场卸荷条件。

④ 沉降估算应包括相邻建筑和结构施工完成后地基剩余沉降的影响，结合基础整体刚度情况和实测资料类比，综合评估各建筑部分的沉降特性及其影响。处于超补偿状态的基础，应采用地基回弹再压缩模量和建筑基底总压力进行沉降估算。

**5. 天然地基评价**

天然地基是指自然状态下即可满足承担基础全部荷载要求，无须人工处理的地基，天然地基分为四大类：岩石、碎石土、砂土及黏性土。天然地基的评价主要包括以下内容。

(1) 场地、地基稳定性和处理措施的建议。

(2) 地基均匀性。对判定为不均匀的地基，应进行沉降、差异沉降、倾斜等特征分析评价，并提出相应建议。符合下列情况之一者，应判别为不均匀地基：

① 基持力层跨越不同地貌单元或工程地质单元，工程特性差异显著。

② 基持力层虽属于同一地貌单元或工程地质单元，但遇下列情况之一可按不均匀地基考虑：

a. 中-高压缩性地基，持力层底面或相邻基底高程的坡度大于10%；

b. 中-高缩性地基，持力层及其下卧层在基础宽度方向上的厚度差值大于0.05$b$($b$为基础宽度)；

c. 同一高层建筑虽处于同一地貌单元或同一工程地质单元，但各处地基土的压缩性有较大差异时，可在计算各钻孔地基变形计算深度范围内当量模量的基础上，根据当量模量最大值和最小值的比值判定地基均匀性，当比值大于地基不均匀系数界限值 $K$ 时，可按不均匀地基考虑。

（3）确定和提供各土层尤其是地基持力层承载力特征值的建议值和使用条件。

（4）预测高层和高低层建筑地基的变形特征。

（5）对地基基础方案提出建议。天然地基方案应在场地整体稳定性基础上进行分析、论证，应考虑附属建筑、相邻的既有或拟建建筑、地下设施和地基条件可能发生显著变化的影响。

（6）抗震设防区应对场地地段划分、场地类别、覆盖层厚度、地震稳定性等做出评价。

（7）对地下室防水和抗浮进行评价。

（8）基坑工程评价。

## 11.4　桩基勘察

**1. 勘察的主要内容**

（1）查明场地各岩土层的类型、深度、分布、工程特性和变化规律。

（2）当采用基岩作为桩的持力层时，应查明基岩的岩性构造、岩面变化、风化程度，确定其坚硬程度、完整程度和基本质量等级，判定有无洞穴、临空面、破碎岩体和软弱岩层。

（3）查明水文地质条件，评价地下水对桩基设计和施工的影响，判定水质对建筑材料的腐蚀性。

（4）查明不良地质作用，可液化土层和特殊岩土的分布及其对桩基的危害程度，并提出防治措施的建议。

**2. 勘探点的平面布置**

1）端承桩

（1）勘探点应按柱列线布设，间距能控制持力层层面和厚度的变化，宜为 12～24m。

（2）勘察过程中发现基岩中有断层破碎带，或桩端持力层为软、硬互层，或相邻勘探点所揭露桩端持力层层面坡度超过 10%，且单向倾伏时，钻孔应适当加密；荷载较大或复杂地基的一柱一桩工程，应每柱设置勘探点。

（3）岩溶发育场地且以基岩作为桩端持力层时，应按桩位布孔，同时应辅以各种有效的地球物理勘探手段，以查明拟建场地范围及影响地段的各种岩溶洞隙和土洞的位置、规模、埋深、岩溶堆填物的性状和地下水特征；控制性勘探点不应少于勘探点总数的 1/3。

2）摩擦桩

（1）勘探点应按建筑物周边或柱列线布设，其间距宜为 20～35m，当相邻勘探点揭露的主要桩端持力层或软弱下卧层层位变化较大，影响方案选择时，应适当加密勘探点。带有裙房或外扩地下室的高层建筑，布设勘探点时应与主楼一同考虑。

（2）勘探点数量应视工程规模大小而定，勘察等级为甲级的单幢高层建筑勘探点数量不宜少于 5、乙级不宜少于 4；对于宽度大于 35m 的高层建筑，其中心应布置勘探点，控制性勘探点应占总数的 1/3～1/2。

**3. 勘探深度**

1）端承桩

（1）以可压缩地层，包括全风化和强风化岩作为桩端持力层时，勘察深度应满足沉降验算的要求，控制性勘探孔的深度应深入预计桩端持力层以下5～10m或(6～10)$d$($d$为桩身直径或方桩的换算直径，直径大者取小值，直径小者取大值)，一般性勘探孔的深度应达到预计桩端下3～5m或(3～5)$d$。

（2）对一般岩质地基的嵌岩桩，勘探孔深度应钻入预计嵌岩面以下(1～3)$d$，对控制性勘探孔应钻入预计嵌岩面以下(3～5)$d$，对质量等级为Ⅲ级以上的岩体，可适当放宽。

（3）对花岗岩地区的嵌岩桩，一般性勘探孔深度应进入微风化岩3～5m，控制性勘探孔应进入微风化岩5～8m。

（4）对于岩溶、断层破碎带地区，勘探孔应穿过溶洞或断层破碎带进入稳定地层，进入深度满足$3d$，并不小于5m。

（5）具多韵律薄层状的沉积岩或变质岩，当基岩中强风化、中等风化、微风化岩呈互层出现时，对以微风化岩作为持力层的嵌岩桩，勘探孔进入微风化岩深度不应小于5m。

2）摩擦桩

（1）一般性勘探孔的深度应进入预计桩端持力层或预计最大桩端入土深度以下不小于3m。

（2）控制性勘探孔的深度应达群桩桩基(假想的实体基础)沉降计算深度以下1～2m。群桩基沉降计算深度宜取桩端平面以下附加应力为上覆土有效自重压力的20%深度，或按桩端平面以下(1～1.5)$d$以下的深度考虑。

**4. 测试与取样**

（1）桩基勘察深度内的每一主要土层都应采取土试样，并根据土质情况选择适当的原位测试，取土数量或测试次数不应小于6组(次)。

（2）对嵌岩段持力层岩石应采取不少于6组的岩样进行饱和单轴抗压强度试验，对软岩可采用天然湿度试样，对较破碎的风化岩石，取样确有困难时，可采用点荷载强度试验。

（3）以不同风化层作为桩端持力层的桩基工程，勘察等级为甲级的高层建筑勘察时，控制性钻孔宜进行压缩波波速测试，按完整性指数或波速比定量划分岩体完整程度和风化程度，划分标准应符合有关规定。

（4）当需进行群桩基础变形验算时，对桩端平面以下压缩层范围内的土，应计算土的压缩性指标。试验压力不应小于实际土的有效自重压力与附加压力之和。

**5. 桩基评价**

桩基工程分析评价应充分了解工程结构类型、特点、荷载和变形控制要求，掌握场地工程地质、水文地质条件，结合地区及类似工程经验或通过设计参数检测和施工监测进行。评价的主要内容如下：

（1）推荐经济合理的桩端持力层。桩端持力层宜选择层位稳定、压缩性较低的可塑-坚硬状态黏性土、中密以上的粉土、砂土、碎石土和残积土及不同风化程度的基岩，不宜选择可液化土层、湿陷性土层或软土层。当存在相对软弱下卧层时，持力层厚度宜超过(6～10)$d$，扩底桩的持力层厚度宜超过3倍扩底直径且均不宜小于5m。

(2) 对可能采用的桩型、规格及相应的桩端入土深度提出建议。桩型选择应根据工程地质条件、施工条件、场地周围环境及经济指标等综合考虑。当持力层顶面起伏不大,坡度小于10%,周围环境允许且沉桩可能时,可采用钢筋混凝土预制桩;当荷载较大,桩较长或需穿越一定厚度的坚硬土层,锤击过程可能使桩身产生较大锤击应力时,宜采用预应力桩或钢桩;当土层中有难以清除的孤石或硬质夹层、岩溶或基岩面起伏较大时,宜采用混凝土灌注桩;在基岩埋藏相对较浅,单柱荷载较大时,宜采用以不同风化层为持力层的冲、钻、挖、扩底或嵌岩桩;当场地周围环境保护要求较高、采用钢筋混凝土预制桩或预应力桩难以控制沉桩挤土影响时,可采用钻孔灌注桩或压入式H型钢桩。

(3) 提供所建议桩型的侧阻力、端阻力和桩基设计、施工所需的其他岩土参数。单桩承载力通过现场静荷载试验确定,估算单桩承载力时应结合地区经验,根据静力触探试验、标准贯入试验或旁压试验等原位测试结果进行,并参照地质条件类似的试桩资料综合确定;嵌岩灌注桩可根据岩石风化程度、单轴极限抗压强度和岩体完整程度等进行估算。

(4) 单桩、群桩沉降量的估算。当需估算桩基最终沉降量时,应提供土试样压缩曲线;地基土在有效自重压力至有效自重压力与附加压力之和时的压缩模量$E$,对无法或难以采取不扰动土样的土层,可在取得地区经验值后根据静力触探、标准贯入试验、旁压试验等原位测试参数换算压缩模量$E$值。

(5) 对沉桩可能性、桩基施工对环境影响的评价和对策,以及其他设计、施工应注意事项提出建议。当打(压)入需贯穿的岩土层夹有一定厚度或需进入一定深度的坚硬土、中密以上粉土、砂土、碎石土和全风化、强风化基岩时,应根据岩土层的力学特性、类似工程经验、桩的结构、强度、形式和设备能力综合考虑沉桩可能性。当无法准确判断时,宜在工程桩施工前进行沉桩试验来评定沉桩可能性、桩进入持力层后单桩承载力的变化及其他施工参数。对欠固结土和大面积堆载的桩基,应分析桩侧产生负摩阻力的可能性及对桩基承载力的影响并提出防治措施。

沉桩对周围环境的主要影响包括:锤击沉桩的反复振动对邻近既有建构筑物及公用设施的损害;饱和黏性土地基土挤土桩对邻近既有建(构)筑物和地下管线的影响;大直径挖孔桩成孔时,宜充分考虑松软地层可能坍塌的影响,降水对环境影响以及有毒害或可燃气体对人身安全的危害;灌注桩施工中产生的泥浆对环境的污染等。

根据工程和周围环境条件,挤土桩和部分挤土桩可选择合理安排沉桩顺序、控制沉桩速率、设置竖向排水通道、在桩位或桩区外预钻孔取土、设置防挤沟等措施来减少沉桩影响。

## 11.5　复合地基勘察

### 1. 勘察要求

勘察前应搜集必要的基础资料,并着重搜集本地区同类建筑的复合地基工程经验,明确地区需要解决的主要岩土工程问题、适宜的增强体类型、设计施工常见问题及处理方法。勘探点应按天然地基勘察方案进行,并应根据采用复合地基的目的,有针对性地按表11-5安排测试和分析。

表 11-5 复合地基的目的及勘察要求

| 目的 | 方案 | 勘察要点 |
|---|---|---|
| 消除黄土湿陷性 | 土或灰土桩 | 查明场地湿陷类型、地基湿陷等级、湿陷性土层的分布范围，非湿陷性土层的埋深及性质，提供地基土的湿陷系数、自重湿陷系数、干密度、含水量、最大干密度和最优含水量等指标 |
| 消除砂土、粉土液化 | 砂石桩 | 查明建筑场地液化等级，提供地基土层的标准贯入击数、比贯入阻力、相对密度和液化土层的层位及厚度 |
| 提高地基承载力、减小沉降或差异沉降 | 柔性增强体、半刚性增强体 | 查明相对软弱土层的分布范围、深度和厚度及设计施工所需技术资料。<br>取得黏性土地基的压缩模量、不排水抗剪强度、含水量、地下水位及 pH、有机质含量等；<br>砂土地基的天然孔隙比、相对密度、标准贯入基数等 |
| 高层建筑复合地基 | 刚性桩 | 应查明承载力较高、适宜作为桩端持力层的土层埋深、厚度、物理力学性质以及地基土的承载力特征值，必要时应通过复合地基荷载试验对设计参数进行检测 |

**2. 复合地基的检测与监测**

(1) 施工完成后，在桩身强度满足试验荷载条件，增强体的养护龄期结束后，在地基最不利位置和工程关键部位进行现场单桩、单桩或多桩复合地基静荷载试验来确定复合地基承载力特征值，检验复核由公式估算的结果。试验数量宜为总桩数的 0.5%～1.0%，且每个单体工程的试验数量不应少于 3。

(2) 对以加固为目的、改善桩间土性状的复合地基，可采用动力触探试验、标准贯入试验、静力触探试验、十字板剪切试验等原位测试手段或采取不扰动土样对加固后的桩间土样进行室内试验。

(3) 根据增强体的类型可采用低应变动测试验、标准贯入试验、动力触探试验、抽芯检测、开挖观测等方法检验增强体的质量。

(4) 进行施工阶段和使用沉降观测，监控和验证建筑物的变形。

**3. 复合地基评价**

(1) 根据设计、工程地质、水文地质、环境及施工条件，对复合地基方案提出建议：对深厚软地基，不宜采用散体材料桩；当地基承载力或变形不能满足设计要求时，宜优先考虑采用刚性或半刚性桩；当以消除建筑场地液化为主要目的时，宜优先选用砂石挤密桩；以消除地基土湿陷性为主要目的时，宜优先选用灰土挤密桩。

(2) 提供有关复合地基单桩承载力设计及变形分析所需的计算参数。复合地基承载力特征值和变形参数应在施工图设计期间通过复合地基荷载试验确定。有经验的地区，可依据增强体的荷载试验结果和桩间土的承载力特征值结合经验计算；缺乏经验地区，尚应进行不同桩桩长、置换率等的复合地基荷载试验研究。

(3) 建议增强桩体的加固深度及其持力层。提供桩间土天然地基承载力特征值和增强体桩桩端阻力特征值。承载力特征值估算及荷载试验应符合相关规定。

(4) 建议桩端进入持力层的深度,当复合地基加固体以下存在软弱下卧层时,其承载力验算应符合现行有关规定。

(5) 提供地下水的埋藏条件和腐蚀性评价,对淤泥和泥炭土应提供有机质含量,分析对复合地基桩体的影响,并提出处理措施和建议。

(6) 对复合地基设计参数检验、监测和设计、施工中应注意的问题提出建议。

## 11.6　基坑工程勘察

基坑工程应与建筑场地勘察同步进行,详细勘察阶段应在详细查明场地工程地质条件基础上,判断基坑整体稳定性,预测可能的破坏模式,为基坑设计施工提供基础资料。

### 1. 勘察前应收集的资料

(1) 邻近的建构筑物的结构类型、层数、地基、基础类型、埋深、持力层及上部结构现状。

(2) 周边各类管线,如上水、下水、电缆、煤气、污水、雨水、热力等,以及地下工程的分布和性状。

(3) 周边和邻近地区地表水汇流、排泄情况、地下水管渗漏以及对基坑开挖的影响程度。

(4) 周边道路的距离及车辆载重情况。

### 2. 勘察技术要求

(1) 勘探点布置:勘察区范围宜达到基坑边线以外 2～3 倍基坑深度,勘探点宜沿地下室周边布置。边线以外以调查或搜集资料为主,为查明某些专门问题可在边线以外布设勘探点。根据地质条件的复杂程度,勘探点的间距宜为 11～30m;当遇暗洪、暗塘或填土厚度变化很大或基岩面起伏很大时,宜加密勘探点。控制性勘探点宜为勘探点总数的 1/3,且每一基坑侧边的控制性勘探点不宜少于 1。

(2) 勘探深度:宜为基坑开挖深度的 2～3 倍;对深厚软土层,控制性勘探孔应穿透软土层;为降水或截水设计需要,控制性勘探孔应穿透主要含水层,进入隔水层一定深度。在基坑深度内遇微风化基岩时,一般性勘探孔应钻入微风化岩层 1～3m,控制性勘探孔应超过基坑深度 1～3m。

(3) 对岩质基坑,勘察工作应以工程地质测绘调查为主,以钻探、物探、原位测试及室内试验为辅,应查明岩石的坚硬程度、岩石的完整程度、主要结构面,特别是软弱外倾结构面的力学属性、产状、延伸长度、结合程度、充填物状态、充水状况、组合关系、与临空面的关系,岩石的风化程度,坡体的含水状况等。基坑施工时,应进行施工期地质勘察工作。

(4) 水文地质:查明开挖范围及邻近场地含水层层位、埋深和分布情况,查明含水层的补给条件和水力联系;测试含水层的渗透系数和影响半径,分析施工过程中水位变化对支护结构和基坑周边环境的影响,提供有关水文地质计算参数,估算基坑涌水量,并建议降水井、回灌井的位置和深度;基坑开挖过程中的渗流作用宜通过计算确定。

### 3. 测试与取样

对于岩土不扰动试样的取样和原位测试的数量,应保证每一主要岩土层有代表性的数据分别不少于 6 组/个,对岩质基坑或边坡不宜少于 9 组/个。

（1）原位测试：一般黏性土宜进行静力触探和标准贯入试验，砂土和碎石土宜进行标准贯入或圆锥动力触探试验，软土宜进行十字板剪切试验；当设计需要时可进行旁压试验、扁铲侧胀试验。

（2）室内试验：密度、孔隙比、抗剪强度和渗透试验，砂、砾、卵石层的水上、水下休止试验，岩质基坑存在顺层或外倾岩体软弱结构面时，宜现场测定结构面的抗剪强度。当需要计算开挖卸荷引起的回弹量时，应测求其压力的施加与实际加、卸荷状况一致时的回弹再压缩模量。

对黏性土，基坑工程设计进行的抗剪强度试验宜采用三轴压缩试验，按总应力法计算时，宜采用不固结不排水试验；对饱和软土应对试样在有效自重应力预固结后再进行试验；计算土压力可采用固结不排水试验。按有效应力法计算时宜采用测孔隙水压力的固结不排水试验。

（3）基坑附近有地表水体时，宜在其间布设一定数量的勘探孔或观测孔；在场地水文地质资源缺乏或岩溶发育区，应进行单孔或群孔分层抽水试验，测求渗透系数、影响半径、单井涌水量等水文地质参数。

**4. 基坑工程评价内容**

（1）对基坑工程安全等级提出建议。根据周边环境、破坏后果和严重程度、基坑深度、工程地质和地下水条件，按表 11-6 将基坑工程安全等级划分为一、二、三级。

**表 11-6 基坑工程安全等级划分**

| 安全等级 | 划分标准 |
|---|---|
| 一级 | 周边环境很复杂；破坏后果很严重；基坑深度 $h \geqslant 12m$；工程地质条件复杂；地下水水位很高、条件复杂、对施工影响很严重 |
| 二级 | 周边条件较复杂；破坏后果严重；基坑深度 $6m < h < 12m$；工程地质条件较复杂，对施工影响严重 |
| 三级 | 周边条件较复杂；破坏后果严重；基坑深度 $h \leqslant 6m$；工程地质条件简单，对施工影响轻微 |

注：从一级开始，有两项（含两项）以上，最先符合该等级标准者，即可定为该等级。

（2）根据场地所在地貌单元、地层结构、地下水情况，提供基坑各侧壁安全、经济、合理、有代表性的地质模型；对基坑局部稳定性、整体稳定性和坑底抗隆起稳定性、坑底和侧壁的渗透稳定性及挡土结构和边坡可能发生的变形或破坏模式做出评价；基坑底部为饱和软土或有软弱夹层时，应建议进行抗隆起、突涌和整体稳定性验算；当基坑底部为砂土，尤其是粉细砂地层和存在承压水时，应进行抗渗流稳定性验算；当土中有机质含量超过10%时，应考虑水泥土的可凝固性或增加水泥含量。

（3）提供基坑支护截水设计和抗管涌设计的设防水位。分析场地地下水与邻近地面水体的补给排泄条件，判明地面水与地下水的连通关系及其对场地地下水水位、基坑涌水量的影响；对基坑支护采取降水或截水措施提出明确结论和建议地下水控制方案，对基坑开挖和降水对邻近建筑物及地下设施的影响进行预测。

（4）对基坑工程支护方案和施工中应注意的问题提出建议。

（5）对基坑工程的监测工作提出建议。

**5. 地下室基础抗浮评价**

1）地下室基础抗浮评价的基本内容

（1）当地下水位高于地下室基础底板时，根据场地所在地貌单元、地层结构、地下水类型和下水位变化情况，结合地下室埋深、上部荷载等情况，对地下室抗浮有关问题提出建议。

（2）根据地下水类型、各层地下水位及其变化幅度和地下水补给、排泄条件等因素，对抗浮设防水位进行评价。

（3）对可能设置抗浮锚杆或抗浮桩的工程，提供相应的设计计算参数。

2）抗浮设防水位的综合确定

（1）当有长期水位观测资料时，场地抗浮设防水位可采用实测最高水位；无长期水位观测资料时，按勘察期间实测最高稳定水位并结合场地地形地貌、地下水补给、排泄条件等因素综合确定。

（2）场地有承压水且与潜水有水力联系时，应实测承压水水位并考虑其对抗浮设防水位的影响。

（3）只考虑施工期间的抗浮设防时，抗浮设防水位可按一个水文年的最高水位确定。

（4）当地下水赋存条件复杂、变化幅度大、区域性补给和排泄条件可能有较大改变或工程需要时，应进行专门论证。

3）其他建议

（1）对斜坡地段或可能产生明显水头差的地下室，应考虑地下水渗流在地下室底板产生的非均布荷载对地下室结构的影响，并应考虑地下室的临时抗浮措施。

（2）地下室在稳定地下水位作用下所受的浮力应按静水压力计算，对临时高水位作用下所受的浮力，在黏性土地基中可根据当地经验适当折减。

（3）当地下室自重小于地下水浮力作用时，宜设置抗浮锚杆或抗浮桩。对高层建筑附属裙房或主楼以外独立结构的地下室，宜推荐选用抗浮锚杆；对地下水水位或使用荷载变化较大的地下室宜推荐选用抗浮桩。抗浮桩和抗浮锚杆的抗拔承载力应通过现场抗拔静荷载试验确定。

# 第12章 Chapter 12 道路与管线工程勘测

## 12.1 道路工程勘测

公路与铁路结构各有其特点,但两者却有许多相似之处。

(1) 它们都是线形工程,往往要穿过许多地质条件复杂的地区和不同的地貌单元。

(2) 山区崩塌、滑坡、泥石流及特殊土等不良地质现象是线路的主要威胁,而地形条件又是制约线路纵向坡度和曲率半径的重要因素。

(3) 两种线路的结构都是由三类建筑物组成:第一类为路基工程,它是线路的主体建筑物,包括路堤和路堑;第二类为桥隧工程,包括桥梁、隧道及涵洞等,它们是为了使线路跨越河流、深谷、不良地质和水文地质条件地段,穿越高山峻岭或河、湖、海底以下通过等;第三类是防护建筑物,如挡土墙、护坡、排水沟等。在不同线路中,上述各类建筑物的比例不同,主要取决于线路所经地区工程地质条件的复杂程度。

公路与铁路的工程地质问题大体相似,但铁路比公路对地形和地质的要求更高,高等级公路比一般公路对地质条件的要求高。

道路岩土工程勘察,包括新建道路与改建道路的勘察工作,均应按照规定的设计程序分阶段进行。

### 12.1.1 勘察方法

道路、桥梁和隧道岩土工程勘察方法主要包括既有资料研究、调查与测绘、勘探、试验与监测等。桥梁和隧道是道路工程的控制点,因而也是道路工程的勘察重点。

#### 1. 既有资料研究

收集和研究场地既有的有关资料,不仅是野外工作之前准备工作的重要内容,也是工程地质勘察的一种主要方法。特别是在既有资料日益丰富、信息手段日益先进的今天,这种方法显得越来越重要。

收集的资料一般应包括以下几个方面的内容。

(1) 区域地质资料。如地层、地质构造、岩性、土质及筑路材料等。

(2) 地形、地貌资料。如区域地貌类型及其主要特征、不同岩性单元、不同地貌单元与不同地貌部位的工程地质评价等。

(3) 区域水文地质资料。如地下水的类型、分带及分布情况、埋藏深度及变化规律等。

(4) 物理地质作用和现象。如各种特殊岩土的分布情况、发育程度与活动特点等。

(5) 地震资料。如沿线及其附近地区的历史地震情况、地震烈度、地震破坏情况及其与地貌、岩性、地质构造的关系等。

(6) 气象资料。如气温、降水、蒸发、湿度、积雪、冻结深度、风速、风向等。

(7) 工程资料。区域内已有公路、铁路的主要工程地质问题及其防治措施等。

上述资料应包括地质图、文献、调查报告等，当勘察面积较大，地形、地质条件比较复杂时，应特别注意收集利用既有的航空照片和卫星照片。

对收集到的资料进行分析研究和判释，可以初步掌握路线所经地区的工程地质条件概况和特点。粗判可能遇到的主要工程地质问题，了解这些问题的研究现状和工程经验，对做好准备工作和野外工作，无疑都是十分必要的。在道路岩土工程勘察工作中，正确运用此方法，可以减少野外工作的盲目性，提高工作质量。

**2. 调查与测绘**

调查与测绘是工程地质勘察的主要方法之一。通过观察和访问，对场地的工程地质条件进行综合性地面调查，将查明的地质现象和获得的资料填绘到有关的图表与记录本中，这种工作统称为调查测绘。一般情况下，道路工程地质调查测绘采用沿线调查的方法，而不进行测绘，但对地质条件复杂地区或重点工程地段，则应根据需要进行较大面积的工程地质测绘。

(1) 工程地质调查，主要是采用野外观察和访问群众的方法，也可配合适量的勘探和试验。

① 野外观察。野外观察是工程地质调查最重要最基本的方法。它主要利用自然迹象和露头，进行由此及彼、由表及里的观察分析工作，以达到认识路线通过地带工程地质条件的目的。

观察工作的质量，一方面取决于观察点的数量和选择是否恰当，另一方面则取决于观察人员的知识和经验。充分利用各种自然迹象和露头，运用多种方法互相配合进行观察分析，不仅可保证工作质量，还可减少不必要的勘探工作。

② 访问群众。访问群众是工程地质调查常用的方法。对沿线居民调查访问，可以了解有关问题的历史情况、多年情况及当地处理自然灾害的经验，这对于野外观察往往是必不可少的补充。在某些情况下，这种方法显得尤其重要，如对历史地震情况的调查，对沿线洪水位的调查，对风沙、雪害、滑坡、崩塌、泥石流等不良地质现象的发生情况、活动过程和分布规律的调查访问。

(2) 工程地质测绘的内容应视要求而定。测绘的重点也因勘察设计阶段及工程类型的不同而各有所侧重，基本内容包括以下几个方面：

① 地形、地貌的类型、成因、特征与发展过程。地形、地貌与岩性、构造等地质因素的关系，地形、地貌与其他因素的关系，对路线布设及路基工程的影响等。

② 地层、岩性。地层的层序、厚度、时代、成因及其分布情况；岩性、风化破碎程度、风化层厚度；土岩类别、工程性质及对工程的影响等。

③ 地质构造。断裂、褶皱的位置、构造线走向、产状等形态特征和地质力学特征；岩层的产状和接触关系；软弱结构面的发育情况及其与路线的关系、对路基的稳定性影响。

④ 第四纪地质。第四纪沉积物的成因类型、土的工程分类及其在水平与垂直方向上的变化规律；土的物理、水理、化学、力学性质；特殊土及地区性土的研究和评价。

⑤ 地表水及地下水。河溪水位、流量流速、冲刷、淤积、洪水位与淹没情况；地下水的类型，化学成分分布情况，地下水的补给与排泄方式；地下水的埋藏深度、水位变化规律与变化幅度；地表水及地下水对道路工程的影响。

⑥ 特殊地质、不良地质。各种不良地质现象及特殊地质问题的分布范围、形成条件、发育程度、分布规律及其对道路工程的影响。

**3. 勘探**

勘探是岩土工程勘察的重要方法，是获取深部地质资料必不可少的手段。在进行地质勘察时，应充分利用地面调查测绘资料，合理布置勘探点；同时，应充分利用地面调查测绘资料，分析勘探成果，以避免判断错误。勘探的方法有坑探、钻探、地球物理勘探等几类。

**4. 试验**

试验是岩土工程勘察的重要环节，是对岩土工程性质进行定量评价的必不可少的方法，是解决某些复杂的工程地质问题的主要途径。工程地质调查、测绘与勘探工作，只能解决岩土的空间分布、发展历史、形成条件等问题，岩土的工程性质只能进行定性的评价。要进行准确的定量评价必须通过试验工作。在工程实践中可能遇到某些复杂的自然现象和作用，一时尚不能从理论上认识清楚，而又急于要求解决，在这种情况下，往往可以通过试验的方法加以解决。

工程地质试验可分为室内试验与野外试验。室内试验是对调查测绘、勘探及其他过程中所采取的样品进行试验，这种试验通常在实验室中进行。野外试验是在岩土的原处并在不扰动或基本不扰动条件下进行的现场原位试验。

**5. 监测**

物理地质现象与作用是在自然环境不断变化的情况下发生与发展的，其中某些具有周年变化的过程，如盐渍土、道路冻害等；某些具有多年变化的过程，如滑坡、泥石流等；而另一些则可能兼有两种变化，如沙漠、多年冻土等。通过直接观察和勘探，只能了解某一个短时期的情况，要了解其变化规律，就需要做长期的观测工作，掌握其变化规律，有时则是工程设计所必需的。因此，长期观测也是岩土工程勘察的重要方法之一，在某些情况下可能是必需的。

长期观测不仅可以为设计直接提供依据，而且可以为科学研究积累资料。在道路工程的实践中，对沙漠、盐渍土、滑坡、泥石流、多年冻土与道路冻害等物理地质作用与现象，都有设立长期观测站的实例和经验。

### 12.1.2 道路岩土工程勘察

道路岩土工程勘察的任务是运用工程地质学的理论和方法，认识道路通过地带的工程地质条件，为道路的设计和施工提供依据和指导，以正确处理工程建设与自然条件之间的关系，充分利用有利条件，避免或改造不利条件，使修建的道路能更好地实现多快省好与环境协调的要求。

**1. 工作内容**

(1) 路线岩土工程勘察。在各勘察阶段，与路线、桥梁、隧道专业人员密切配合，查明各条路线方案的主要工程地质条件，选择地质条件相对良好的路线方案。在地形、地质条件复杂的地段，确定路线的合理布设，以减少灾害；对路线方案与路线布设起控制作用的地质问题，应重点调查得出正确结论。

(2) 特殊地质、不良地质地区/地段下的岩土工程勘察。特殊地质及不良地质往往影响路线方案的选择、路线的布设与构造物的设计。在各阶段均应作为重点，进行逐步深入的勘察，查明其类型、规模、性质、发生原因、发展趋势和危害程度，提出绕越依据或处理措施。

(3) 路基路面岩土工程勘察。路基路面岩土工程勘察亦称沿线土质调查。根据选定的路线方案和确定的路线位置，对中线两侧一定范围的地带进行详细的工程地质勘察，为路基路面的设置和施工提供工程、地质、水文及水文地质方面的依据。

(4) 筑路材料勘察。修建道路需要大量的筑路材料，其中绝大部分是就地取材，特别是石料、砾石、砂、黏土、水等天然材料更是如此。这些材料品质的好坏和运输距离的远近，直接影响工程的质量和造价，有时还会影响路线的布局。筑路材料勘察的任务是充分发掘、改造和利用沿线的一切就地材料，当就近材料不能满足要求时，则应由近及远扩大调查范围，以求得数量足够，品质适用，开采、运输方便的筑路材料产地。

**2. 路基详细勘探要点**

(1) 一般路基。探点沿中线布设，必要时布在两侧；在已有探点之间增加深度一般为2～4m。

(2) 高路堤、陡坡路堤和深路堑。每一个控制横断面上至少应设钻孔数为1，每一工段至少应设钻孔数为2，辅以触探、挖探、简易钻探在内，每一个控制横断面上至少应设探点3个，深度应穿过软弱土层或预计滑动面。

(3) 支挡工程、河岸防护工程和改河工程。在控制横断面上的支挡位置，增设钻孔数为1，根据要求穿过软弱层、设计基底或岩面以下3m。

## 12.1.3 桥梁岩土工程勘察

大桥桥位影响路线方案的选择，大、中桥桥位多是路线布设的控制点，常有比较方案。因此，桥梁工程地质勘察一般应包括两项内容。

(1) 应对各比较方案进行调查，配合路线、桥梁专业人员，选择地质条件比较好的桥位。

(2) 对选定的桥位进行详细的工程地质勘察，为桥梁及其附属工程的设计和施工提供所需要的地质资料。

**1. 桥址选择**

桥址的选择应从经济、技术和使用观点出发，使桥址与线路相互协调配合，尤其是在城市中选择铁路与公路两用大桥的桥址时，除考虑河谷水文、工程地质条件外，尚要考虑市区内的交通特点，线路要服从于桥址，而桥址的选择一般要考虑下列几个方面的问题。

(1) 桥址应选在河床较窄、河道顺直、河槽变迁不大、水流平稳、两岸地势较高且稳定、施工方便的地方。避免选在具有迁移性如强烈冲刷、淤积及经常改道的河床，活动性大河湾、入沙洲或大支流汇合处。

(2) 选择覆盖及河床基岩坚硬完整处。若覆盖层太厚，应选在无漫滩相和牛轭湖相淤泥或泥炭的地段。避免选在尖灭层发育和非均质土层的地区。

(3) 选择区域稳定性条件较好、地质构造简单、断裂不发育的地段，桥线方向应与主要构造线垂直或大交角通过。桥墩和桥台尽量不置于断层破碎带和褶皱轴线上；特别在强震区，必须远离活动断裂和主断裂带。

(4) 尽可能避开滑坡、岩溶及可液化土层等。

(5) 在山区峡谷河流选择桥址时，力争采用单孔跨越；在较宽的深切河谷，应选择两岸较低的地方通过，要求两岸岩质坚硬完整，地形稍宽一些。适当降低桥台的高度，降低造价，减少施工难度。

**2. 阶段工作内容**

(1) 初步设计阶段。地质勘察任务是在几条桥线比较方案范围内，全面查明各桥线方案的一般工程地质条件，并着重对桥线方案起控制作用的复杂地段进行详细勘察，特别是对其中关键性工程地质问题与不良地质现象的深层情况加以分析，从技术可能性和经济合理性进行综合对比，为优选桥线提供地质依据。

(2) 技术设计阶段。地质勘察任务是在已选的最优方案基础上，进一步大量进行钻探、试验和原位测试，着重查明墩台的特殊工程地质条件和局部地段存在的严重工程地质问题，为桥线选择基础最佳位置以及施工方法等提供必要的工程地质资料。

**3. 桥基详勘要点**

桥基详勘的任务是为桥梁墩台施工图设计提供地质资料。详勘资料的准确性直接影响建设的成败，至关重要。

1) 勘察方法

根据桥型和基础类型对地基的要求，结合工程地质调查与测绘结果，考虑勘探工作的连续性，勘察以钻探、原位测试、室内试验为主，并与其他勘探方法相结合，因地制宜地确定勘探工作，探明影响桥基的主要工程地质问题。

2) 钻孔布设

钻孔一般应在基础轮廓线的周边或中心布置。当有不良地质或特殊土与基础密切相关，而又延伸至基础外围，需探明方可决定基础类型尺寸时，可在轮廓线外围布孔。

3) 钻孔数量

钻孔数量视工程地质条件和基础类型确定。工程地质条件简单的桥位，每个墩台一般可布置1个钻孔。如桥跨小、桥墩多，应配合原位测试，宜采用隔墩布置钻孔。对跨径大的特大桥，基础形式为群桩深基础或沉井基础，工程地质条件又比较复杂，每个墩台除配合物探和原位测试外，还应按照图增加布孔，但一般应布置2～3钻孔。遇有不良地质与不同基础类型，为满足设计和施工要求，宜适当增加钻孔。

对于沉井基础或钢围堰施工基础，为查明涌砂、大漂石、树干、老桥基、基岩顶面高差及倾斜方向和角度变化等，应酌情在基础周围加密钻孔，以确定基岩顶面、沉井或钢围堰埋置深度，提供施工方法建议等。

对于桩基础，当桩基穿过溶洞、断裂带至完整基岩时，探查基岩顶面高差，宜逐桩钻探，为选择桩型、桩径、桩长和施工方法，提供地基地质资料。

4）钻孔深度

钻孔深度应根据不同地基和基础的深浅确定。

（1）天然地基或其他浅基础，如嵌岩桩等，在第四纪覆盖层或基岩风化层较深的地基，应钻入可能的持力层或埋置深度以下3～10m，或墩台基础底面宽度的2.5～4倍；第四纪覆盖较薄的基岩地基，应钻入可能的持力层或埋置深度以下3～5m；直接裸露的基岩，如需要钻探时，孔深应钻至基础埋深以下3～5m。

（2）深基础/沉井和桩基。在第四纪覆盖层或基岩强风化层较深的地基及覆盖层较薄而风化层较浅的基岩，均应钻入可能的持力层以下或桩尖以下3～5m。

5）钻探质量要求

为确保墩台地基工程地质评价的可靠性，对钻探质量要求规定如下。

（1）对每个钻孔应有明确的工程地质勘察目的和要求；

（2）钻孔孔径和岩芯采取率等要求与初步设计阶段勘察相同。对岩层的软弱夹层、风化层、构造破碎带等工程地质意义重大的地层地段，特别要提高岩芯采取率，以保证钻孔地质柱状图的准确性。取样数量应满足提供的设计参数对岩土试验的要求。

（3）钻孔定位测量，应采用仪器、钢尺测定。其定位误差：陆地应小0.1m，水中应小于0.5m；当水深流急，固定钻船极困难时，误差不应超过1.0m，并应在套管固定后核测孔位。

（4）孔口高程测量，地面孔口高程误差：陆地不超过0.01m，水中不超过0.1m。注意水位升降及潮汐涨落影响时的水位变化，进行实际孔深的换算。钻孔内地层的分层高程误差应在0.05～0.10m。

6）其他

当地层岩性、地质构造复杂，或不良地质现象发育及延伸勘探范围时，为节约钻探工作量，可在钻孔附近布设物探点、原位测试点，采用物探测试成果补充工程地质勘探资料。

其他构造的勘探，如引道、调治构造物的地基，一般可参照桥位工程地质资料进行类比，不另勘探。需要时，可采用挖探、钎探或触探配合进行。引道按100～200m间距布点，调治构造物按30～100m间距布点，孔深应达持力层以下1～2m。

悬索桥塔墩、锚固部位勘探孔的数量和深度，应结合基础类型和工程地质条件的复杂程度，根据实际需要而定。一般应布钻孔数为5～9个。

为保证钻探工作质量，钻进过程中应认真取样、鉴别、记录。每钻探1m深度要进行取样，且每一独立地层均取样。为使样品尽可能保持原来状态，应注意选择钻头和钻进方法。对所有使用的钻具、进尺、取样及钻进中的感觉等均详细记录。在鉴别样品时，应与调查测绘结果对照，避免发生重大错误。

大、中桥桥位地质钻探多是水上作业，安全问题尤为重要。位于水深流急的大河上、下游受放水影响时，位于河口受潮汐影响，水位变化很大时，应特别注意安全。

### 12.1.4 隧道岩土工程勘探

隧道通常是路线布设的控制点，长隧道尤其影响线路方案的选择。隧道工程地质勘察同桥梁一样，通常包括两项内容：①隧道方案与位置的选择；②隧道洞口与洞身的勘察。前者，除隧道位置的比较方案外，有时还包括隧道与展线或明挖的比较；后者是对选定方案进行详细的工程地质勘察，为隧道的设计和施工提供所需的地质资料。

隧道详勘的任务是为隧道施工图设计提供地质资料。详勘资料的准确性直接影响隧道建设的成败，至关重要。

**1. 地球物理勘探**

(1) 地球物理勘探在详勘阶段仍是钻探的补充手段之一，在地形、地质条件适宜的地方，进行综合勘探。

(2) 由于物探的局限性和资料成果的多解性、不确定性，应结合隧道钻探、槽深、测绘等方法，进行物理力学指标的测定和地层论证。

(3) 应对初勘时未能查明的地质条件或沿隧道轴线方向有复杂地质问题的地段进行物探，以达到进一步查明和补充、校核的目的。

(4) 一般应根据隧道所在地区的地形、地质条件选择适当的物探方法。山区岩质隧道一般应先进行地震勘探，沿隧道轴线至少布置一条地震测线，测点间距以 10～20m 为宜；若发现有地质构造时，局部应加密。两洞口应布置横测线，测点间距为 5m；若洞口或洞身发现有溶洞或其他构造破碎带，应适当增加横测线和加密测点。

当高速公路为上下行时。隧道一般应当作两座单独隧道进行勘探，地质条件简单、无构造影响、岩性单一的短小隧道可当作一座隧道布置勘探工作。

(5) 用声波法测定岩体的弹性纵波波速时，宜同时测定岩体的弹性横波波速，以求得岩体的弹性特征值。除测定岩体弹性波速外，还应测定岩石试件的弹性波速，以求得岩体的完整性系数，判定围岩的破碎程度。

(6) 当地震勘探发现有明显的溶洞或大的地质构造时，应综合进行物理勘探，以供相互验证。当采用电探时，一般隧道轴线布设一条主测线，在主测线两侧 20m 各布一条平行测线，测点间距以 20～40m 为宜。洞口一般应布置横测线，测点间距以 10～30m 为宜。

(7) 对水下隧道物探，应在先查明水域内水底地形、水深、流速等情况下再决定采用何种物探手段，一般宜进行综合物探。勘测主线宜沿隧道轴线两侧布置，一般不得少于 2 条，横测线一般应沿顺水流方向布设，不宜少于 3 条，测点间隔应比陆上物探适当加密。

**2. 钻探与洞探**

(1) 隧道详勘应以钻探为主要手段。但钻孔位置、孔深、孔数、取样和试验应根据物探资料、不同的地质情况和勘探目的而定。

(2) 山岭隧道除地质条件极简单、岩性单一、无构造影响的短隧道外，一般对隧道洞身和洞口布置钻孔，同时应尽量利用初勘钻孔。地质条件复杂的中等隧道，一般钻孔数量不得少于 5 个，长隧道和特长隧道的勘探，应适当加密钻孔。

(3) 钻孔布置原则。洞身孔一般应布置在洞身低洼部位，与探明构造破碎带、岩溶等不良地质勘探结合考虑。勘探深度根据勘探目的而定，一般应以钻至隧道底板设计高程以下 2m 为宜；若需探明不良地质，钻孔深度应超过隧道底板设计高程以下 5～10m。洞口钻孔一般宜布置在洞口以上 30～50m 范围的山体内，并能揭露到洞顶以上地层 20～30m。洞口钻孔的布置可与洞口高架桥或深路堑钻探相结合考虑；一般穿过洞口底板设计高程以下 2m 遇不良地质，其钻孔深度应超过底板设计高程以下 5m。

(4) 隧道钻孔数量、位置、深度的确定，应与钻探目的、水文地质测试、物探测井等结合考虑。一般当遇如下情况而无钻孔时，按需要增补钻孔。

① 地质构造复杂、岩石破碎且有软弱夹层的地段，为了判明岩层破碎、风化程度、含水情况等，应布置钻孔，且宜采用干钻、无泵反循环、双层岩芯管或其他有效钻探方法。

② 地下水丰富，并有地下水通道，洞顶沟谷中有厚覆盖层且洞身埋藏较浅，或洞身穿过河道时，应利用钻探、取样、试验来判明地层透水性、粒度分布、粗粒土的含量等，为隧道涌水量预测施工方案的确定提供工程地质依据。

③ 隧道通过不良地质地段，布置钻孔，进行特殊项目的勘探和测试，必要时应配合物理勘探、测井，求得各项特殊指标。

④ 当露头不足，无法鉴定隧道通过地段的围岩类别时，宜布置槽探和钻探。

⑤ 水下隧道勘探除做必要的物探工作以外，主要应布置适当的钻探工作，为了进一步查明地质和水文地质情况，沿隧道轴线两侧布置钻孔(包括河床内水中部分)。钻孔距隧道轴线一般为 20～40m 梅花状排列；纵向孔距为 50～100m，钻孔深度应根据水下隧道埋深计算而定。沉管法施工隧道一般孔深从河床底部计算为 30～40m。其他方法施工的隧道，根据隧道的埋深，钻孔深度一般超过隧道底部 20m。在地质构造特别复杂的地段，个别孔深可超过隧道底部 50m。

⑥ 水下隧道除探明隧道上、下地层，含水层、各水层性质外，还应综合物探查明地下水流向、流速，测试各种水文地质参数。因此，钻探应考虑配合物探进行综合测井试验。

⑦ 水下隧道由于其工程地质、水文地质条件的特殊性和复杂性，为了彻底查明地层的稳定性，了解地下水涌水量、岩溶等地质构造的影响资料，对于地质构造复杂的地区，往往还要在大量钻探工作的基础上进行坑探和物探。导洞的大小和部位要根据地质条件而定，可以根据地质情况，局部布置临时竖井和导洞，也可以全段进行洞探。

## 12.2 公路工程地质勘察报告的主要内容

公路工程地质勘察报告是设计和施工的重要基础资料，其内容应根据设计阶段的不同、地质条件复杂程度的不同，结合地质测绘等有关资料，做到既全面阐述又有所侧重。其基本要求是勘探资料应如实反映客观实际，资料分析研究全面深透、论据充分、文字简练扼要、图表准确。对各种工程地质现象，尽可能地做出定量评价和解释，勘探报告一般分为文字和图表两部分。

### 12.2.1 初步勘察报告的主要内容

**1. 文字说明部分**

综合分析工程地质调查、测绘、勘探、测试资料，分别阐明各公路工程的地质条件，对方案的合理性及场地的适宜性做出评价。一般可按下列内容编制。

(1) 序言。勘察工作的目的、依据、起讫时间、完成的工作项目与工作量、主要工作方法、现有资料利用及其他有必要说明的问题。

(2) 自然地理条件。山脉、水系、气象、地形及地貌等自然特征。

(3) 地质条件。

① 地层。时代、成因类型、岩性及分布范围。

② 构造。形态特征、性质及分布规律。

③ 水文地质。地下水类型、含水层分布、补给排泄特征及季节性变化规律等。

④ 不良地质和特殊性岩土。类型、规模、发生原因、分布范围及对工程的危害。

⑤ 地震。地震基本烈度及大型工程构造物场地地震安全性评价结论。

(4) 岩土物理力学指标。经分析评价,提出各类岩土的主要物理、水理及力学指标值。

(5) 沿线筑路材料。主要材料的质量、储量和采运条件。

(6) 工程地质评价。

① 路线工程地质条件及对各路线方案工程地质比选意见。

② 路基工程地质条件。主要的路基工程地质问题及处理方案意见。

③ 桥、隧主要场地工程地质条件及方案比选意见。

(7) 对详勘工作的意见。详勘应重点注意的问题,并论述需进行专门研究的课题及研究方案。

**2. 图表资料**

(1) 路线方案工程地质图。

(2) 工程地质平面图。比例尺为1∶2000～1∶10000。基本内容:地层成因、年代、符号及岩层分界线、不良地质现象、地下水露头、工程地质分区编号和界线、地震烈度等级分界线。地层综合柱状图、经纬线或指北针、工程地质分区说明,亦可采用方案纵断面示意图。填图宽度可视设计要求和实际需要而定。

(3) 工程地质纵断面图。横向比例尺1∶2000～1∶10000,竖向比例尺1∶200～1∶1000。基本要求:地层分界线(推断线为虚线)、风化线,地质勘探点均应分别编号;地质构造(断层、褶皱),不良地质现象(岩溶、洞穴等)、地下水位线、露头点等均应标注清楚。

(4) 路基工程地质条件分段说明表。

(5) 小桥、涵洞地质条件表。

(6) 不良地质地段表。

(7) 沿线筑路材料料场表(含工程用水)。

(8) 各类测试成果资料汇总表。

(9) 勘探成果资料汇总表。

## 12.2.2 详细勘察报告的主要内容

**1. 文字说明部分**

(1) 前言

文字说明应包括任务依据、目的和要求。详勘阶段工作的主要内容、工作量、内外业起讫时间等。

(2) 路线

① 路线通过地区的自然地理概况。

② 区域地质特征,包括地层、岩性、构造及水文地质等。

③ 特殊地质、不良地质及工程地质条件评价,采取的有效处理措施。

④ 地震基本烈度的分布情况。

⑤ 全线或路段各类工点名称及附件登记表。

(3) 桥梁

① 对桥区内的地形、地貌、地层、岩性、构造、地下水特征、不良地质、特殊土类别特征等进行详细阐述。

② 对桥位地基、边坡的稳定性、基础的适宜性等做出评价。

③ 根据桥梁的工程、水文地质条件，对桥墩(台)的基础类型和埋置深度，不良地质、特殊土的防治和处理措施，提出经济合理的建议。

④ 试验资料。包括岩土、水等试验成果资料。

⑤ 根据勘探和岩土、水试验成果等资料，提出建筑物基础的合理设计和施工方法建议。

**2. 图表资料**

1) 路线或路段

(1) 路线路段工程地质平面图。应在初勘基础上，根据需要进行补充和修改，比例尺为1：2000～1：10000。

(2) 路线路段工程地质纵剖面图：横向比例尺为1：1000，竖向比例尺为1：200～1：1000。

2) 桥梁

(1) 桥位工程地质平面图。附勘探点位置，比例尺一般为1：500～1：2000。其中，中小型工程可视地质复杂程度和需要而定，特别复杂的中桥、立交桥及极个别小桥，由于设计需要，工程地质平面图一般以示意图代替。

(2) 桥位工程地质纵断面图。水平比例尺一般为1：200～1：5000；垂直比例尺一般为1：20～1：500。

(3) 桥位工程地质横断面图。水平比例尺一般为1：100～1：1000；垂直比例尺一般为1：50～1：100。

(4) 钻孔柱状图。比例尺为1：50～1：200。

(5) 必要时应编制桥墩(台)立体地质图、基岩等高等线图等，比例尺一般为1：50～1：100。

(6) 岩土物理力学试验成果资料，原位测试成果资料，水质分析及筑路材料料场成果表。

(7) 其他资料，如物探、工程照片等。

3) 隧道

(1) 隧道地形、地质平面图。搜集隧道地形平面图，然后直接进行野外填图。

(2) 隧道工程地质纵剖面图。逐段填绘地质及较大的地质构造线、水文地质条件，注明围岩类别和等级，确定洞口位置等。横向比例尺为1：500～1：2000，竖向比例尺为1：50～1：200。

(3) 洞口地质横断面图。比例尺为1：50～1：100。

(4) 洞身地质横断面图。比例尺为1：500。

(5) 洞口地质纵断面图。当地质条件复杂时，比例尺为1：50～1：500。

(6) 明洞地质横断面图。比例尺为1：50～1：100。

(7) 洞口地形图。比例尺为1：200～1：1000。

以上各图,均可向隧道勘测设计单位收集地形图,进行现场地质填绘工作,不足之处再补充完善比例尺。除采用各图要求外,也可根据特殊需要而定。

**3. 其他资料**

(1) 有关辅助工程图件。如纵、横断面图等。

(2) 岩、土、水试验成果资料。

(3) 勘探、原位测试成果资料。

(4) 岩芯箱登记表及工程照片。

### 12.2.3 公路工程地质勘察报告的检查及审核程序

公路工程地质勘探工作是工程地质勘探中一个重要组成部分,一般是通过地质测绘之后,根据设计要求,结合任务场地具体地形与地质条件,选择适宜的工艺方法进行施工,最终提出优质的综合地质报告供设计部门使用。

为确保工程地质报告的质量,勘察成果资料必须通过规定的各级评定。为确保和提高工程地质勘察成果质量,对每道工序的成果都必须严格审查和评定,不合格的不能交下道工序使用,不合格的最终成品不得提交给设计与施工单位。审查工作应按生产环节逐级进行,一般程序是,由工作人员自检、互检,单项工程工点技术负责人检查,队级技术负责人审查。凡在检查中发现质量问题,应有工作人员进行修改更正,检查或审核均应签字以示负责。

凡外业地勘队(组)所完成的产品,一般都要经院级工程地质专业主管部门或指挥部审核和验收后,方可提交设计与施工单位使用。审核需结合现场检查验收进行。最终成果除交付使用外,应复制验收意见及评分附件归档。

各级审核的主要内容及程序主要包括:

**1. 队内三级检查**

(1) 勘探(察)纲要。编写人自检→单项工程技术负责人初审→队技术负责人审核。

(2) 地质测绘成果。地质技术人员互检→技术负责人初审→队技术负责人审核。

(3) 工程地质勘探(察)成果。钻探班长、现场记录人员自检→机长和单向技术负责人检查→队技术负责人审核。

(4) 室内外测试成果。测试工作人员自检→测试组长检查→单向工程技术负责人审核。

(5) 图表成果。制(描)图人自检→单项工程技术负责人检查→队技术负责人审核。

(6) 文字报告(工程说明书):编写人自检→单项工程技术负责人检查→队技术负责人审核。

**2. 院级专业主管部门审查重点和范围**

(1) 工程勘察项目和资料在质量与数量上是否符合现行规范、规程、标准及阶段勘察技术要求。

(2) 勘探纲要编写内容是否全面搜集、认真分析、充分利用勘探区已有资料;是否明确了解任务、目的和设计要求,是否按计划适当安排部署生产,并能根据实际情况进行修改。

(3) 提交的工程地质文字报告内容是否完善,论述是否全面;能否正确反映客观条件;工程结论是否正确,论据是否充分;建议是否切实可行,能否满足任务书和设计上的要求。

(4) 提供的各种图表资料是否经过严格的队级三级检查、审查,签名是否齐全。

## 12.3　管线工程勘测

管线工程主要包括输油、输气管道线路、市政管线,水渠、运河、架空线路及其他大型穿、跨越工程的岩土工程勘测。水渠及运河的勘测可参考相关专业内容,综合管廊的勘测可参考隧道有关内容。

### 12.3.1　管线勘测的技术要点

**1. 主要勘察内容**

(1) 划分沿线的地貌单元;

(2) 初步查明管道埋设深度内岩土的成因、类型、厚度和工程特性;

(3) 调查对管道有影响的断裂的性质和分布;

(4) 调查沿线各种不良地质作用的分布、性质、发展趋势及其对管道的影响;

(5) 调查沿线井、泉的分布和地下水位情况;

(6) 调查沿线矿藏分布及开采和采空情况;

(7) 初步查明拟穿、跨越河流的洪水淹没范围,评价岸坡稳定性。

**2. 应满足的要求**

(1) 调查沿线地形地貌、地质构造、地层岩性、水文地质等条件,推荐线路越岭方案;

(2) 调查各方案通过地区的特殊性岩土和不良地质作用,评价其对修建管道的危害程度;

(3) 调查控制线路方案河流的河床和岸坡的稳定程度,提出穿、跨越方案比选的建议;

(4) 调查沿线水库的分布情况,近期和远期规划,水库水位、回水浸没和坍岸的范围及其对线路方案的影响;

(5) 调查沿线矿产、文物的分布概况;

(6) 调查沿线地震动参数及抗震设防烈度。

**3. 应避开以下河段**

(1) 河道异常弯曲,主流不固定,经常改道;

(2) 河床由粉细砂组成,冲淤变幅大;

(3) 岸坡岩土松软,不良地质作用发育,对工程稳定性有直接影响或潜在威胁;

(4) 断层河谷或发震断裂。

**4. 初勘方法**

(1) 收集资料、踏勘调查;

(2) 管道通过的河流、冲沟地段进行物探;

(3) 复杂大中型河流进行钻探;

(4) 探点距及孔深:

① 视复杂程度,管道线路探点距为200～1000m。

② 当管道为穿越工程时，探点距为 30～100m，且探点数不少于 3。

③ 探孔深度为管道埋设深度以下 1～3m。

④ 当管道为穿越工程时，探点应布设在管线中线上，偏离不大于 3m，孔深到河床最大冲刷深度以下 3～5m。

⑤ 当地震设防烈度大于Ⅵ度时，探孔距及孔深进行相应调整。

### 12.3.2 架空线路勘测的技术要点

架空线路勘测包括 220V 及以上架空高压输送电线路及架空索道等的勘测。

**1. 勘测重点**

(1) 对架空线路工程的转角塔、耐张塔、直线塔、终端塔、大跨越塔等重要塔基和地质条件复杂地段，应逐个进行塔基勘探。

(2) 复杂大中型河流进行钻探。

**2. 探点距及孔深**

直线塔基地段宜每 3～4 个塔基布置一个勘探点；深度应根据杆塔受力性质和地质条件确定。

# 第13章 Chapter 13

# 隧道地质超前探测

## 13.1 概述

隧道洞身地质超前预报分为长期和短期两类，它们各有不同的预报距离，承担不同的任务，也有不同的工作方法。长期预报为长距离地质超前预报，可达掌子面前方 100～150m，其主要任务是基本查明掌子面前方 100～150m 范围内的不良地质性质、位置和影响隧道的长度，并根据各类不良地质体的性质、影响范围和理论上对隧道围岩稳定性的影响程度，结合地下水特征、地应力特征，以及隧道宽度等因素，粗略地确定预报范围内的围岩级别。

长期地质超前预报是在已有地面地质勘察的基础上，并结合已开挖段洞体的工程地质特征进行的。其预报方法主要有地质前兆定量预测法和地球物理探测法两种。

地质前兆定量预测法是预报断层等级及与其相关的不良地质体如溶洞、暗河、淤泥带等的地质学方法。断层形成的力学机制和地应力能量释放形式的基本理论表明：断层断距和断层破碎带的宽度必然与断层影响带和其所有组分的宽度、强度有本质上的联系，决定了所有断层的存在是有一定规律可循的，这为地质超前预报工作提供了地质上的理论支持。

如图 13-1 所示，在断层影响带中，有一组特殊的节理，它的产状与断层产状一致或相近，它的分布范围很宽，其始见点离断层很远。它常常集中成带分布，一般可出现 3～4 个集中带，各带的节理强度和密度不同，总的趋势是向着断层方向增加。其第Ⅰ带和第Ⅲ带始见点到达主断层面 $F_5$ 的法向距离，以及第Ⅰ带和第Ⅲ带始见点之间的法向距离，均与地层断距有一定的数学联系；其第Ⅰ带和第Ⅲ带始见点到达主断层面的单壁隧道宽度，以及第Ⅰ带和第Ⅲ带始见点之间的单壁隧道宽度与断层破碎带的单壁隧道宽度也有固定比例关系；它们作为断层影响带内的几个参数，可以用数学公式来表达彼此之间的函数关系。

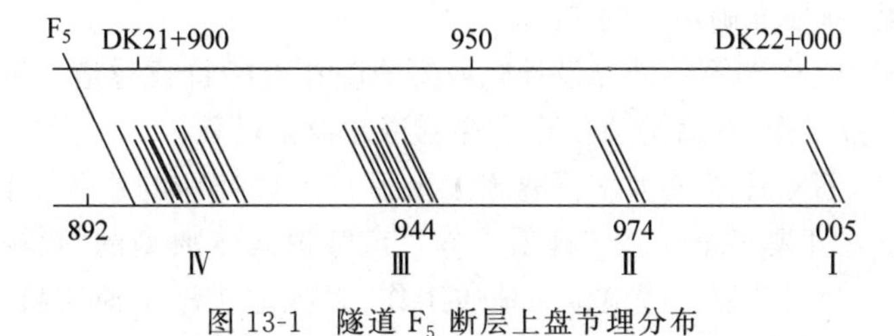


图 13-1 隧道 $F_5$ 断层上盘节理分布

上述断层影响带中的节理分布特征，基本不受地域和岩石、岩层组成影响，是应用地质前兆定量预测法预报隧道断层的理论基础。由于隧道中的大多数不良地质体与断层破碎带有密切的关系，所以依据地质学原理，预报了断层破碎带，就可以推断其他不良地质体的位置和规模。

目前，长期地质超前预报方法中的地球物理探测法主要有地震反射波法及地下全空间瞬变电磁法等。

短期地质超前预报是在长期地质预报基础上进行的一种更精确的预报技术，可分为地质前兆预报法和地球物理探测法。其中，地质前兆预报法主要利用不良地质体出露特征进行预报和推测；地球物理探测法主要有地质雷达、声波探测及红外探测等技术。

### 13.1.1 地质超前预报在国内外研究现状

岩体成因及构造运动的复杂性使准确的定量地质预报成为国内外隧道施工地质的技术难题。尽管预报方法、手段很多，各有特点，但都存在一定局限性。

1）隧道地质超前预报技术在国外的研究应用情况

在隧道施工技术比较发达的国家，如瑞士、日本等，隧道（特别是铁路、公路隧道）修建过程中，隧道施工地质工作，特别是其中的地质超前预报工作，被认为是一项十分重要、不可缺少的工序。重视隧道施工地质工作已成为广大工程技术人员的共识。

1972 年，在美国芝加哥首次召开快速掘进与隧道工程会议至今，隧道施工地质超前预报工作一直都受到重视。准确预报掌子面前方地质条件已成为隧道建设的迫切要求。20 世纪 80 年代以来，世界各国都将这类问题列为重点研究课题。日本列题研究掌子面前方地质预报；澳大利亚研究隧道施工前方地层状况预报；德国研究掌子面附近地层动态的详细调查；法国则把不降低掘进速度的勘探方法作为重点研究课题。

但是，目前在隧道地质超前预报方面的研究，国外也没有形成统一的系统化的理论，准确的定量预报也是国外隧道施工的技术难题。在国外，地质超前预报，特别是长距离地质超前预报，主要依赖物探仪器，如 TSP、地质雷达、瑞雷波探测仪和超前地质钻探等。

2）隧道地质超前预报技术在国内的研究应用情况

20 世纪 70 年代中国在建设成昆线期间曾成立过一个施工地质超前预报组，研究施工过程中掌子面前方地质条件的预报方法和预报技术问题。

大秦线军都山隧道施工过程中，中国科学院地质研究所与中铁隧道集团从 1985 年开始，合作进行了比较系统的短距离超前预报研究，主要采用以隧道地质素描为主，配合地面和地下地质构造相关性调查、超前钻孔钻速测试、声波测试的方法。并于 1987 年始，将隧道施工地质超前预报正式纳入施工程序。军都山隧道的地质超前预报经过后期实践的检验，取得了良好的效果，预报准确率达到 71.5%。

1996—1998 年，铁道部第一勘测设计院西安分院在秦岭特长隧道开展了施工地质综合测试工作及超前预报工作，并将地质工作贯穿隧道建设全过程。

1999—2000 年，石家庄铁道大学桥隧施工地质技术研究所与中铁十四局合作，在株六复线新倮纳隧道正式开展了全面施工地质工作。该隧道属于典型的“烂洞子”隧道，不良地质灾害很多，但由于全面开展了隧道施工地质工作，系统地实施了地质超前预报工作，不良地质预报精度达 80%，不良地质规模预报精度达 75%。

2008年，铁道部根据地质预报的前期成果和物探仪器的发展，编制了《铁路隧道超前地质预报技术指南[铁建设(2008)105]》并于2008年8月1日起实施。目前铁路隧道地质预报均按此指南实施，这是国内第一部专门关于超前地质预报的标准，体现了国内在超前地质预报方面的发展水平，填补了国内在该领域无规范、无规程可依的空白。

近年来，随着与国外隧道工程技术交流与合作的广泛开展，我国的隧道工程技术人员，逐渐认识到地质工作特别是隧道地质超前预报工作在隧道施工中的重要作用，并为此做了积极的、卓有成效的探索。

近年来国内隧道施工的实践表明：地质灾害的发生与地质条件有联系，但绝不是必然的联系。就目前的技术条件，只要做好施工期间的地质超前预报工作，并结合恰当的不良地质辅助工法，在复杂地质条件的隧道也可以做到不发生地质灾害，至少可以保证不发生大的地质灾害；相反，地质条件并不复杂的隧道，如果不做施工期间的地质超前预报工作或是做得不到位，并且当有不良地质条件时不能有必要的施工辅助工法与之相配合，也会造成地质灾害发生，甚至是大的地质灾害的发生。

### 13.1.2 隧道地质超前预报工作的重要性和迫切性

1）大量复杂地质条件下隧道工程的安全、快速施工迫切需要地质超前预报

随着经济和社会的发展，我国铁路、公路、水电建设的重心将向四川、云南、贵州、西藏等西部多山省区转移，这样不可避免地要修建大量的山岭隧道，包括各种长大、复杂地质条件的山岭隧道。因此，快速、安全施工将是隧道修建的主攻方向。

要保证隧道施工的顺利进行，关键是要消除和降低隧道施工中地质灾害的影响。而要降低地质灾害影响的关键是对不良地质的准确掌握，制订对应的处理方案，视地质情况再适时调整。在所有不良地质体中，断层破碎带是施工中最常见的不良地质。由断层及断层破碎带引起隧道塌方占塌方总数的90%以上，赋存于断层及破碎带中的地下水更是隧道突泥突水等地质灾害的最主要源头。

隧道施工对地质条件的变化非常敏感，如果能对隧道开挖面前方不良地质体的性质和规模进行准确定位和评价，可有效防止隧道地质灾害的发生。

不良地质对隧道施工的影响是巨大的。所以当前进行隧道地质灾害超前预报技术的研究具有重要意义。准确而有效地确定不良地质体的性质、规模和位置，不仅可以减少隧道灾害的发生，加快施工进度，而且可以节约大量成本，具有巨大的经济效益和广泛的社会效益。

2）勘察的阶段性迫切需要地质超前预报

由于勘察的阶段性和勘察的精度所限，目前设计阶段的地质勘察工作不可能把施工中所有可能的地质情况都搞清楚，施工地质勘察（主要是地质超前预报）是地下工程勘察中必不可少的阶段。

施工实践显示，在设计院提交给施工单位的隧道地质平面图和纵断面图中，有相当数量的隧道设计的围岩地质条件，特别是断层及其破碎带和与之相关的围岩级别与施工实际情况比较，常常相差甚远，由此造成的施工变更屡见不鲜，有的工程变更量甚至达到工程总量的70%。如某隧道，设计中无一条断层，但施工中陆续出现了十几条大断层，多次造成塌方，严重影响了施工。再如某隧道，在已开挖的1200m区段内，就发现了破碎带（断层角砾带）厚度大于5m，足以造成塌方的较大断层5条，涉及隧道长度达100多米；其中，隧道某

段集中出现了4条规模较大的富水断层，断层破碎带中的碳质泥岩已全部泥化，只能按Ⅴ级支护、衬砌紧跟方法才能通过；然而，设计图中仅出现一条破碎带很窄的$F_6$断层，围岩级别也设计为Ⅳ级。有的将断层位置搞错，甚至地层倾向搞反，如某隧道，$F_4$断层的位置与实际位置相差百余米，实际地层倾向恰好与设计相反。再如某隧道，$F_{12}$断层及$F_{51}$断层位置也分别与实际相差137m和50m。有的在原本很完整的岩层中，人为且错误地设计出很多断层。以某隧道进口为例，原设计图纸上出现100m左右的由断层破碎带组成的Ⅴ级围岩，实际发现的只是涌水量较大的、完整的、呈中薄层状、陡倾的大理岩层，其围岩级别最高也就是Ⅳ级。因勘察不当造成重大不良地质灾害体遗漏的案例也不在少数。

### 13.1.3 隧道地质超前预报工作的任务

隧道地质超前预报工作的主要任务可概括为以下三方面：

1）进一步掌握掌子面前方围岩级别的分布情况

在设计勘察所掌握隧道地质情况的基础上，根据已开挖段岩体的工程地质特征，利用地质理论方法和各种物探及钻探手段，准确查明工作面前方100～150m范围内岩体有利和不利的工程地质特征。做有利于施工工期的安排和施工物资的准备，特别应对可能引发重大地质灾害的不良地质体的出现，使施工决策者对下一步的施工做好思想准备，防患于未然。

2）准确辨认可能造成塌方、突水突泥等重大地质灾害的不良地质体并提出防治对策

隧道施工中，塌方、突泥突水、煤与瓦斯突出等地质灾害的发生，与施工中没有成熟的施工地质人员参与、缺少施工地质这道工序有关。也就是说，如果有成熟的施工地质技术人员对隧道开挖中出现的各种不良地质现象（地质体）给予准确的识别，对不良地质体的规模、涉及隧道的长度及对应的围岩级别给予准确的判定，在对隧道所属地区的应力状态有一定了解的基础上，能提出与之相匹配的施工支护方案，或在对地质灾害有效监测的基础上提出有效的防治措施。而且这些支护方案、防治措施为施工决策人所采纳，各类地质灾害是可以避免或消除的，至少可以减少重大施工地质灾害的发生。

3）隧道围岩级别的准确鉴别并提出与之相匹配的施工方案

这项工作是伴随隧道掘进不间断进行的。它是通过对隧道洞体围岩工程地质特征（包括软硬岩划分、受地质构造影响程度、节理发育状况、有无软弱夹层和夹层的地质状态）、围岩结构及完整状态、地下水和地应力情况，以及毛洞初步开挖后的稳定状态等资料的观测、整理、综合分析，依据隧道围岩级别的划分标准，准确判定围岩级别。它的目标是在原设计的基础上，进一步准确判定观测段的围岩级别，提出相匹配的施工方案。

## 13.2 隧道地质超前预报的方法

隧道地质超前预报的主要方法有：地质法、地球物理勘探法及超前探孔法。

### 13.2.1 地质法

地质法是地质超前预报最基本的方法，不管物探法还是超前探孔法，都是地质分析方法向前方延伸的手段。同时对物探和钻孔超前探测资料的解释和应用，都离不开施工过程中

观测和收集的地质资料。缺少了这一基础环节，采用任何超前探测方法都很难取得好的效果。

在实施地质法的过程中，使用的方法主要有地质投影法、地层层序法、工程地质类比法和地质编录法。

1）地质投影法

地质投影法主要是利用地表和地下地层、地质构造的相关性，同时结合已开挖掌子面的地质特征，对原设计纵剖面图的修正编制。它也是隧道（洞）工程预报中最主要的图件之一，与工程区的地形地质图相辅相成，涵盖的内容丰富、直观，对施工具有重要的指导意义，亦是地下工程宏观分析预测的基础图件。

2）地层层序法

地层层序是确定地质历史的根据和地质构造的基础，掌握了隧道（洞）地表的地层层序、岩层组合及特殊的岩层（标志层），在隧道施工中当遇到某一时代的地层时，按地层层序上下迭置关系和岩性组合特征、厚度，结合施工中揭露的地层产状关系，就能预测相关地层在隧道前方出现的位置，以及可能遇到的岩溶含水层和构造带等不良地质体。

若前期地质勘察有地层柱状图，且经复查基本属实时，可不另行实测地质剖面建立地层层序；若工程区地层、构造复杂，原勘察成果不能满足要求时，应补测全部或某一段地层剖面，重新建立地层层序，为地层、岩性和地质构造的预测、修改、补充提供地质依据。

3）工程地质类比法

地下工程尽管所处地质环境各不相同，但构成各工程的地质因素和工程地质问题还是有诸多共同之处。地质类比法就是依据工程地质学分析方法按不良地质作用地质灾害形成的工程地质条件，水文地质条件和其他条件的共性之处进行类比，对诸如塌方、突水、突泥、岩爆、瓦斯等类型的定性判断。并根据工程地质条件对可能出现的破坏模式，以及已出现的变形迹象，对洞室、掌子面、边墙、拱顶的稳定状态做出判断，并对其发展趋势做出评估。

地下工程建设中，地质类比法是极为重要的方法之一，它的基础资料是地勘部门、设计单位提交的工程地质平面图、工程地质纵剖面图以及相应的物探成果（主要是地面地震、电磁法）、钻探资料等，对这些资料都应该系统地分析，在此基础上应用地质类比法，对隧道开挖中可能出现的突水、突泥、塌方、岩爆等做出较为确切的宏观预测。

4）地质编录法

地质编录是施工地质最基本的工作方法，也是地质综合分析技术取得第一手资料的重要手段，它既反映开挖段的地质变化特征，又预示着未开挖段一定范围的地质问题。因为不论何种不良地质灾害的发生和发展，总是有其特殊前兆特征。通过地质编录掌握了这些变化规律和地质特征，则是地质综合分析和对物探资料解释的依据，同时也是编写工程基础资料的证据。

### 13.2.2　地球物理勘探法

常用的地球物理勘探法有弹性波反射法（TSP）、电磁波反射法、红外探测法、高分辨直流电法等。其中，弹性波反射系列的方法，已投入应用的如地震反射负视速度法（隧道垂直地震剖面 VSP）、陆地声呐法（极小偏移距超宽频带弹性波反射单道连续剖面）、水平声波法、TSP、美国提出的隧道反射层析成像（TRT）技术等，它们或在隧道边墙钻孔设检波器和用炸药爆炸激振，接收反射波来探查，或在掌子面上用锤击激振并设检波器接收反射波（陆地声呐法），在探查断层、破碎带、岩脉等方面，都基本上能作为可投入使用的方法。

物理探测技术是地质综合分析中极为重要的手段之一，它的优点是快捷、直观，探测的距离大，对施工干扰相对小，可以多种方法组合应用。但由于物探是利用岩石的物理性质进行地质判断的间接方法，且不同方法受限于不同场地和地质条件，每种方法都有各自的使用条件和局限性。

### 13.2.3 超前探孔法

超前探孔是地质综合分析最直接的手段，它通过钻探，对掌子面前方探孔揭露出的地层岩性、构造、含水性、岩溶洞穴等的位置、规模能做出较准确的判断。

钻孔布孔位置带有一些偶然性，不能保证每孔都能达到预测目的（如溶洞等），同时钻孔成本高，对施工干扰大，不宜广泛采用。但是，在特殊复杂地质洞段，特别是物探揭示掌子面前方某一深度内存在重大异常时必须进行超前探孔，并合理纳入预报措施及施工组织中。

## 13.3 地震反射波法

利用地下介质弹性和密度的差异，通过观测和分析大地对人工激发地震波的响应，推断地下岩层的性质和形态的地球物理勘探方法叫地震勘探。地震勘探始于19世纪中叶，1845年R.马利特曾用人工激发的地震波来测量弹性波在地壳中的传播速度，这可以说是地震勘探方法的萌芽。反射波法是地震勘探的一种方法，最早起源于1913年左右R.费森登的工作，但当时的技术尚未达到能够被实际应用的水平。1921年，J.C.卡彻将反射波法投入实际应用，在美国俄克拉荷马州首次记录到人工地震产生的清晰的反射波。1930年，通过反射波法，在该地区发现了3个油田。从此，反射波法进入了工业应用的阶段。中国于1951年开始进行地震勘探，并将其应用于石油和天然气资源勘察、煤田勘察、工程地质勘察及某些金属矿的勘察。

我国隧道地震波超前预报技术的研究起始于20世纪的90年代，铁道部第一勘测设计院是较早研究隧道地震波超前预报的单位，在1992年7月，利用地震反射波法对云台山隧道进行隧道超前预报，预报成果与开挖后的隧道左壁“破碎带”和“断层”的位置基本一致。从20世纪90年代初开始，我国物探技术人员一直没有停止对隧道地震波超前预报技术的深入研究。曾昭璜（1994）研究利用多波进行反演的“负视速度法”，该方法利用来自掌子面前方的纵波、横波、转换波的反射震相，在隧道垂直地震剖面上所产生的负视速度同相轴来反演反射界面的空间位置与产状。北方交通大学的陈立成等人（1994）从全波震相分析理论和技术的角度研究隧道前方界面多波层析成像问题，进行隧道超前预报，研究成果在颉河隧道、老爷岭隧道地质预报的数据处理和推断解释中得到应用，取得预期的效果。1995年铁路系统引进瑞士安伯格公司推出的TSP202。后来，安伯格公司又陆续推出TSP203、TSP203+、TSP200等系列产品，并在我国地质工程行业广泛应用。随着我国基础建设规模的扩大，隧道工程应用的增多，对隧道地质超前预报技术提出迫切要求。北京水电物探研究所2003年研究隧道地震波预报技术，于2005年推出第一款隧道地质超前预报仪器——TGP12，又于第二年推出TGP206型隧道地质超前预报系统。

地震反射法在隧道地质超前预报中的广泛运用，提高了我国隧道地质超前预报水平。下面以安伯格公司的TSP产品为例说明地震反射波法地质超前预报技术。

## 13.3.1 TSP超前预报系统的原理

**1. 理论基础**

由微型爆破引发的地震信号分别沿不同的途径，以直达波和反射波的形式到达传感器，与直达波相比，反射波需要的传播时间较长。TSP地震波的反射界面实际上是指地质界面，主要包括大型节理面、断层破碎带界面、岩性变化界面和溶洞、暗河、岩溶陷落柱、淤泥带等。这些不良地质界面的存在对于隧道施工能否正常进行往往起着决定性的作用，因此准确地预测其规模、位置具有重要的意义。TSP系统将从震源直接到达传感器的纵波传播时间换算成地震波传播速度

$$v_p = \frac{X_1}{T_1} \tag{13-1}$$

式中：$X_1$为震源孔到传感器的距离，m；$T_1$为直达波的传播时间，s。

在已知地震波传播速度的情况下，可以通过测得的反射波传播时间推导出反射界面与接收传感器的距离，其理论公式为

$$T_2 = \frac{X_1 + X_3}{v_p} = \frac{2X_2 + X_1}{v_p} \tag{13-2}$$

式中：$T_2$为反射波传播时间，s；$X_2$为震源孔与反射界面的距离，m；$X_3$为传感器与反射界面的距离，m。

地震反射波的振幅与反射界面的反射系数有关。在简单情况下，当平面简谐波垂直入射到平面反射面上时(图13-2)，其上的反射波振幅和透射波振幅分别为

$$\frac{A_r}{A_i} = \frac{\rho_2 v_2 - \rho_1 v_1}{\rho_2 v_2 + \rho_1 v_1} = \gamma \tag{13-3}$$

$$\frac{A_t}{A_i} = \frac{2\rho_1 v_1}{\rho_2 v_2 + \rho_1 v_1} = 1 - \gamma \tag{13-4}$$

式中：$A_i$为入射波振幅；$A_r$和$A_t$分别为反射波振幅和透射波振幅；$v_1$和$v_2$分别为反射界面两侧介质的速度，m/s；$\rho_1$和$\rho_2$分别为反射界面两侧介质的密度，g/m$^3$；$\gamma$为界面的反射系数。

假设$\rho_1 \approx \rho_2$，$v_1 = 5000$m/s，$v_2 = 4000$m/s，$X_1 = 50$m，$X_2 = 100$m，$X_3 = 150$m，可得出$\gamma = -11\%$。也就是说89%的入射波经过界面后继续向前传播，只有11%的入射波反射回来。反射系数前面的负号表示入射波与反射波之间有180°的相位差，产生相位差的条件是地震波在传播过程中遇到由硬变软的岩石界面。

将其他数据代入计算公式，得到反射波振幅与入射波振幅的比值为0.222，表明反射波的振幅约只有入射波振幅的22%。由于TSP探测系统中采用了高度灵敏的、具有良好三维动态响应特性的传感器和24位的A/D转换器，可以保证该探测系统具有很宽的地震波

的记录范围,这正是TSP探测系统能够在很大范围内预报地质条件变化的根本原因。

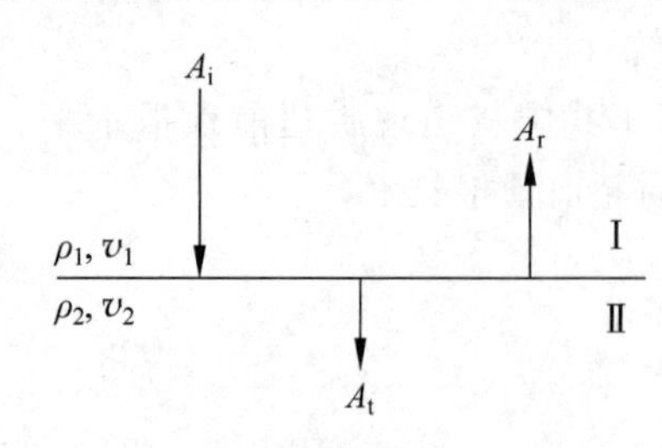


图 13-2 地震波的垂直入射

由图13-2可知,当入射波振幅 $A_i$ 一定时,反射波振幅 $A_r$ 与反射系数 $\gamma$ 成正比;而反射系数与反射界面两侧介质的波阻抗($\rho v$)有关,且主要由界面两侧介质的波阻抗差决定。波阻抗差的绝对值越大,则反射波振幅 $A_r$ 就越大。当介质Ⅱ的波阻抗大于介质Ⅰ的波阻抗,即地震波从较为疏松的介质传播到较为致密的介质时,反射系数 $\gamma>0$。此时,反射波振幅和入射波振幅的符号相同,反射波和入射波具有相同的极性。反之,如果地震波从较为致密的介质传播到较为疏松的介质,此时反射系数 $\gamma<0$。则反射波振幅和入射波振幅符号相反,因此反射波和入射波的极性是相反的。从而可清楚地判断地质体性质的变化。

**2. TSP探测的基本原理**

确定反射界面及不良地质体规模,其原理(图13-3)为:在点 $A_1$、$A_2$、$A_3$ 等位置激发震源。$\alpha$ 为不良地质体的俯角,即真倾角;$\beta$ 为不良地质体的走向与隧道前进方向的夹角;$\gamma$ 为空间角,即隧道轴线与不良地质体界面的夹角。产生的地震波遇到不良地质体界面(波阻扰面)发生发射而被 $Q_1$ 位置的传感器接收。在计算时,利用波的可逆性,可以认为 $Q_1$ 位置发出的地震波经过不良地质界面反射而传到 $A_1$、$A_2$、$A_3$ 等点,即可认为波是从像点IP($Q_1$)发出而直接传到 $A_1$、$A_2$、$A_3$ 等点的。此时的 $Q_1$ 和IP($Q_1$)是关于不良地质界面(波阻抗面)对称的。因 $Q_1$、$A_1$、$A_2$、$A_3$ 各点的空间坐标已知,由联立方程可得像点IP($Q_1$)的空间坐标,再由 $Q_1$ 和IP($Q_1$)的空间坐标求出两点所在直线的空间方程。由于不良地质界面是线段 $Q_1$、IP($Q_1$)的中垂面,所以可以求出该不良地质界面相对于坐标原点 $Q_1$ 的空间方程,进一步可以求出不良地质界面与隧道轴线的交点和隧道轴线与不良地质界面的交角。通过求出的不良地质体两个反射面在隧道中轴线上的坐标 $S_1$ 和 $S_2$,从而求出不良地质体的规模:$S=|S_2-S_1|$。

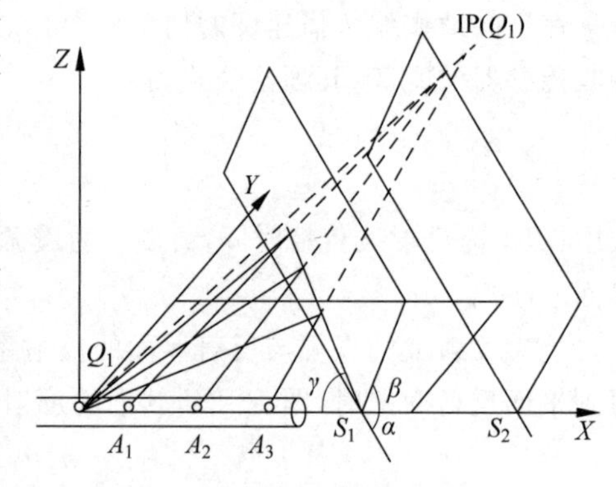


图 13-3 TSP探测原理

**3. 岩石力学参数的获得**

通过测得的纵波波速 $v_p$ 和横波波速 $v_s$,针对变质岩、火山岩、侵入岩和沉积岩四类岩石类型使用不同的经验公式,TSP软件可以获得岩石密度 $\rho$,然后根据下列公式求出各个动态参数。

动态弹性模量

$$E=\rho v_s^2\left(\frac{3v_p^2-2v_s^2}{v_p^2-\dfrac{1}{3}v_s^2}\right) \tag{13-5}$$

泊松比

$$\nu=\frac{v_{\mathrm{p}}^{2}-2v_{\mathrm{s}}^{2}}{2(v_{\mathrm{p}}^{2}-v_{\mathrm{s}}^{2})} \tag{13-6}$$

体积模量

$$K=\rho\left(v_{\mathrm{p}}^{2}-\frac{3}{4}v_{\mathrm{s}}^{2}\right) \tag{13-7}$$

拉梅常数

$$\lambda=\rho(v_{\mathrm{p}}^{2}-v_{\mathrm{s}}^{2}) \tag{13-8}$$

剪切模量

$$G=\rho v_{\mathrm{s}}^{2} \tag{13-9}$$

静态弹性模量可由经验公式计算。

TSP 探测结束后，探测数据可用相应的 TSPWin 软件处理，数据经过处理后，关于此隧道的一些地质结构将会通过随后的评估子程序以图表的形式呈现出来。

评估结果包括预报范围内反射界面的二维或三维图形显示，同时以图表的形式描述该区域内岩石性质的变化情况。尤其重要的是那些没有反射事件的区域，在该区域，岩石的力学特性将没有或仅有极为细微的改变，因此，可维持已经采用的隧道开挖方式。

## 13.3.2　TSP203 超前预报系统的组成

TSP203 超前预报系统的组成见图 13-4。

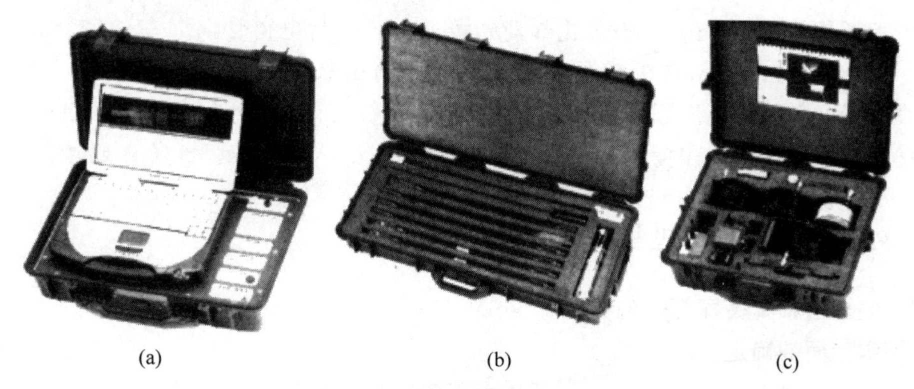

(a)　(b)　(c)

图 13-4　TSP203 系统主要组成

(a) 记录单元；(b) 接收单元；(c) 附件箱

### 1. 记录单元

记录单元的作用是对地震信号记录和信号质量控制。其基本组成为完成地震信号 A/D 转换的电子元件和一台便携式计算机，便携式计算机控制记录单元和地震数据记录、存储以及评估。此设备具有 12 个采样接收通道，用户可设置 4 个接收器。

TSP203 超前探测系统探测的可靠性主要取决于所接收到的信号质量。探测范围和探测精度与系统的动态响应范围和记录频带宽度有极大的关系。TSP203 使用 4 位 A/D 转换器，其动态响应范围最小值为 120dB，所接收信号的频率范围为 10～8000Hz。

记录设备的内置电源可以保证系统的安全操作时间为 3～4h(最长可达 5～6h)，足够完成3次TSP探测。同时，这套设备使用了外接充电器对内置电池进行充电。

**2. 信号接收器(传感器)**

信号接收器是用来接收地震信号的，它安置在一个特殊金属套管中，套管与岩石之间采用灌注水泥或者双组分环氧树脂牢固结合。接收单元由一个灵敏的三分量地震加速度检波器(X-Y-Z)组成，频带宽度为10～5000Hz，包含了所需的动态范围，能够将地震信号转换成电信号。TSP203的传感器总长为2m，分三段组合而成，但传感器的安装非常简单、快速。

由于采用了三分量加速度传感器，因此，可以确保三维空间范围的全波记录，并能分辨出不同类型的地震波信号，如P波和S波。此外，这三个组件互相正交，由此可以计算出地震波的入射角。

接收器的设计适合不同性质的岩层，使用范围为软岩层到坚硬的花岗岩岩层。接收器套管的直径为43mm，可以通过一台手持式钻机钻凿接收器安装孔。接收单元具有防尘防水密封，可以保证接收系统在恶劣环境下正常工作。

**3. 附件和引爆设备**

附件包括起爆器、触发器、信号电缆、角度量测器、角度校正器，长度为2m的精密钢质套管和专用锚固剂等。如前所述，在安装传感器之前，必须把套管锚固在接收器安装孔上。接收单元安装后通过接收电缆与记录单元相连。

引爆设备是由一个与触发盒相连的起爆器组成。触发器分别通过两根电缆线与电雷管相连，通过信号电缆线与记录单元的连接，以确保雷管触发时记录单元采集开始时间和雷管起爆时间同步。

激发地震信号所需炸药(岩石乳化炸药)，可通过胶带与电雷管捆绑在一起。雷管和炸药通过一填充竿送入1.5m深的震源孔底部，爆破前将震源孔注满水。

记录单元准备就绪允许起爆后，起爆盒上将有一绿灯显示，然后由爆破工自行决定引爆。这样可保证在爆破工和操作员没有直接对话的情况下，仍然具有较高的安全性。

### 13.3.3 数据采集过程

**1. 探测剖面和有关探测孔的布置**

1) 探测剖面的确定

通常情况下，通过地质分析可掌握岩体中主要结构面的优势方位，在地质条件简单时，可在隧道的左侧或者右侧壁上布置一系列的微型震源，进行单壁探测。当主要结构面的优势方位不清楚时，可在隧道壁左、右两侧各安装一个接收器，这样可提供一些附加信息。

对于地质状况非常复杂的情况，建议使用两个接收器、两侧爆破剖面探测。这样布置的好处是可以将所获得的地震数据加以对比和相互印证。

2) 接收孔和震源孔位置的确定

根据所测地质情况和隧道方位的关系确定探测布设图后，接收器和震源孔的位置必须明确。除了特殊情况外，标准探测剖面的布置应遵循以下操作步骤：

(1) 估计进行TSP探测时隧道掌子面所在的位置。

(2) 标定接收器孔的位置：接收器的位置离掌子面的距离大约为55m，如果是两个接收器，则两个传感器应尽可能在垂直隧道轴的同一断面，否则应对其位置进行确定。

(3) 标定震源孔的位置：对于第一接收器来说，第一个震源孔和接收器孔的距离应控制在15～20m，在任何情况下都不允许小于15m。出于实际操作方便的考虑，各炮眼间距大约为1.5m，但如果所选择的探测剖面比较短，此距离可缩小，无论如何此距离都不允许超过2m。

如果相对坐标系在隧道右侧壁，则主接收器和炮点的位置就应布置在右壁，否则就应布置在左壁。值得说明的是，接收器和所有炮眼应在同一条直线上，且该直线平行于隧道轴线，即各个孔的位置在垂直方向不允许有较大的偏差。对于可控高差，必须进行测量并记录。

3) 接收器孔和震源孔参数

(1) 接收器孔(图13-5)。

数量：1个或2个；

直径：43～45mm/孔深2m；

角度：用环氧树脂固结时，垂直隧道轴向上倾斜50°～100°；用灰泥固结时，向下倾斜10°；

高度：离地面标高约1m；

位置：距离掌子面大约55m。

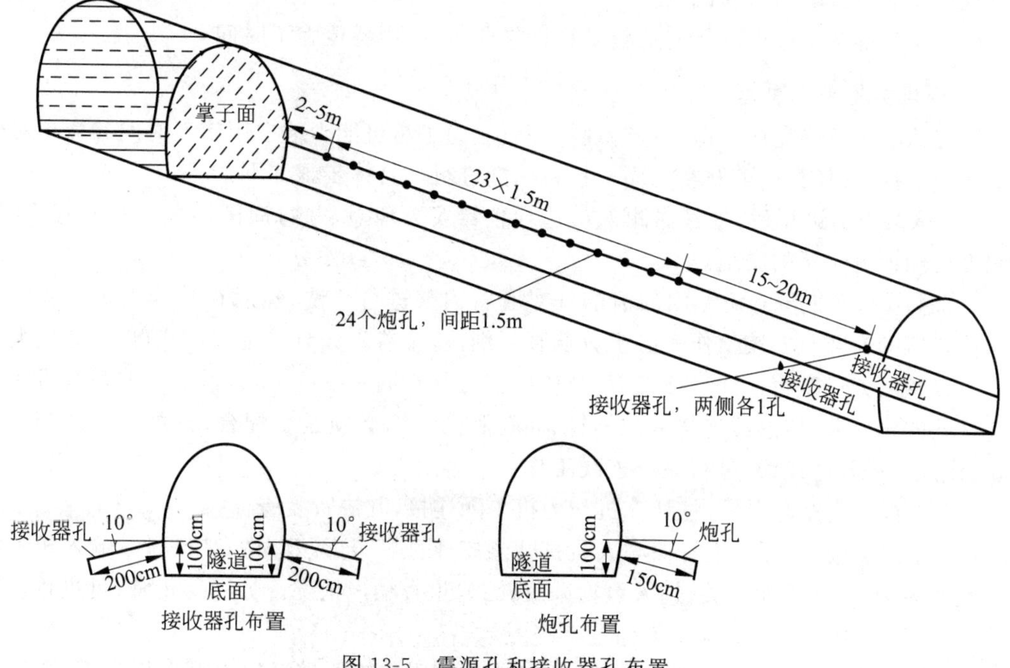


图13-5 震源孔和接收器孔布置

(2) 震源孔。

数量：24个，根据实际情况可适当减少，但不可少于20个；

直径：38mm(便于放置震源即可)/孔深1.5m；

布置：沿轴径向向下倾斜10°～20°(水封炮孔)；

高度：离地面标高约1m；

位置：第一个震源孔距接收器15～20m，炮孔间距1.5m。

当接收器孔和震源孔全部钻好后，由测量人员提供每个孔口的三维坐标，同时用水平角度尺和钢尺测量每个孔的角度和深度，并记录下来。

4）接收器套管的埋置

接收器套管的埋置关系到接收器所收集的地震波信息的准确性。有两种不同方法可以将接收器套管固定在岩体中。

（1）灌注灰泥：钻好接收器孔以后，应尽可能快地安装接收器套管。钻孔必须用一种特殊的双组分非收缩灰泥进行填充，灰泥由颗粒很细的砂浆组成。灌注时，可以用一种管壁很薄的PVC管和漏斗来填充。将接收器套管推进事先填充过灰泥的接收器孔中，多余的灰泥就会沿着管溢出。安装完毕后，注意校正套管方位。经过12～16h的硬化，岩石与套管就可以牢固结合。

（2）灌注环氧树脂：接收器套管使用的固结材料是环氧树脂，钻好接收器钻孔以后，应马上安装接收器套管。必须保证将足够多的环氧树脂药卷塞入钻孔内。如果使用小型钻机，而且孔径小于45mm，用3根环氧树脂药卷就足够了。如果使用大型钻机，每个孔要用4根环氧树脂药卷。

以上两种方法，在套管进位、锚固剂硬化之前，应立即将套管旋转正向，同时，测量人员进行隧道几何参数的测量和记录。

以上4步准备工作可以与隧道施工平行作业，不占用隧道施工时间。

**2. 现场数据采集过程**

所有的准备工作完成后即可进行现场探测。为了尽可能少地占用施工时间和减少对探测工作的干扰，现场探测最好在工序交接班间隙进行。具体步骤如下：

（1）探测人员进洞后，主管探测人员选择仪器安置地点，并对周围环境进行检查，确保探测人员和探测仪器的安全。

（2）主管探测人员利用专用的清洁杆对套管内壁进行清洗，然后在其他人员的协助下进行传感器的安装。安装工作务必十分认真仔细，传感器应分节安装，前一节传感器绝大部分进入套管后方可进行传感器连接，两节传感器必须在同一直线上，轻微的弯曲都有可能造成连接处的不密贴，传感器连接处的插针、插孔和凸凹槽必须紧密配合，方可旋紧外套。同时，工作人员展开电缆线，进行系统连线工作。

（3）连接接收器与主机，将计算机与主机单元连接，并进行复查。

（4）系统连接完毕后，主管探测人员打开测控计算机，打开TSP专用软件，输入相关几何参数后，打开存储单元开关，进入数据采集模式，检查噪声情况。如一切正常，可进行数据采集。

（5）仪器操作人员测试仪器的同时，爆破人员在距传感器最近的炮眼内装药（药量20～30g，具体由岩石和岩体结构特征而定），炮眼装药后用水封堵，封堵时要慢速倒水，防止将雷管和炸药冲开。

（6）起爆线连接好后，确认所有人员撤离到安全位置，起爆人员放炮采集数据，观察波形和信号最大值（信号最大值在5000mV内尽可能大），根据信号最大值对药量进行调整。一般随炮眼和传感器之间距离的增大，药量可适当加大。及时检查数据采集情况，在几何参数中输入传感器和炮眼参数，可看到采集信号。理论上讲，传感器接收信号的初至时间与炮眼和传感器距离二者呈线性关系，如果线性关系不明显，应排除雷管非正常延期的影响。

对震源孔的起爆顺序没有特别的要求，只要记录下每次爆破时爆破孔的序号即可。为了避免出错，建议起爆和记录逐孔有次序进行(升序或降序)，也就是说爆破和记录的孔位与接收器的距离是递增或递减的。

(7) 传感器所有工作通道数据全部上传后，可显示出地震数据的轨迹特性，数据控制是通过检验显示的地震轨迹的特性来完成。移动光标到任一信号点，相应的时间将显示在下面的标题栏上，将光标移动到直达波初至点上，可以确定直达波 P 波的通行时间。通过逐一对距离接收器位置(开始端)由近至远的震源点进行爆破发射，所测得的通行时间提供了一个很有效的数据控制方法，以检测所记录的地震数据是否有效。

(8) 完成所有记录后，单击主菜单上的“文件”并选择“退出”TSPWin 程序。

(9) 在以上探测过程中，所有几何参数和其他相关出处一定要记录下来，不得事后靠回忆来填写。

(10) 数据采集完毕后，在探测现场进行仪器组件整理。整理过程需要遵循如下步骤：

关掉记录单元和笔记本计算机；断开触发器装置(电缆和装置)；断开(接收器)电缆；小心地从套管中取出接收器，旋开三个组件并装载到接收器盒内；如果需要，可以检查和清点系统其他组件。以上操作一般需要 45～60min。

**3. 现场探测时信号质量控制**

每个数据采集后应进行数据检查，信号比较好的地震数据被记录下来，因为地震法预报在很大程度上取决于原始数据的质量，以下列出了数据质量控制的一些原则：

(1) 信号电平

为了避免放大器的非线性和过载失真，第一震源孔的信号电平应低于所有信号轨迹的 80%，如果第一震源孔的装药量过高，建议将最近的 3 个震源孔的装药量减少。如果由于某些原因，如装药量已提前装好，则应检查第二震源孔信号的情况，如果没有失真，可以继续记录，在后续的处理中，删除第一震源孔记录即可。

(2) 信号特征

TSP 地震法地质预报的原理是对地层地质界面反射回来的信号进行处理，并据以判断前方地层地质情况和位置。因此，要求从发射点发出的信号必须是一个尖脉冲信号——峰信号，而且接收器单元——检波器必须不失真地将其记录下来。

完成第一个震源孔的爆破并记录数据后，可以根据直达波的波形检查信号质量，直达波首先到达，其信号也是最强的。接收器指向震源孔的分量(通常是 1X 或 2X 指向掌子面)，能清晰显示一串波列，包括一个正振幅和一个更强的负振幅。该波列的特征形状应该不随震源孔距离接收器位置的改变而变化。随着发射孔与接收器之间距离的增加，信号振幅会明显减弱，而且脉冲带宽会有所增加，这是因为地震波是以球面的形式进行传播，同时高频信号在岩石中传播信号会衰减吸收。

如果最先到达的波形具有振动性，这说明接收器套管和岩层之间没有足够的黏结或者是套管内部不干净。在这种情况下，应重新记录 2 次或 3 次发射，若信号形状还没有得到改善，应清洗接收器套管，将接收器重新插入接收器套管。若效果依然不佳，则应在新的位置重新安装接收器套管并重复所有的测量步骤。

**4. 现场探测时安全注意事项**

(1) TSP 探测人员应严格执行隧道施工安全操作有关规定。

(2) TSP 探测组每次进入隧道探测前,应得到施工单位主管工程师认可。

(3) 每次探测之前,探测人员应掌握掌子面施工进展情况,TSP 探测安排在掌子面爆破且清理完危石后进行;危石未清理结束,严禁 TSP 探测作业。

(4) 探测钻孔、装药等各工序严禁与掌子面装药、起爆等工序同时作业。

(5) 现场探测时严禁无关人员围观,特别是震源作业区,应设置警戒线。

**5. 数据采集过程中的关键技术**

(1) 接收器的放置问题

接收器是把波的振动信号转换为电信号的装置,能否接收到信号、接收信号质量的好坏与接收器直接相关。放置接收器时应最大可能地使波在最短时间内传至接收器,所以当应用地质力学和构造地质的理论能确定掌子面前方主要构造破碎带和不良地质体的主要产状时,可用一个接收器接收,此时应把接收器放在隧道前进方向和构造线的走向夹角成钝角(本质上是空间角而非平面角)的一侧。这样可以使接收器在最短时间内接收到最多的有用信息。如果不能用地质力学的理论推测出前方不良地质体的产状,则应在两侧分别放置一个接收器才能接收到较好的信号。

(2) 震源炸药的选择和填装问题

在 TSP 探测中,炸药是人工激发地震信号的来源。震源炸药的选择应保证炸药有较高的爆速和与待测岩石介质有相匹配的波阻抗,同时,炸药的用量应被严格控制,以避免产生不必要的噪声信号和对高频信号的抑制,应力求获得强有力脉冲信号。

填装炸药力求与钻孔紧密接触,必要时向孔内注水,一则保证炸药密实,二则保证炸药与钻孔有良好的耦合,减少能量的损耗。

(3) 线圈的放置问题

数据的采集过程就是把机械的波动信号转换为电压信号的过程,所以波动信号的改变意味着电压信号的改变。如果采集数据时传输电缆仍缠在线圈上,则会由于线圈的感抗作用产生较大阻抗,使电压信号发生变化而在成图和地质解释时误认为是地质条件的变化,故采集数据时应把线圈放开,避免产生较大的阻抗电压。

(4) 雷管性能的选择问题

在数据采集时,触发器的功能是保证炸药的引爆和主机的采集信息能同步,这里有个前提条件是炸药的引爆不需要时间,但实际并非如此。电雷管的工作原理是电流的热效应,据焦耳定律,达到一定的温度需要有一定的时间,这个时间就是比主机开始采集数据滞后的时间,这会造成主机采集数据与引爆的不同步,或者说是主机用于真正采集数据的时间减少,即相应的有效探测距离小、数据质量差。因此,在雷管的选用上,应尽量选用瞬发电雷管,一则延期微小,二则延期误差小。

(5) 接收器和震源的位置问题

接收器有效接收段的中点位置应与所有爆破点的中心位置在同一条直线上,其误差不应过大,而且此直线应与隧道的轴线平行。如该连线不是水平直线而是倾斜的,此时的成果图是以此直线为假定水平直线的平面图和剖面图,图中不良地质的产状,如倾角等,是相对隧道轴线的而非真实的,在这一点上用 TSP 方法和用其他地质方法相比较时应注意。如果隧道的轴线不是直线而是折线(指有坡度),此时应通过坐标 $Z$ 值的改变加以调整,但沿整个爆破点断面的高差($Z$ 值)不应多于 3m。

仪器的计算原理：每一炮点到接收器的距离是确定的，每一炮点的直达波到达接收器的时间可以测出，这样就可以计算出岩体的平均波速，利用它和波到达波阻抗面的时间就可以计算出波阻抗面的位置和产状。如果实际炮点到接收器的距离与输入值有偏差，则会造成波速有误，进而造成计算出的波阻抗面位置和产状的错误。因此在布点时，力求实际位置与输入的坐标一致。

(6) 套管的埋设问题

套管是为了节省接收器但不降低接收器的接收效果而设置的，因此套管的埋设应力求与周围介质紧密接触，且锚固剂的波阻抗应与岩石介质的波阻抗尽可能相近，这样就可预防套管不正当的震颤和降低波动能量在套管周围界面上的能量损失。为防止灌锚固剂时钻孔底部出现未灌实的现象，锚固时应设排气管。

(7) 对拒爆震源的处置问题

如果引爆时仅仅是雷管起爆或只有一部分炸药起爆，那么可输入正确的爆破点序号重复引爆。如果数据质量不好，如振幅超限或是第一次转折后出现低频振荡数据，则应删除记录后重新采集数据。

(8) 仪器参数的选择问题

不同的采样间隔和采样数目会影响仪器的探测距离、探测精度。当采用最大采样数目时，如采用较大的采样间隔可加大采样时间，也就相对增加探测距离，但此时的探测精度会降低，漏掉小的不良地质体。TSP 探测时可选用 40μs 或 80μs 的间隔，如果岩石较软，则采用 80μs 的间隔。这样，一是节约时间，二是避免高频信号的衰减而产生过高精细数字化数据的浪费。

## 13.3.4 数据处理及解译过程

**1. 数据处理过程**

现场数据采集完成后，在室内对地震数据进行处理。TSPWin 系统对于地震波数据的处理和计算共有 11 个主要步骤，并且是依次进行的。

(1) 建立数据：设置数据长度，在时间上把地震波数据控制在一个合适的长度，以便在满足探测目的的情况下减少计算时间和存储空间；然后进行部分数据冲零，以清除一些系统干扰和其他噪声；最后计算平均振幅谱，它反映了地震波的主频特征，利用它可设置适当的带通滤波器参数。

(2) 带通滤波：带通滤波的作用是删除有效频率范围以外的噪声信号，其主要以上一步确定的平均振幅波谱作为依据，运用巴特沃斯带通滤波器(Butterworth filter)进行滤波，从而确定有效频率范围。

(3) 初至拾取：目的是利用每道地震数据的纵波初至时间来确定地震波的纵波波速值。

(4) 拾取处理：主要是通过变换和校值处理，确定横波的初至时间，从而确定横波的波速值，该值是个经验值。

(5) 爆破能量平衡：作用是补偿每次爆破中弹性能量的损失。

(6) $Q$ 估算：以直达波决定衰减指数。

(7) 反射波提取：通过拉冬(Radon)变换和 $Q$ 滤波提取出反射波。前者是为了倾斜过滤以提取反射波。后者是由信号带通内的高频率衰减而引起能量丢失，从而减弱了地震波的分辨率。在已知岩石质量因子 $Q$ 时，丢失的振幅逆向 $Q$ 滤波可以部分恢复。

(8) P 波和 S 波的分离：系统通过旋转坐标系统将记录的反射波分离成 $P$、$S_H$、$S_V$ 波。

(9) 速度分析：首先产生一种速度模式，然后计算通过该模式时的传递时间，再将地震波数据限制在解释的距离内，最后再从这些试验偏移中得到新模式。

(10) 深度偏移：利用地震波从震源孔出发到潜在反射层再到接收器的传递时间，以最终两种位移-速度模式计算最终 P、S 波速值。

(11) 反射层提取：设置反射层的提取条件，分别提取出 P、$S_H$、$S_V$ 波的反射界面，供技术人员进行地质解译。

**2. 数据解译过程**

TSP 数据解译过程是 TSP 超前预报系统有效工作的关键，也是地质超前预报过程中需要重点研究和掌握的核心部分。对 TSP 数据的准确解译，一方面要求解译人员深刻掌握地震勘探的原理，参照 TSP203 工作手册中有关原则进行解译，在实践中积累解译经验。另一方面，要求解译人员具有丰富的地质工作经验，掌握各类地质现象的特征以及这些地质现象在 TSP 图像中的表现形式。总之，对 TSP 图像的地质解译要以地质存在为基础，不能脱离地质实际。

在对 TSP 探测结果进行数据解译处理时，应遵循以下几方面原则：

(1) 正反射振幅表明硬岩层，负反射振幅表明软岩层。

(2) 若 S 波反射较 P 波强，则表明岩层饱含水。

(3) $v_p/\mu_s$ 增加或泊松比突然增大，表明存在流体。

(4) 若 $v_p$ 下降，则表明裂隙或孔隙度增加。

(5) 反射振幅越高，反射系数和波阻抗的差别越大。

### 13.3.5 数据处理和解译过程中的关键技术

在理解 TSP 超前预报系统工作原理的基础上，研究如何提高探测精度，可以切实做到更好地为施工服务，并扩大 TSP 超前预报系统的应用范围，应注意以下关键点。

**1. 数据处理阶段**

(1) 必须对所采集数据的频率分布范围有所了解，绝不能仅仅依靠仪器利用统计方法得到的结论。当所采数据信噪比较高时，统计法还可以适用；当现场噪声大时，方法就不适合了。

(2) 一定要小心信号的增益，不能人为制造出地质结构面。

(3) 对仪器自动拾取的结构面，应根据偏移剖面特征有所取舍；对没有被选取的关键结构面一定要人为选取，一切以地质存在为基础。

(4) 对仪器所给出的有关力学参数，其值仅供参考。

**2. 室内解译阶段**

(1) 尽可能把数据处理的每个步骤的参数设置，调整为最符合探测段地质条件的参数。

(2) 根据开挖面到最近炮孔之间已经开挖的隧道地质情况与探测结果进行对比分析，

作为开挖面前方地质体解译的基础和参考。

(3) 在解译的时候,必须对本地区的地质条件和已开挖隧道的实际地质状况非常清楚了解和掌握。

(4) 在判断地质体的性质时,不能单纯地以某个岩性指标作为判据,必须综合各指标以及实际开挖面的岩性进行预报。

此外,对于解译的成果,应在施工过程中采用跟踪地质超前预报技术,并不断对比分析和积累经验。

### 13.3.6 TSP 的预报能力问题

新仪器的出现使地质超前预报的水平有了长足的进展,使地质预报的水平从定性达到了基本的定量。但新仪器也有其局限性。就目前常用的地质超前预报仪器——TSP 中存在的一些问题,列举如下。

#### 1. TSP 对围岩分级的能力

TSP 依据地震反射波法可以推导出掌子面前方岩体的纵、横波速度值。其纵波的波速值是在直达波初至时间和相应偏移距的基础上推导出的。而横波的波速值是在已开挖段岩体纵横波速比值的假定基础上推导出的,它并没有根据横波的初至导出(直达横波的初至因直达纵波和反射波的干扰而不能从图上识别,另外横波的激发需要特殊的条件)。当已开挖段横波速度值不确切时,导出的未开挖段的横波波速值的精度就值得商榷。

在《铁路隧道设计规范》(TB 10003—2016)中,把岩(土)体特征和围岩的弹性纵波波速值作为围岩基本分级的依据。表 13-1 中围岩的级别与波速值不是一一对应的,而是在波速上有重叠,这种做法充分考虑了采集波速值时影响因素的多样性和波速值与围岩级别的对应关系,是合理的。但在实际操作时,有些技术人员生搬硬套,把围岩的级别与波速值看成一一对应的,而没有关注最主要的岩土体结构特征。

总之,用 TSP 的波速值去预报掌子面前方围岩的级别仅供参考。准确的围岩分级须依据施工阶段隧道围岩级别判定的有关内容来判定。

表 13-1　围岩的基本分级与围岩弹性纵波波速关系

| 围岩级别 | Ⅰ | Ⅱ | Ⅲ | Ⅳ | Ⅴ | Ⅵ |
|---|---|---|---|---|---|---|
| 围岩弹性纵波波速/($km \cdot s^{-1}$) | >4.5 | 3.5～4.5 | 2.5～4.0 | 1.5～3.0 | 1.0～2.0 | <1(饱和状态的土<1.5) |

#### 2. TSP 对水的直接探测能力

TSP 对掌子面前方岩体的含水性的探测能力问题一直备受关注,有的地质专家兼物探仪器使用者认为"TSP 可以探测出掌子面前方岩体的含水性",且有成功的实例为证;而有的则从理论上认为"TSP 能探测出掌子面前方岩体的含水性是不可能的",其也有 TSP 探测失败的例子。作者认为从地震波在岩土体中的传播规律来看,从 TSP 成果图的图像上直观看出掌子面前方岩体的含水性值得怀疑,但 TSP 可探测掌子面前方的结构面或断层是可能的,而利用结构面或断层的地质特征结合其他因素判断或推测出其含水性也是可能的。

在饱和状态下,岩石纵波速率通常比在干燥状态下略高,但岩石的纵波速率受岩石的致密程度、孔隙度及硬度等影响,存在不确定性和多解性。所以,TSP 能探测出掌子面前方的含水性,不是 TSP 的直接功劳,而是地质专家在 TSP 探测成果基础上依据地质理论的合理推测。

**3. TSP 的探测距离和探测精度问题**

TSP 的探测距离和震源的能量相关,小的药量尽管可以有较高的频率,但传播距离短;大的药量尽管在某一范围内可以提高震源的能量,但却降低了震源的频率,在实际探测中破碎围岩中大的药量会对初期支护造成破坏。另外,地震波能否有效传出去是受围岩条件限制的(能量和频率的损失)。理论和实践表明,TSP 的探测距离在一定程度上是客观的,只有满足精度要求的距离才是有意义的。

同理,探测精度也由地震波的频率决定,没有高频率的地震波,TSP 无论如何也探测不出小尺度的地质体。在极硬岩和极软岩中对地质体的分辨率要求一样高是不可能的。

## 13.4 其他地质超前预报技术

### 13.4.1 红外探测地质超前预报技术

红外探测地质超前预报技术是一种广泛用于煤矿生产的成熟技术,它主要是利用地质体的不同红外辐射特征来判定煤矿井下是否存在突水、瓦斯突出构造等。从 2001 年圆梁山隧道运用红外探测进行地质超前预报以来,红外探测技术广泛运用于我国隧道工程施工地质超前预报中。

**1. 红外探测(水)工作原理**

红外探测是利用一种辐射能转换器,将接收到的红外辐射能转换为便于观察的电能、热能等其他形式的能量,利用红外辐射特征与某些地质体特征的相关性,进而判定探测目标地质特征的一种方法。自然界中任何介质都因其分子的振动和转动每时每刻都在向外辐射红外电磁波,从而形成红外辐射场,而地质体向外辐射的红外电磁场必然会把地质体内的地质信息以场变化的形式表现出来。

当隧道外围介质正常时,沿隧道走向按一定间距分别对四壁逐点进行探测时,此时所获得的探测曲线是略有起伏且平行于坐标横轴的曲线,此探测曲线称为红外正常场。其物理意义是表示隧道外围没有灾害源。

当隧道外围某一空间存在灾害源时(含水裂隙、含水构造和含水体),灾害源自身的红外辐射场就要叠加在正常场上,使获得的探测曲线上某一段发生畸变,其畸变段称为红外异常场,由于距场源的距离不同,畸变后的场强亦不同。值得说明的是,由于地下水的来源不同,异常场可高于正常场也可低于正常场。

**2. 红外探测在隧道工程中能解决的问题**

(1) 由于灾害源和其相应灾害场的存在,通过探测曲线的变化可探测出掌子面前方灾害源的存在,如合水断层及其破碎带、含水或含泥的溶洞、含水的岩溶陷落柱等。

(2) 红外探测能探测出隧道底部和拱顶以外范围的隐伏水体和含水构造,避免因卸压造成地下水突出,引发灾害。

(3) 红外探测能探测隧道侧壁外围的含水构造,避免在施工期间和使用期间造成灾害事故。

**3. 现场工作方法**

红外探测属非接触探测,探测时用红外探测仪自带的指示激光对准探测点,扣动扳机读数即可。具体过程如下:

(1) 探测一般在放炮、清碴完毕后的测量放线时间进行。

(2) 进入探测地段时,首先沿隧道一个侧壁,以 5m 间距用粉笔或油漆标好探测顺序号,一直标到掌子面处。

(3) 在掌子面处,首先对掌子面前方进行探测。测完掌子面,返回时,每遇到一个标号,就站到隧道中央,用红外探测仪分别对标号所在断面的隧道左壁中线位置、顶部中线位置、右壁中线位置和底部中线位置进行探测,并记录所测值,然后进行下一测点断面的探测,直至所有标号所在的断面测完为止。

**4. 探测时的注意事项**

(1) 开始探测前,先自选一个目标重复探测几下,看探测的结果是否一致,当读数一致时,说明仪器运转正常。

(2) 当发现探测值突然变化时,应重复探测,且应在该点外围多探测几个点,以确定该异常非人为异常。

(3) 当洞外温度处于零下,而隧道中温度又较高时,从很冷处把仪器拿到很暖处不得立即工作,应停留 25min。

(4) 不同来路的水有不同的场强,因此,在探测过程中应对已知水体进行探测,并记录在备注栏内,这样便于对未知水体进行探测。

(5) 扣动扳机读数后须松开食指,特别在使用平均读数档时更是如此,如不松开,则会得到错误的结果。

(6) 探测时的起点位置、终点位置和中间所经过的隧道特征点都应记录在备注栏内,以备解译用。

(7) 如果初期支护已施作且没干,则不宜对侧壁进行探测。

**5. 成果图的要求**

(1) 成果图的图头应写明隧道名称、使用技术方法和探测时间。

(2) 红外探测曲线图是用直角坐标系表示不同位置场值的变化,纵坐标标明场强、横坐标标明里程。

(3) 探测曲线的尾端应绘在图的右方靠近掌子面处,并标明该处的里程。

(4) 探测曲线的比例尺一般用 1∶1000 即可,过大或过小均不利于数据的解译。

**6. 红外探水与其他方法的配合**

(1) 当红外探测发现前方存在含水构造时,通过地质雷达或其他方法测出含水构造至掌子面的距离和含水构造影响隧道的宽度。

(2) 确定含水构造距掌子面的距离和其宽度后用钻探方法给出前方含水构造的涌水量。涌水量与水源、水头压力、出水断面的大小有关,因而目前所有物探仪器均不能确定涌水量大小。物探与钻探相结合可有效做好地下水的超前预报,查出威胁隧道安全的隐蔽水体。

## 13.4.2 地下全空间瞬变电磁地质超前预报技术

### 1. 基本原理

瞬变电磁法是利用不接地回线向地下发射一次脉冲电磁场,当发射回线中的电流突然断开后,地球介质中将激励起二次涡流场以维持在断开电流以前产生的磁场。二次涡流场的大小及衰减特性与周围介质的电性分布有关,在一次场的间歇观测二次场随时间的变化特征,经过处理后可以了解地下介质的电性、规模和产状等,从而达到探测目标体的目的。

瞬变电磁法探测地质体性质的关键技术,一是采用合适的观测方式,二是丰富的解译经验。

### 2. 地下全空间瞬变电磁法的观测方式

当地下观测在隧道中进行时,因空间很小,不可能采用大线框或大定源方式,只能采用小线框,而且只能采用偶极方式。具体在隧道中工作时,偶极方式可分为两种,具体如下:

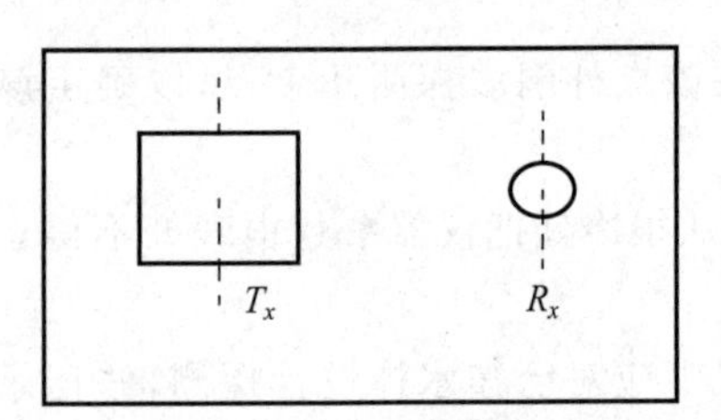


图 13-6 隧道侧壁 TEM 探测装置方式

1) 共面偶极方式

当观测沿隧道底板或侧帮进行时,应该用共面方式,即发射框和接收线圈处于同一个平面内,见图 13-6。这种方式与面的偶极方式类似,不同的是地下巷道观测必须采用特制的发射电缆。

2) 共轴偶极方式

因为隧道掌子面范围小,既无法采用共面偶极方式,也无法采用中心方式。因此,一般采用一种不共面同轴偶极方式。如图 13-7 所示,发射线圈($T_x$)和接收线圈($R_x$)分别位于前后平行的两个平面内,二者相距一定的距离(要求>5m,实际中常采用 10m)并处于同一轴线上。观测时,接收线圈贴近掌子面,轴线指向探测方向。对于隧道工作面来说,探测时分别对准隧道正前方,正前偏左、偏右等不同方向,这样可获得前方一个扇形空间的信息。

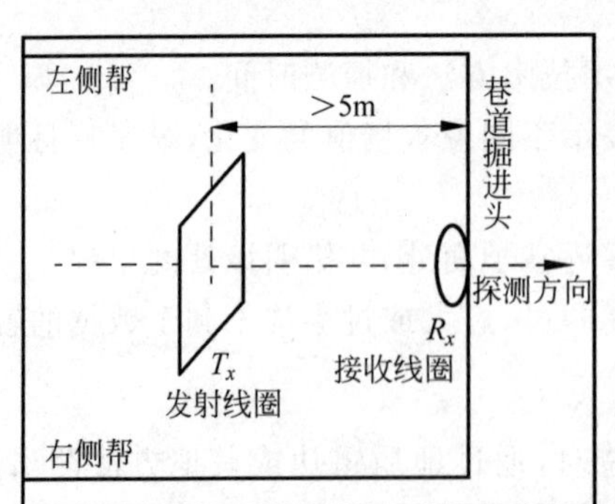


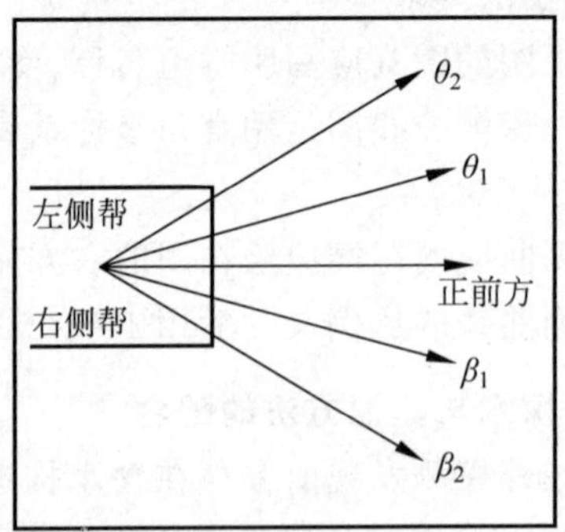


图 13-7 掌子面 TEM 超前探测方式及范围

**3. 数据处理步骤**

瞬变电磁法观测数据是各测点各个时窗(测道)的瞬变感应电压,需换算成视电阻率、视深度等参数,才能对资料进行下一步解释,主要步骤如下。

(1) 滤波：在资料处理前首先要对采集到的数据进行滤波,消除噪声,对资料进行去伪存真。

(2) 时深转换：瞬变电磁仪器野外观测到的是二次场电位随时间变化,为便于对资料的认识,需要将这些数据变换成电阻率随深度的变化。

(3) 绘制参数图件：首先从全区采集的数据中选出每条测线的数据,绘制各测线视电阻率剖面图,即沿每条测线电性随深度的变化情况,然后依据测区已掌握的地质资料绘制出不同层位的视电阻率切片图和等深视电阻率切片图。

**4. 瞬变电磁法用于地下全空间地质超前预报存在的问题**

首先,隧道掌子面范围的实际情况既不同于半空间,也不是完全的全空间,因而数据处理结果在电阻率值和探测深度上都有一定的偏差,解译出的低阻异常区范围往往偏大。这种情况除该方法本身的体效应外,全空间理论模型与实际环境的差异也可能是一个重要原因。

其次,虽然接收线圈位于探测面前方的掌子面上,探测面后方的异常仍然会产生影响,所以对异常体的定向仍然存在不确定性。

最后,在装置上,为了减小互感的影响,发射线圈和接收线圈之间的距离需要大于5m,这不但降低了有效信号的强度,也限制了该方法在空间较小隧道的使用。所以,在硬件上改善仪器设备的性能、减小发射线圈与接收线圈之间的互感是提高该方法适用性的一个关键。

## 13.4.3　声波探测地质超前预报技术

**1. 声波探测地质超前预报技术原理**

声波探测是通过探测声波在岩体内的传播特征,研究岩体性质和完整性的一种物探方法(与地震勘探相类似,也是以弹性波理论为基础的)。具体来说,就是用人工的方法在岩土介质中激发一定频率的弹性波,这种弹性波以各种波形在岩体内部传播并由接收仪器接收。当岩体完整、均一时,有正常的波速、波形等特征；当传播路径上遇到裂缝、夹泥、空洞等异常时,声波的波速、波形将发生变化；特别是当遇到空洞时,岩体与空气界面会产生反射和散射,使波的振幅减小。总之,岩体中缺陷的存在破坏了岩体的连续性,使波的传播路径复杂化,引起波形畸变,所以声波在有缺陷的地质体中传播时,振幅减小,波速降低,波形发生畸变(有波形,但波形模糊或晃动或有锯齿),同时可能引起信号主频的变化。

**2. 现场布置方法**

声波探测用于地质预报方面,常见的有反射波法和透射波法两种。其中,声波透射波法是充分利用加长炮孔或超前钻孔进行跨孔声波探测(除特殊需要,一般不适合单一目的的声波跨孔探测),获取掌子面前方岩体间的 $V_p$-$L$ 曲线。探测掌子面前方岩体中的软弱夹层、裂隙和断层的范围,特别是探测岩溶管道的存在与否及其展布范围,并对其成灾可能性进行超前预报。

现场探测具体步骤如下：

(1) 掌子面布置探测孔，见图 13-8，探测孔一般向下倾斜 10°，便于灌水耦合。利用其他钻孔不能满足向下倾斜时，要利用止水塞止水，保证耦合效果。

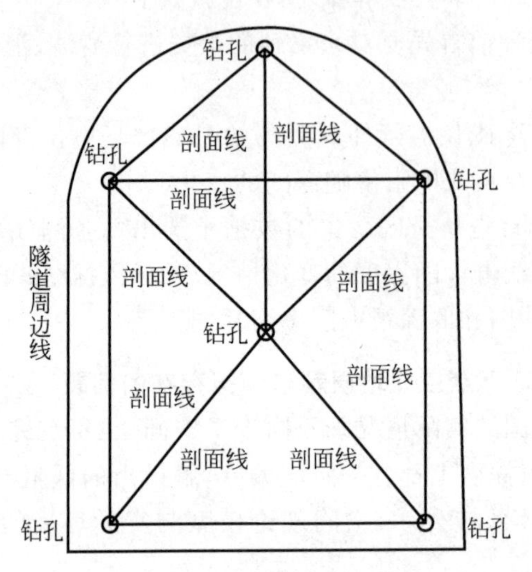


图 13-8　声波透射掌子面布置

(2) 探测孔打好后，一定要清孔，必要时用套管保护，以防塌孔，造成探头被卡。

(3) 测量各个孔口的相对坐标、孔深、孔的倾斜方向和角度。

(4) 探测孔内灌水，并开始探测，如图 13-9 所示。

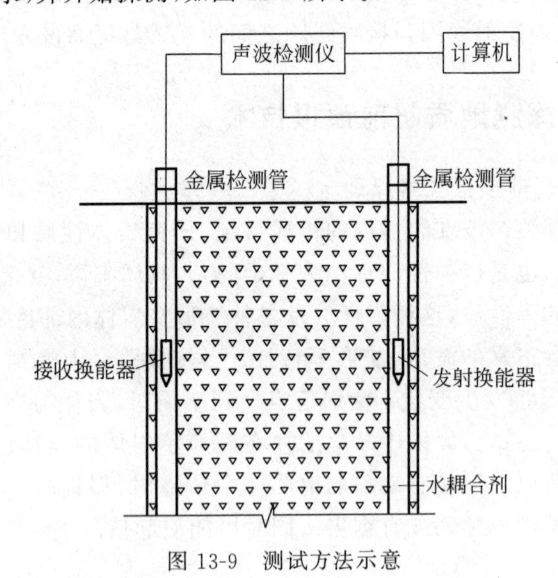


图 13-9　测试方法示意

**3. 声波探测存在的问题**

(1) 声波探测时，振源频率高、能量低，而岩土体对高频信号的吸收作用大，因此传播距离较小，只适用于在小范围内的短期地质超前预报。

(2) 跨孔声波探测技术需要较多的探测孔，除非对重要目标体进行预报外，一般不宜专门进行声波探测。

### 13.4.4 地质雷达超前预报技术

地质雷达作为隧道超前预报方法之一，其原理已在第 3 章进行了简述。地质雷达在进行地质预报时，因为受掌子面范围和天线频率的限制，多用于近距离预报，预报长度一般为 20～30m。特别是当 TSP 预报前方有溶洞、暗河和特殊岩层等不良地质体时，若要验证和精确探测其规模、形态，利用地质雷达进行探测会取得更加理想的效果。

**1. 测线布置与天线选择**

地质雷达在进行超前预报时，一般在隧道掌子面上布置 3 条水平横测线和 1 条纵测线，3 条水平横测线根据隧道断面情况而定，一般在拱腰、墙腰和距隧道底部高 1.5～2m 处各布置 1 条，纵向测线一般设置在隧道中心，另外根据隧道开挖时的地质情况，可适当增加测线。其布线示意图见图 13-10。目前隧道开挖地质超前预报距离一般要求在十几米到 30m 左右，采用 100MHz 天线较为适宜。图 13-11 为美国 GSSI 公司的 100MHz 屏蔽天线。

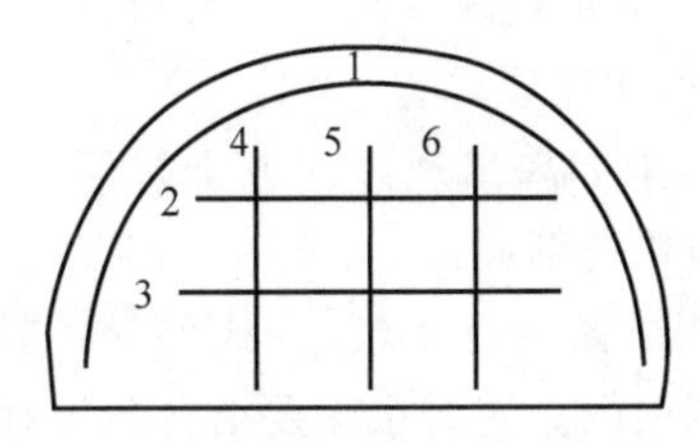


图 13-10　隧道掌子面测线布置示意图

图 13-11　美国 GSSI 公司的 100MHz 屏蔽天线

**2. 数据采集与现场工作**

由于目前地质雷达系统天线多设计为贴地耦合式，建议天线尽量紧贴被测物体的表面，接触越好探测效果越理想，一般建议离开地面的距离控制在 1/4 波长以内，100MHz 天线建议距离被测物体表面的距离控制在 10cm 以内。

由于隧道开挖掌子面通常凹凸不平整，天线无法在掌子面上快速移动，因此建议采用点测法进行超前探测，点距控制在 10cm，在适当的地方手动做标记。在非常平整的掌子面上，可以手动点测方式和时间连续方式相结合进行探测。主机采集主要参数可设置为自动增益，增益点设为 5，需要平滑降噪时设为 3，低通设为 300MHz，高通设为 25MHz，叠加选择为100MHz。

**3. 资料处理与解译**

地质雷达超前预报在掌子面现场采用手动触发方式点测取得探测结果，一般情况下都比较理想，因而在后期室内资料处理和解译就相对比较简单，一般包括以下几个步骤：资料整理、图像显示、资料编辑、增益处理、一维频率滤波、高级滤波、图像输出、资料对比与地质解译。

(1) 资料整理：对现场所测资料进行整理，包括测量测网资料整理、野外记录表格的电子化录入、工作照片整理、野外探测数据备份。

(2) 图像显示：利用专门的处理软件打开数据，采用线扫描、波形加变面积、波形图等方式显示测量数据。

(3) 资料编辑：剔除强烈的干扰信息，把一条测线上相邻的几个数据剖面连接在一起，组成长剖面数据文件。

(4) 增益处理：采取整体增益，对整个数据剖面的振幅信息进行放大，或者采用指数增益函数，对某一个深度区间的振幅信息进行局部放大，便于数据显示。

(5) 一维频率滤波：如果在探测资料中出现了低频信号干扰，采用频率滤波方法滤除低频干扰信号。其他情况下不做此处理。

(6) 高级滤波：在探测资料中如果出现多次波干扰信息，需要利用反褶积方法消除多次波干扰，恢复地下真正的地质构造剖面。

(7) 图像输出：对各幅探测图像进行比较，寻找差异，同时结合地质资料，进行地质推断和资料解译工作，给出地质剖面图。同时也需要结合各里程桩号地质雷达探测剖面信息，组成一幅隧道剖面图。

**4. 注意事项**

地质雷达测试资料的解译是根据现场测试的雷达图像中电磁波的异常形态特征及电磁波的衰减情况，对测试范围内的地质情况进行推断解译。一般来说反射波越强则前方地质情况与掌子面的差异就越大，就可对掌子面前方的地质情况做出推断。另外，电磁波衰减对地质情况判断也极为重要，因为完整岩石对电磁波的吸收相对较小，衰减较慢；当围岩较破碎或含水量较大时对电磁波的吸收较强，衰减较快。解释过程中电磁波的传播速度主要根据岩石类型确定，在有已知地质断面的洞段则以现场标定的速度为准。

另外，数据采集还应注意以下事项：

(1) 掌子面必须安全，没有掉块、塌落等不安全因素存在。

(2) 掌子面附近尽量不要有金属物体存在。

(3) 隧道掌子面的平整与否，对探测结果的准确性有一定影响。在实际操作中应特别注意天线的定点和贴壁，否则会使探测结果产生畸变。

## 13.5 石太客运专线南梁隧道地质超前预报应用实例

**1. 报告编制依据**

该项目TSP地质超前预报的数据采集、成果分析符合《铁路隧道超前技术预报技术指南》铁建设[2008]105号有关规定；有关术语和技术标准符合《铁路隧道设计规范》

（TB 10003—2016）、《工程岩体分级标准》（GB/T 50218—2014）、《铁路工程物理勘探规范》（TB 10013—2010）、《铁路隧道工程施工安全技术规程》（TB 10304—2020）、《铁路工程水文地质勘察规范》（TB 10049—2014）中的相关规定；其他相关信息参阅相关隧道勘察成果文件和隧道地质复查报告。

**2. 隧道区地质条件分析与TSP预报**

（1）地质分析

石太客运专线南梁隧道围岩为奥陶系中统下马家沟组（$O_{2X}$），奥陶系下统亮甲山组（$O_{1l}$）、冶里组（$O_{1y}$），寒武系上统凤山组（$\epsilon_{3f}$）、长山组（$\epsilon_{3c}$）、崮山组（$\epsilon_{3g}$），寒武系中统张夏组（$\epsilon_{2g}$）、徐庄组（$\epsilon_{2x}$），寒武系下统毛庄组（$\epsilon_{1mz}$）页岩。隧道洞身通过的地层岩性以寒武系灰岩为主，有个别闪长岩岩脉侵入。

隧道通过地层多为石灰岩和白云岩等硬质岩层，岩体完整-较完整。断层带和岩脉侵入体附近岩体较破碎，岩石为弱风化-微风化。断裂构造发育，节理裂隙走向以北东东向、北北西向和近东西向为主，多以剪节理性质的构造裂隙出露，局部地区节理密度较大，产状变化较大。

隧道围岩赋存裂隙水，裂隙水主要赋存于强-中等风化基岩及断裂破碎带中，局部地段地下水活动强烈，会加剧围岩失稳。

（2）TSP预报目标

根据隧道设计资料和已开挖段的岩性、构造、地下水等有关地质条件，本次TSP探测的主要目标是控制隧道围岩稳定性的破碎带（结构面密集带）分布位置及其工程地质特征。

**3. 已开挖段围岩的工程地质特征评价**

（1）评价范围：DK63＋177～DK63＋297。

（2）围岩岩性特征：中厚层状、微风化石灰岩，地层产状近水平。

（3）围岩受构造的影响程度：轻微。

（4）结构面发育特征：构造节理较发育，优势方向为NE18°，节理面多闭合，少有充填，地层产状近水平，层间结合一般。

（5）岩体结构特征：整体巨块状结构。

（6）地下水特征：整体水量不大，局部有淋水。

（7）毛洞开挖后的稳定性：整体稳定，稍有掉块。

（8）围岩级别：Ⅱ级。

**4. TSP现场采集参数**

（1）探测日期：××××年××月××日。

（2）探测仪器：TSP203plus。

（3）掌子面位置：里程DK63＋297。

（4）接收器位置：太原方向右侧壁，里程DK63＋245。

（5）接收器数量：1个。

（6）设计炮点：24个，实际20个。

（7）采样间隔：62.5μs。

(8) 记录时间长度：451.125ms。

(9) 采样数：7218。

**5. TSP探测结果的工程地质评价(表13-2)**

表13-2 探测结果工程地质评价

| 分段序号 | 里程 | 长度/m | 探测结果工程地质评价 |
|---|---|---|---|
| 1 | DK63+297～+311 | 14 | 近水平状质纯灰岩，节理较发育，尤其是NE20°附近的构造节理，优势明显，且节理面夹泥，推测为掌子面涌水的通道，估计围岩级别Ⅲ级 |
| 2 | DK63+311～+323 | 12 | 硬岩，结构面不发育，较发育，围岩整体块状结构，潮湿或淋水，围岩级别Ⅱ级 |
| 3 | DK63+323～+352 | 29 | 硬岩，节理较发育，尤其是NE20°附近的构造节理，优势明显，且节理面夹泥，有涌水可能，估计围岩级别Ⅲ级 |
| 4 | DK63+352～+385 | 33 | 硬岩，结构面不发育，围岩整体块状结构，有淋水，围岩级别Ⅱ级 |
| 5 | DK63+385～+406 | 21 | 硬岩，结构面不发育，围岩整体块状结构，潮湿，围岩级别Ⅱ级 |

**6. 施工建议**

探测段DK63+297～+406范围内第1、3段为物探异常段，推测为构造节理密集带或破碎带，亦即富水段，有小型突水可能。

建议在开挖第1、3段时，在相应的掌子面布置6个加长炮孔(拱顶、左右拱腰、左右边墙底和中心)，孔深6m，超前探测地下水的水压和水量变化。开挖时注意控制进尺，预留防突层4m。

**7. 附解译结果图**

地质探测解译结果如图13-12～图13-15所示。

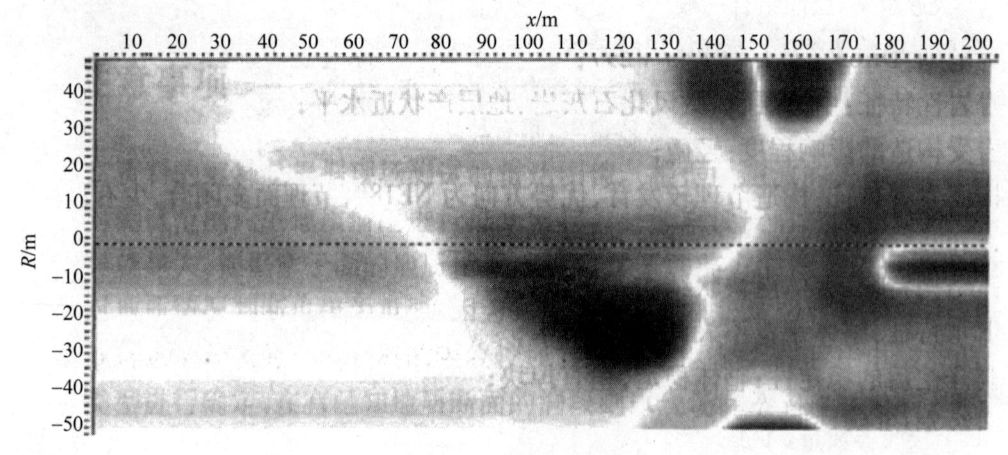


图13-12 P波波速分布图

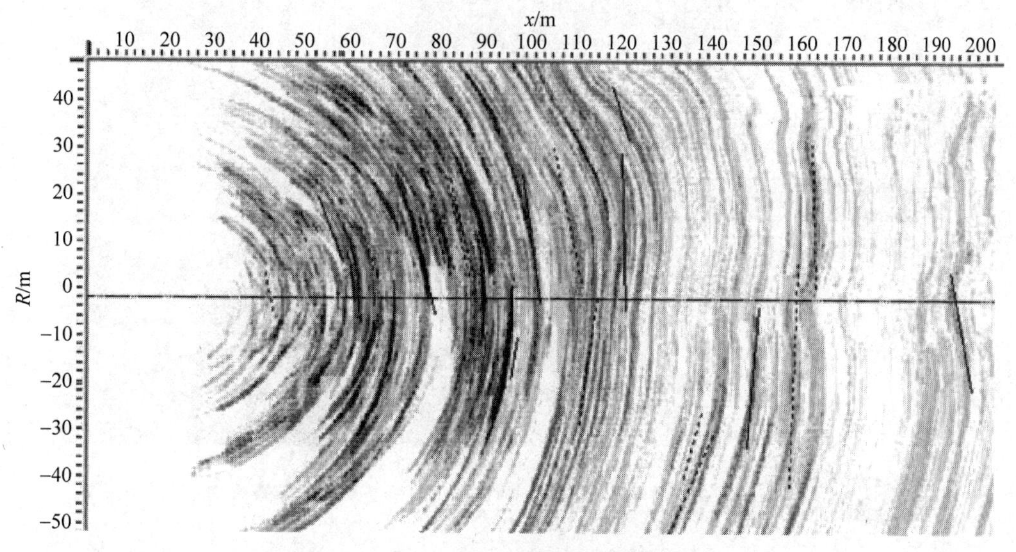


图 13-13　P 波反射层的混合偏移图

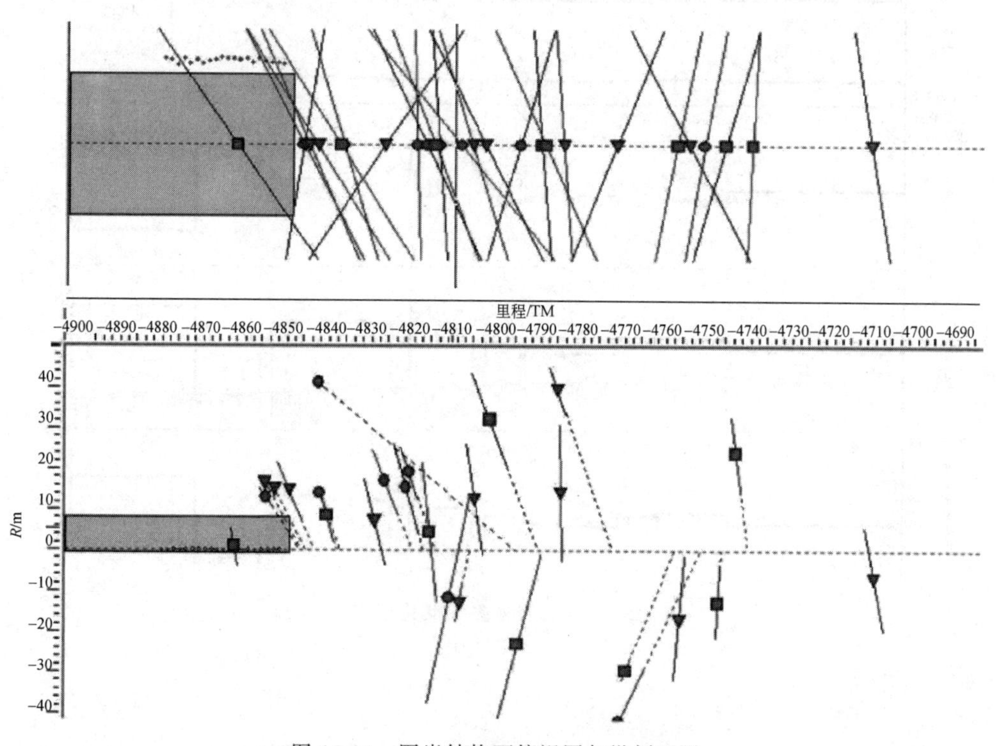


图 13-14　围岩结构面俯视图与纵剖面图

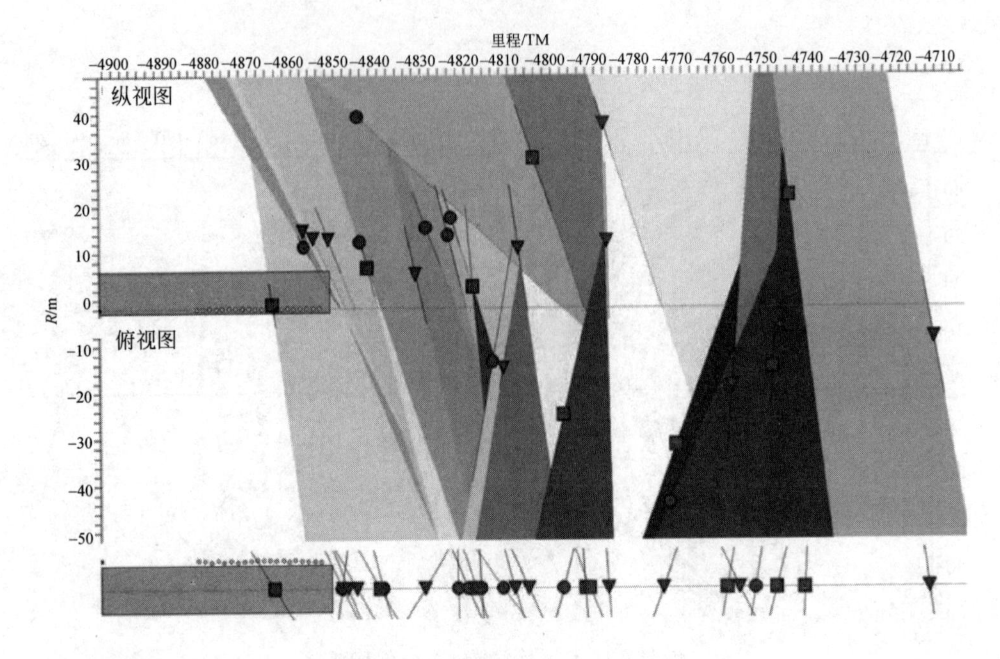


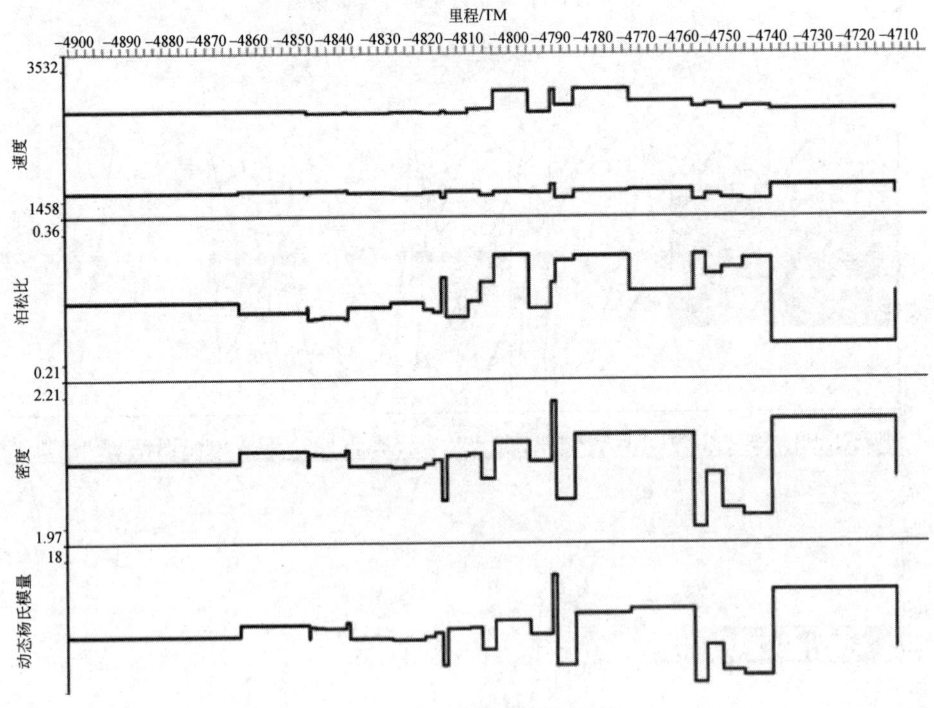


图 13-15　岩体参数变化情况

# 第14章 Chapter 14

# 港口、岸线、大坝与填海工程勘测

## 14.1 港口工程勘测

港口(port)是水陆联运的枢纽,通常是铁路、公路、水路和管道等运输、港口水工建筑物的重要组成部分,一般包括码头、防波堤、护岸及船台。港口工程勘察分为工程可行性研究阶段勘察、初步设计阶段勘察、施工图设计勘察和施工勘察。

### 14.1.1 港口工程地质勘察的特点

随着经济和技术的发展,一些自然条件较好的海湾和海岸逐步得到开发,新建港的条件将越来越复杂,一些港口及岸线处于浪大流急、海滩平缓、地基软弱等不利位置。港口地质勘察工作大多在水上进行,水上风浪大、潮水急,钻探工作难度大,工期长、耗资大,困难程度远大于陆地。在港口建设中,地质勘察工作是首要任务。

### 14.1.2 勘探工作布置

**1. 可行性研究勘察阶段**

勘探点应根据场地的面积、形状特点、工程要求和地质条件等进行布置。勘察采用钻探与多种原位测试相结合的方法。河港宜垂直岸向布置勘探线,线距不宜大于200m,线上勘探点间距不宜大于150m。海港勘探点可按网络状布置,点距200～500m。勘探孔宜进入持力层内适当深度。对于影响场地取舍的重大工程地质问题,应根据具体情况布置专门的勘察工作。

**2. 初步设计勘察阶段**

勘探线和勘探点宜布置在比例尺为1∶1000～1∶2000地形图上。对于河港水工建筑物区域,勘探点应按垂直岸向布置,勘探点间距在岸坡区应小于相邻的水、陆域。海港水工建筑物勘探线应按平行于水工建筑长轴方向布置,但当建筑物位于岸坡明显地区时,勘探点应按垂直向布置,勘探点间距应小于相邻的水、陆域。对于港口陆域建筑区,宜按垂直地形、地貌单元布置勘探线,地形平坦时按勘探网布置,并在地貌、地层变化处加密。结合工程类别和地质条件,按表14-1布置勘探线和勘探点。

表 14-1 初步设计勘察阶段勘探线和勘探点布置

| 工程类别 | | 地质条件 | 勘探线间距或条数 | 勘探点间距/m |
|---|---|---|---|---|
| 河港 | 水工建筑物区 | 山区 | 70～100m | ≤30 |
| | 陆域建筑物区 | 丘陵 | 70～150m | 50～100 |
| | 水工建筑物区 | | | ≤50 |
| | 水工建筑物区 | 平原 | 100～200m | ≤70 |
| | 陆域建筑物区 | | | 70～150 |
| 海港 | 水工建筑物区 | 基岩 | ≥50m | ≤50 |
| | | 基土岩 | 50～75m | 50～100 |
| | | 土岩 | 50～100m | 75～200 |
| | 港地及锚地区 | 基岩 | 50～100m | 50～100 |
| | | 土岩 | 200～500m | 200～500 |
| | 航道区 | 基岩 | 50～100m | 50～100 |
| | | 土岩 | 1～3 条 | 200～500 |
| | 防波堤区 | 各类土岩 | 1～3 条 | 100～300 |
| | 陆域建筑物区 | 基土岩 | 50～150m | 75～150 |
| | | 土岩 | 100～200m | 100～200 |

注：①应根据具体勘探要求、场地微地貌和底层变化、有无不良地质现象及对场地工程条件的研究程度等，参照本表综合确定间距、数值；②岩基—在工程影响深度内基岩上覆盖层级薄或无覆盖层；③岩土基—在工程影响深度内基岩上覆盖有一定厚度的土层，岩层和土层均可能作为持力层；④土基—在工程影响深度内全为土层。

勘探点分为控制性勘探点和一般性勘探点两类，对每个地貌单元及可能布置的重要建筑物场地，至少布置一个控制点，勘探深度按表 14-2 确定。

表 14-2 初步设计勘察阶段勘探深度确定

| 工程类型 | | | 一般性勘探点勘探深度/m | 控制性勘探点勘探深度/m |
|---|---|---|---|---|
| 水工建筑区 | 码头船坞船台滑道 | 万吨级以上 | 25～50 | ≤60 |
| | | 3000～5000t 级 | 15～25 | ≤40 |
| | | 千吨级以下 | 10～15 | ≤30 |
| | 防波堤区 | — | ≤25 | ≤40 |
| | 港池航道区 | — | 设计水深以下 2～3 | — |
| | 锚地区 | — | 3～5 | — |
| 陆域建筑物区 | | | 15～30 | ≤40 |

注：①在预定勘探深度内遇基岩时，一般性勘探点深度达到标准贯入度试验击数 $N \geq 50$ 处。控制性勘探点深度应钻入强风化层 2～3m，在预定深度内遇到中等风化或微风化岩石时亦应钻入适当深度，采取岩芯判定岩石名称。②经控制性勘探点和已有资料表明，在预定勘探深度内有厚度不小于 3m 的碎石土层且无软弱下卧层时，则一般性勘探点深度达到该层即可。③在预定勘探深度内遇到坚硬的老土层（$Q_1 \sim Q_3$）时，深度可酌减，一般性勘探点达到坚硬的老土层内深度：水域不超过 10m，陆域不超过 4m，控制性勘探点达到坚硬的老土层内深度，应按一般勘探点深度增加 5m。④在预定深度内遇松软土时，控制性勘探点应加深或穿透软土层，一般性勘探点应根据具体情况增加深度。

### 3. 施工图设计勘察阶段

港区内勘探线和勘探点宜布置在比例尺为 1∶1000 的地形图上，可按表 14-3 确定，勘探深度按表 14-4 确定。重点取土样区的取样间距一般为 1.0m，岩土层变化时，应加取土样或连续取样。非重点取土样区的取样间距一般不超过 2.0m。

**表 14-3 施工图设计勘察阶段勘探线和勘探点布置**

| 工程类别 | | | 勘探线/点布置方法 | 勘探线距或条数 | | 勘探点距或点数 | | 备注 |
|---|---|---|---|---|---|---|---|---|
| | | | | 岩土层简单 | 岩土层复杂 | 岩土层简单 | 岩土层复杂 | |
| 码头 | 斜坡式 | | 按垂直岸线方向布置 | 50～100m | 30～50m | 20～30m | ≤20m | — |
| | 高桩式 | | 沿桩基长轴方向布置 | 1～2 条 | 2～3 条 | 30～50m | 15～25m | 后方承台相同 |
| | 栈桥 | 桩基 | 沿栈桥中心线布置 | 1 条 | 1 条 | 30～50m | 15～25m | — |
| | | 墩桩 | 每墩至少一个勘探点 | — | — | 墩基尺寸较小，至少 1 个点 | 墩基尺寸较大，至少 3 个点 | — |
| | 板桩式 | | 按垂直码头长轴方向布置 | 50～70m | 30～50m | 10～20m | 10～20m | 一般板桩前沿点距为 10m，后沿点距为 20m |
| | 重力式 | | 沿基础长轴方向布置纵断面 | 1 条 | 2 条 | 10～20m | ≤20m | — |
| | | | 垂直于基础长轴方向布置横断面 | 40～75m | ≤40m | 10～30m | 10～20m | — |
| | 单点或多点系泊式 | | 按沉块和桩的分布范围布点 | — | — | 4 个点 | 不少于 6 个点 | — |
| 修造船建筑物 | 船坞 | | 纵断面 | 3～4 条 15～20m | 5 条 10～20m | 20～30m | 15～30m | 坞口横断面线距用下限，坞室横断面线距用上限，地质条件简单的坞口布 2 条，复杂时 3 条 |
| | | | 横断面 | 30～50m | 15～30m | 15～20m | 10～20m | |
| | 滑道 | | 纵式滑道按平行滑道中心线布置 | 1～2 条 | 1～2 条 | 20～30m | ≤20m | — |
| | | | 横式滑道按平行滑道中心线布置 | 2～3 条 | 3～5 条 | 20～30m | ≤20m | — |
| | 船台 | | 按网状布置、斜坡式同滑道布置 | 50～75m | 25～50m | 50～75m | 25～50m | — |
| 施工围堰 | | | 每一区段布置一个垂直于围堰长轴方向的横断面 | — | — | 每一横断面上布置 2～3 个点 | | "区段"按岩土层特点及围堰轴向变化划分 |
| 防波堤 | | | 沿长轴方向布置 | 1～3 条 | 1～3 条 | 75～150m | ≤50m | — |
| 土建 | 条形基础 | | 按建筑物轮廓线布置 | 50～75m | 25～50m | 50～70m | 25～50m | 土层分布简单时可按建筑物群布置 |
| | 柱基 | | 按柱列线方向布置 | 30～50m | ≤25m | 50～75m | ≤30m | 一条勘探线可控制数条柱列线 |
| 单独建筑物 | | | 每一建筑物不少于 2 个勘探点 | — | — | — | — | 如灯塔、油罐系船设备及重大设备的基础等 |

**表 14-4 施工图设计勘察阶段勘探深度确定**

| 地基基础类别 | 建筑物类型 | | 勘探至基础地面(或桩尖)以下深度/m | | | |
|---|---|---|---|---|---|---|
| | | | 一般黏性土 | 老黏性土 | 中密、密实砂土 | 中密、密实碎石土 |
| 天然地基 | 水工建筑物 | 重力式码头 | ≤1.5$B$ | ≤$B$ | 3～5 | ≤3 |
| | | 斜坡码头 | 斜坡建筑物坡顶及坡身不大于1.5,坡底3.5 | 3～5 | ≤2 | ≤2 |
| | | 防波堤 | 10～15 | ≤10 | ≤3 | ≤2 |
| | | 船坞 | ≤$B$ | 5～8 | ≤5 | 3～5 |
| | | 滑道 | 同斜坡码头 | 3～5 | ≥3 | ≤3 |
| | | 船台 | 10～20 | 8～10 | ≤5 | ≤3 |
| | | 施工围堰 | 依具体情况而定 | | | |
| | 陆域建筑 | 条形基础 | 6～12 | 3～5 | 3～5 | ≤1 |
| | | 矩形基础 | 3～9 | ≤3 | 3～5 | ≤1 |
| 桩基 | 水工建筑物 | | 5～8 | 3～5 | 3～5 | ≤2 |
| | 陆域建筑物 | | 3～5 | 3 | 2 | 1.5～2.0 |
| 大管桩 | 水工或陆域建筑物 | — | 桩径的3倍 | | | |
| 板桩 | — | | 桩尖以下3～5 | | | ≤2 |

注:①$B$为基础底面的宽度;②本勘察阶段中航道、港池、锚地的勘探深度与初步设计勘察阶段相同。

**4. 施工期勘察阶段**

应针对需解决的工程地质问题布置勘探工作,如地基中有岩溶、土洞,岸坡裂隙发育,或者岩基持力层岩性复杂、岩面起伏和风化带厚度变化大等。勘察方法包括施工验槽、钻探和原位测试。

## 14.1.3 钻探技术要点

随着港口建设规模的不断扩大,对港口工程地质勘察的要求越来越高。钻探施工场地的地质条件越来越复杂,钻探、试验项目的难度也越来越大,钻孔深度加大,钻孔成孔工艺的要求更高。以往海上冲击钻探工艺必须跟管钻进,钻孔加深后,跟管钻进套管护壁的方法越来越难操作。随着钻孔的加深,钻进过程中每一回次起下钻具的时间成倍增加,影响钻孔进度。

(1) 陆域和孔深较浅的港池孔、航道孔、锚地孔,宜采用冲击钻探工艺,特别是进行航道孔、锚地孔的施工时,更能体现冲击钻探工艺对船舶稳定性要求低的优点。

(2) 浅水区作业时,结合场地条件,搭设固定接地平台进行施工作业,满足回转钻进对钻机要求。在钻探工艺方面,一般采用回转钻进。这是因为冲击钻探对钻探平台的作业面积、牢固性要求较高,在滩涂搭设平台难度大。对于软土地层可采用回转工艺、跟管钻进。

(3) 港口深水区作业时,应挑选船体更大、船型更好、更适合浪大流急情况下工作的船只搭设船载平台,增加锚重、锚绳长度和抛锚数量,以稳定钻探船舶。在钻探与取样方面,海相沉积软土地层采用冲击钻探、跟管钻进、管钻清孔、静压取土的方法进行施工;下部陆相沉积硬土层采用回转钻探、泥浆护壁、双管单动取土结合原位测试。为了克服深孔钻探易出井内事故、回转钻进中软土泥浆护壁困难以及回转钻机自带卷扬机起下钻具性能较差影响钻探进度等问题，提高海上钻探处理钻孔意外事故的能力，一般采用水动回转钻进标准贯入器、内环刀取砂器、水动回转钻进内环刀取砂器等进行取土。此外，宜利用与海水亲和性较好的泥浆粉造浆，以大功率泥浆泵通过正循环方式输入孔底，再通过改造井口套管、利用导管引流进入船载泥浆槽的方法，解决泥浆护壁及其回收的难题。

## 14.2　岸线工程勘测

### 14.2.1　勘测的主要内容

岸线工程涉及江、河、湖、海的各类岸线，包括沿江、沿河、沿湖及沿海公路、各类管线、港口以及近岸建筑物和构筑物，主要内容包括：

(1) 岸线类型；

(2) 岸线地貌特征和地貌单元交界处的复杂地层；

(3) 高灵敏软土、层状构造土、混合土等特殊土和基本质量等级为Ⅴ级岩体的分布和工程特性；

(4) 岸边滑坡、崩塌、冲刷、淤积、潜蚀、沙丘等不良地质作用。

岸线工程处于水陆交互带，往往跨越几个地貌单元；地层复杂，层位不稳定，常分布有软土、混合土、层状构造土；由于地表水的冲淤和地下水动水压力影响，不良地质作用发育，常伴随滑坡、坍岸、潜蚀、管涌等现象；在港口等工程中，存在船舶停靠挤压力，波浪、潮汐冲击力以及系揽力等，均对岸坡稳定产生不利影响。因此，应针对具体的岸线工程，重点查明和评价可能存在的问题，并提出治理措施的建议。

### 14.2.2　岸线工程勘测的主要特点

在不同勘测阶段，岸线岩土工程勘测的内容和要求不同。

**1. 可行性研究阶段**

(1) 应进行工程地质测绘或踏勘调查，主要内容包括地层分布、构造特点、地貌特征、岸坡形态、冲刷淤积、水位升降、岸滩变迁、淹没范围等情况和发展趋势。

(2) 必要时应布置一定数量的勘探工作，并对岸坡稳定性和场址适宜性进行评价，提出最优场址方案的建议。

**2. 初步设计阶段**

(1) 工程地质测绘，应调查岸线变迁和动力地质作用对岸线变迁的影响；河、湖、沟谷的分布及其对工程的影响；潜蚀、沙丘等不良地质作用的成因、分布、发展趋势及其对场地稳定性的影响。

(2) 勘探线宜垂直岸向布置；勘探线和勘探点的间距应根据工程要求、地貌特征、岩土分布、不良地质作用等确定；岸坡地段和岩石与土层组合地段宜适当加密勘探线。

(3) 勘探孔的深度应根据工程规模、设计要求和岩土条件确定。

(4) 水域地段可采用浅层地震剖面或其他物探方法。

(5) 对场地的稳定性应做出进一步评价,并对总平面布置、结构和基础形式、施工方法和不良地质作用的防治提出建议。

**3. 施工图设计阶段**

(1) 勘探线和勘探点应结合地貌特征和地质条件,根据工程总平面布置确定,复杂地基地段应予加密;

(2) 勘探孔深度应根据工程规模、设计要求和岩土条件确定,除建筑物和结构物特点与荷载外,应考虑岸坡稳定性、坡体开挖、支护结构及桩基等的分析计算需要;

(3) 根据勘察结果,应对地基基础的设计和施工及不良地质作用的防治提出建议。

岸线工程勘测,由于涉及的勘测内容很广,应参照相关专业勘测内容与规范,这里不再赘述。

## 14.3 库区及大坝工程勘测

### 14.3.1 库区及大坝工程勘测的主要内容

水库库区及大坝常见的工程地质问题包括:区域构造稳定性、水库库区渗漏、库岸稳定性、水库浸没、坝区渗漏、坝基岩土体的压缩变形与承载力、坝基(肩)岩土体的抗滑稳定、水工隧洞围岩稳定与变形、隧洞涌水及深基坑支护等。水库工程勘察的重点在于坝址,库区的勘测主要应解决渗漏和边坡的稳定性问题,大坝工程的重点是坝基及坝体的稳定、变形与渗流。

勘察工作应以工程地质、水文地质、测绘、调查访问、资料收集为主,勘探工作为辅。注意研究地形地貌特点、河床变迁历史、泉水露头情况、区域性自然边坡和人工边坡失稳现象、周边水库群常见的水库地质问题等。当基岩露头较好时,重点调查断层和裂隙发育特点;当基岩露头不好时,重点调查风化土和覆盖层的工程特性与分布状况。

### 14.3.2 库区及大坝工程勘测的技术要点

**1. 库区渗漏的勘测**

针对水库渗漏问题,首先根据水文地质成果确定可能的渗漏形式,然后根据不同的渗漏形式采用适当的勘察方法。单薄分水岭渗漏一般较为常见,分水岭岸坡一般分布有一定厚度的残坡积土和全风化土,勘察工作以调查上部土层作为天然防渗铺盖的厚度、平面范围和渗透特性为重点,均衡布置浅钻孔或探坑,并进行注水和试坑渗水试验。对于下部基岩的渗透特征,需选择代表性位置布置勘探剖面,各勘探点进行分段压水、注水和抽水试验。对于断层或裂隙密集带渗漏问题,可先布置物探工作,再布置钻探与现场试验工作。此外,有些水库也有风化岩中岩脉带渗漏问题,如花岗岩类地区。

**2. 坝址勘测**

坝址勘测常用的勘探方法有钻探、物探、坑探、现场试验和室内试验,其中关于岩土渗透试验的方法种类较多,精确度不一,如何较准确地确定各地层渗透系数并划分相对隔水层、相对透水层是关键,这些参数的可靠性关系到工程安全,亦关系到大量的工程投资。

弱、微风化岩一般进行压水试验，按压水试验规范操作进行。强风化岩一般难以进行压水试验，通常，当地下水位较高时，选择抽水试验或提水试验；当地下水位较低时选择注水试验，并注意钻进中回水量的变化。当需要初步确定灌浆效果时，应设法进行压水试验，可将栓塞置于先期预设的混凝土孔壁。强透水的砂砾石层常用抽水试验，对于中-弱透水的残坡积土层、全风化岩（土），常根据注水、提水、试坑渗水、室内渗透试验成果综合确定渗透系数值，前3种方法的计算公式为近似性质，测值有一定误差，但可反映整个试验段的透水性，室内渗透试验测值虽较准确，但仅反映某一点的渗透性，具有局限性。

## 14.4　填海工程勘测

填海工程是一种填海造陆或填海造地工程，指在淤积型潮滩岸段或河口地区，利用一定高度的围堰框围一定范围，利用潮汐带来的泥沙淤积成高于海平面的陆地，或直接用海堤框围潮上带乃至潮间带，由岸边、内陆取土，或在海岸浅水区、海岛周围及海底吹沙，把大量沙石倾入海中造陆或构筑人工岛的工程活动。

填海造地工程是充分利用海洋资源，保障经济社会发展的重要措施，这一工程的实施，可缓解沿海地区经济发展和土地资源供给不足的矛盾。

我国填海造地工程始于20世纪五六十年代，从80年代开始大规模填海造地。填海造地工程不但在我国呈现逐年递增的态势，世界许多岛国和滨海国家也先后实施了填海工程。荷兰早在13世纪就开始实施填海造地工程，该国超过10 000$km^2$的国土来自于填海造地。填海造地工程实施规模最大者当首推日本。在过去的百余年间，其沿海城市近三分之一的土地（超过120 000$km^2$）来自于海洋；新加坡在完成超过100$km^2$填海造地工程的基础上，计划投资近50亿美元将7个小岛屿串连成一体，打造占地约30$km^2$的石化工业中心填海造地工程。

### 14.4.1　填海工程的特点

填海工程已由防灾减灾、扩大耕地面积发展到以工业、城镇、港口等建设用地为主，其空间范围已从单一的高潮带滩涂向中低滩甚至水下岸坡延伸，填海方式也已从顺岸围割为主向顺岸围填、海湾截弯取直以及多岛屿连接围填等方向发展。为保证填海工程的安全和稳定，围填位置或区域的选择非常重要。

围填区不仅面临潮汐、波浪的侵蚀，还将受到海底地震的影响。因此，围填区位置的选择应以较隐蔽的河口、海湾以及较平静的海岸海域为主。如我国的辽河口、天津滨海、江苏沿海、长江口、珠江口及渤海湾、胶州湾、杭州湾、乐清湾、罗源湾等，宜选择较平缓的海或平坦的海床作为围填区。

填湖工程的岩土勘测可参考填海工程。

### 14.4.2　勘测内容及方法

#### 1. 勘测内容

对于填海工程而言，除开展岸带地形地貌、地层结构、地下水、区域地质构造、风化深度、海底地震、土壤物理力学特性等勘测外,还应以水域下淤泥层厚度、淤泥下覆风化层深度及风化程度、海底基岩层产状、海水腐蚀性及取填料的勘测为关键内容。

**2. 勘测方法**

在填海工程勘测中,其勘测方法与陆地勘测基本相似,但由于受水域的影响,将结合水上物探、水上钻探等技术手段进行勘测,水上物探方法主要包括重力、磁力、地震、热流及声波法,其中,多道地震及浅剖技术、海上测井技术在水上勘测中得到了成功的应用。但是,在采用该类方法时,应采取合理的措施减少水流对物探联测等的影响。

海上钻探仍然是最直接有效的方式。为满足勘测要求,一般性钻孔应钻至海底基岩面,控制性钻孔应钻至海底基岩面以下一定深度。勘探深度的确定应根据具体地质条件进行综合分析确定,勘探深度的基本原则是查明海底区域地质构造以及工程水文地质条件,满足对海底地层及工程稳定性评价的需要。对于风化层深度不大、风化程度较弱的地层,勘探深度宜钻到基岩面及其以下一定深度;对于风化层厚较大的,且风化较严重的地层,应钻到微风化层及其以下一定深度。在实际应用中,一般性钻孔至少应钻到海底泥面以下 8m,控制性钻孔至少应钻到海底泥面以下 20m。

此外,为了评价海水对建筑材料的腐蚀性,应加强海水取样,通常取样不少于 3 组,并进行水质监测和分析,测试指标主要为 $Ca^{2+}$、$Mg^{2+}$、$NH_4^+$、$Cl^-$、$SO_4^{2-}$、$HCO_3^-$、$CO_3^{2-}$、$OH^-$、游离 $CO_2$、侵蚀性 $CO_2$、pH 及总矿化度。

海上钻探及测井成本高,且容易受海洋天气影响,而水上物探技术只需要小型船舶,具有全覆盖、探测深度大、效率高、成本低等特点,体现出巨大的优势,宜采用钻探与水上物探相结合的方法,以减少钻探工作量,提高勘测效率。

具体勘测方法及技术要求参见岩土工程勘察规范及港口岩土工程勘测相关规范。

## 14.4.3 典型填海工程勘测

**1. 工程概况**

填海区域浅层为局部人工堆土、海相淤积堆积层、淤积亚黏土、砾卵石亚黏土、黏土砾石/卵石、含砂黏土砾卵石,淤积层下主要岩性分布为花岗闪长斑岩(γδπ)、石英斑岩(Qπ)及硅化灰岩(SiLs)。

为了探清填海区域的工程地质条件,采用了现场调查、物探、钻探与地质分析相结合的方法进行勘察。现场测试采用 EH-4 大地连续电导率成像系统对地下 1000m 深度以内的地层地质进行探测。测线布置参见图 14-1。测线间距为 50～100m,测点距为 30～50m,具

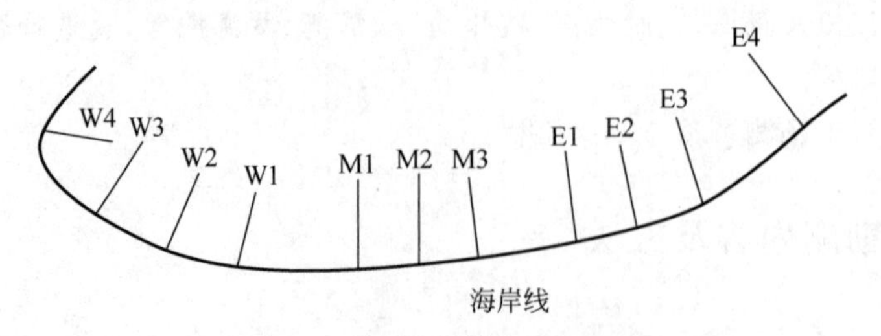


图 14-1 填海区测线及测点布置

体根据地形变化特点及综合地质分析确定，通过全站仪记录测线及测点的具体坐标及方位等位置信息。

**2. 现场测线布置**

1）W4 测线

W4 测线位于西岸，岸线西南端，测线及测点布置如图 14-2 所示。在测线附近布置勘探钻孔 ZK01。W4 测线共设 3 个测站。首先确定测站 1 的坐标($x_0$,$y_0$,$z_0$)，其他各测站可按测线方位及测站间距进行计算确定，测站点的间距为 30m，测线近东西向。

该测线所处位置地形较复杂，测站 1 的东面为采沙坑，西面为海，测线北侧及南侧均有充水洼地。地面浅层为充填土，充填土主要为北露天的剥离土及废石，地形起伏大。充填物主要为第四系黏土以及花岗闪长斑岩、石英斑岩、石英砂岩、角砾岩等风化产物，充填层之下为第四系湖相淤积层，岩石成分复杂。

2）W3 测线

W3 测线位于南岸，岸线西南部，测线及测点布置如图 14-3 所示。此测线位于 W4 测线的东侧，为北东向，与 W4 测线呈喇叭状，在测点 1 附近布置有勘测钻孔 ZK02。W3 测线共布置有 3 个测站，测点间距为 30m。但因为地形较复杂，充填不均，存在各种松散的土石堆及洼地、土坎，地形变化对信号干扰大，只有两个测站能成图。充填土成分亦为各类岩石的风化产物及第四系表土。

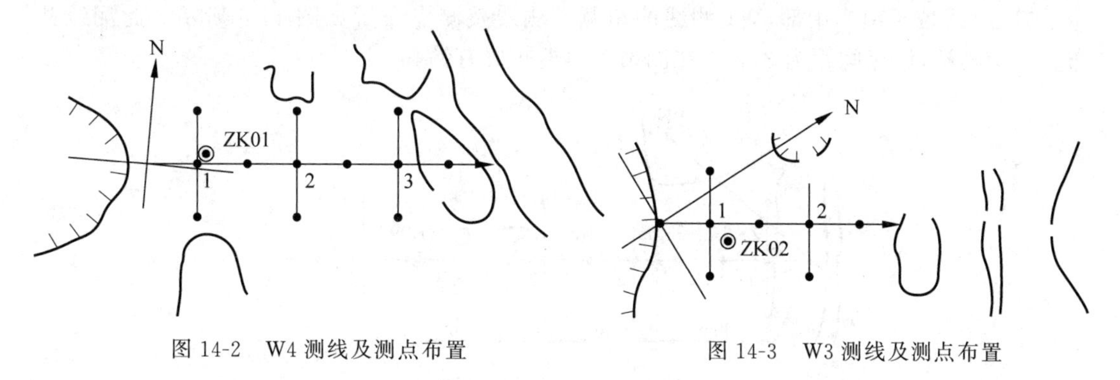


图 14-2 W4 测线及测点布置

图 14-3 W3 测线及测点布置

3）W2 测线

W2 测线位于南岸，岸线西南部。测线及测点布置如图 14-4 所示。此测线亦为北东向，

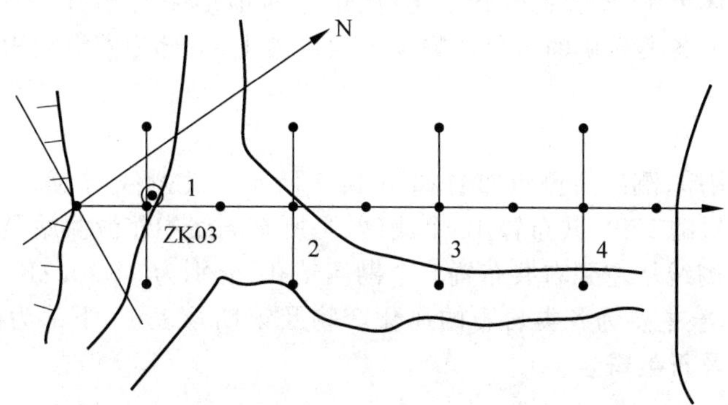


图 14-4 W2 测线及测点布置

位于 W3 测线东南侧，且与之近似平行，其与 W3 测线的间距为 80m。测线东南端为采坑西北帮，西北端临海。除测线北侧有临时土堆外，地形较平整。W2 测线共布置 4 个测站，测点间距为 30m。在测点 1 附近布置地质钻孔 ZK03，充填土成分亦为各类岩石的风化产物及第四系表土。

4）W1 测线

W1 测线位于南岸，岸线西南部，测线及测点布置如图 14-5 所示。此测线位于 W2 测线以东，为北东向，东北向临海。W1 测线共布置 2 个测站，测点间距为 30m。测点 1 附近布置地质钻孔 ZK04。但因为地形复杂，充填不均，存在各种松散的土石堆及积水洼地。充填土成分主要为各类岩石的风化产物及第四系表土，下部为海相淤积黏土，基岩为溶蚀洼地堆积物。

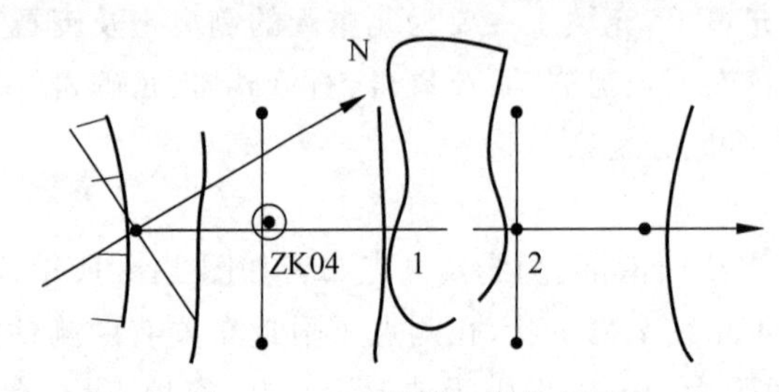


图 14-5　W1 测线及测点布置

5）M1 测线

M1 测线位于南岸中部，W1 测线的东侧。测线及测点布置如图 14-6 所示。此测线共布置 5 个测站，测点间距为 30m。在测站 1 附近布置有钻孔。

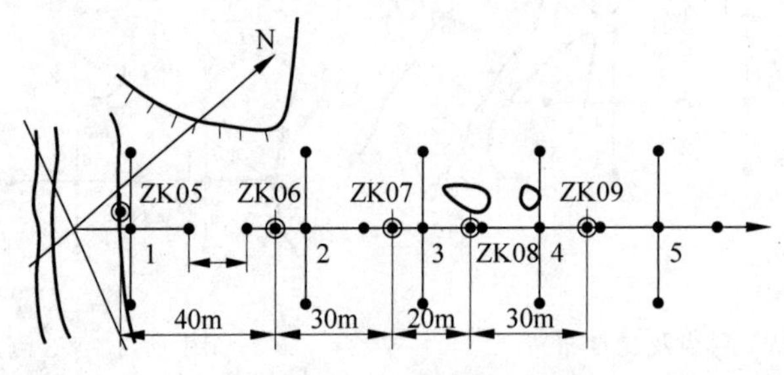


图 14-6　M1 测线及测点布置

沿该测线布置有钻孔 ZK05、ZK06、ZK07、ZK08 及 ZK09，是标定剖面钻孔数较多的测线。该测线区域总体上地形已基本平缓，但从东到西地形略有抬升，最大高差达 10.9m。此测线充填土主要为各类岩矿的风化产物及第四系表土，下部为湖海淤积黏土，基岩为花岗闪长斑岩、矽卡岩。

6）M2 测线

M2 测线位于南岸，测线及测点布置如图 14-7 所示。此测线与 M1 测线平行。为了更好地揭示海心向地层的变化，共布置 12 个测站，是所有测线中布置测站最多的一条测线，测点间距为 30m。此测线从左到右共布置 5 个勘测钻孔，分别为 ZK10、ZK11、ZK12、ZK13 及 ZK14。此测线充填土主要为各类岩石的风化产物及第四系表土，下部为海相淤积黏土，基岩为花岗闪长斑岩及石英斑岩。

7）M3 测线

M3 测线位于南岸，填土区岸线中部。测线及测点布置如图 14-8 所示。此测线亦与

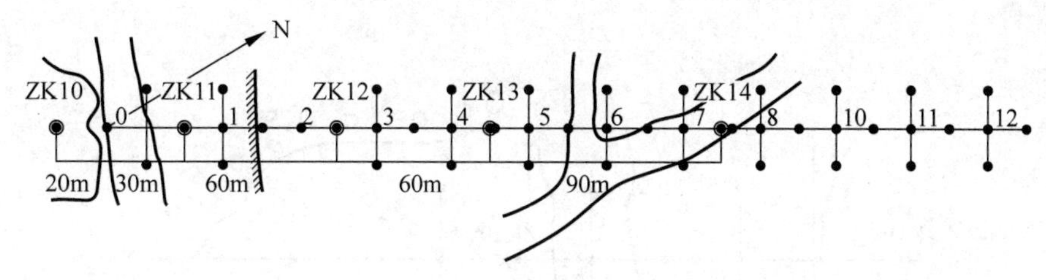


图 14-7　M2 测线及测点布置

M2 测线组平行布置，共布设 6 个测站，测点间距为 30m。沿此测线布有 2 个钻孔，分别为 ZK15 及 ZK16。此测线充填土主要为各类岩石的风化产物及第四系表土，下部为海相淤积黏土，基岩为石英斑岩。

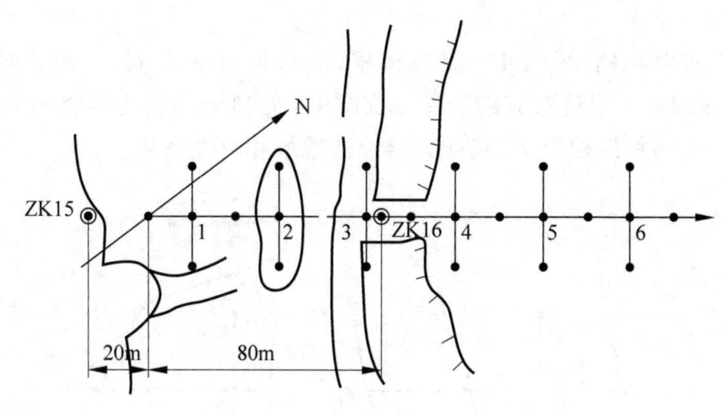


图 14-8　M3 测线及测点布置

8）E1 测线

E1 测线位于南岸偏东，测线及测点布置如图 14-9 所示。此测线朝正北方向，共布设 4 个测站，测点间距为 30m。沿此测线布设有地勘钻孔，ZK17 及 ZK18，充填土主要为各类岩石的风化产物及第四系表土，下部为海相淤积黏土，基岩为花岗闪长斑岩及接触角砾岩。

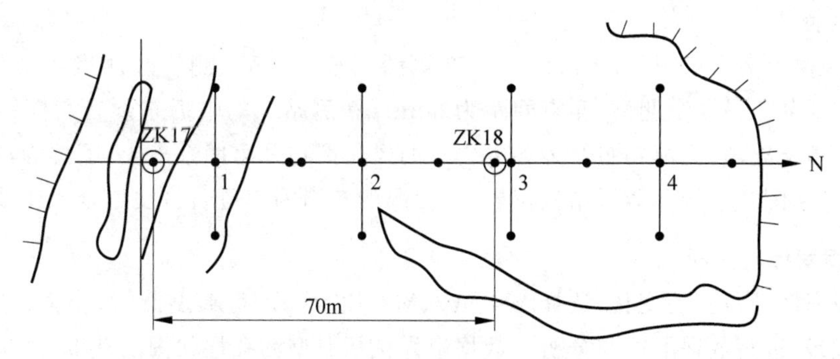


图 14-9　E1 测线及测点布置

9）E2 测线

E2 测线位于南岸东测，与 E1 测线近似平行布置，测线及测点布置如图 14-10。E2 测线共设 4 个测站，测点间距为 30m。沿此测线布有地勘钻孔 ZK19 及 ZK20。充填土主要为各类岩石的风化产物及第四系表土，下部为海相淤积黏土，基岩为花岗闪长斑岩、硅化灰岩及接触角砾岩。

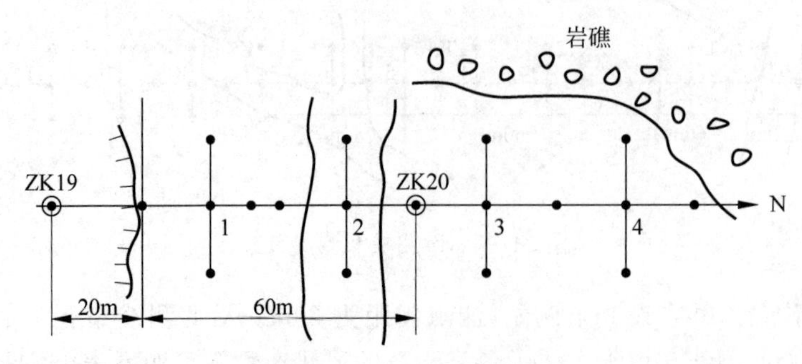


图 14-10　E2 测线及测点布置

10）E3 测线

E3 测线位于南岸东侧，平行 E2 测线布置，共布设有 3 个测站，测点间距为 30m，如图 14-11 所示。在测站 1 附近布有勘探钻孔 ZK21。充填土主要为各类岩石的风化产物及第四系表土，下部为海相淤积黏土，基岩为溶蚀洼地堆积物及灰岩。

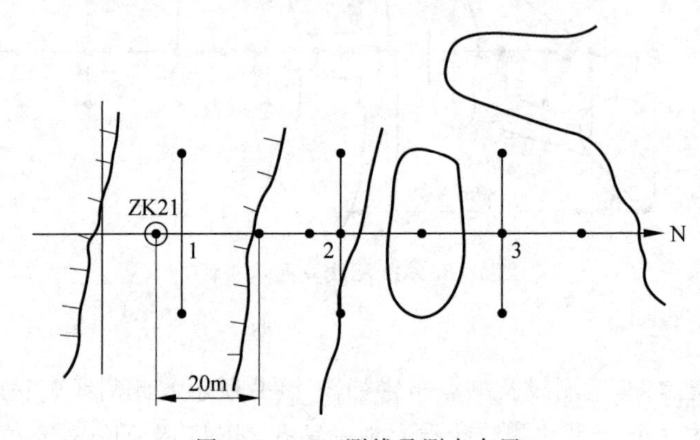


图 14-11　E3 测线及测点布置

11）E4 测线

E4 测线位于南岸东侧，与 E1、E2 及 E3 测线组成 30°角。测线及测点布置如图 14-12 所示。此测线共布设 3 个测站，测点间距为 30m。在测站 1 的附近布设有勘探钻孔 ZK22。此段多为充填土充填，充填物主要为各类岩石的风化产物及第四系表土，下部为海相淤积黏土，基岩为花岗闪长斑岩及燧石结核灰岩，所揭露的花岗闪长斑岩已发生全风化或强风化。

**3. 数据解译与分析**

根据填海区域位置的变化，选择 W4、W2、M2、E2 及 E4 等典型测线，作为填海区西、中及东部的代表，进行数据解译与分析。数据解译包括典型钻孔柱状图的获取、地球物理探测数据的标定及解译分析。

1）W4 测线

（1）钻孔柱状剖面图

W4 测线包括 1 个勘探钻孔 ZK01，通过钻探取样、录孔及地质分析，获得钻孔柱状图如图 14-13 所示。钻孔岩性的分布见表 14-5。

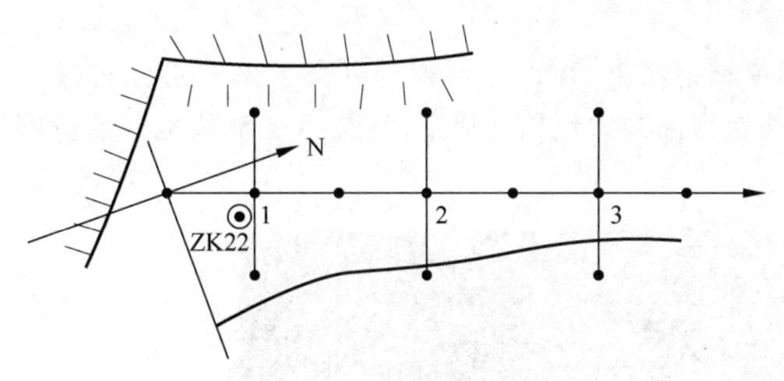


图 14-12 E4 测线及测点布置

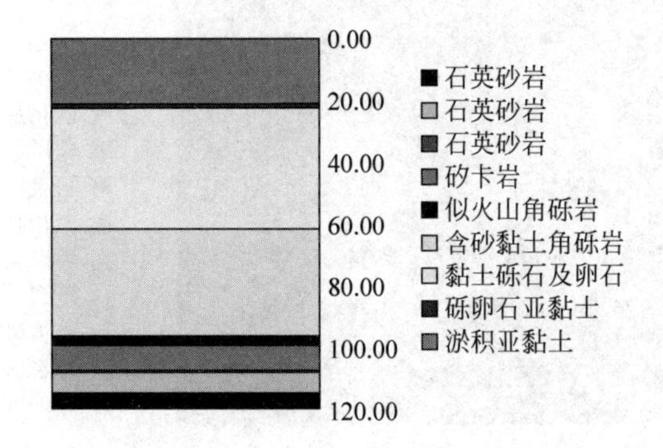

图 14-13 ZK01 钻孔柱状图

**表 14-5 ZK01 钻孔的岩性分布**

| 分层起止深度/m | | 厚度/m | 岩性分布 | |
|---|---|---|---|---|
| 自 | 至 | | | |
| 0.00 | 2.13 | 2.13 | 第四系 | 填土 |
| 2.13 | 23.10 | 20.97 | | 淤积亚黏土 |
| 23.10 | 24.09 | 0.99 | | 砾卵石亚黏土 |
| 24.09 | 62.72 | 38.63 | | 黏土砾石、卵石 |
| 63.72 | 97.13 | 34.41 | | 含砂黏土砾卵石 |
| 97.13 | 99.94 | 2.81 | 似火山角砾岩 | |
| 99.94 | 107.54 | 7.60 | 矽卡岩 | |
| 107.54 | 120.59 | 13.05 | 石英砂岩 | |

(2) 电阻率分布

W4 测线 EH4 探测视电阻率的分层结果见表 14-6。

**表 14-6 W4 测线低电阻带分布**

| 近岸部位 | | 测线中部 | | 向海部位 | |
|---|---|---|---|---|---|
| 深度/m | 电阻率/(Ω·m) | 深度/m | 电阻率/(Ω·m) | 深度/m | 电阻率/(Ω·m) |
| 0～25 | 26 | 0～25 | 26 | 0～25 | 26 |
| 25～60 | 193 | 25～60 | 193 | 25～60 | 193 |
| 60～70 | 373 | 60～70 | 373 | — | — |

(3) 地质剖面

利用岩性电阻率标定结果，在电阻率探测剖面上做地层分布图，并通过综合地质进行分析和确定，最终获得测线的地层地质剖面图。W4 测线地层地质解译结果如图 14-14 所示。

彩图 14-14

图 14-14　W4 测线地层地质解译剖面图

2) W2 测线

(1) 钻孔柱状剖面图

W2 测线布置 1 个勘探钻孔 ZK03，钻孔柱状剖面如图 14-15 所示。钻孔岩性分布见表 14-7。

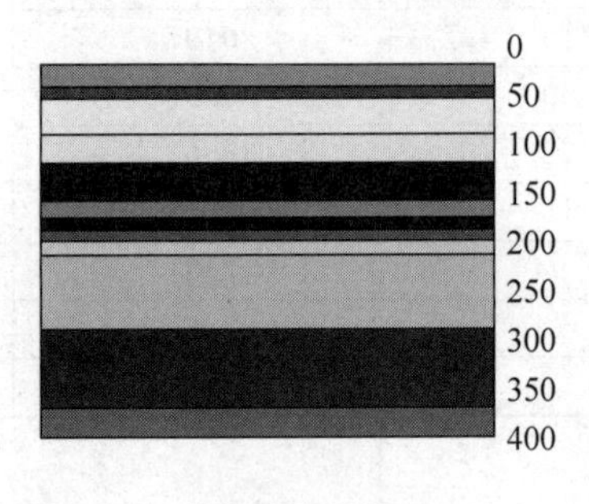

彩图 14-15

图 14-15　ZK03 钻孔柱状剖面图

(2) 电阻率分布

W2 测线视电阻率测试结果见表 14-8。

表 14-7　ZK03 钻孔岩性分布

| 分层起止深度/m | | 厚度/m | 岩性标定结果 |
|---|---|---|---|
| 自 | 至 | | |
| 0.00 | 7.52 | 7.52 | 填土 |
| 7.52 | 31.24 | 23.72 | 淤积亚黏土 |
| 31.24 | 43.44 | 12.20 | 角砾砾石 |
| 43.44 | 78.28 | 34.84 | 砾石黏土 |
| 78.28 | 115.47 | 29.19 | 含砾石的亚黏土 |
| 115.47 | 147.03 | 39.56 | 角砾石 |
| 147.03 | 164.28 | 17.25 | 安山斑岩 |
| 164.28 | 165.85 | 1.57 | 硅化燧石灰岩 |
| 165.85 | 168.47 | 2.62 | 安山斑岩 |
| 168.47 | 175.84 | 7.37 | 角砾岩 |
| 175.84 | 187.94 | 12.10 | 安山斑岩 |
| 187.94 | 202.40 | 14.46 | 英安岩 |
| 202.40 | 278.09 | 75.69 | 溶洞充填物 |
| 278.09 | 357.59 | 79.50 | 碳质石灰岩 |
| 357.59 | 360.41 | 2.82 | 大理岩 |
| 360.41 | 389.65 | 29.24 | 石英砂岩 |

表 14-8　W2 测线低电阻带分布

| 近岸部位 | | 测线中部 | | 向海部位 | |
|---|---|---|---|---|---|
| 深度/m | 电阻率/(Ω·m) | 深度/m | 电阻率/(Ω·m) | 深度/m | 电阻率/(Ω·m) |
| 0～104 | <51 | 0～94 | <51 | 0～54 | <51 |
| 132～278 | <51 | 144～184 | <51 | 62～312 | <51 |

(3) 地质剖面

W2 测线地质解译结果如图 14-16 所示。

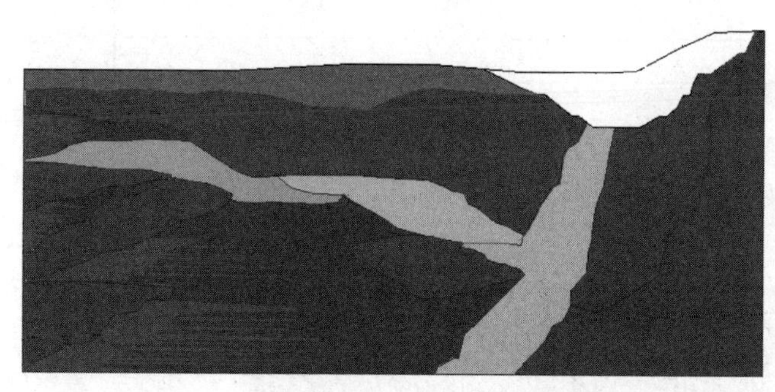

彩图 14-16

图 14-16　W2 测线地质剖面图

3) M2 测线

(1) 钻孔柱状图

M2 测线是填海区域的近中线，布置 ZK10、ZK11、ZK12、ZK13 及 ZK14 共 5 个勘探钻孔。其中，ZK12 钻孔柱状图如图 14-17 所示，钻孔岩性分布见表 14-9。

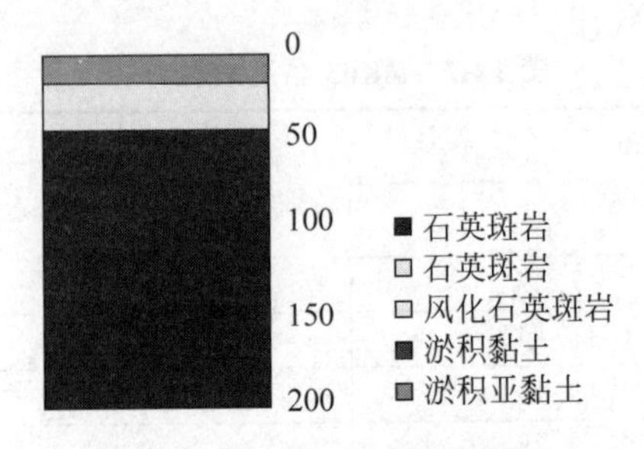

彩图 14-17

图 14-17 ZK12 钻孔柱状图

**表 14-9 钻孔 ZK12 的岩性分布**

| 分层起止深度/m | | 厚度/m | 地层岩性 |
|---|---|---|---|
| 自 | 至 | | |
| 0.00 | 16.04 | 16.04 | 填土 |
| 16.04 | 37.40 | 21.36 | 海相淤泥碎石层 |
| 37.40 | 286.01 | 248.61 | 石英斑岩 |
| 286.01 | 288.14 | 2.13 | 花岗闪长斑岩 |
| 288.14 | 337.52 | 49.38 | 石英斑岩 |
| 337.52 | 356.74 | 19.22 | 花岗闪长斑岩 |
| 356.74 | 382.54 | 25.80 | 石英斑岩 |
| 382.54 | 433.89 | 51.35 | 花岗闪长斑岩 |

(2) 电阻率分布

M2 测线视电阻率测试结果见表 14-10。

**表 14-10 M2 测线低电阻带分布**

| 近岸部位 | | 测线中部 | | 向海部位 | |
|---|---|---|---|---|---|
| 深度/m | 电阻率/(Ω·m) | 深度/m | 电阻率/(Ω·m) | 深度/m | 电阻率/(Ω·m) |
| 0～80 | <51 | 0～610 | <51 | 0～58 | <51 |
| 180～280 | 51 | — | — | — | — |
| 299～388 | 51 | — | — | — | — |

(3) 地质剖面

M2 测线地质解译结果如图 14-18 所示。

彩图 14-18

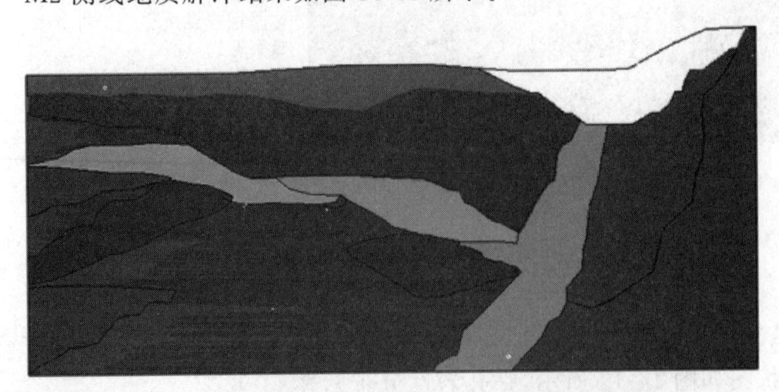


图 14-18 M2 测线地质剖面图

4）E2 测线

（1）钻孔柱状图

E2 测线位于南岸东，包括 ZK19 及 ZK20 勘探钻孔。其中，ZK20 钻孔柱状剖面如图 14-19 所示。ZK20 钻孔岩性分布见表 14-11。

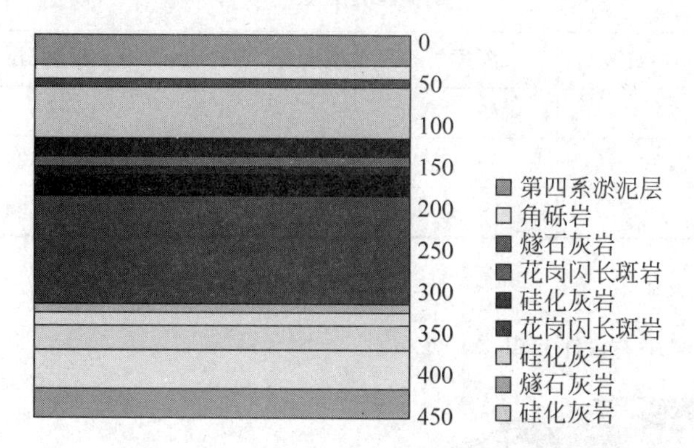

图 14-19　ZK20 钻孔柱状图

**表 14-11　钻孔 ZK20 的岩性分布**

| 分层起止深度/m | | 厚度/m | 地层岩性 |
|---|---|---|---|
| 自 | 至 | | |
| 0.00 | 20.20 | 20.20 | 淤积层 |
| 20.20 | 54.06 | 33.86 | 第四系淤积层 |
| 54.06 | 55.98 | 1.92 | 硅化灰岩 |
| 55.98 | 63.82 | 7.84 | 花岗闪长斑岩 |
| 63.82 | 73.32 | 9.50 | 角砾岩 |
| 73.32 | 79.60 | 6.28 | 大理岩 |
| 79.60 | 82.49 | 2.89 | 角砾岩 |
| 82.49 | 84.11 | 1.62 | 燧石灰岩 |
| 84.11 | 144.96 | 60.85 | 角砾岩 |
| 144.96 | 168.83 | 23.87 | 矽卡岩 |
| 168.83 | 179.17 | 10.34 | 花岗闪长斑岩 |
| 179.17 | 180.35 | 1.18 | 硅化灰岩 |
| 180.35 | 184.48 | 4.13 | 角砾岩 |
| 184.48 | 189.13 | 4.65 | 硅化灰岩 |
| 189.13 | 215.66 | 26.53 | 花岗闪长斑岩 |
| 215.66 | 218.01 | 2.35 | 大理岩 |
| 218.01 | 347.30 | 129.29 | 花岗闪长斑岩 |
| 347.30 | 357.78 | 10.48 | 硅化灰岩 |
| 357.78 | 370.25 | 12.47 | 花岗闪长斑岩 |
| 370.25 | 401.48 | 31.23 | 硅化灰岩 |
| 401.48 | 446.41 | 44.93 | 花岗闪长斑岩 |
| 446.41 | 450.00 | 3.59 | 灰岩 |
| 450.00 | 481.53 | 31.53 | 燧石灰岩 |

(2) 电阻率分布

E2 测线电阻率测试结果见表 14-12。

**表 14-12　E2 测线低电阻带分布**

| 近岸部位 | | 测线中部 | | 向海部位 | |
|---|---|---|---|---|---|
| 深度/m | 电阻率/(Ω·m) | 深度/m | 电阻率/(Ω·m) | 深度/m | 电阻率/(Ω·m) |
| 16～62 | <100 | 16～62 | <100 | 0～10 | 100 |
| 80～124 | 100 | 80～124 | 100 | 24～62 | <100 |
| — | — | — | — | 80～124 | 100 |

(3) 地质剖面

E2 测线地质解译结果如图 14-20 所示。

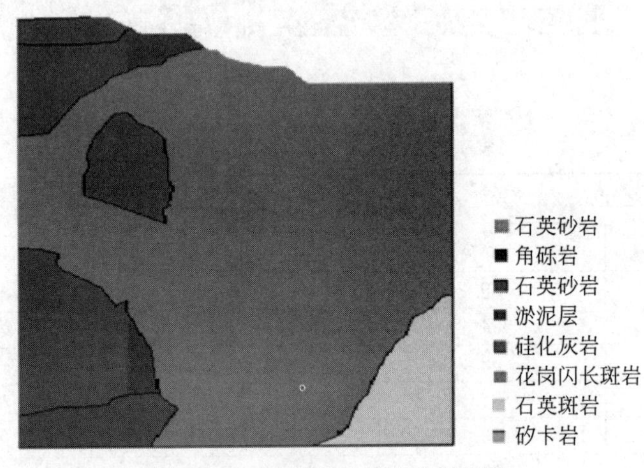


彩图 14-20

图 14-20　E2 测线地层地质剖面图

5) E4 测线

(1) 钻孔柱状图

E4 测线位于南岸东端,布置勘探钻孔 ZK22,钻孔剖面如图 14-21 所示。钻孔 ZK22 岩性分布见表 14-13。

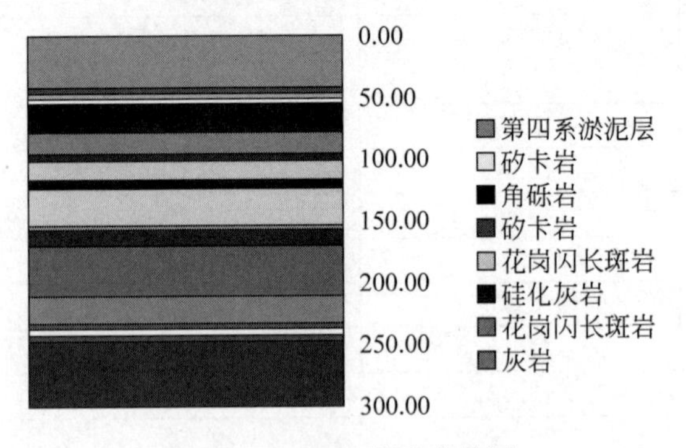

彩图 14-21

图 14-21　ZK22 钻孔柱状图

表 14-13　钻孔 ZK22 的岩性分布

| 标高(起/止)/m | | 厚度/m | 地层岩性 |
| --- | --- | --- | --- |
| 自 | 至 | | |
| 0.00 | 6.70 | 6.70 | 淤积土 |
| 6.70 | 45.96 | 39.26 | 第四系淤泥层 |
| 45.96 | 53.76 | 7.80 | 花岗闪长斑岩 |
| 53.76 | 56.68 | 2.92 | 矽卡岩 |
| 56.68 | 59.68 | 3.00 | 花岗闪长斑岩 |
| 59.68 | 84.60 | 24.92 | 角砾岩 |
| 84.60 | 101.75 | 17.15 | 花岗闪长斑岩 |
| 101.75 | 107.61 | 5.86 | 褐铁矿 |
| 107.61 | 122.31 | 14.70 | 花岗闪长斑岩 |
| 122.31 | 124.72 | 2.41 | 褐铁矿 |
| 124.72 | 127.62 | 2.80 | 石英砂岩 |
| 127.62 | 157.61 | 30.09 | 花岗闪长斑岩 |
| 157.61 | 171.84 | 14.23 | 硅化灰岩 |
| 171.84 | 175.70 | 3.86 | 石英砂岩 |
| 175.70 | 214.99 | 39.29 | 硅化灰岩 |
| 214.99 | 236.85 | 21.86 | 灰岩 |
| 236.85 | 240.76 | 3.91 | 角砾岩 |
| 240.76 | 245.74 | 4.98 | 灰岩 |
| 245.74 | 250.31 | 4.57 | 花岗闪长斑岩 |
| 250.31 | 304.23 | 53.92 | 灰岩 |

(2) 电阻率分布

E4 测线电阻率测试结果见表 14-14。

表 14-14　E4 测线高电阻带分布

| 近岸部位 | | 测线中部 | | 向海部位 | |
| --- | --- | --- | --- | --- | --- |
| 深度/m | 电阻率/(Ω·m) | 深度/m | 电阻率/(Ω·m) | 深度/m | 电阻率/(Ω·m) |
| 200～254 | 1389 | 200～254 | 1389 | 200～254 | 1389 |

(3) 地质剖面

E4 测线解译获得的地质剖面如图 14-22 所示。

通过钻探数据对测线地层地质进行标定和解译后，获得各勘测线的地层地质剖面，利用 EH-4 数据处理软件或其他计算机手段，可获得填海区域勘探深度范围的三维地质图像。通过建立三维地质模型，可进一步对岸滩及近海基底地层的稳定性进行分析和评价。

彩图 14-22

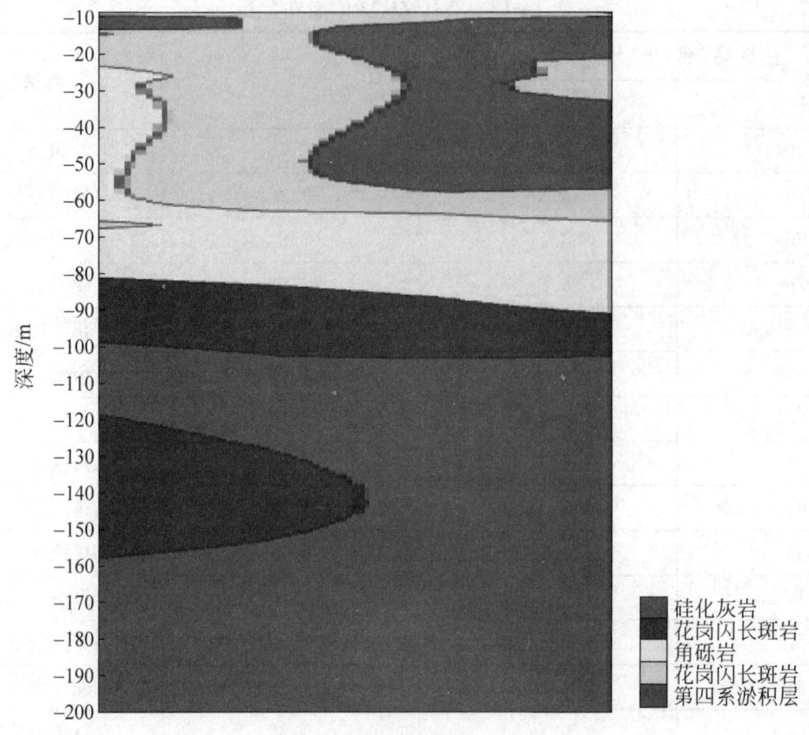


图 14-22　E4 测线地层地质剖面图

# 参考文献


[1] 中华人民共和国建设部. 岩土工程勘察规范：GB 50021—2001[S]. 北京：中国建筑工业出版社，2009.

[2] 林宗基. 岩土工程勘察设计手册[M]. 北京：中国建筑工业出版社，2003.

[2] 周德泉，彭柏兴，陈永贵，等. 岩土工程勘察技术与应用[M]. 北京：人民交通出版社，2008.

[3] 刘尧军，叶朝良. 岩土工程勘测技术[M]. 重庆：重庆大学出版社，2013.

[4] 王复明. 岩土工程测试技术[M]. 郑州：黄河水利出版社，2012.

[5] 谭卓英. 岩土工程界面识别理论与方法[M]. 北京：科学出版社，2008.

[6] DING Y，TAN Z Y，LI S G. Experimental research on rotation-percussion drilling of diamond bit based on stress wave[C]//IOP Conference Series：Earth and Environmental Science，v 558，n 3，September 4，2020，2nd International Conference on Oil and Gas Engineering and Geological Sciences-Chapter 2. Geological Sciences and Soil Mechanics；ISSN：17551307，E-ISSN：17551315；DOI：10.1088/1755-1315/558/3/032005.

[7] 谭卓英，武斌，夏志远，等. 圆形孔洞结构岩体冲击响应识别实验模拟研究[J]. 振动与冲击，2020，39(4)：136-142.

[8] 谭卓英，夏志远，丁宇，等. 深部岩体地应力场分异特性研究[J]. 岩石力学与工程学报，2019，38(S2)：3330-3337.

[9] 张旭，周绍武，林鹏，等. 基于熵权-集对的边坡稳定性研究[J]. 岩石力学与工程学报，2018，37(S1)：3400-3410.

[10] 陈小根，武立岐. 基于多元回归方法的岩石物理性质预测模型研究[J]. 现代矿业，2018，34(8)：64-68.

[11] TAN Z Y，YUE P J，LIU W J，et al. Precise estimation of geoformation structures while drilling [C]//10th Asian Rock Mechanics Symposium & The ISRM International Symposium for 2018，29 October to 03 November，2018，Singapore.

[12] QI K，TAN Z Y. Experimental study on acoustoelastic character of rock under uniaxial compression [J]. Geotechnical and Geological Engineering，2018，36(1)：247-256.

[13] LI W，TAN Z Y，Research on rock strength prediction based on least squares spport vector machine [J]. Geotechnical and Geological Engineering，2017，35(1)：385-393.

[14] 李文，谭卓英. 基于 MLR 与 LS-SVM 的岩石强度预测模型比较[J]. 矿业研究与开发，2016，36(11)：36-40.

[15] ZHANG X，TAN Z Y，GAO B Y. Design and treatment of landslide engineering in three gorges reservoir area[J]. Proceedings of The 2016 2nd International Conference on Energy Equipment Science and Engineering(Advances in Energy Science and Equipment Engineering Vol. 1)，2016/11/12：447-450.

[16] ZHANG X，TAN Z Y，GAO B Y. Mechanism of load transmission and interaction between rock and pile under nonlinear incidence[J]. Electronic Journal of Geotechnical Engineering，2016，21(16)：5247-5263.

[17] 李文，谭卓英. 基于 P 波模量的岩石单轴抗压强度预测[J]. 岩土力学，2016，37(S2)：381-387.

[18] ZHANG X，TAN Z Y. Slope excavation and parameter sensitivity analysis based on grey correlation method[J]. Electronic Journal of Geotechnical Engineering，2016，21(12)：4549-4558.

[19] 张旭,谭卓英,周春梅.库水位变化下滑坡渗流机理与稳定性分析[J].岩石力学与工程学报,2016,35(4):713-723.

[20] ZHANG W,WANG X J,LIU L S,et al. Rock mass structures and weathering characterization of weathered slope in an open-pit mine[J]. Electronic Journal of Geotechnical Engineering,2015,20(13):5223-5234.

[21] LI J,TAN Z Y,LI W. Diamond drill crushed rock under impact-rotational loading[J]. Electronic Journal of Geotechnical Engineering,2015,20(20):11719-11732.

[22] 李季阳,谭卓英,李文,等.冲击旋转加载下金刚石钻头-岩面动摩擦特性试验模拟研究[J].振动与冲击,2015,34(22):210-214.

[23] 谭卓英,李文,岳鹏君,等.基于钻进参数的岩土地层结构识别技术与方法[J].岩土工程学报,2015,37(7):1328-1333.

[24] 王莉,谭卓英,朱博浩,等.淤泥冲击挤压作用下软基土石坝动力响应分析[J].岩土力学,2014,35(3):827-834.

[25] 谭卓英,钟文,胡天寿.强风化岩质边坡软弱结构层 EH-4 探测工程实例分析[J],金属矿山,2013,448(10):84-92.

[26] 谭卓英,夏开文.岩土工程智能钻进关键技术研究[J].金属矿山,2011,418(4):1-4,20.

[27] TAN Z Y,WANG S J,CAI M F. Similarity identification method on formational interfaces and application in general granite[J]. International Journal of Minerals,Metallurgy and Materials,2009,16(2):135-142.

[28] 谭卓英,岳中琦,谭国焕,等.金刚石钻进能量与花岗岩地层风化程度的关系[J].北京科技大学学报,2008,30(4):339-343.

[29] 谭卓英,王思敬,等.岩土工程界面识别中的地层判别分类方法研究[J].岩石力学与工程学报,2008,27(2):316-322.

[30] 谭卓英.金刚石钻进能量在风化花岗岩地层中的变化特征[J].岩土工程学报,2007,29(9):1303-1306.

[31] 谭卓英,蔡美峰,岳中琦,等.基于仪器钻进系统的风化花岗岩地层界面识别[J].北京科技大学学报,2007,29(7):665-669.

[32] 谭卓英,岳中琦,谭国焕,等.金刚石钻进比功及风化花岗岩实时分级研究[J].岩石力学与工程学报,2007,26(S1):2907-2912.

[33] TAN Z Y,CAI M F,YUE Z Q,et al. Instrumented borehole drilling for interface identification in intricate weathered granite ground engineering[J]. Journal of University of Science and Technology Beijing,2007,14(3):195-199.

[34] 谭卓英,岳中琦,蔡美峰.风化花岗岩地层旋转钻进中的能量分析[J].岩石力学与工程学报,2007,26(3):478-483.

[35] 谭卓英,岳中琦,谭国焕,等.香港充填土风化花岗岩场址勘探中的界面识别研究[J].岩土工程学报,2007,29(2):169-173.

[36] 谭卓英,蔡美峰,岳中琦,等.钻进参数用于香港复杂风化花岗岩场址勘探中的界面识别[J].岩石力学与工程学报,2006,25(S1):2839-2845.

[37] 谭卓英,蔡美峰,岳中琦,等.基于岩石可钻性指标的地层界面识别的理论与方法[J].北京科技大学学报,2006,28(9):803-807.

[38] TAN Z Y,CAI M F. Measurement and study of distributing law of in-situ stresses in rock mass at great depth[J]. Journal of University of Science and Technology Beijing,2006,13(3):207-212.

[39] TAN Z Y,CAI M F. YUE Z Q,et al. Application and reliability analysis of DPM system in site investigation of HK weathered granite[J]. Journal of University of Science and Technology Beijing,2005,12(6):481-488.

[40] TAN Z Y,CAI M F,ZHAO X G. Statically accelerated experimental simulation on deterioration of dynamic strength of rock[J]. Journal of University of Science and Technology Beijing,2005,12(4):298-302.

[41] TAN Z Y,CAI M F. Multi-factor sensitivity study of shallow unsaturated clay slope stability[J]. Journal of University of Science and Technology Beijing,2005,12(3):193-202.

[42] 邱海涛,谭卓英,赵永贵,等.南昆铁路八渡(K343)滑坡抗滑桩检测与失稳性分析[J].地质灾害与环境保护,2003,14(1):71-75.

[43] 邱海涛,赵永贵,谭卓英,等.声波无损检测技术在南昆铁路隧道检测中的应用[J].广西地质,2002,15(3):75-79.

[44] 邱海涛,谭卓英,赵永贵,等.雷达无损检测在南昆铁路隧道检测中的应用[J].广西地质,2002,15(4):55-58.

[45] 张永勤,张晓西,靳玉生,等.中硬岩石水力反循环连续取芯钻探工艺的研究与应用[J].钻探工程(岩土钻掘工程),1997,(S1):104-106.

[46] BRAITHWAITE R . Exploration drilling 2000[J]. Mining Magazine,2000:6-10.

[47] HAMELIN J P,HASS G,BURGESS N. Instrumented borehole drilling using ENPASOL system,Field Measurements in Geomechanics[C]//Proceedings of the 5th International Symposium on Field Measurements in Geomechanics-FMGM 99,1-3 December,1999:577-581.

[48] FORTUNATI F,PELLEGRINO G. The use of electronics in the management of site investigation and soil improvement works: principles and applications[C]//Geotechnical Site Characterization,Proceedings of the first International Conference on Site Characterization-ISC'98,Atlanta,Georgia,USA,19-22 April 1998:359-364.

[49] SUZUKI Y, SASAO H, NISHI K. Ground exploration system using seismic cone and rotary percussion drill[J]. Journal of Technology and Design,Architectural Institute of Japan,1995,(1):180-184.

[50] HOWARTH D F, ADAMSON W R,BERNDT J R. Correlation of model tunnel boring and drilling machine performances with rock properties[J]. Journal of Rock Mechanics Sciences & Geomechanics Abstract. 1986,23(2):171-175.

[51] GUI M W, SOGA K, BOLTON M D, et al. Instrumented borehole drilling for subsurface investigation[J]. ASCE Journal of Geotechnical and Geoenvironmental Engineering,2002,128(4):283-291.

[52] KAHRAMANS S, BILGIN N, FERIDUNOGLU C. Dominant rock properties affecting the penetration rate of percussive drills[J]. International Journal of Rock Mechanics and Mining Sciences,2003,(40):711-723.

[53] YUE Z Q,LEE C F,LAW K T,et al. Automatic monitoring of rotary-percussive drilling for characterization-illustrated by a case example in Hong Kong[J]. International Journal of Rock Mechanics and Mining Sciences,2004,(41):573-612.

[54] 藏传伟,黄宏伟,张子新.冲击钻速与隧道岩石力学参数之关系的探讨[J].地下空间与工程学报,2008,4(3):415-419.

[55] 宋玲,李宁,李骞.软岩的旋转触探参数与力学参数的内在关系研究[J].岩石力学与工程学报,2011,30(6):1274-1282.

[56] BINGHAM M G. How to make the R/N-W/D chart and what it means[J]. Oil & Gas Journal,1964,62(45):212-214,216-217.

[57] FROLOV A V,TSOKURENKO A A. Determination of rock strength from drilling data[J]. Soviet Mining Science,1984,20(6):434-437.

[58] WOLCOTT D S,BORDELON D R. Lithology determination using downhole bit mechanics data

[C]//SPE 26492, presented at the 68th ATCE of the SPE, Houston, TX, October 3-6, 1993: 769-778.

[59] HOBEROCK L L, BRATCHER G J. A new approach for determining in-situ rock strength while drilling[J]. ASME Journal of Energy, Resources and Technology, 1996, (118): 249-255.

[60] HARELAND G, WU A, RASHIDI B, et al. A new drilling rate model for tricone bits and its application to predict rock compressive strength[C]//44th US Rock Mechanics Symposium and the 5th US/Canada Rock Mechanics Symposium, June 27-30, 2010.

[61] BURGESS T M, LESSO W G. Measuring the wear of milled tooth bits using MWD torque and weight-on-bit[C]//SPE/IADC 13475, presented at the SPE/IADC 1985 Drilling Conference, New Orleans, LA, March 6-8, 1985: 453-462.

[62] PESSIER R C, FEAR M J. Quantifying common drilling problems with mechanical specific energy and a bit-specific coefficient of sliding friction[C]//SPE 24584, presented at the 67th Annual Technical Conference and Exhibition of the SPE, Washington, DC, October 4-7, 1992: 373-388.

[63] DETOURNAY E D, DEFOURNY P. A Phenomenological model for the drilling action of drag bits, International[J]. Journal of Rock Mechechanics and Mining Science. Geomechechanics. Abstract. , 1992, 29(1): 13-23.

[64] KARASAWA H, OHNO T, KOSUGI M, et al. Methods to estimate the rock strength and tooth wear while drilling with roller-bits—Part 1: milled-tooth bits[J]. Journal of Energy Resources Technology, 2002, (124): 125-132.

[65] KARASAWA H, OHNO T, KOSUGI K, et al. Methods to estimate the rock strength and tooth wear while drilling with roller-bits—Part 2: milled-tooth bits[J]. Journal of Energy Resources Technology, 2002, (124): 133-140.

[66] OHNO T, KARASAWA H, KOSUGI M, et al. Proposed practical methods to estimate rock strength and tooth wear while drilling with roller-cone bits[J]. Transactions of the ASME, 2014, (126): 302-310.

[67] WARREN T M. Penetration-rate performance of roller-cone bits[J]. SPE, 1987: 13259.

[68] HARELAND G, HOBEROCK L L. Use of drilling parameters to predict in situ stress bounds[J]. SPE, 1993: 25727.

[69] JAMSHIDI E, ARABJAMALOEI R, HASHEMIL A. Real-time estimation of elastic properties of formation rocks based on drilling data by using an artificial neural network[J]. Energy Sources, Part A, 2013, (35): 337-351.

[70] BASARIR H, KARPUZ C. Preliminary estimation of rock mass strength using diamond bit drilling operational parameters[J]. International Journal of Mining, Reclamation and Environment, 2016, 30(2): 145-164.

[71] KUMAR B R, VARDHAN H, GOVINDARAI M. Sound level produced during rock drilling vis-à-vis rock properties[J]. Engineering Geology, 2011, (123): 333-337.

[72] KUMAR B R, VARDHAN H, GOVINDARAI M. Regression analysis and ANN models to predict rock properties from sound levels produced during drilling[J]. International Journal of Rock Mechanics & Mining Sciences, 2013, (58): 61-72.

[73] LAKSHMINARAYANA C R, TRIPATHI A K, PAL S L. Estimation of rock strength properties using selected mechanical parameters obtained during the rotary drilling[J]. Journal of the Institution of Engineers (India): Series D (Metallurgical & Materials and Mining Engineering), 2019, 100(2): 177-186.

[74] 何满潮，吕晓俭，景海河. 深部工程围岩特性及非线性动态力学设计理念[J]. 岩石力学与工程学报，2002，21(8)：1215-1224.

[75] 钱七虎.深部岩体工程响应的特征科学现象及“深部”的界定[J].东华理工学院学报,2004,27(1):1-5.

[76] 王明洋,李杰,李凯锐.深部岩体非线性力学能量作用原理与应用[J].岩石力学与工程学报,2015,34(4):659-667.

[77] 林志平,林俊宏,吴柏林,等.浅地表地球物理技术在岩土工程中的应用与挑战[J].地球物理学报,2015,5(88):2664-2680.

[78] 蔡国军,刘松玉,邵光辉,等.基于电阻率静力触探的海相黏土成因特性分析[J].岩土工程学报,2008,30(4):529-535.

[79] 李赞,刘松玉,吴恺,等.基于多功能CPTU测试的基坑开挖扰动深度确定方法[J].岩土工程学报,2021,43(1):181-187.

[80] 刘和文,张羽,郭玉彬,等.岩溶隧道超长破碎带超前预报方法[J].中国港湾建设,2017,37(9):38-43.

[81] AKPABIO G,JOHNSON U,CANA C V,et al. Peat stratigraphy mapping using ground penetration radar and geotechnical engineering implications[J]. International Journal of Advanced Geosciences,2017,5(2):46-56.

[82] TOLL D G,ZHU H H,OSMAN A,et al. Subsurface imaging and interpretation using Ground Penetrating Radar (GPR) and fast fourier transformation[J]. Advances in Soil Mechanics and Geotechnical Engineering,2014,3:254-259.

[83] 沙成满,王恩德,杨冬梅.岩土工程勘测EH-4观测信号的频谱分析[J].岩土工程学报,2005,27(2):193-197.

[84] 王恒,蒋先念,李树建,等.三峡库区危岩体劣化特征及变形破坏模式研究[J].重庆交通大学学报(自然科学版),2019,38(12):92-96.

[85] DATTA B N. Preface for the special issue on numerical linear algebra techniques for control and signal processing[J]. Numerical Linear Algebra with Applications,2001,8 (3,4):355-356.

[86] 王鹰,陈强,魏有仪,等.红外探测技术在圆梁山隧道突水预报中的应用[J].岩石力学与工程学报,2003(5):855-857.

[87] 李术才,薛翊国,张庆松.高风险岩溶地区隧道施工地质灾害综合预报预警关键技术研究[J].岩石力学与工程学报,2008,(7):1297-1307.

[88] CARROLL R,LONG M. Sample disturbance effects in silt[J]. Journal of Geotechnical and Geoenvironmental Engineering,2017,143(9):04017061.

[89] 沈珠江.原状取土还是原位测试:土质参数测试技术发展方向刍议[J].岩土工程学报,1996,18(5):90-91.

[90] FRIEDMAN S P. Soil properties influencing apparent electrical conductivity: a review[J]. Computers and Electronics in Agriculture,2005,46:45-70.

[91] ASTM D4428. Standard test methods for crosshole seismic testing[J]. Annual book of ASTM standards,ASTM International,West Conshohocken,PA. 2014.

[92] ASTM D6429. 2014 Standard guide for selecting surface geophysical methods[C]//Standard test methods for crosshole seismic testing. Annual book of ASTM standards,ASTM International,West Conshohocken,PA,2014.

[93] ASTM D7400. Standard test methods for downhole seismic testing, Standard test methods for crosshole seismic testing [C]//Annual book of ASTM standards, ASTM International, West Conshohocken,PA. 2014.

[94] YANG X L,LI Z W. Factor of safety of three-dimensional stepped slopes[J]. International Journal of Geomechanics,2018,18(6):04018036,1-12.

[95] SHEN H,ABBAS S M. Rock slope reliability analysis based on distinct element method and random

set theory[J]. Int. J. Rock Mech. Min. Sci. ,2013,61：15-22.

[96] SILVESTRI V. A three-dimensional slope stability problem in clay[J]. Can. Geotech. J. , 2006, 43(2),224-228.

[97] SUN C,CHAI J,XU Z,et al. 3D stability charts for convex and concave slopes in plan view with homogeneous soil based on the strength-reduction method[J]. Int. J. Geomech. ,10. 1061/(ASCE) GM,2017,1943-5622. 0000809,06016034.

[98] 谢永利,刘新荣,晏长根,等. 特殊岩土体工程边坡研究进展[J]. 土木工程学报. 2020,53(9)：93-105.

[99] 王恒,蒋先念,李树建,等. 三峡库区危岩体劣化特征及变形破坏模式研究[J]. 重庆交通大学学报(自然科学版),2019,38(12)：92-96.

# 致　　谢

本书的撰写得到了国家自然科学基金(No. 51174013，No. 51574015)、国家重点基础研究(973)计划(2010CB731501)、原铁道部柳州铁路局及其他许多企业联合攻关课题的资助，本书的出版得到了北京科技大学研究生教育发展基金的资助。在本书的撰写过程中，我的许多研究生在资料查阅及编辑方面给予了很大的帮助，本书的出版得到了清华大学出版社各位编辑的大力支持，在此一并致谢！